Die Verordnung über Anlagen zum Umgang mit wassergefährdenden Stoffen (AwSV 2017)

Hans-Werner Nordhues

Die Verordnung über Anlagen zum Umgang mit wassergefährdenden Stoffen (AwSV 2017)

Wortlaut – Begründung – Synopse AwSV und Muster-VAwS

Hans-Werner Nordhues
Darmstadt, Deutschland

ISBN 978-3-658-06670-3   ISBN 978-3-658-06671-0   (eBook)
https://doi.org/10.1007/978-3-658-06671-0

Die Deutsche Nationalbibliothek verzeichnet diese Publikation in der Deutschen Nationalbibliografie; detaillierte bibliografische Daten sind im Internet über http://dnb.d-nb.de abrufbar.

Springer Vieweg
© Springer Fachmedien Wiesbaden GmbH 2017

Lektorat: Karina Danulat

Gedruckt auf säurefreiem und chlorfrei gebleichtem Papier

Springer Vieweg ist Teil von Springer Nature
Die eingetragene Gesellschaft ist Springer Fachmedien Wiesbaden GmbH
Die Anschrift der Gesellschaft ist: Abraham-Lincoln-Str. 46, 65189 Wiesbaden, Germany

Vorwort

Kurz vor Ende der 18 Legislaturperiode des Deutschen Bundestages hat die Bundesregierung nach fast 8-jähriger Diskussion und Verhandlung mit dem Bundesrat die Verordnung über Anlagen zum Umgang mit wassergefährdenden Stoffen (AwSV) umfassend erweitert und verabschiedet (18.04.2017 (BGBl. I, Nr. 22, S. 905ff).

Eine provisorische Verordnung (vom 31.03.2010 (BGBl. I, Nr. 14, S. 377ff) mit Geltung ab dem 10.04.2010) war im Rahmen der Novellierung des Wasserhaushaltsgesetzes notwendig geworden um bei den Fachbetrieben keine Regelungslücke entstehen zu lassen. Eine umfassende Verordnung ist immer wieder an den Interessenunterschieden einzelner Bundesländer im Bundesrat gescheitert. Hauptstreitpunkt war der Umgang mit JGS-Anlagen (Jauche-, Gülle- und Silagesickersaftanlagen).

Die neue AwSV ist am 01.08.2017 in Kraft getreten. Sie ist im Vergleich zur alten Muster-VAwS umfangreicher, vor allem aufgrund der Übernahme der Regelungen aus der Verwaltungsvorschrift wassergefährdende Stoffe (VwVwS) im Hinblick auf die Einstufung wassergefährdender Stoffe und die Aufnahme der Regelungen zu JGS-Anlagen.

Mit der vorliegenden Synopse soll es dem Interessierten erleichtert werden die Unterschiede und Gemeinsamkeiten der beiden Verordnungen zu erkennen. Vor der eigentlichen Synopse (Teil 3) ist im vorliegenden Buch im 1. Teil der Wortlaut der Verordnung und im 2. Teil die offizielle Begründung zur Verordnung abgedruckt. Die Synopse stellt keine Kommentierung und auch keine Erläuterung der AwSV dar.

Besonderer Dank gilt meiner Lektorin im Springer Vieweg Verlag, Frau Karina Danulat, für ihre konstruktiven Vorschläge und ihre große Geduld.

Darmstadt,   *Hans-Werner Nordhues*
August 2017

Inhaltsverzeichnis

Teil III Synopse AwSV und Muster-VAwS

Teil I
Verordnungstext AwSV

Verordnung
über Anlagen zum Umgang mit wassergefährdenden Stoffen [1] [2]
(AwSV)

Vom 18.April 2017

Auf Grund des § 23 Absatz 1 Nummer 5 bis 8, 10 und 11 und Absatz 2 in Verbindung mit § 62 Absatz 4 und § 63 Absatz 2 Satz 2 des Wasserhaushaltsgesetzes, von denen § 23 Absatz 1 Satzteil vor Nummer 1 zuletzt durch Artikel 1 Nummer 4 Buchstabe a des Gesetzes vom 6. Oktober 2011 (BGBl. I S. 1986) und § 62 Absatz 4 zuletzt durch Artikel 320 der Verordnung vom 31. August 2015 (BGBl. I S. 1474) geändert worden sind, verordnet die Bundesregierung nach Anhörung der beteiligten Kreise:

Inhaltsübersicht

---

[1] Diese Verordnung dient der Umsetzung der

-    Richtlinie 2000/60/EG des Europäischen Parlaments und des Rates vom 23. Oktober 2000 zur Schaffung eines Ordnungsrahmens für Maßnahmen der Gemeinschaft im Bereich der Wasserpolitik (ABl. L 327 vom 22.12.2000, S. 1), die zuletzt durch die Richtlinie 2014/101/EU (ABl. L 311 vom 31.10.2014, S. 32) geändert worden ist,
-    Richtlinie 2006/123/EG des Europäischen Parlaments und des Rates vom 12. Dezember 2006 über Dienstleistungen im Binnenmarkt (ABl. L 376 vom 27.12.2006, S. 36),
-    Richtlinie 91/676/EWG des Rates vom 12. Dezember 1991 zum Schutz der Gewässer vor Verunreinigungen durch Nitrat aus landwirtschaftlichen Quellen (ABl. L 375 vom 31.12.1991, S. 1), die zuletzt durch die Verordnung (EG) Nr. 1137/2008 des Europäischen Parlaments und des Rates vom 22. Oktober 2008 (ABl. L 311 vom 21.11.2008, S. 1) geändert worden ist.

[2] Notifiziert unter der Nummer 2015/394/D (2013/0423/D) gemäß der Richtlinie 98/34/EG des Europäischen Parlaments und des Rates vom 22. Juni 1998 über ein Informationsverfahren auf dem Gebiet der Normen und technischen Vorschriften und der Vorschriften für die Dienste der Informationsgesellschaft (ABl. L 204 vom 21.07.1998, S. 37), die zuletzt durch Artikel 26 Absatz 2 der Verordnung (EU) Nr. 1025/2012 des Europäischen Parlaments und des Rates vom 25. Oktober 2012 (ABl. L 316 vom 14.11.2012, S. 12) geändert worden ist.

Kapitel 1
Zweck; Anwendungsbereich; Begriffsbestimmungen

§ 1 Zweck; Anwendungsbereich

(1) Diese Verordnung dient dem Schutz der Gewässer vor nachteiligen Veränderungen ihrer Eigenschaften durch Freisetzungen von wassergefährdenden Stoffen aus Anlagen zum Umgang mit diesen Stoffen.

(2) Diese Verordnung findet keine Anwendung auf

1. den Umgang mit im Bundesanzeiger veröffentlichten nicht wassergefährdenden Stoffen,
2. nicht ortsfeste und nicht ortsfest benutzte Anlagen, in denen mit wassergefährdenden Stoffen umgegangen wird, sowie
3. Untergrundspeicher nach § 4 Absatz 9 des Bundesberggesetzes.

(3) Diese Verordnung findet auch keine Anwendung auf oberirdische Anlagen mit einem Volumen von nicht mehr als 0,22 Kubikmetern bei flüssigen Stoffen oder mit einer Masse von nicht mehr als 0,2 Tonnen bei gasförmigen und festen Stoffen, wenn sich diese Anlagen außerhalb von Schutzgebieten und festgesetzten oder vorläufig gesicherten Überschwemmungsgebieten befinden. § 62 Absatz 1 und 2 des Wasserhaushaltsgesetzes bleibt unberührt. Anlagen nach Satz 1 bedürfen keiner Eignungsfeststellung nach § 63 Absatz 1 des Wasserhaushaltsgesetzes.

(4) Diese Verordnung findet zudem keine Anwendung, wenn der Umfang der wassergefährdenden Stoffe, sofern mit ihnen neben anderen Sachen in einer Anlage umgegangen wird, während der gesamten Betriebsdauer der Anlage unerheblich ist. Auf Antrag des Betreibers, stellt die zuständige Behörde fest, ob die Voraussetzung nach Satz 1 erfüllt ist.

§ 2 Begriffsbestimmungen

(1) Für diese Verordnung gelten die Begriffsbestimmungen der Absätze 2 bis 33.

(2) „Wassergefährdende Stoffe" sind feste, flüssige und gasförmige Stoffe und Gemische, die geeignet sind, dauernd oder in einem nicht nur unerheblichen Ausmaß nachteilige Veränderungen der Wasserbeschaffenheit herbeizuführen, und die nach Maßgabe von Kapitel 2 als wassergefährdend eingestuft sind oder als wassergefährdend gelten.

(3) Ein „Stoff" ist ein chemisches Element und seine Verbindungen in natürlicher Form oder gewonnen durch ein Herstellungsverfahren, einschließlich der zur Wahrung seiner Stabilität notwendigen Zusatzstoffe und der durch das angewandte Verfahren bedingten Verunreinigungen, aber mit Ausnahme von Lösungsmitteln, die von dem Stoff ohne Beeinträchtigung seiner Stabilität und ohne Änderung seiner Zusammensetzung abgetrennt werden können.

(4) Ein „Gemisch" besteht aus zwei oder mehreren Stoffen.

(5) „Gasförmig" sind Stoffe und Gemische, die

1. bei einer Temperatur von 50 Grad Celsius einen Dampfdruck von mehr als 300 Kilopascal (3 bar) haben oder
2. bei einer Temperatur von 20 Grad Celsius und dem Standarddruck von 101,3 Kilopascal vollständig gasförmig sind.

(6) „Flüssig" sind Stoffe und Gemische, die

1. bei einer Temperatur von 50 Grad Celsius einen Dampfdruck von weniger als 300 Kilopascal (3 bar) haben,
2. bei einer Temperatur von 20 Grad Celsius und einem Standarddruck von 101,3 Kilopascal nicht vollständig gasförmig sind und
3. einen Schmelzpunkt oder Schmelzbeginn bei einer Temperatur von 20 Grad Celsius oder weniger bei einem Standarddruck von 101,3 Kilopascal haben.

(7) „Fest" sind Stoffe und Gemische, die nicht gasförmig oder flüssig sind.

(8) „Gärsubstrate landwirtschaftlicher Herkunft zur Gewinnung von Biogas" sind

1. pflanzliche Biomassen aus landwirtschaftlicher Grundproduktion,
2. Pflanzen oder Pflanzenbestandteile, die in landwirtschaftlichen, forstwirtschaftlichen oder gartenbaulichen Betrieben oder im Rahmen der Landschaftspflege anfallen, sofern sie zwischenzeitlich nicht anders genutzt worden sind,
3. pflanzliche Rückstände aus der Herstellung von Getränken, sowie Rückstände aus der Be- und Verarbeitung landwirtschaftlicher Produkte, wie Obst-, Getreide- und Kartoffelschlempen, soweit bei der Be- und Verarbeitung keine wassergefährdenden Stoffe zugesetzt werden und sich die Gefährlichkeit bei der Be- und Verarbeitung nicht erhöht,
4. Silagesickersaft sowie
5. tierische Ausscheidungen wie Jauche, Gülle, Festmist und Geflügelkot.

(9) „Anlagen zum Umgang mit wassergefährdenden Stoffen" (Anlagen) sind

1. selbständige und ortsfeste oder ortsfest benutzte Einheiten, in denen wassergefährdende Stoffe gelagert, abgefüllt, umgeschlagen, hergestellt, behandelt oder im Bereich der gewerblichen Wirtschaft oder im Bereich öffentlicher Einrichtungen verwendet werden, sowie
2. Rohrleitungsanlagen nach § 62 Absatz 1 Satz 2 des Wasserhaushaltsgesetzes.

Als ortsfest oder ortsfest benutzt gelten Einheiten, wenn sie länger als ein halbes Jahr an einem Ort zu einem bestimmten betrieblichen Zweck betrieben werden; Anlagen können aus mehreren Anlagenteilen bestehen.

(10) „Fass- und Gebindelager" sind Lageranlagen für ortsbewegliche Behälter und Verpackungen, deren Einzelvolumen 1,25 Kubikmeter nicht überschreitet.

(11) „Heizölverbraucheranlagen" sind Lageranlagen und im Bereich der gewerblichen Wirtschaft und öffentlicher Einrichtungen auch Verwendungsanlagen,

1. die dem Beheizen oder Kühlen von Wohnräumen, Geschäfts- und sonstigen Arbeitsräumen oder dem Erwärmen von Wasser dienen,
2. deren Jahresverbrauch an Heizöl leicht (Heizöl EL) nach DIN 51603-1, Ausgabe August 2008, die bei der Beuth Verlag GmbH, Berlin, zu beziehen und bei der Deutschen Nationalbibliothek archivmäßig gesichert niedergelegt ist, an anderen leichten Heizölen mit gleichwertiger Qualität, an flüssigen Triglyceriden oder an flüssigen Fettsäuremethylestern 100 Kubikmeter nicht übersteigt und
3. deren Behälter jährlich höchstens viermal befüllt werden.

Notstromanlagen stehen Heizölverbraucheranlagen gleich.

(12) „Eigenverbrauchstankstellen" sind Lager- und Abfüllanlagen,

1. die für die Öffentlichkeit nicht zugänglich sind,

2. die dafür bestimmt sind, Fahrzeuge und Geräte, die für den zugehörigen Betrieb genutzt werden, mit Kraftstoffen zu versorgen,
3. deren Jahresabgabe 100 Kubikmeter nicht übersteigt und
4. die nur vom Betreiber oder den von ihm bestimmten und unterwiesenen Personen bedient werden.

(13) „Jauche-, Gülle- und Silagesickersaftanlagen (JGS-Anlagen)" sind Anlagen zum Lagern oder Abfüllen ausschließlich von

1. Wirtschaftsdünger, insbesondere Gülle oder Festmist, im Sinne des § 2 Satz 1 Nummer 2 bis 4 des Düngegesetzes,
2. Jauche im Sinne des § 2 Satz 1 Nummer 5 des Düngegesetzes,
3. tierischen Ausscheidungen nicht landwirtschaftlicher Herkunft, auch in Mischung mit Einstreu oder in verarbeiteter Form,
4. Flüssigkeiten, die während der Herstellung oder Lagerung von Gärfutter durch Zellaufschluss oder Pressdruck anfallen und die überwiegend aus einem Gemisch aus Wasser, Zellsaft, organischen Säuren und Mikroorganismen sowie etwaigem Niederschlagswasser bestehen (Silagesickersaft), oder
5. Silage oder Siliergut, soweit hierbei Silagesickersaft anfallen kann.

(14) „Biogasanlagen" sind

1. Anlagen zum Herstellen von Biogas, insbesondere Vorlagebehälter, Fermenter, Kondensatbehälter und Nachgärer,
2. Anlagen zum Lagern von Gärresten oder Gärsubstraten, wenn sie in einem engen räumlichen und funktionalen Zusammenhang mit Anlagen nach Nummer 1 stehen, und
3. zu den Anlagen nach den Nummern 1 und 2 gehörige Abfüllanlagen.

(15) „Unterirdische Anlagen" sind Anlagen, bei denen zumindest ein Anlagenteil unterirdisch ist; unterirdisch sind Anlagenteile,

1. die vollständig oder teilweise im Erdreich eingebettet sind oder
2. die nicht vollständig einsehbar in Bauteilen, die unmittelbar mit dem Erdreich in Berührung stehen, eingebettet sind.

Alle anderen Anlagen sind oberirdisch; oberirdisch sind insbesondere auch Anlagen, deren Rückhalteeinrichtungen teilweise im Erdreich eingebettet sind, sowie Behälter, die mit ihren flachen Böden vollflächig oder mit Stützkonstruktionen auf dem Untergrund aufgestellt sind.

(16) „Rückhalteeinrichtungen" sind Anlagenteile zur Rückhaltung von wassergefährdenden Stoffen, die aus undicht gewordenen Anlagenteilen, die bestimmungsgemäß wassergefährdende Stoffe umschließen, austreten; dazu zählen insbesondere Auffangräume, Auffangwannen, Auffangtassen, Auffangvorrichtungen, Rohrleitungen, Schutzrohre, Behälter oder Flächen, in oder auf denen Stoffe zurückgehalten oder in oder auf denen Stoffe abgeleitet werden.

(17) „Doppelwandige Anlagen" sind Anlagen, die aus zwei unabhängigen Wänden bestehen, deren Zwischenraum als Überwachungsraum ausgestaltet ist, der mit einem Leckanzeigesystem ausgestattet ist, das ein Undichtwerden der inneren und der äußeren Wand anzeigt.

(18) „Abfüll- oder Umschlagflächen" sind Anlagenteile, die beim Abfüllen oder Umschlagen im Fall einer Betriebsstörung mit wassergefährdenden Stoffen beaufschlagt werden können, zuzüglich der Ablauf- und Stauflächen sowie der Abtrennung von anderen Flächen.

(19) „Rohrleitungen" sind feste oder flexible Leitungen zum Befördern wassergefährdender Stoffe, einschließlich ihrer Formstücke, Armaturen, Förderaggregate, Flansche und Dichtmittel.

(20) „Lagern" ist das Vorhalten von wassergefährdenden Stoffen zur weiteren Nutzung, Abgabe oder Entsorgung.

(21) „Erdbecken" sind ins Erdreich gebaute oder durch Dämme errichtete Becken zum Lagern von Jauche, Gülle und Silagesickersäften, die im Sohlen- und Böschungsbereich aus Erdreich bestehen und gegenüber dem Boden mit Dichtungsbahnen abgedichtet sind.

(22) „Abfüllen" ist das Befüllen von Behältern oder Verpackungen mit wassergefährdenden Stoffen.

(23) „Umschlagen" ist das Laden und Löschen von Schiffen, soweit es unverpackte wassergefährdende Stoffe betrifft, sowie das Umladen von wassergefährdenden Stoffen in Behältern oder Verpackungen von einem Transportmittel auf ein anderes. Zum Umschlagen gehört auch das vorübergehende Abstellen von Behältern oder Verpackungen mit wassergefährdenden Stoffen in einer Umschlaganlage im Zusammenhang mit dem Transport.

(24) „Intermodaler Verkehr" umfasst den Transport von Gütern in ein und derselben Ladeeinheit oder demselben Straßenfahrzeug mit zwei oder mehr Verkehrsträgern, wobei ein Wechsel der Verkehrsträger, aber kein Umschlag der transportierten Güter selbst erfolgt.

(25) „Herstellen" ist das Erzeugen und Gewinnen von wassergefährdenden Stoffen.

(26) „Behandeln" ist das Einwirken auf wassergefährdende Stoffe, um deren Eigenschaften zu verändern.

(27) „Verwenden" ist das Anwenden, Gebrauchen und Verbrauchen von wassergefährdenden Stoffen unter Ausnutzung ihrer Eigenschaften im Bereich der gewerblichen Wirtschaft und im Bereich öffentlicher Einrichtungen.

(28) „Errichten" ist das Aufstellen, Einbauen oder Einfügen von Anlagen und Anlagenteilen.

(29) „Instandhalten" ist das Aufrechterhalten des ordnungsgemäßen Zustands einer Anlage, „Instandsetzen" ist das Wiederherstellen dieses Zustands.

(30) „Stilllegen" ist die dauerhafte Außerbetriebnahme einer Anlage.

(31) „Wesentliche Änderungen" einer Anlage sind Maßnahmen, die die baulichen oder sicherheitstechnischen Merkmale der Anlage verändern.

(32) „Schutzgebiete" sind

1. Wasserschutzgebiete nach § 51 Absatz 1 Satz 1 Nummer 1 und 2 des Wasserhaushaltsgesetzes,
2. Gebiete, für die eine vorläufige Anordnung nach § 52 Absatz 2 in Verbindung mit § 51 Absatz 1 Satz 1 Nummer 1 oder Nummer 2 des Wasserhaushaltsgesetzes erlassen worden ist, und
3. Heilquellenschutzgebiete nach § 53 Absatz 4 des Wasserhaushaltsgesetzes.

Ist die weitere Zone eines Schutzgebietes unterteilt, so gilt als Schutzgebiet nur deren innerer Bereich; sind Zonen zum Schutz gegen qualitative und quantitative Beeinträchtigungen unterschiedlich abgegrenzt, gelten die Abgrenzungen zum Schutz gegen qualitative Beeinträchtigungen.

(33) „Sachverständige" sind von nach § 52 anerkannten Sachverständigenorganisationen bestellte Personen, die berechtigt sind, Anlagen zu prüfen und zu begutachten.

Kapitel 2
Einstufung von Stoffen und Gemischen

Abschnitt 1 Grundsätze

§ 3 Grundsätze

(1) Nach Maßgabe der Bestimmungen dieses Kapitels werden Stoffe und Gemische, mit denen in Anlagen umgegangen wird, entsprechend ihrer Gefährlichkeit als nicht wassergefährdend oder in eine der folgenden Wassergefährdungsklassen eingestuft:

Wassergefährdungsklasse 1	schwach wassergefährdend,
Wassergefährdungsklasse 2	deutlich wassergefährdend,
Wassergefährdungsklasse 3	stark wassergefährdend.

Die Absätze 2 bis 4 bleiben unberührt.

(2) Folgende Stoffe und Gemische gelten als allgemein wassergefährdend und werden nicht in Wassergefährdungsklassen eingestuft:

1. Wirtschaftsdünger, insbesondere Gülle oder Festmist, im Sinne des § 2 Satz 1 Nummer 2 bis 4 des Düngegesetzes,
2. Jauche im Sinne des § 2 Satz 1 Nummer 5 des Düngegesetzes,
3. tierische Ausscheidungen nicht landwirtschaftlicher Herkunft, auch in Mischung mit Einstreu oder in verarbeiteter Form,
4. Silagesickersaft,
5. Silage oder Siliergut, bei denen Silagesickersaft anfallen kann,
6. Gärsubstrate landwirtschaftlicher Herkunft zur Gewinnung von Biogas sowie die bei der Vergärung anfallenden flüssigen und festen Gärreste,
7. aufschwimmende flüssige Stoffe, die nach Anlage 1 Nummer 3.2 vom Umweltbundesamt im Bundesanzeiger veröffentlicht worden sind, und Gemische, die nur aus derartigen Stoffen bestehen, sowie
8. feste Gemische, vorbehaltlich einer abweichenden Einstufung gemäß § 10.

Abweichend von Satz 1 Nummer 8 ist ein festes Gemisch nicht wassergefährdend, wenn das Gemisch oder die darin enthaltenen Stoffe vom Umweltbundesamt nach § 6 Absatz 4 oder nach § 66 als nicht wassergefährdend im Bundesanzeiger veröffentlicht wurden. Als nicht wassergefährdend gelten auch feste Gemische, bei denen insbesondere auf Grund ihrer Herkunft oder ihrer Zusammensetzung eine nachteilige Veränderung der Gewässereigenschaften nicht zu besorgen ist.

(3) Als nicht wassergefährdend gelten:

1. Stoffe und Gemische, die dazu bestimmt sind oder von denen erwartet werden kann, dass sie als Lebensmittel aufgenommen werden, und
2. Stoffe und Gemische, die zur Tierfütterung bestimmt sind, mit Ausnahme von Siliergut und Silage, soweit bei diesen Silagesickersaft anfallen kann.

(4) Solange Stoffe und Gemische nicht nach Maßgabe dieses Kapitels oder nach § 66 eingestuft sind, gelten sie als stark wassergefährdend. Dies gilt nicht für Stoffe und Gemische, die unter Absatz 2 oder Absatz 3 fallen.

Abschnitt 2   Einstufung von Stoffen und Dokumentation; Entscheidung über die Einstufung

§ 4 Selbsteinstufung von Stoffen; Ausnahmen; Dokumentation

(1) Beabsichtigt ein Betreiber, in einer Anlage mit einem Stoff umzugehen, hat er diesen nach Maßgabe der Kriterien von Anlage 1 als nicht wassergefährdend oder in eine Wassergefährdungsklasse nach § 3 Absatz 1 einzustufen.
(2) Die Verpflichtung zur Selbsteinstufung nach Absatz 1 gilt nicht für

1. Stoffe nach § 3 Absatz 2 und 3,
2. Stoffe, deren Einstufung bereits nach § 6 Absatz 4 oder § 66 im Bundesanzeiger veröffentlicht worden ist,
3. Stoffe, die zu einer Stoffgruppe gehören, deren Einstufung nach § 6 Absatz 4 oder § 66 im Bundesanzeiger veröffentlicht worden ist,
4. Stoffe, die der Betreiber unabhängig von ihren Eigenschaften als stark wassergefährdend betrachtet, sowie
5. Stoffe, die während der Durchführung einer Beförderung in Behältern oder Verpackungen umgeschlagen werden.

(3) Der Betreiber hat die Selbsteinstufung eines Stoffes nach Maßgabe von Anlage 2 Nummer 1 zu dokumentieren und diese Dokumentation dem Umweltbundesamt vorzulegen.
(4) Ist der Betreiber der Auffassung, dass die Einstufung eines Stoffes nach Maßgabe der Anlage 1 die Wassergefährdung unzureichend abbildet, kann er dem Umweltbundesamt eine abweichende Einstufung vorschlagen. Dem Vorschlag sind zusätzlich zu der Dokumentation nach Absatz 3 alle für die Beurteilung der abweichenden Einstufung erforderlichen Unterlagen beizufügen.

§ 5 Kontrolle und Überprüfung der Dokumentation; Stoffgruppen

(1) Das Umweltbundesamt kontrolliert die Dokumentationen zur Selbsteinstufung von Stoffen auf ihre Vollständigkeit und Plausibilität. Das Umweltbundesamt kann den Betreiber verpflichten, fehlende oder nicht plausible Angaben zu ergänzen oder zu berichtigen.
(2) Darüber hinaus überprüft das Umweltbundesamt stichprobenartig die Qualität der Dokumentation der Selbsteinstufungen von Stoffen. Hierbei wird die ausgewählte Dokumentation anhand von Prüfberichten, Literatur und anderen geeigneten Unterlagen überprüft. Zum Zweck der Überprüfung kann das Umweltbundesamt den Betreiber verpflichten, die nach § 4 Absatz 3 und 4 dokumentierten Angaben anhand vorhandener und ihm zugänglicher Unterlagen zu belegen.

(3) Das Umweltbundesamt kann Stoffe zu Stoffgruppen zusammenfassen und die Stoffgruppen einstufen.

§ 6 Entscheidung über die Einstufung; Veröffentlichung im Bundesanzeiger

(1) Das Umweltbundesamt entscheidet auf Grund der Ergebnisse der Kontrollen und Überprüfungen nach § 5 Absatz 1 und 2 über die Einstufung von Stoffen und Stoffgruppen. Bei der Entscheidung kann auch Folgendes berücksichtigt werden:

1. vorliegende eigene Erkenntnisse oder Bewertungen insbesondere zur Toxizität, zur Mobilität eines Stoffes im Boden, zur Grundwassergängigkeit oder zur Anreicherung im Sediment sowie
2. vorliegende Stellungnahmen der Kommission zur Bewertung wassergefährdender Stoffe nach § 12 Absatz 1.

(2) Das Umweltbundesamt kann nach Maßgabe von Absatz 1 Satz 2 auch unabhängig von einer Selbsteinstufung des Betreibers eine Entscheidung zur Einstufung von Stoffen und Stoffgruppen treffen.

(3) Das Umweltbundesamt gibt die Entscheidung nach Absatz 1 Satz 1 dem Betreiber in schriftlicher Form bekannt; Absatz 4 bleibt hiervon unberührt.

(4) Das Umweltbundesamt gibt die Entscheidungen nach Absatz 1 Satz 1 und Absatz 2 im Bundesanzeiger öffentlich bekannt. Es stellt zudem im Internet eine Suchfunktion bereit, mit der die bestehenden Einstufungen wassergefährdender Stoffe und Stoffgruppen ermittelt werden können.

§ 7 Änderung bestehender Einstufungen; Mitteilungspflicht

(1) Liegen dem Umweltbundesamt Erkenntnisse vor, die die Änderung einer Einstufung nach § 6 Absatz 1 oder Absatz 2 notwendig machen können, nimmt es eine Neubewertung und erforderlichenfalls eine Änderung der Einstufung vor. § 6 Absatz 3 und 4 gilt entsprechend.

(2) Liegen dem Betreiber Erkenntnisse vor, die zu einer Änderung der veröffentlichten Einstufung eines Stoffes oder einer Stoffgruppe führen können, muss er diese Erkenntnisse unverzüglich schriftlich dem Umweltbundesamt mitteilen.

Abschnitt 3   Einstufung von Gemischen und Dokumentation; Überprüfung der Einstufung

§ 8 Selbsteinstufung von flüssigen oder gasförmigen Gemischen; Dokumentation

(1) Beabsichtigt ein Betreiber, in einer Anlage mit einem flüssigen oder gasförmigen Gemisch umzugehen, hat er dieses nach Maßgabe der Kriterien von Anlage 1 als nicht wassergefährdend oder in eine Wassergefährdungsklasse nach § 3 Absatz 1 einzustufen.

(2) Die Verpflichtung zur Selbsteinstufung nach Absatz 1 gilt nicht für

1. Gemische nach § 3 Absatz 2 und 3,
2. Gemische, deren Einstufung nach § 66 im Bundesanzeiger veröffentlicht worden ist,
3. Gemische, für die bereits eine Dokumentation nach Absatz 3 erstellt worden ist,
4. Gemische, die der Betreiber unabhängig von ihren Eigenschaften als stark wassergefährdend betrachtet,
5. Gemische, die im intermodalen Verkehr umgeschlagen werden, sowie
6. Gemische, die vom Umweltbundesamt nach § 11 eingestuft sind und deren Einstufung im Bundesanzeiger veröffentlicht worden ist.

(3) Der Betreiber hat die Selbsteinstufung eines Gemisches nach Absatz 1 nach Maßgabe von Anlage 2 Nummer 2 zu dokumentieren und diese Dokumentation der zuständigen Behörde im Rahmen der Zulassung der Anlage sowie auf Verlangen der Behörde im Rahmen der Überwachung der Anlage vorzulegen. Der Betreiber hat die Dokumentation und die Selbsteinstufung des Gemisches auf dem aktuellen Stand zu halten.

(4) Sofern die Dokumentation Betriebsgeheimnisse zur Rezeptur eines Gemisches enthält, kann der Betreiber die Vorlage der Dokumentation nach Absatz 3 verweigern. In diesem Fall hat er der zuständigen Behörde mitzuteilen, wie groß jeweils der Anteil aller Stoffe der jeweiligen Wassergefährdungsklassen ist. Die zuständige Behörde dokumentiert die Nachvollziehbarkeit der Einstufung.

§ 9 Überprüfung der Selbsteinstufung von flüssigen oder gasförmigen Gemischen; Änderung der Selbsteinstufung

(1) Die zuständige Behörde kann die Dokumentation nach § 8 Absatz 3 überprüfen. Die zuständige Behörde kann den Betreiber verpflichten, fehlende oder nicht plausible Angaben zu ergänzen oder zu berichtigen. Sie kann die Gemische abweichend von der Selbsteinstufung nach § 8 Absatz 1 einstufen. Die Entscheidung nach Satz 3 ist dem Betreiber schriftlich bekannt zu geben.

(2) Das Umweltbundesamt berät die zuständige Behörde auf deren Ersuchen in Fragen, die die Einstufung von flüssigen oder gasförmigen Gemischen betreffen.

§ 10 Einstufung fester Gemische

(1) Der Betreiber kann ein festes Gemisch abweichend von § 3 Absatz 2 Satz 1 Nummer 8 als nicht wassergefährdend einstufen, wenn

1. das Gemisch nach Anlage 1 Nummer 2.2 als nicht wassergefährdend eingestuft werden kann,
2. das Gemisch nach anderen Rechtsvorschriften selbst an hydrogeologisch ungünstigen Standorten und ohne technische Sicherungsmaßnahmen offen eingebaut werden darf oder
3. das Gemisch der Einbauklasse Z 0 oder Z 1.1 der Mitteilung 20 der Länderarbeitsgemeinschaft Abfall (LAGA) „Anforderungen an die stoffliche Verwertung von mineralischen Reststoffen/Abfällen – Technische Regeln", Erich Schmidt-Verlag, Berlin, 2004, die bei der Deutschen Nationalbibliothek archivmäßig gesichert niedergelegt ist und in der Bibliothek des Bundesministeriums für Umwelt, Naturschutz, Bau und Reaktorsicherheit eingesehen werden kann, entspricht.

(2) Der Betreiber kann ein festes Gemisch abweichend von § 3 Absatz 2 Satz 1 Nummer 8 nach Maßgabe von Anlage 1 Nummer 5 in eine Wassergefährdungsklasse einstufen.

(3) Der Betreiber hat die Selbsteinstufung eines festen Gemisches als nicht wassergefährdend oder in eine Wassergefährdungsklasse nach Maßgabe von Anlage 2 Nummer 2 oder Nummer 3 zu dokumentieren und die Dokumentation der zuständigen Behörde im Rahmen der Zulassung der Anlage sowie auf Verlangen der Behörde im Rahmen der Überwachung der Anlage vorzulegen. Der Betreiber hat die Dokumentation und die Selbsteinstufung des Gemisches auf dem aktuellen Stand zu halten. Die zuständige Behörde kann die Dokumentation überprüfen. Sie kann den Betreiber verpflichten, fehlende oder nicht plausible Angaben zu ergänzen oder zu berichtigen.

(4) Die zuständige Behörde kann auf Grund der Überprüfung nach Absatz 3 Satz 3 der Selbsteinstufung nach Absatz 1 oder Absatz 2 widersprechen; im Fall des Absatzes 2 kann sie das Gemisch auch in eine abweichende Wassergefährdungsklasse einstufen. Sie kann sich dabei vom Umweltbundesamt beraten lassen. Die Entscheidung ist dem Betreiber schriftlich bekannt zu geben.

§ 11 Einstufung von Gemischen durch das Umweltbundesamt

Das Umweltbundesamt kann Gemische nach Maßgabe von Anlage 1 als nicht wassergefährdend oder in eine Wassergefährdungsklasse einstufen. § 6 Absatz 4 gilt entsprechend.

Abschnitt 4   Kommission zur Bewertung wassergefährdender Stoffe

§ 12 Kommission zur Bewertung wassergefährdender Stoffe

(1) Beim Bundesministerium für Umwelt, Naturschutz, Bau und Reaktorsicherheit wird als Beirat eine Kommission zur Bewertung wassergefährdender Stoffe eingerichtet. Sie berät das Bundesministerium für Umwelt, Naturschutz, Bau und Reaktorsicherheit und das Umweltbundesamt in Fragen, die die Einstufung betreffen.

(2) In die Kommission zur Bewertung wassergefährdender Stoffe sind Vertreterinnen und Vertreter aus den betroffenen Bundes- und Landesbehörden, aus der Wissenschaft sowie von Betreibern von Anlagen zu berufen. Die Kommission soll nicht mehr als zwölf Mitglieder umfassen. Die Mitgliedschaft ist ehrenamtlich. Die Mitglieder der Kommission sind zur Wahrung von Betriebs- und Geschäftsgeheimnissen verpflichtet, die ihnen im Rahmen ihrer Tätigkeit in der Kommission bekannt werden. Die Vertreterinnen und Vertreter von Betreibern in der Kommission sind darüber hinaus verpflichtet, Betriebs- und Geschäftsgeheimnisse, die ihnen im Rahmen ihrer Tätigkeit in der Kommission bekannt werden, nicht für eigene Zwecke, insbesondere für Geschäftszwecke, zu nutzen.

(3) Das Bundesministerium für Umwelt, Naturschutz, Bau und Reaktorsicherheit beruft die Mitglieder der Kommission zur Bewertung wassergefährdender Stoffe. Die Kommission gibt sich eine Geschäftsordnung und wählt aus ihrer Mitte eine Vorsitzende oder einen Vorsitzenden. Die Geschäftsordnung bedarf der Zustimmung des Bundesministeriums für Umwelt, Naturschutz, Bau und Reaktorsicherheit.

Kapitel 3
Technische und organisatorische Anforderungen an Anlagen zum Umgang mit wassergefährdenden Stoffen

Abschnitt 1 Allgemeine Bestimmungen

§ 13 Einschränkungen des Geltungsbereichs dieses Kapitels

(1) Dieses Kapitel gilt für Anlagen, in denen mit aufschwimmenden flüssigen Stoffen gemäß § 3 Absatz 2 Satz 1 Nummer 7 umgegangen wird, nur, sofern nicht ausgeschlossen werden kann, dass diese Stoffe in ein oberirdisches Gewässer gelangen können. Satz 1 gilt auch für Gemische, die nur aufschwimmende flüssige Stoffe gemäß § 3 Absatz 2 Satz 1 Nummer 7 enthalten, sowie für Gemische aus diesen aufschwimmenden flüssigen Stoffen und nicht wassergefährdenden Stoffen.

(2) Dieses Kapitel gilt nicht für

1. Anlagen zum Lagern von Haushaltsabfällen und vergleichbaren Abfällen insbesondere aus Büros, Behörden, Schulen oder Gaststätten, die in oder an den Gebäuden eingerichtet sind, bei denen diese Abfälle anfallen;
2. Anlagen zum Lagern und Behandeln von Bioabfällen im Rahmen der Eigenkompostierung im privaten Bereich;
3. Anlagen zum Lagern von festen gewerblichen Abfällen und festen gewerblichen Abfällen, denen wassergefährdende Stoffe anhaften, wenn

    a) das Volumen des Lagerbehälters 1,25 Kubikmeter nicht übersteigt,
    b) der Lagerbehälter dicht ist,
    c) die Fläche, auf der der Lagerbehälter aufgestellt ist, so ausgeführt ist, dass bei Betriebsstörungen wassergefährdende Stoffe nicht in ein Gewässer gelangen können, und
    d) ein für Betriebsstörungen geeignetes Bindemittel vorgehalten wird;
4. Anlagen zum Lagern von festen Gemischen, die auf der Baustelle unmittelbar durch die Bautätigkeit entstehen.

(3) Für JGS-Anlagen gelten aus diesem Kapitel nur die §§ 16, 24 Absatz 1 und 2 und § 51 sowie Anlage 7.

§ 14 Bestimmung und Abgrenzung von Anlagen

(1) Der Betreiber einer Anlage hat zu dokumentieren, welche Anlagenteile zu der Anlage gehören und wo die Schnittstellen zu anderen Anlagen sind.

(2) Zu einer Anlage gehören alle Anlagenteile, die in einem engen funktionalen oder verfahrenstechnischen Zusammenhang miteinander stehen. Dies ist insbesondere dann anzunehmen, wenn zwischen den Anlagenteilen wassergefährdende Stoffe ausgetauscht werden oder ein unmittelbarer sicherheitstechnischer Zusammenhang zwischen ihnen besteht.

(3) Zu einer Anlage gehören auch die Flächen einschließlich ihrer Einrichtungen, die dem Lagern oder dem regelmäßigen Abstellen von wassergefährdenden Stoffen in Behältern oder Verpackungen dienen.

(4) Flächen, auf denen Transportmittel mit wassergefährdenden Stoffen abgestellt werden, sind keine Lageranlagen. Bei Umschlaganlagen sind auch solche Flächen, auf denen Behälter oder Verpackungen mit wassergefährdenden Stoffen vorübergehend im Zusammenhang mit dem Transport abgestellt werden, keine Lageranlagen, sondern der Umschlaganlage zuzuordnen.

(5) Eine Fläche, von der aus eine Anlage mit wassergefährdenden Stoffen befüllt wird oder von der Behälter oder Verpackungen mit wassergefährdenden Stoffen in eine Anlage hineingestellt oder aus ihr genommen werden, ist Teil dieser Anlage.

(6) Ein Behälter, in dem wassergefährdende Stoffe weder hergestellt noch behandelt noch verwendet werden, der jedoch in engem funktionalen Zusammenhang mit einer Herstellungs-, Behandlungs- oder Verwendungsanlage steht, ist Teil dieser Anlage. Ein Behälter ist jedoch dann Teil einer Lageranlage, wenn er mehreren Herstellungs-, Behandlungs- und Verwendungsanlagen zugeordnet ist oder wenn er ein größeres Volumen enthalten kann, als für eine Tagesproduktion oder Charge benötigt wird.

(7) Eine Rohrleitung, die nach § 62 Absatz 1 Satz 2 Nummer 2 des Wasserhaushaltsgesetzes Zubehör einer Anlage zum Umgang mit wassergefährdenden Stoffen ist oder die nach § 62 Absatz 1 Satz 2 Nummer 3 des Wasserhaushaltsgesetzes Anlagen verbindet, die in einem engen räumlichen und betrieblichen Zusammenhang miteinander stehen, ist der Anlage zuzuordnen, deren Zubehör sie ist oder mit der sie im Zusammenhang steht.

§ 15 Technische Regeln

(1) Den allgemein anerkannten Regeln der Technik nach § 62 Absatz 2 des Wasserhaushaltsgesetzes entsprechende Regeln (technische Regeln) sind insbesondere die folgenden Regeln:

1. Technische Regeln wassergefährdender Stoffe der Deutschen Vereinigung für Wasserwirtschaft, Abwasser und Abfall e.V. (DWA),
2. technische Regeln, die in der Musterliste der technischen Baubestimmungen oder in der Bauregelliste des Deutschen Instituts für Bautechnik (DIBt) aufgeführt sind, soweit sie den Gewässerschutz betreffen, sowie
3. DIN-Normen und EN-Normen, soweit sie den Gewässerschutz betreffen und nicht in der Bauregelliste des Deutschen Instituts für Bautechnik aufgeführt sind.

(2) Normen und sonstige Bestimmungen anderer Mitgliedstaaten der Europäischen Union oder anderer Vertragsstaaten des Abkommens über den Europäischen Wirtschaftsraum stehen technischen Regeln nach Absatz 1 gleich, wenn mit ihnen dauerhaft das gleiche Schutzniveau erreicht wird.

§ 16 Behördliche Anordnungen

(1) Ist auf Grund der besonderen Umstände des Einzelfalls, insbesondere auf Grund der hydrogeologischen Beschaffenheit und der Schutzbedürftigkeit des Aufstellungsortes, nicht gewährleistet, dass die Anforderungen des § 62 Absatz 1 des Wasserhaushaltsgesetzes erfüllt werden, kann die zuständige Behörde Anforderungen stellen, die über die im Folgenden genannten hinausgehen:

1. über die allgemein anerkannten Regeln der Technik,
2. über die Anforderungen nach diesem Kapitel oder
3. über die Anforderungen, die in einer Eignungsfeststellung oder in einer die Eignungsfeststellung ersetzenden sonstigen Regelung festgelegt sind.

Unter den Voraussetzungen nach Satz 1 kann die zuständige Behörde auch die Errichtung einer Anlage untersagen.

(2) Die zuständige Behörde kann dem Betreiber Maßnahmen zur Beobachtung der Gewässer und des Bodens auferlegen, soweit dies zur frühzeitigen Erkennung von Verunreinigungen erforderlich ist, die von seiner Anlage ausgehen können.

(3) Die zuständige Behörde kann im Einzelfall Ausnahmen von den Anforderungen dieses Kapitels zulassen, wenn die Anforderungen des § 62 Absatz 1 des Wasserhaushaltsgesetzes dennoch erfüllt werden.

Abschnitt 2   Allgemeine Anforderungen an Anlagen

§ 17 Grundsatzanforderungen

(1) Anlagen müssen so geplant und errichtet werden, beschaffen sein und betrieben werden, dass

1. wassergefährdende Stoffe nicht austreten können,
2. Undichtheiten aller Anlagenteile, die mit wassergefährdenden Stoffen in Berührung stehen, schnell und zuverlässig erkennbar sind,
3. austretende wassergefährdende Stoffe schnell und zuverlässig erkannt und zurückgehalten sowie ordnungsgemäß entsorgt werden; dies gilt auch für betriebsbedingt auftretende Spritz- und Tropfverluste, und
4. bei einer Störung des bestimmungsgemäßen Betriebs der Anlage (Betriebsstörung) anfallende Gemische, die ausgetretene wassergefährdende Stoffe enthalten können, zurückgehalten und ordnungsgemäß als Abfall entsorgt oder als Abwasser beseitigt werden.

(2) Anlagen müssen dicht, standsicher und gegenüber den zu erwartenden mechanischen, thermischen und chemischen Einflüssen hinreichend widerstandsfähig sein.

(3) Einwandige unterirdische Behälter für flüssige wassergefährdende Stoffe sind unzulässig. Einwandige unterirdische Behälter für gasförmige wassergefährdende Stoffe sind unzulässig, wenn die gasförmigen wassergefährdenden Stoffe flüssig austreten, schwerer sind als Luft oder sich nach Austritt im umgebenden Boden in vorhandener Feuchtigkeit lösen.

(4) Der Betreiber hat bei der Stilllegung einer Anlage oder von Anlagenteilen alle in der Anlage oder in den Anlagenteilen enthaltenen wassergefährdenden Stoffe, soweit technisch möglich, zu entfernen. Er hat die Anlage gegen missbräuchliche Nutzung zu sichern.

§ 18 Anforderungen an die Rückhaltung wassergefährdender Stoffe

(1) Anlagen müssen ausgetretene wassergefährdende Stoffe auf geeignete Weise zurückhalten. Dazu sind sie mit einer Rückhalteeinrichtung im Sinne von § 2 Absatz 16 auszurüsten. Satz 2 gilt nicht, wenn es sich um eine doppelwandige Anlage im Sinne von § 2 Absatz 17 handelt. Einzelne Anlagenteile können über unterschiedliche, jeweils voneinander unabhängige Rückhalteeinrichtungen verfügen. Bei Anlagen, die nur teilweise doppelwandig ausgerüstet sind, sind einwandige Anlagenteile mit einer Rückhalteeinrichtung zu versehen.

(2) Rückhalteeinrichtungen müssen flüssigkeitsundurchlässig sein und dürfen keine Abläufe haben. Flüssigkeitsundurchlässig sind Bauausführungen dann, wenn sie ihre Dicht- und Tragfunktion während der Dauer der Beanspruchung durch die wassergefährdenden Stoffe, mit denen in der Anlage umgegangen wird, nicht verlieren.

(3) Rückhalteeinrichtungen müssen für folgendes Volumen ausgelegt sein:

1. bei Anlagen zum Lagern, Herstellen, Behandeln oder Verwenden wassergefährdender Stoffe muss das Rückhaltevolumen dem Volumen an wassergefährdenden Stoffen entsprechen, das bei Betriebsstörungen bis zum Wirksamwerden geeigneter Sicherheitsvorkehrungen freigesetzt werden kann;
2. bei Anlagen zum Abfüllen flüssiger wassergefährdender Stoffe muss das Rückhaltevolumen dem Volumen entsprechen, das bei größtmöglichem Volumenstrom bis zum Wirksamwerden geeigneter Sicherheitsvorkehrungen freigesetzt werden kann;
3. bei Anlagen zum Umschlagen wassergefährdender Stoffe muss das Rückhaltevolumen dem Volumen entsprechen, das aus dem größten Behälter, der größten Verpackung oder der größten Umschlagseinheit, in dem oder in der sich wassergefährdende Stoffe befinden und für den oder für die die Anlage ausgelegt ist, freigesetzt werden kann.

Auf ein Rückhaltevolumen kann bei oberirdischen Anlagen zum Umgang mit wassergefährdenden Stoffen der Wassergefährdungsklasse 1 mit einem Volumen bis 1.000 Liter verzichtet werden, sofern sich diese auf einer Fläche befinden, die

1. den betriebstechnischen Anforderungen genügt, und eine Leckerkennung durch infrastrukturelle Maßnahmen gewährleistet ist, oder
2. flüssigkeitsundurchlässig ausgebildet ist.

(4) Bei Anlagen zum Lagern, Herstellen, Behandeln oder Verwenden wassergefährdender Stoffe der Gefährdungsstufe D nach § 39 Absatz 1 muss die Rückhalteeinrichtung abweichend von Absatz 3 Satz 1 Nummer 1 so ausgelegt sein, dass das Volumen flüssiger wassergefährdender Stoffe, das aus der größten abgesperrten Betriebseinheit bei Betriebsstörungen freigesetzt werden kann, ohne dass Gegenmaßnahmen getroffen werden, vollständig zurückgehalten werden kann.

(5) Einwandige Behälter, Rohrleitungen und sonstige Anlagenteile müssen von Wänden, Böden und sonstigen Bauteilen sowie untereinander einen solchen Abstand haben, dass die Erkennung von Leckagen und die Zustandskontrolle insbesondere auch der Rückhalteeinrichtungen jederzeit möglich sind.

(6) Bei oberirdischen doppelwandigen Behältern, die über ein Leckanzeigesystem mit Flüssigkeiten der Wassergefährdungsklasse 1 verfügen, ist eine Rückhaltung der Leckanzeigeflüssigkeit nicht erforderlich, wenn das Volumen dieser Flüssigkeit 1 Kubikmeter nicht übersteigt.

(7) Wassergefährdende Stoffe, die beim Austreten so miteinander reagieren können, dass die Funktion der Rückhaltung nach Absatz 1 beeinträchtigt wird, müssen getrennt aufgefangen werden.

§ 19 Anforderungen an die Entwässerung

(1) Bei unvermeidlichem Zutritt von Niederschlagswasser sind abweichend von § 18 Absatz 2 Abläufe zulässig, wenn sie nur nach vorheriger Feststellung, dass keine wassergefährdenden Stoffe im Niederschlagswasser enthalten sind, geöffnet werden. Mit wassergefährdenden Stoffen verunreinigtes Niederschlagswasser ist ordnungsgemäß als Abwasser zu beseitigen oder als Abfall zu entsorgen.

(2) Bei Abfüll- oder Umschlaganlagen, bei denen ein Zutritt von Niederschlagswasser unvermeidlich ist, kann abweichend von Absatz 1 und § 18 Absatz 2 das Niederschlagswasser, das mit wassergefährdenden Stoffen verunreinigt sein kann, in einen Abwasserkanal oder in ein Gewässer eingeleitet werden, wenn

1. die bei einer Betriebsstörung freigesetzten wassergefährdenden Stoffen zurückgehalten werden und
2. die Einleitung des verunreinigten Niederschlagswassers den wasserrechtlichen Anforderungen und örtlichen Einleitungsbedingungen entspricht.

Bei Transformatoren und Schaltanlagen im Bereich der Elektrizitätswirtschaft, bei denen ein Zutritt von Niederschlagswasser unvermeidlich ist, kann dieses abweichend von Absatz 1 und § 18 Absatz 2 in einen Abwasserkanal oder in ein Gewässer eingeleitet werden, wenn die bei einer Betriebsstörung freigesetzten wassergefährdenden Stoffe zurückgehalten werden.

(3) Bei Eigenverbrauchstankstellen gelten die Absätze 1 und 2 und § 18 Absatz 3 nicht, wenn durch Maßnahmen technischer oder organisatorischer Art sichergestellt ist, dass ein gleichwertiges Sicherheitsniveau erreicht wird.

(4) Das Niederschlagswasser von Flächen, auf denen Kühlaggregate von Kälteanlagen mit Ethylen- oder Propylenglycol im Freien aufgestellt werden, ist in einen Schmutz- oder Mischwasserkanal einzuleiten. Wasserrechtliche Anforderungen an die Einleitung sowie örtliche Einleitungsbedingungen bleiben unberührt.

(5) Mit Gärsubstraten oder Gärresten verunreinigtes Niederschlagswasser in Biogasanlagen ist vollständig aufzufangen und ordnungsgemäß als Abwasser zu beseitigen oder als Abfall zu verwerten. Dies gilt für Biogasanlagen mit Gärsubstraten landwirtschaftlicher Herkunft zur Gewinnung von Biogas nicht, soweit das verunreinigte Niederschlagswasser entsprechend der guten fachlichen Praxis der Düngung verwendet wird. Die Umwallung nach § 37 Absatz 3 ist ordnungsgemäß zu entwässern.

(6) Bei Rückhalteeinrichtungen, bei denen

1. der Zutritt von Niederschlagswasser unvermeidlich ist und
2. eine Kontrolle des Ablaufs vor dessen Öffnung nur mit unverhältnismäßigem Aufwand möglich wäre,

entscheidet die zuständige Behörde über die Art der Rückhaltung wassergefährdender Stoffe und die Beseitigung des Niederschlagswassers.

(7) Nicht überdachte Rückhalteeinrichtungen müssen zusätzlich zum Rückhaltevolumen für wassergefährdende Stoffe nach § 18 Absatz 3 ein Rückhaltevolumen für Niederschlagswasser haben.

§ 20 Rückhaltung bei Brandereignissen

Anlagen müssen so geplant, errichtet und betrieben werden, dass die bei Brandereignissen austretenden wassergefährdenden Stoffe, Lösch-, Berieselungs- und Kühlwasser sowie die entstehenden Verbrennungsprodukte mit wassergefährdenden Eigenschaften nach den allgemein anerkannten Regeln der Technik zurückgehalten werden. Satz 1 gilt nicht für Anlagen, bei denen eine Brandentstehung nicht zu erwarten ist, und für Heizölverbraucheranlagen.

§ 21 Besondere Anforderungen an die Rückhaltung bei Rohrleitungen

(1) Oberirdische Rohrleitungen zum Befördern flüssiger wassergefährdender Stoffe sind mit Rückhalteeinrichtungen auszurüsten. Das Rückhaltevolumen muss dem Volumen wassergefährdender Stoffe entsprechen, das bei Betriebsstörungen bis zum Wirksamwerden geeigneter Sicherheitsvorkehrungen freigesetzt werden kann. Die Sätze 1 und 2 gelten nicht, wenn auf der Grundlage einer Gefährdungsabschätzung durch Maßnahmen technischer oder organisatorischer Art sichergestellt ist, dass ein gleichwertiges Sicherheitsniveau erreicht wird. Bei Heizölverbraucheranlagen der Gefährdungsstufen A und B gilt die Gefährdungsabschätzung als geführt, wenn die Heizölverbraucheranlage den geltenden allgemein anerkannten Regeln der Technik im Sinne des § 15 entspricht. Für oberirdische Rohrleitungen zum Befördern von flüssigen wassergefährdenden Stoffen der Wassergefährdungsklasse 1 kann ohne eine Gefährdungsabschätzung von Rückhalteeinrichtungen abgesehen werden, wenn die Standorte der Rohrleitungen auf Grund ihrer hydrogeologischen Eigenschaften keines besonderen Schutzes bedürfen.

(2) Bei unterirdischen Rohrleitungen zum Befördern flüssiger oder gasförmiger wassergefährdender Stoffe sind lösbare Verbindungen und Armaturen in flüssigkeitsundurchlässigen Kontrolleinrichtungen anzuordnen, die regelmäßig zu kontrollieren sind. Diese Rohrleitungen müssen:

1. doppelwandig sein; Undichtheiten der Rohrwände müssen durch ein Leckanzeigegerät selbsttätig angezeigt werden,
2. als Saugleitung ausgeführt sein, in der die Flüssigkeitssäule bei Undichtheiten abreißt, in den Lagerbehälter zurückfließt und eine Hebewirkung ausgeschlossen ist, oder
3. mit einem Schutzrohr versehen oder in einem Kanal verlegt sein; austretende wassergefährdende Stoffe müssen in einer flüssigkeitsundurchlässigen Kontrolleinrichtung sichtbar werden; derartige Rohrleitungen dürfen keine Flüssigkeiten mit einem Flammpunkt bis zu einer Temperatur von 55 Grad Celsius führen.

Kann insbesondere aus Gründen der Betriebssicherheit keine der Anforderungen nach Satz 2 erfüllt werden, ist durch Maßnahmen technischer oder organisatorischer Art sicherzustellen, dass ein gleichwertiges Sicherheitsniveau erreicht wird.

(3) Auf Rohrleitungen von Sprinkleranlagen und von Heizungs- und Kühlanlagen, die in Gebäuden mit einem Gemisch aus Wasser und Glycol betrieben werden, sind Absätze 1 und 2 Satz 2 nicht anzuwenden.

(4) Bei Kälteanlagen, in denen Ammoniak als Kältemittel verwendet wird, dürfen in dem Anlagenteil, durch den die Kühlleistung erbracht wird, unterirdisch einwandige Rohrleitungen verwendet werden.

(5) Rohrleitungen zum Befördern fester wassergefährdender Stoffe müssen über die betriebstechnischen Erfordernisse hinaus keine Anforderungen bezüglich der Rückhaltung erfüllen.

§ 22 Anforderungen bei der Nutzung von Abwasseranlagen als Auffangvorrichtung

(1) Wassergefährdende Stoffe, deren Austreten aus einer Anlage im bestimmungsgemäßen Betrieb unvermeidbar ist und die aus betriebstechnischen Gründen nicht schnell und zuverlässig erkannt, zurückgehalten und ordnungsgemäß entsorgt werden können, dürfen in die betriebliche Kanalisation eingeleitet werden, wenn

1. es sich um unerhebliche Mengen handelt,
2. die betriebliche Abwasserbehandlungsanlage dafür geeignet ist und
3. die Einleitung den wasserrechtlichen Anforderungen und örtlichen Einleitungsbedingungen entspricht.

(2) Können bei Leckagen oder Betriebsstörungen austretende wassergefährdende Stoffe oder mit diesen Stoffen verunreinigte andere Stoffe oder Gemische aus betriebstechnischen Gründen nicht in der Anlage selbst zurückgehalten werden, dürfen sie in einer geeigneten Auffangvorrichtung der betrieblichen Kanalisation zurückgehalten werden, wenn sie von dort aus schadlos als Abfall entsorgt oder als Abwasser beseitigt werden können.

(3) In den Fällen der Absätze 1 und 2 ist auf Grund einer Bewertung der Anlage, der möglichen Betriebsstörungen, des Anfalls wassergefährdender Stoffe, der Abwasseranlagen und der Empfindlichkeit der Gewässer in der Betriebsanweisung nach § 44 zu regeln, welche technischen und organisatorischen Maßnahmen zu treffen sind, um den Austritt wassergefährdender Stoffe zu erkennen und zu kontrollieren. Außerdem ist in der Betriebsanweisung zu regeln, ob die wassergefährdenden Stoffe getrennt vom Abwasser aufzufangen sind oder in die Abwasseranlagen eingeleitet werden dürfen.

(4) Die Teile von Abwasseranlagen, die nach Absatz 2 oder § 19 Absatz 2 Satz 1 auch für die Rückhaltung wassergefährdender Stoffe oder nach Absatz 1 genutzt werden dürfen, müssen flüssigkeitsundurchlässig ausgeführt werden und sind von den Sachverständigen in die Prüfungen nach § 46 einzubeziehen, wenn die zugehörige Anlage prüfpflichtig ist.

§ 23 Anforderungen an das Befüllen und Entleeren

(1) Wer eine Anlage befüllt oder entleert, hat diesen Vorgang zu überwachen und sich vor Beginn der Arbeiten von dem ordnungsgemäßen Zustand der dafür erforderlichen Sicherheitseinrichtungen zu überzeugen. Die zulässigen Belastungsgrenzen der Anlage und der Sicherheitseinrichtungen sind beim Befüllen oder Entleeren einzuhalten

(2) Behälter in Anlagen zum Umgang mit flüssigen wassergefährdenden Stoffen dürfen nur mit festen Leitungsanschlüssen unter Verwendung einer Überfüllsicherung befüllt werden. Bei Anlagen zum Herstellen, Behandeln oder Verwenden flüssiger wassergefährdender Stoffe sowie bei oberirdischen Behältern jeweils mit einem Rauminhalt von bis zu 1,25 Kubikmetern, die nicht miteinander verbunden sind, sind auch andere technische oder organisatorische Sicherungsmaßnahmen, die zu einem gleichwertigen Sicherheitsniveau führen, zulässig. Bei Anlagen zum Abfüllen nicht ortsfest benutzter Behälter mit einem Volumen von mehr als 1,25 Kubikmetern kann die Überfüllsicherung durch eine volumen- oder gewichtsabhängige Steuerung ersetzt werden.

(3) Behälter in Anlagen zum Lagern von Brennstoffen nach § 2 Absatz 11 Satz 1 Nummer 2, Dieselkraftstoffen, Ottokraftstoffen oder Kraftstoffen, die aus Biomasse hergestellte Stoffe unabhängig von ihrem Anteil enthalten, dürfen aus Straßentankwagen, Aufsetztanks und ortsbeweglichen Tanks nur unter Verwendung einer selbsttätig schließenden Abfüllsicherung befüllt werden. Heizölverbraucheranlagen mit einem Volumen von bis zu 1,25 Kubikmetern dürfen abweichend von Satz 1 auch unter Verwendung selbsttätig schließender Zapfventile befüllt werden.

§ 24 Pflichten bei Betriebsstörungen; Instandsetzung

(1) Kann bei einer Betriebsstörung nicht ausgeschlossen werden, dass wassergefährdende Stoffe aus Anlagenteilen austreten, hat der Betreiber unverzüglich Maßnahmen zur Schadensbegrenzung zu ergreifen. Er hat die Anlage unverzüglich außer Betrieb zu nehmen, wenn er eine Gefährdung oder Schädigung eines Gewässers nicht auf andere Weise verhindern kann; soweit erforderlich, ist die Anlage zu entleeren.

(2) Wer eine Anlage betreibt, befüllt, entleert, ausbaut, stilllegt, instand hält, instand setzt, reinigt, überwacht oder überprüft, hat das Austreten wassergefährdender Stoffe in einer nicht nur unerheblichen Menge unverzüglich der zuständigen Behörde oder einer Polizeidienststelle an-

zuzeigen. Die Verpflichtung besteht auch bei dem Verdacht, dass wassergefährdende Stoffe in einer nicht nur unerheblichen Menge bereits ausgetreten sind, wenn eine Gefährdung eines Gewässers oder von Abwasseranlagen nicht auszuschließen ist. Anzeigepflichtig ist auch, wer das Austreten wassergefährdender Stoffe verursacht hat oder Maßnahmen zur Ermittlung oder Beseitigung wassergefährdender Stoffe durchführt, die aus Anlagen ausgetreten sind. Falls Dritte, insbesondere Betreiber von Abwasseranlagen oder Wasserversorgungsunternehmen, betroffen sein können, hat der Betreiber diese unverzüglich zu unterrichten.

(3) Für die Instandsetzung einer Anlage oder eines Teils einer Anlage ist auf der Grundlage einer Zustandsbegutachtung ein Instandsetzungskonzept zu erarbeiten.

Abschnitt 3   Besondere Anforderungen an die Rückhaltung bei bestimmten Anlagen

§ 25 Vorrang der Regelungen des Abschnitts 3

Soweit dieser Abschnitt für bestimmte Anlagen besondere Anforderungen an die Rückhaltung wassergefährdender Stoffe vorsieht oder nach diesem Abschnitt unter bestimmten Voraussetzungen eine Rückhaltung nicht erforderlich ist, gehen diese Regelungen den jeweiligen Anforderungen nach § 18 Absatz 1 bis 3 vor.

§ 26 Besondere Anforderungen an Anlagen zum Lagern, Abfüllen, Herstellen, Behandeln oder Verwenden fester wassergefährdender Stoffe

(1) Anlagen zum Lagern, Abfüllen, Herstellen, Behandeln oder Verwenden fester wassergefährdender Stoffe bedürfen keiner Rückhaltung, wenn

1. sich diese Stoffe

    a) in dicht verschlossenen Behältern oder Verpackungen befinden, die gegen Beschädigung geschützt und gegen Witterungseinflüsse und die Stoffe beständig sind, oder
    b) in geschlossenen oder vor Witterungseinflüssen geschützten Räumen befinden, die eine Verwehung verhindern, und

2. die Bodenfläche den betriebstechnischen Anforderungen genügt.

(2) Anlagen zum Lagern, Abfüllen, Herstellen, Behandeln oder Verwenden fester wassergefährdender Stoffe, bei denen der Zutritt von Niederschlagswasser oder anderem Wasser zu diesen Stoffen nicht unter allen Betriebsbedingungen verhindert werden kann, bedürfen keiner Rückhaltung, wenn

1. die Löslichkeit der wassergefährdenden Stoffe in Wasser unter 10 Gramm pro Liter liegt,
2. mit den festen wassergefährdenden Stoffen so umgegangen wird, dass eine nachteilige Veränderung der Eigenschaften von Gewässern durch ein Verwehen, Abschwemmen, Auswaschen oder sonstiges Austreten dieser Stoffe oder von mit diesen Stoffen verunreinigtem Niederschlagswasser verhindert wird, und
3. die Flächen, auf denen mit den festen wassergefährdenden Stoffen umgegangen wird, so befestigt sind, dass das dort anfallende Niederschlagswasser auf der Unterseite der Befestigung nicht austritt und ordnungsgemäß als Abwasser beseitigt oder ordnungsgemäß als Abfall entsorgt wird.

§ 27 Besondere Anforderungen an Anlagen zum Lagern oder Abfüllen fester Stoffe, denen flüssige wassergefährdende Stoffe anhaften

Bei Anlagen zum Lagern oder Abfüllen fester Stoffe, denen flüssige wassergefährdende Stoffe anhaften, ist abweichend von § 18 Absatz 3 für die Bemessung des Volumens der Rückhalteeinrichtungen das Volumen flüssiger wassergefährdender Stoffe maßgeblich, das sich ansammeln kann. Ist dieses nicht bekannt, ist ein Volumen von 5 Prozent des Anlagenvolumens anzusetzen.

§ 28 Besondere Anforderungen an Umschlagflächen für wassergefährdende Stoffe

(1) Die Umschlagflächen von Umschlaganlagen für flüssige wassergefährdende Stoffe müssen flüssigkeitsundurchlässig sein. Das dort anfallende Niederschlagswasser ist ordnungsgemäß als Abfall zu entsorgen oder nach Maßgabe von § 19 Absatz 2 Satz 1 ordnungsgemäß als Abwasser zu beseitigen. Für Umschlagflächen von Umschlaganlagen für feste wassergefährdende Stoffe gilt § 26 Absatz 1 entsprechend.
(2) An Verkehrsflächen, die dem Rangieren von Transportmitteln mit Transportbehältern und Verpackungen mit wassergefährdenden Stoffen dienen, werden über die betrieblichen Anforderungen hinaus keine Anforderungen gestellt.

§ 29 Besondere Anforderungen an Umschlaganlagen des intermodalen Verkehrs

(1) Flächen von Umschlaganlagen des intermodalen Verkehrs sind diejenigen, auf denen wassergefährdende Stoffe in Ladeeinheiten oder Straßenfahrzeugen, die gefahrgutrechtlich gekennzeichnet sind, umgeladen werden. Flächen nach Satz 1 müssen in Beton- oder Asphaltbauweise so befestigt sein, dass das dort anfallende Niederschlagswasser auf der Unterseite nicht austritt und nach Maßgabe von § 19 Absatz 2 Satz 1 ordnungsgemäß als Abwasser beseitigt wird oder ordnungsgemäß als Abfall entsorgt wird.
(2) Umschlaganlagen des intermodalen Verkehrs müssen über eine flüssigkeitsundurchlässige Havariefläche oder -einrichtung verfügen, auf der Ladeeinheiten oder Straßenfahrzeuge, aus denen wassergefährdende Stoffe austreten, abgestellt werden können und auf der wassergefährdende Stoffe zurückgehalten werden. Das auf den Havarieflächen anfallende Niederschlagswasser ist nach Maßgabe von § 19 Absatz 2 Satz 1 ordnungsgemäß als Abwasser zu beseitigen oder ordnungsgemäß als Abfall zu entsorgen.
(3) § 28 Absatz 2 gilt entsprechend.

§ 30 Besondere Anforderungen an Anlagen zum Laden und Löschen von Schiffen sowie an Anlagen zur Betankung von Wasserfahrzeugen

(1) Anlagen zum Laden und Löschen von Schiffen mit wassergefährdenden Stoffen sowie Anlagen zur Betankung von Wasserfahrzeugen bedürfen schiffsseitig keiner Rückhaltung.
(2) Beim Laden und Löschen unverpackter flüssiger wassergefährdender Stoffe und beim Betanken von Wasserfahrzeugen müssen jedoch folgende besondere Anforderungen erfüllt sein:

1. die land- und schiffsseitigen Sicherheitssysteme sind aufeinander abzustimmen;
2. beim Laden und Löschen im Druckbetrieb müssen Abreißkupplungen verwendet werden, die beidseitig selbsttätig schließen;
3. beim Saugbetrieb muss sichergestellt sein, dass bei einem Schaden an der Saugleitung die angeschlossenen Behälter durch Heberwirkung nicht leerlaufen können;
4. soweit sich Rohrleitungen oder Schläuche über Gewässern befinden, ist durch Maßnahmen technischer oder organisatorischer Art sicherzustellen, dass der bestmögliche Schutz der Gewässer vor nachteiligen Veränderungen ihrer Eigenschaft erreicht wird.

(3) Schüttgüter sind so zu laden und zu löschen, dass der Eintrag von festen wassergefährdenden Stoffen in oberirdische Gewässer durch geeignete Maßnahmen verhindert wird.

§ 31 Besondere Anforderungen an Fass- und Gebindelager

(1) Bei Fass- und Gebindelagern müssen die wassergefährdenden Stoffe in dicht verschlossenen Behältern oder Verpackungen gelagert werden, die

1. gefahrgutrechtlich zugelassen sind oder
2. gegen die Flüssigkeiten beständig und gegen Beschädigung, im Freien auch gegen Witterungseinflüsse, geschützt sind.

(2) Fass- und Gebindelager müssen über eine Rückhalteeinrichtung mit einem Rückhaltevolumen verfügen, das sich abweichend von § 18 Absatz 3 Satz 1 Nummer 1 wie folgt bestimmt:

Maßgebendes Volumen V_{ges} der Anlage in m^3	Rückhaltevolumen
≤ 100	10 % von V_{ges}, wenigstens Rauminhalt des größten Behältnisses
$> 100 \leq 1000$	3 % von V_{ges}, wenigstens 10 m^3
> 1000	2 % von V_{ges}, wenigstens 30 m^3

(3) Bei Fass- und Gebindelagern für ortsbewegliche Behälter und Verpackungen mit einem Einzelvolumen von bis zu 0,02 Kubikmetern oder für restentleerte Behälter und Verpackungen ist abweichend von Absatz 2 eine flüssigkeitsundurchlässige Fläche ohne definiertes Rückhaltevolumen ausreichend, sofern ausgetretene wassergefährdende Stoffe schnell aufgenommen werden können und die Schadenbeseitigung mit einfachen betrieblichen Mitteln gefahrlos möglich ist.

§ 32 Besondere Anforderungen an Abfüllflächen von Heizölverbraucheranlagen

Abfüllflächen von Heizölverbraucheranlagen bedürfen keiner Rückhaltung, wenn die Heizölverbraucheranlage aus hierfür zugelassenen Straßentankwagen im Vollschlauchsystem befüllt wird und hierbei eine zugelassene selbsttätig schließende Abfüllsicherung und ein Grenzwertgeber verwendet werden. Satz 1 gilt auch für Heizölverbraucheranlagen mit einem Volumen von bis zu 1,25 Kubikmetern, die unter Verwendung eines selbsttätig schließenden Zapfventils befüllt werden.

§ 33 Besondere Anforderungen an Abfüllflächen von bestimmten Anlagen zum Verwenden flüssiger wassergefährdender Stoffe

Abfüllflächen als Teile von Anlagen zum Verwenden flüssiger wassergefährdender Stoffe, bei denen auf Grund des Einsatzzweckes davon auszugehen ist, dass sie grundsätzlich nur einmal befüllt oder entleert werden, bedürfen keiner Rückhaltung. Zu den Anlagen im Sinne von Satz 1 gehören insbesondere Hydraulikanlagen sowie ölgefüllte Transformatoren.

§ 34 Besondere Anforderungen an Anlagen zum Verwenden wassergefährdender Stoffe im Bereich der Energieversorgung und in Einrichtungen des Wasserbaus

(1) Oberirdische Anlagen zum Verwenden flüssiger wassergefährdender Stoffe der Wassergefährdungsklasse 1 oder Wassergefährdungsklasse 2 als Kühl-, Schmier- oder Isoliermittel oder als Hydraulikflüssigkeit im Bereich der Energieversorgung und in Einrichtungen des Wasserbaus, die über ein Volumen von bis zu 10 Kubikmetern verfügen, bedürfen keiner Rückhaltung, wenn sie die Anforderungen nach den Absätzen 2 und 3 erfüllen.

(2) Anlagen und Anlagenteile einschließlich Rohrleitungen, die betriebs- oder bauartbedingt nicht über eine Rückhalteeinrichtung verfügen können, sind durch selbsttätige Störmeldeeinrichtungen in Verbindung mit einer ständig besetzten Betriebsstelle oder Messwarte oder durch regelmäßige Kontrollgänge zu überwachen. Für sie sind Alarm- und Maßnahmepläne aufzustellen, die wirksame Maßnahmen und Vorkehrungen zur Vermeidung von Gewässerschäden beschreiben und die mit den in die Maßnahmen einbezogenen Stellen abgestimmt sind. Die Alarm- und Maßnahmepläne sind der zuständigen Behörde auf Verlangen vorzulegen.

(3) Werden Kühler mit Direktkontakt zum Wasser eingesetzt, sind sie als Doppelrohrkühler, Zweikreiskühler oder als diesen Kühlern technisch gleichwertige Kühlsysteme auszuführen. Die Kühlsysteme sind mit automatischen Störmeldeeinrichtungen auszurüsten.

§ 35 Besondere Anforderungen an Erdwärmesonden und -kollektoren, Solarkollektoren und Kälteanlagen

(1) Für Erdwärmesonden und -kollektoren, Solarkollektoren und Kälteanlagen, in denen wassergefährdende Stoffe im Bereich der gewerblichen Wirtschaft oder im Bereich öffentlicher Einrichtungen verwendet werden, gelten die Absätze 2 bis 4.

(2) Die Wärmeträgerkreisläufe von Erdwärmesonden und -kollektoren dürfen unterirdisch nur einwandig ausgeführt werden, wenn

1. sie aus einem werkseitig geschweißten Sondenfuß und endlosen Sondenrohren bestehen,
2. sie durch selbsttätige Überwachungs- und Sicherheitseinrichtungen so gesichert sind, dass im Fall einer Leckage des Wärmeträgerkreislaufs die Umwälzpumpe sofort abgeschaltet und ein Alarm ausgelöst wird, und
3. als Wärmeträgermedium nur die folgenden Stoffe oder Gemische verwendet werden:

   a) nicht wassergefährdende Stoffe oder
   b) Gemische der Wassergefährdungsklasse 1, deren Hauptbestandteile Ethylen- oder Propylenglycol sind.

Sind die Anforderungen nach Satz 1 erfüllt, finden § 18 Absatz 1 bis 3 und § 21 Absatz 2 Satz 2 keine Anwendung.

(3) Solarkollektoren und Kälteanlagen im Freien mit flüssigen wassergefährdenden Stoffen bedürfen keiner Rückhaltung, wenn

1. sie durch selbsttätige Überwachungs- und Sicherheitseinrichtungen so gesichert sind, dass im Fall einer Leckage die Umwälzpumpe sofort abgeschaltet und Alarm ausgelöst wird,
2. sie als Wärmeträgermedien nur die folgenden Stoffe oder Gemische verwenden:

   a) nicht wassergefährdende Stoffe oder
   b) Gemische der Wassergefährdungsklasse 1, deren Hauptbestandteile Ethylen- oder Propylenglycol sind, und

3. Kühlaggregate auf einer befestigten Fläche aufgestellt sind.

(4) Kälteanlagen mit gasförmigen wassergefährdenden Stoffen der Wassergefährdungsklasse 1 bedürfen keiner Rückhaltung.

§ 36 Besondere Anforderungen an unterirdische Ölkabel- und Massekabelanlagen

Bei unterirdischen Massekabelanlagen sind Einrichtungen zur Rückhaltung von Kabeltränkmasse nicht erforderlich. Bei unterirdischen Ölkabelanlagen sind Einrichtungen zur Rückhaltung von Isolierölen nicht erforderlich, wenn der Betreiber die Anlagen elektrisch und hydraulisch durch selbsttätige Störmeldeeinrichtungen überwacht, Störungen in einer ständig besetzten Betriebsstelle angezeigt werden und die Betriebswerte ständig erfasst und auf die Abweichung von Sollwerten kontrolliert werden.

§ 37 Besondere Anforderungen an Biogasanlagen mit Gärsubstraten landwirtschaftlicher Herkunft

(1) Abweichend von § 18 Absatz 1 bis 3 ist die Rückhaltung wassergefährdender Stoffe in Biogasanlagen, in denen ausschließlich Gärsubstrate nach § 2 Absatz 8 eingesetzt werden, nach Maßgabe der Absätze 2 bis 5 auszugestalten.

(2) Einwandige Anlagen mit flüssigen allgemein wassergefährdenden Stoffen müssen mit einem Leckageerkennungssystem ausgestattet sein. Anlagen zur Lagerung von festen Gärsubstraten oder festen Gärresten müssen über eine flüssigkeitsundurchlässige Lagerfläche verfügen; sie bedürfen keines Leckageerkennungssystems.

(3) Anlagen, bei denen Leckagen oberhalb der Geländeoberkante auftreten können, sind mit einer Umwallung zu versehen, die das Volumen zurückhalten kann, das bei Betriebsstörungen bis zum Wirksamwerden geeigneter Sicherheitsvorkehrungen freigesetzt werden kann, mindestens aber das Volumen des größten Behälters; dies gilt nicht für die Lageranlagen für feste Gärsubstrate oder feste Gärreste. Einzelne Anlagen nach § 2 Absatz 14 können mit einer gemeinsamen Umwallung ausgerüstet werden.

(4) Unterirdische Behälter, Rohrleitungen sowie Sammeleinrichtungen, in denen regelmäßig wassergefährdende Stoffe angestaut werden, dürfen einwandig ausgeführt werden, wenn sie mit einem Leckageerkennungssystem ausgerüstet sind und den technischen Regeln entsprechen.

(5) Unterirdische Behälter, bei denen der tiefste Punkt der Bodenplattenunterkante unter dem höchsten zu erwartenden Grundwasserstand liegt, sowie unterirdische Behälter in Schutzgebieten sind als doppelwandige Behälter mit Leckanzeigesystem auszuführen.

(6) Erdbecken sind für die Lagerung von Gärresten aus dem Betrieb von Biogasanlagen nicht zulässig.

§ 38 Besondere Anforderungen an oberirdische Anlagen zum Umgang mit gasförmigen wassergefährdenden Stoffen

(1) Oberirdische Anlagen zum Umgang mit gasförmigen wassergefährdenden Stoffen bedürfen keiner Rückhaltung.

(2) Abweichend von Absatz 1 sind auf der Grundlage einer Gefährdungsabschätzung Maßnahmen zur Schadenerkennung, zur Rückhaltung sowie zur ordnungsgemäßen und schadlosen Verwertung oder Beseitigung der Stoffe zu treffen, wenn

1. mit gasförmigen wassergefährdenden Stoffen umgegangen wird, die auf Grund ihrer chemischen oder physikalischen Eigenschaften bei einer Betriebsstörung flüssig austreten können, oder
2. bei Schadenbekämpfungsmaßnahmen Stoffe anfallen können, die mit ausgetretenen wassergefährdenden Stoffen verunreinigt sind.

(3) Für Anlagen mit einer maßgebenden Masse bis zu 1 Tonne gasförmiger wassergefährdender Stoffe sind auch beim Vorliegen der Voraussetzungen nach Absatz 2 keine Rückhaltemaßnahmen erforderlich, wenn die Behälter den gefahrgutrechtlichen Anforderungen genügen und die Schadenbeseitigung mit einfachen betrieblichen Mitteln möglich ist.

Abschnitt 4   Anforderungen an Anlagen in Abhängigkeit von ihren Gefährdungsstufen

§ 39 Gefährdungsstufen von Anlagen

(1) Betreiber haben Anlagen nach Maßgabe der nachstehenden Tabelle einer Gefährdungsstufe zuzuordnen. Bei flüssigen Stoffen ist das für die jeweilige Anlage maßgebende Volumen zugrunde zu legen, bei gasförmigen und festen Stoffen die für die jeweilige Anlage maßgebende Masse.

Volumen in Kubikmetern bzw. Masse in Tonnen	Wassergefährdungsklasse		
	1	2	3
≤ 0,22 oder 0,2	Stufe A	Stufe A	Stufe A
> 0,22 oder 0,2 ≤ 1	Stufe A	Stufe A	Stufe B
> 1 ≤ 10	Stufe A	Stufe B	Stufe C
> 10 ≤ 100	Stufe A	Stufe C	Stufe D
> 100 ≤ 1000	Stufe B	Stufe D	Stufe D
> 1000	Stufe C	Stufe D	Stufe D

(2) Soweit in den Absätzen 3 bis 8 nichts anderes geregelt ist,

1. ist das maßgebende Volumen das Nennvolumen der Anlage einschließlich aller Anlagenteile oder nach sicherheitstechnischer Umrüstung das Volumen, das im Betrieb maximal genutzt werden kann und das auf nicht zu entfernende Art auf der Anlage angegeben ist, und
2. ist die maßgebende Masse die Masse wassergefährdender Stoffe, mit der in der Anlage einschließlich aller Anlagenteile umgegangen werden kann.

Betrieblich genutzte Absperreinrichtungen innerhalb einer Anlage bleiben außer Betracht.

(3) Bei Lageranlagen ergibt sich das maßgebende Volumen aus dem betriebstechnisch nutzbaren Rauminhalt aller zur Anlage gehörenden Behälter. Das maßgebende Volumen eines Fass- und Gebindelagers ergibt sich aus der Summe der Rauminhalte aller Behältnisse und Verpackungen, für die die Lageranlage ausgelegt ist.

(4) Bei Abfüllanlagen ist das maßgebende Volumen entweder der Rauminhalt, der sich beim größten Volumenstrom über einen Zeitraum von zehn Minuten ergibt, oder der Rauminhalt, der sich aus dem mittleren Tagesdurchsatz der Anlage ergibt, wobei der größere Wert maßgebend ist.

(5) Bei Anlagen zum Umladen wassergefährdender Stoffe in Behältern oder Verpackungen von einem Transportmittel auf ein anderes, sowie bei Anlagen zum Laden und Löschen von Stückgut oder losen Schüttungen von Schiffen entspricht das maßgebende Volumen oder die maßgebende Masse der größten Umladeeinheit, für die die Anlage ausgelegt ist.

(6) Bei Anlagen zum Herstellen, Behandeln oder Verwenden wassergefährdender Stoffe bestimmt sich das maßgebende Volumen nach dem unter Berücksichtigung der Verfahrenstechnik ermittelten größten Volumen, das bei bestimmungsgemäßem Betrieb in einer Anlage vorhanden ist.

(7) Bei Rohrleitungsanlagen ist das maßgebende Volumen entweder der Rauminhalt, der sich beim größten Volumenstrom über einen Zeitraum von zehn Minuten zusätzlich zum Volumen der Rohrleitungsanlage ergibt, oder der Rauminhalt, der sich aus dem mittleren Tagesdurchsatz der Anlage ergibt, wobei der größere Wert maßgebend ist.

(8) Bei Anlagen zum Lagern, Abfüllen oder Umschlagen fester Stoffe, denen flüssige wassergefährdende Stoffe anhaften, ist das Volumen flüssiger wassergefährdender Stoffe maßgeblich, das sich ansammeln kann.

(9) Das maßgebende Volumen einer Biogasanlage ergibt sich aus der Summe der Volumina der in § 2 Absatz 14 genannten Anlagen.

(10) Bei Anlagen, in denen gleichzeitig mit wassergefährdenden Stoffen unterschiedlicher Wassergefährdungsklassen umgegangen wird, sind für die Ermittlung der Gefährdungsstufe die höchsten Wassergefährdungsklasse maßgebend, sofern der Anteil dieser Stoffe mehr als 3 Prozent des Gesamtinhalts der Anlage beträgt. Ist dieser Prozentsatz kleiner, ist die nächstniedrigere Wassergefährdungsklasse maßgebend.

(11) Anlagen zum Umgang mit allgemein wassergefährdenden Stoffen nach § 3 Absatz 2 werden keiner Gefährdungsstufe zugeordnet.

§ 40 Anzeigepflicht

(1) Wer eine nach § 46 Absatz 2 oder Absatz 3 prüfpflichtige Anlage errichten oder wesentlich ändern will oder an dieser Anlage Maßnahmen ergreifen will, die zu einer Änderung der Gefährdungsstufe nach § 39 Absatz 1 führen, hat dies der zuständigen Behörde mindestens sechs Wochen im Voraus schriftlich anzuzeigen.

(2) Die Anzeige nach Absatz 1 muss Angaben zum Betreiber, zum Standort und zur Abgrenzung der Anlage, zu den wassergefährdenden Stoffen, mit denen in der Anlage umgegangen wird, zu bauaufsichtlichen Verwendbarkeitsnachweisen sowie zu den technischen und organisatorischen Maßnahmen, die für die Sicherheit der Anlage bedeutsam sind, enthalten.

(3) Nicht anzeigepflichtig nach Absatz 1 ist das Errichten von

1. Anlagen zum Lagern, Abfüllen oder Umschlagen wassergefährdender Stoffe, für die eine Eignungsfeststellung nach § 63 Absatz 1 des Wasserhaushaltsgesetzes beantragt wird, und

2. sonstigen Anlagen, die Gegenstand eines Zulassungsverfahrens nach anderen Rechtsvorschriften sind, sofern im Zulassungsverfahren auch die Erfüllung der Anforderungen dieser Verordnung sichergestellt wird.

Nicht anzeigepflichtig sind in den Fällen des Satzes 1 Nummer 2 auch zulassungsbedürftige wesentliche Änderungen der Anlage.

(4) Nach einem Wechsel des Betreibers einer nach § 46 Absatz 2 oder Absatz 3 prüfpflichtigen Anlage hat der neue Betreiber diesen Wechsel der zuständigen Behörde unverzüglich schriftlich anzuzeigen. Satz 1 gilt nicht für Betreiber von Heizölverbraucheranlagen.

§ 41 Ausnahmen vom Erfordernis der Eignungsfeststellung

(1) Die Eignungsfeststellung nach § 63 Absatz 1 des Wasserhaushaltsgesetzes ist über die in § 63 Absatz 2 und 3 des Wasserhaushaltsgesetzes geregelten Fälle hinaus nicht erforderlich für

1. Anlagen zum Lagern, Abfüllen oder Umschlagen gasförmiger wassergefährdender Stoffe sowie Anlagen zum Lagern, Abfüllen oder Umschlagen flüssiger oder fester wassergefährdender Stoffe der Gefährdungsstufe A,
2. Anlagen zum Lagern, Abfüllen oder Umschlagen von aufschwimmenden flüssigen Stoffen nach § 3 Absatz 2 Satz 1 Nummer 7,
3. Anlagen zum Lagern, Abfüllen oder Umschlagen von allgemein wassergefährdenden Stoffen, die keiner Prüfpflicht nach § 46 Absatz 2 oder Absatz 3 unterliegen,
4. Heizölverbraucheranlagen und
5. Anlagen mit einem Volumen von bis zu 1 Kubikmeter, die doppelwandig sind oder über ein Rückhaltevolumen verfügen, das das gesamte in der Anlage vorhandene Volumen wassergefährdender Stoffe zurückhalten kann.

(2) Eine Eignungsfeststellung ist für Anlagen der Gefährdungsstufen B und C sowie für nach § 46 Absatz 2 oder Absatz 3 prüfpflichtige Anlagen mit allgemein wassergefährdenden Stoffen nicht erforderlich, wenn

1. für alle Teile einer Anlage einschließlich ihrer technischen Schutzvorkehrungen einer der folgenden Nachweise vorliegt:

   a) ein CE-Kennzeichen, das zulässige Klassen und Leistungsstufen nach § 63 Absatz 3 Satz 1 Nummer 1 des Wasserhaushaltsgesetzes aufweist,

   b) Zulassungen oder Nachweise nach § 63 Absatz 3 Satz 1 Nummer 2 und Satz 2 des Wasserhaushaltsgesetzes oder

   c) bei Behältern und Verpackungen die Zulassungen nach gefahrgutrechtlichen Vorschriften und

2. durch das Gutachten eines Sachverständigen bestätigt wird, dass die Anlage insgesamt die Gewässerschutzanforderungen erfüllt.

Die Anlage darf wie geplant errichtet und betrieben werden, wenn die zuständige Behörde innerhalb einer Frist von sechs Wochen nach Vorlage der in Satz 1 Nummer 1 genannten Nachweise und des Gutachtens nach Satz 1 Nummer 2 weder die Errichtung oder den Betrieb untersagt noch Anforderungen an die Errichtung oder den Betrieb festgesetzt hat. Anforderungen nach anderen Rechtsbereichen bleiben unberührt.

(3) Bei Anlagen der Gefährdungsstufe D kann die zuständige Behörde von einer Eignungsfeststellung absehen, wenn die Anforderungen nach Absatz 2 Satz 1 erfüllt sind.

§ 42 Antragsunterlagen für die Eignungsfeststellung

Dem Antrag auf Erteilung einer Eignungsfeststellung sind die zum Nachweis der Eignung erforderlichen Unterlagen beizufügen. Auf Verlangen der zuständigen Behörde ist dem Antrag ein Gutachten eines Sachverständigen beizufügen. Als Nachweise gelten auch Prüfbescheinigungen und Gutachten von in anderen Mitgliedstaaten der Europäischen Union und anderen Vertragsstaaten des Abkommens über den Europäischen Wirtschaftsraum zugelassenen Prüfstellen oder Sachverständigen, wenn die Anforderungen an die Prüfung der Anlage denen nach dieser Verordnung gleichwertig sind; für die Prüfbescheinigungen und Gutachten gilt § 52 Absatz 2 Satz 2 und 3 entsprechend.

§ 43 Anlagendokumentation

(1) Der Betreiber hat eine Anlagendokumentation zu führen, in der die wesentlichen Informationen über die Anlage enthalten sind. Hierzu zählen insbesondere Angaben zum Aufbau und zur Abgrenzung der Anlage, zu den eingesetzten Stoffen, zur Bauart und zu den Werkstoffen der einzelnen Anlagenteile, zu Sicherheitseinrichtungen und Schutzvorkehrungen, zur Löschwasserrückhaltung und zur Standsicherheit. Die Dokumentation ist bei einem Wechsel des Betreibers an den neuen Betreiber zu übergeben.

(2) Ist die Anlage nach § 46 Absatz 2 oder Absatz 3 prüfpflichtig, hat der Betreiber neben der Dokumentation nach Absatz 1 zusätzlich die Unterlagen bereitzuhalten, die für die Prüfung der Anlage und für die Durchführung fachbetriebspflichtiger Tätigkeiten nach § 45 erforderlich sind. Hierzu gehören insbesondere eine Dokumentation der Abgrenzung der Anlage nach § 14 Absatz 1, eine erteilte Eignungsfeststellung, bauaufsichtliche Verwendbarkeitsnachweise sowie der letzte Prüfbericht nach § 47 Absatz 3 Satz 1.

(3) Der Betreiber hat die Unterlagen nach Absatz 2 der zuständigen Behörde, Sachverständigen vor Prüfungen und Fachbetrieben nach § 62 vor fachbetriebspflichtigen Tätigkeiten jeweils auf Verlangen vorzulegen.

(4) Absatz 1 gilt nicht für Anlagen, die zu einem EMAS-Standort im Sinne von § 3 Nummer 12 des Wasserhaushaltsgesetzes gehören, sofern der Anlagendokumentation vergleichbare Angaben enthalten sind in

1. einer der Registrierung zugrunde gelegten Umwelterklärung nach Artikel 2 Nummer 18 der Verordnung (EG) Nr. 1221/2009 des Europäischen Parlaments und des Rates vom 25. November 2009 über die freiwillige Teilnahme von Organisationen an einem Gemeinschaftssystem für Umweltmanagement und Umweltbetriebsprüfung und zur Aufhebung der Verordnung (EG) Nr. 761/2001, sowie der Beschlüsse der Kommission 2001/681/EG und 2006/193/EG (ABl. L 342 vom 22.12.2009, S. 1), die durch Verordnung (EU) Nr. 517/2013 des Rates vom 13. Mai 2013 (ABl. L 158 vom 10.6.2013, S. 1) geändert worden ist, die der zuständigen Behörde vorliegt und validiert worden ist, oder
2. einem Umweltbetriebsprüfungsbericht nach Anhang III Buchstabe C der Verordnung (EG) Nr. 1221/2009.

§ 44 Betriebsanweisung; Merkblatt

(1) Der Betreiber hat eine Betriebsanweisung vorzuhalten, die einen Überwachungs-, Instandhaltungs- und Notfallplan enthält und Sofortmaßnahmen zur Abwehr nachteiliger Veränderungen der Eigenschaften von Gewässern festlegt. Der Plan ist mit den Stellen abzustimmen, die im

Rahmen des Notfallplans und der Sofortmaßnahmen beteiligt sind. Der Betreiber hat die Einhaltung der Betriebsanweisung und deren Aktualisierung sicherzustellen.

(2) Das Betriebspersonal der Anlage ist vor Aufnahme der Tätigkeit und dann regelmäßig in angemessenen Zeitabständen, mindestens jedoch einmal jährlich, zu unterweisen, wie es sich laut Betriebsanweisung zu verhalten hat. Die Durchführung der Unterweisung ist vom Betreiber zu dokumentieren.

(3) Die Betriebsanweisung muss dem Betriebspersonal der Anlage jederzeit zugänglich sein.

(4) Die Absätze 1 bis 3 gelten nicht für

1. Anlagen der Gefährdungsstufe A,
2. Eigenverbrauchstankstellen,
3. Heizölverbraucheranlagen,
4. Anlagen zum Umgang mit aufschwimmenden flüssigen Stoffen mit einem Volumen bis zu 100 Kubikmetern und
5. Anlagen mit festen Gemischen bis zu 1.000 Tonnen.

Stattdessen ist bei Anlagen nach Satz 1 Nummer 3 das Merkblatt zu Betriebs- und Verhaltensvorschriften beim Betrieb von Heizölverbraucheranlagen nach Anlage 3 und bei Anlagen nach Satz 1 Nummer 1, 2, 4 und 5 das Merkblatt zu Betriebs- und Verhaltensvorschriften beim Umgang mit wassergefährdenden Stoffen nach Anlage 4 an gut sichtbarer Stelle in der Nähe der Anlage dauerhaft anzubringen. Auf das Anbringen des Merkblattes nach Anlage 4 kann verzichtet werden, wenn die dort vorgegebenen Informationen auf andere Weise in der Nähe der Anlage gut sichtbar dokumentiert sind. Bei Anlagen zum Verwenden wassergefährdender Stoffe der Gefährdungsstufe A, die im Freien außerhalb von Ortschaften betrieben werden, ist die gut sichtbare Anbringung einer Telefonnummer ausreichend, unter der bei Betriebsstörungen eine Alarmierung erfolgen kann.

§ 45 Fachbetriebspflicht; Ausnahmen

(1) Folgende Anlagen einschließlich der zu ihnen gehörenden Anlagenteile dürfen nur von Fachbetrieben nach § 62 errichtet, von innen gereinigt, instand gesetzt und stillgelegt werden:

1. unterirdische Anlagen,
2. oberirdische Anlagen zum Umgang mit flüssigen wassergefährdenden Stoffen der Gefährdungsstufen C und D,
3. oberirdische Anlagen zum Umgang mit flüssigen wassergefährdenden Stoffen der Gefährdungsstufe B innerhalb von Wasserschutzgebieten,
4. Heizölverbraucheranlagen der Gefährdungsstufen B, C und D,
5. Biogasanlagen,
6. Umschlaganlagen des intermodalen Verkehrs sowie
7. Anlagen zum Umgang mit aufschwimmenden flüssigen Stoffen nach § 3 Absatz 2 Satz 1 Nummer 7.

(2) Abweichend von Absatz 1 müssen Tätigkeiten an Anlagen oder Anlagenteilen, die keine unmittelbare Bedeutung für die Anlagensicherheit haben, nicht von Fachbetrieben ausgeführt werden.

§ 46 Überwachungs- und Prüfpflichten des Betreibers

(1) Der Betreiber hat die Dichtheit der Anlage und die Funktionsfähigkeit der Sicherheitseinrichtungen regelmäßig zu kontrollieren. Die zuständige Behörde kann im Einzelfall anordnen, dass der Betreiber einen Überwachungsvertrag mit einem Fachbetrieb nach § 62 abschließt, wenn er selbst nicht die erforderliche Sachkunde besitzt und auch nicht über sachkundiges Personal verfügt.

(2) Betreiber haben Anlagen außerhalb von Schutzgebieten und außerhalb von festgesetzten oder vorläufig gesicherten Überschwemmungsgebieten nach Maßgabe der in Anlage 5 geregelten Prüfzeitpunkte und -intervalle auf ihren ordnungsgemäßen Zustand prüfen zu lassen.

(3) Betreiber haben Anlagen in Schutzgebieten und in festgesetzten oder vorläufig gesicherten Überschwemmungsgebieten nach Maßgabe der in Anlage 6 geregelten Prüfzeitpunkte und -intervalle auf ihren ordnungsgemäßen Zustand prüfen zu lassen.

(4) Die zuständige Behörde kann unabhängig von den sich nach den Absätzen 2 und 3 ergebenden Prüfzeitpunkten und -intervallen eine einmalige Prüfung oder wiederkehrende Prüfungen anordnen, insbesondere wenn die Besorgnis einer nachteiligen Veränderung von Gewässereigenschaften besteht.

(5) Betreiber haben Anlagen, bei denen nach § 47 Absatz 2 ein erheblicher oder ein gefährlicher Mangel festgestellt worden ist, nach Beseitigung des Mangels nach § 48 Absatz 1 erneut prüfen zu lassen.

(6) Die Prüfung nach Absatz 2 oder Absatz 3 entfällt, wenn die Anlage der Forschung, Entwicklung oder Erprobung neuer Einsatzstoffe, Brennstoffe, Erzeugnisse oder Verfahren dient und nicht länger als ein Jahr betrieben wird.

(7) Weiter gehende Regelungen, insbesondere in einer Eignungsfeststellung nach § 63 Absatz 1 des Wasserhaushaltsgesetzes, bleiben unberührt.

§ 47 Prüfung durch Sachverständige

(1) Prüfungen nach § 46 Absatz 2 bis 5 dürfen nur von Sachverständigen durchgeführt werden.

(2) Der Sachverständige hat die Anlage auf Grund des Ergebnisses der Prüfungen nach § 46 in eine der folgenden Klassen einzustufen:

1. ohne Mangel,
2. mit geringfügigem Mangel,
3. mit erheblichem Mangel oder
4. mit gefährlichem Mangel.

(3) Der Sachverständige hat der zuständigen Behörde über das Ergebnis jeder von ihm durchgeführten Prüfung nach § 46 innerhalb von vier Wochen nach Durchführung der Prüfung einen Prüfbericht vorzulegen. Über einen gefährlichen Mangel hat er die zuständige Behörde unverzüglich zu unterrichten. Der Prüfbericht nach Satz 1 muss Angaben zu Folgendem enthalten:

1. zum Betreiber,
2. zum Standort,
3. zur Anlagenidentifikation,
4. zur Anlagenzuordnung,
5. zu den wassergefährdenden Stoffen, mit denen in der Anlage umgegangen wird,
6. zu behördlichen Zulassungen,
7. zum Sachverständigen und zu der Sachverständigenorganisation, die ihn bestellt hat,
8. zu Art und Umfang der Prüfung,

9. dazu, ob die Prüfung der gesamten Anlage abgeschlossen ist oder welche Anlagenteile noch nicht geprüft wurden,
10. zu Art und Umfang der festgestellten Mängel,
11. zu Datum und Ergebnis der Prüfung,
12. zu erforderlichen Maßnahmen und zu einem Vorschlag für eine angemessene Frist für ihre Umsetzung oder zur Erforderlichkeit der Erarbeitung eines Instandsetzungskonzeptes,
13. zum Datum der nächsten Prüfung und
14. zu einer erfolgreichen Beseitigung festgestellter Mängel bei Nachprüfungen nach § 46 Absatz 5.

Die Angaben nach Satz 3 Nummer 1, 2, 3, 9, 11 und 13 sind auf der ersten Seite des Prüfberichts in optisch deutlich hervorgehobener Form darzustellen.

(4) Stuft der Sachverständige eine Heizölverbraucheranlage nach Abschluss ihrer Prüfung in die Klasse „ohne Mangel" oder „mit geringfügigem Mangel" nach Absatz 2 ein, hat er auf der Anlage an gut sichtbarer Stelle eine Plakette anzubringen, aus der das Datum der Prüfung und das Datum der nächsten Prüfung ersichtlich sind.

(5) Bei der Prüfung einer Heizölverbraucheranlage hat der Sachverständige dem Betreiber das Merkblatt nach Anlage 3 auszuhändigen, sofern an der Anlage ein solches Merkblatt nicht bereits aushängt.

§ 48 Beseitigung von Mängeln

(1) Werden bei Prüfungen nach § 46 durch einen Sachverständigen geringfügige Mängel festgestellt, hat der Betreiber diese Mängel innerhalb von sechs Monaten und, soweit nach § 45 erforderlich durch einen Fachbetrieb nach § 62 zu beseitigen. Erhebliche und gefährliche Mängel sind dagegen unverzüglich zu beseitigen.

(2) Hat der Sachverständige bei seiner Prüfung nach § 46 einen gefährlichen Mangel im Sinne von § 47 Absatz 2 Nummer 4 festgestellt, hat der Betreiber die Anlage unverzüglich außer Betrieb zu nehmen und, soweit dies nach Feststellung des Sachverständigen erforderlich ist, zu entleeren. Die Anlage darf erst wieder in Betrieb genommen werden, wenn der zuständigen Behörde eine Bestätigung des Sachverständigen über die erfolgreiche Beseitigung der festgestellten Mängel vorliegt.

Abschnitt 5 Anforderungen an Anlagen in Schutzgebieten und Überschwemmungsgebieten

§ 49 Anforderungen an Anlagen in Schutzgebieten

(1) Im Fassungsbereich und in der engeren Zone von Schutzgebieten dürfen keine Anlagen errichtet und betrieben werden.

(2) In der weiteren Zone von Schutzgebieten dürfen folgende Anlagen nicht errichtet und folgende bestehende Anlagen nicht erweitert werden:

1. Anlagen der Gefährdungsstufe D,
2. Biogasanlagen mit einem maßgebenden Volumen von insgesamt über 3.000 Kubikmetern,
3. unterirdische Anlagen der Gefährdungsstufe C sowie
4. Anlagen mit Erdwärmesonden.

Anlagen in der weiteren Zone von Schutzgebieten dürfen nicht so geändert werden, dass sie durch diese Änderung zu Anlagen nach Satz 1 werden. Satz 1 Nummer 2 gilt nicht, soweit die Überschreitung des Volumens zur Erfüllung der Anforderungen gemäß § 12 der Düngeverordnung an die Kapazität des Gärrestelagers erforderlich ist oder in den Biogasanlagen ausschließlich mit den tierischen Ausscheidungen aus einer eigenen in der weiteren Schutzzone bestehenden Tierhaltung umgegangen wird.

(3) Unbeschadet des Absatzes 2 dürfen in der weiteren Zone von Schutzgebieten nur Lageranlagen und Anlagen zum Herstellen, Behandeln und Verwenden wassergefährdender Stoffe errichtet und betrieben werden, die

1. mit einer Rückhalteeinrichtung ausgerüstet sind, die abweichend von § 18 Absatz 3 das gesamte in der Anlage vorhandene Volumen wassergefährdender Stoffe aufnehmen kann, oder

2. doppelwandig ausgeführt und mit einem Leckanzeigesystem ausgerüstet sind. Abweichend von Satz 1 gelten für die in Abschnitt 3 bestimmten Anlagen nur die dort geregelten Anforderungen; dies gilt nicht für die in §§ 31 und 38 genannten Anlagen sowie die in § 34 genannten Anlagen zum Verwenden wassergefährdender Stoffe im Bereich der Energieversorgung.

(4) Die zuständige Behörde kann eine Befreiung von den Anforderungen nach den Absätzen 1 und 2 erteilen, wenn

1. das Wohl der Allgemeinheit dies erfordert oder das Verbot zu einer unzumutbaren Härte führen würde und

2. der Schutzzweck des Schutzgebietes nicht beeinträchtigt wird.

(5) Die Absätze 2 und 3 gelten nicht, soweit landesrechtliche Verordnungen zur Festsetzung von Schutzgebieten weiter gehende Regelungen treffen.

§ 50 Anforderungen an Anlagen in festgesetzten und vorläufig gesicherten Überschwemmungsgebieten

(1) Anlagen dürfen in festgesetzten und vorläufig gesicherten Überschwemmungsgebieten im Sinne des § 76 des Wasserhaushaltsgesetzes oder nach landesrechtlichen Vorschriften nur errichtet und betrieben werden, wenn wassergefährdende Stoffe durch Hochwasser nicht abgeschwemmt oder freigesetzt werden und auch nicht auf eine andere Weise in ein Gewässer oder eine Abwasserbehandlungsanlage gelangen können.

(2) Für Befreiungen von den Anforderungen nach Absatz 1 gilt § 49 Absatz 4 entsprechend.

(3) § 78 des Wasserhaushaltsgesetzes sowie weiter gehende landesrechtliche Vorschriften für Überschwemmungsgebiete bleiben unberührt.

§ 51 Abstand zu Trinkwasserbrunnen, Quellen und oberirdischen Gewässern

Der Abstand von JGS-Anlagen und Biogasanlagen, in denen ausschließlich Gärsubstrate nach § 2 Absatz 8 eingesetzt werden, zu privat oder gewerblich genutzten Quellen oder zu Brunnen, die der Trinkwassergewinnung dienen, hat mindestens 50 Meter, der Abstand zu oberirdischen Gewässern mindestens 20 Meter zu betragen. Dies gilt nicht, wenn der Betreiber nachweist, dass ein entsprechender Schutz der Trinkwassergewinnung oder der Gewässer auf andere Weise gewährleistet ist.

Kapitel 4
Sachverständigenorganisationen und Sachverständige; Güte- und Überwachungsgemeinschaften und Fachprüfer; Fachbetriebe

§ 52 Anerkennung von Sachverständigenorganisationen

(1) Sachverständigenorganisationen bedürfen der Anerkennung durch die zuständige Behörde. Anerkannte Sachverständigenorganisationen sind berechtigt,

1. Sachverständige zu bestellen, die

   a) Anlagenprüfungen nach § 46 Absatz 2 bis 5 und Anlage 7 Nummer 6.4 und 6.7 Satz 3 durchführen und
   b) Gutachten nach § 41 Absatz 2 Satz 1 Nummer 2, auch in Verbindung mit Absatz 3, oder nach § 42 Satz 2 erstellen, sowie

2. Fachbetriebe nach § 62 Absatz 1 zu zertifizieren und zu überwachen, sofern sich die Anerkennung auch darauf erstreckt.

(2) Anerkennungen aus einem anderen Mitgliedstaat der Europäischen Union oder einem anderen Vertragsstaat des Abkommens über den Europäischen Wirtschaftsraum stehen Anerkennungen nach Absatz 1 gleich, wenn sie ihnen gleichwertig sind. Sie sind der zuständigen Behörde vor Aufnahme der Prüf- oder Überwachungstätigkeiten im Original oder in Kopie vorzulegen; eine Beglaubigung der Kopie kann verlangt werden. Die zuständige Behörde kann darüber hinaus verlangen, dass gleichwertige Anerkennungen nach Satz 1 in beglaubigter deutscher Übersetzung vorgelegt werden.

(3) Eine Organisation kann als Sachverständigenorganisation anerkannt werden, wenn sie

1. eine vertretungsberechtigte natürliche Person benennt und deren Vertretungsbefugnis gegenüber der zuständigen Behörde nachweist,
2. nachweist, dass eine technische Leitung und eine Stellvertretung bestellt wurden, die die für Sachverständige geltenden Anforderungen nach § 53 erfüllen,
3. eine ausreichende Anzahl von Sachverständigen bestellt hat, die die in § 53 genannten Anforderungen erfüllen und an fachliche Weisungen der technischen Leitung gebunden sind,
4. Grundsätze aufgestellt hat, die bei den Anlagenprüfungen zu beachten sind,
5. ein betriebliches Qualitätssicherungssystem nachweist,
6. den Nachweis über das Bestehen einer Haftpflichtversicherung für Boden- und Gewässerschäden für die Tätigkeit ihrer Sachverständigen mit einer Deckungssumme von mindestens 2,5 Millionen Euro pro Schadenfall erbringt und
7. erklärt, dass sie die Länder, in denen die Sachverständigen Prüfungen vornehmen, von jeder Haftung für die Tätigkeit ihrer Sachverständigen freigestellt.

Das Qualitätssicherungssystem nach Satz 1 Nummer 5 hat sicherzustellen, dass geeignete Organisationsstrukturen vorhanden sind, die ordnungsgemäße Anlagenprüfungen nach § 46 gewährleisten. Es muss insbesondere Vorgaben zu Kontrollen der Prüfberichte und der Prüfmittel, zur Durchführung von Einzelgesprächen mit den Sachverständigen sowie zu Kontrollen der Prüftätigkeit der Sachverständigen an Referenzanlagen enthalten. Soll sich die Anerkennung auch auf die Zertifizierung und Überwachung von Fachbetrieben nach § 62 Absatz 1 erstrecken, gilt für die Sachverständigenorganisation zusätzlich zu den in Satz 1 genannten Voraussetzungen § 57 Absatz 3 Satz 1 Nummer 3 und 4 entsprechend. In diesem Fall hat das Qualitätssicherungssystem nach Satz 1 Nummer 5 ungeachtet des Satzes 2 auch sicherzustellen, dass geeignete Organisationsstrukturen vorhanden sind, nach denen die Fachprüfer überwacht werden und die die ordnungsgemäße Überprüfung der Fachbetriebe gewährleisten.

(4) Bei der Prüfung des Antrages auf Anerkennung stehen Nachweise einzelner Voraussetzungen aus einem anderen Mitgliedstaat der Europäischen Union oder einem anderen Vertragsstaat des Abkommens über den Europäischen Wirtschaftsraum inländischen Nachweisen gleich, wenn aus ihnen hervorgeht, dass die Organisation die betreffenden Anforderungen nach Absatz 3 oder die auf Grund ihrer Zielsetzung im Wesentlichen vergleichbaren Anforderungen des Ausstellungsstaats erfüllt. Absatz 2 Satz 2 und 3 gilt entsprechend.

(5) Die Anerkennung kann mit einem Vorbehalt des Widerrufs, einer Befristung, mit Bedingungen, Auflagen und dem Vorbehalt von Auflagen versehen werden. Die Anerkennung gilt im gesamten Bundesgebiet.

(6) Über einen Antrag auf Anerkennung ist innerhalb einer Frist von vier Monaten zu entscheiden; § 42 a Absatz 2 Satz 2 bis 4 des Verwaltungsverfahrensgesetzes ist anzuwenden. Das Anerkennungsverfahren kann über eine einheitliche Stelle abgewickelt werden.

(7) Als Sachverständigenorganisation können auch Gruppen anerkannt werden, die in selbständigen organisatorischen Einheiten eines Unternehmens zusammengefasst und hinsichtlich ihrer Prüftätigkeit nicht weisungsgebunden sind. Absatz 3 bleibt unberührt.

§ 53 Bestellung von Sachverständigen

(1) Eine Sachverständigenorganisation darf nur solche Personen als Sachverständige bestellen, die

1. für die Tätigkeit als Sachverständige die erforderliche Zuverlässigkeit besitzen,
2. hinsichtlich der Prüftätigkeit unabhängig sind; insbesondere darf kein Zusammenhang zwischen den Aufgaben nach § 52 Absatz 1 Satz 2 Nummer 1 und anderen Leistungen bestehen, die im Zusammenhang mit der Planung oder Herstellung, dem Vertrieb, dem Betrieb oder der Instandhaltung der zu prüfenden Anlagen oder Anlagenteile erbracht werden oder erbracht wurden,
3. körperlich in der Lage sind, die Prüfungen ordnungsgemäß durchzuführen,
4. auf Grund ihrer Fachkunde und ihrer durch praktische Tätigkeit gewonnenen Erfahrungen die Gewähr dafür bieten, dass sie Prüfungen ordnungsgemäß durchführen,
5. über die erforderlichen Kenntnisse der maßgeblichen Vorschriften des Wasser-, Bau-, Betriebssicherheits-, Immissionsschutz- und Abfallrechts und der technischen Regeln verfügen und
6. von keiner anderen im Bundesgebiet tätigen Sachverständigenorganisation bestellt sind.

Die Bestellung kann auf bestimmte Tätigkeitsbereiche beschränkt werden. Die Erfüllung der Anforderungen nach Satz 1 ist von der Sachverständigenorganisation vor der Bestellung in einer Bestellungsakte zu dokumentieren.

(2) Die nach Absatz 1 Satz 1 Nummer 1 erforderliche Zuverlässigkeit ist in der Regel nicht gegeben, wenn der Sachverständige zu einer Freiheitsstrafe, Jugendstrafe oder Geldstrafe rechtskräftig verurteilt worden ist wegen Verletzung von Vorschriften

1. des Strafrechts über gemeingefährliche Delikte, über Delikte gegen die Umwelt oder über Urkundenfälschung,
2. des Natur- und Landschaftsschutz-, Chemikalien-, Gentechnik- oder Strahlenschutzrechts,
3. des Lebensmittel-, Arzneimittel-, Pflanzenschutz- oder Infektionsschutzrechts,
4. des Gewerbe-, Produktsicherheits- oder Arbeitsschutzrechts oder
5. des Betäubungsmittel-, Waffen- oder Sprengstoffrechts.

(3) Die erforderliche Zuverlässigkeit ist außerdem in der Regel nicht gegeben, wenn der Sachverständige innerhalb der letzten fünf Jahre vor der Bestellung mit einer Geldbuße in Höhe von mehr als fünfhundert Euro belegt worden ist wegen Verletzung von Vorschriften

1. des Immissionsschutz-, Abfall-, Wasser-, Natur- und Landschaftsschutz-, Bodenschutz-, Chemikalien-, Gentechnik- oder Atom- und Strahlenschutzrechts,
2. des Lebensmittel-, Arzneimittel-, Pflanzenschutz- oder Infektionsschutzrechts,
3. des Gewerbe-, Produktsicherheits- oder Arbeitsschutzrechts oder
4. des Betäubungsmittel-, Waffen- oder Sprengstoffrechts.

Die Zuverlässigkeit ist auch nicht bei Personen gegeben, die die Fähigkeit, öffentliche Ämter zu bekleiden, gemäß § 45 des Strafgesetzbuches nicht mehr besitzen.

(4) Die erforderliche Zuverlässigkeit ist in der Regel auch dann nicht gegeben, wenn der Sachverständige

1. wiederholt oder grob pflichtwidrig gegen in den Absätzen 2 und 3 genannte Vorschriften verstoßen hat,
2. Prüfungsergebnisse vorsätzlich oder grob fahrlässig verändert oder nicht vollständig wiedergegeben hat,
3. wiederholt gegen Anforderungen des technischen Regelwerks verstoßen hat, die für die Richtigkeit der Prüfungsergebnisse relevant sind,
4. vorsätzlich oder grob fahrlässig Pflichten, die sich aus dieser Verordnung ergeben, verletzt hat oder
5. wiederholt Prüfberichte erstellt hat, die erhebliche oder schwerwiegende Mängel aufweisen, oder vorsätzlich oder grob fahrlässig wiederholt Fristen für deren Vorlage versäumt hat.

(5) Die nach Absatz 1 Satz 1 Nummer 4 erforderliche Fachkunde liegt vor, wenn der Sachverständige ein ingenieur- oder naturwissenschaftliches Studium in einer für die ausgeübte Tätigkeit einschlägigen Fachrichtung erfolgreich abgeschlossen hat oder über eine als gleichwertig anerkannte Berufsausbildung verfügt. Die Erfahrungen nach Absatz 1 Satz 1 Nummer 4 erfordern eine mindestens fünfjährige berufliche Tätigkeit auf dem Gebiet der Planung, der Errichtung oder des Betriebs sowie der Prüfung von Anlagen zum Umgang mit wassergefährdenden Stoffen. Die Sachverständigenorganisation hat sich mittels einer theoretischen und praktischen Prüfung vor der Bestellung davon zu überzeugen, dass der zu bestellende Sachverständige den Anforderungen nach Absatz 1 Satz 1 Nummer 4 genügt. Das Ergebnis dieser Prüfung ist zu dokumentieren.

(6) Sollen bei einer Sachverständigenorganisation, die berechtigt ist, Fachbetriebe zu zertifizieren und zu überwachen, Sachverständige eingesetzt werden, die ausschließlich Fachbetriebe zertifizieren und überwachen sollen, darf für diese Sachverständigen von den Anforderungen an die Fachkunde und die Erfahrung nach Absatz 5 nach Zustimmung der zuständigen Behörde abgewichen werden.

(7) Mit der Bestellung ist dem Sachverständigen ein Bestellungsschreiben auszuhändigen.

§ 54 Widerruf und Erlöschen der Anerkennung; Erlöschen der Bestellung von Sachverständigen

(1) Die Anerkennung der Sachverständigenorganisation kann unbeschadet des § 49 Absatz 2 Satz 1 Nummer 2 bis 5 des Verwaltungsverfahrensgesetzes widerrufen werden, wenn die Sachverständigenorganisation

1. eine der Anforderungen nach § 52 Absatz 3 oder Absatz 4 nicht mehr erfüllt,
2. trotz Aufforderung durch die zuständige Behörde die Bestellung eines Sachverständigen, der die Voraussetzungen nach § 53 nicht mehr erfüllt oder wiederholt Anlagenprüfungen nach § 46 fehlerhaft durchgeführt hat, nicht aufhebt,
3. Verpflichtungen nach § 55 Nummer 1 bis 4 oder Nummer 6 bis 9, § 61 Absatz 1 Satz 1 Nummer 1 oder Absatz 4 oder § 62 Absatz 2 nicht oder nicht ordnungsgemäß erfüllt oder
4. trotz Aufforderung durch die zuständige Behörde einem Fachbetrieb, der die Voraussetzungen nach § 62 Absatz 2 nicht mehr erfüllt oder wiederholt fachbetriebspflichtige Arbeiten fehlerhaft durchgeführt hat, nicht die Zertifizierung entzieht.

(2) Mit der Auflösung der Sachverständigenorganisation oder der Entscheidung über die Eröffnung des Insolvenzverfahrens erlischt die Anerkennung. Die zuständige Behörde kann im Fall der Eröffnung des Insolvenzverfahrens auf Antrag die Sachverständigenorganisation für einen befristeten Zeitraum erneut anerkennen.

(3) Die Bestellung eines Sachverständigen erlischt, wenn

1. sie aufgehoben wird,
2. der Sachverständige aus der Sachverständigenorganisation, von der er bestellt wurde, ausscheidet oder
3. die Anerkennung der Sachverständigenorganisation, von der der Sachverständige bestellt wurde, nach Absatz 1 widerrufen wird oder nach Absatz 2 Satz 1 erlischt.

Der Sachverständige hat in den Fällen des Satzes 1 das Bestellungsschreiben nach § 53 Absatz 7 zurückzugeben.

§ 55 Pflichten der Sachverständigenorganisationen

Die Sachverständigenorganisation ist verpflichtet,

1. die Bestellung eines Sachverständigen aufzuheben, wenn

   a) die Bestellung durch arglistige Täuschung, Drohung oder Bestechung erwirkt worden ist,
   b) der Sachverständige wiederholt Anlagenprüfungen fehlerhaft durchgeführt hat, wiederholt grob fahrlässig oder vorsätzlich gegen Pflichten nach § 56 verstoßen hat oder die in § 53 aufgeführten Anforderungen an Sachverständige nicht mehr erfüllt oder
   c) die zuständige Behörde die Aufhebung der Bestellung anordnet,

2. die Bestellung der Sachverständigen, ihre Tätigkeitsbereiche, die Änderung ihrer Tätigkeitsbereiche sowie das Erlöschen der Bestellung der Sachverständigen der zuständigen Behörde innerhalb von vier Wochen anzuzeigen,
3. die ordnungsgemäße Durchführung der Prüfungen der Sachverständigen stichprobenweise zu kontrollieren,
4. die bei Prüfungen gewonnenen Erkenntnisse zu sammeln und auszuwerten und mindestens viermal im Jahr einen internen Austausch dieser Erkenntnisse, auch zur Weiterbildung der Sachverständigen, durchzuführen,

5. an einem jährlichen Erfahrungsaustausch der technischen Leitungen aller Sachverständigenorganisationen teilzunehmen,
6. jeweils bis zum 31. März eines Jahres für das vergangene Kalenderjahr der zuständigen Behörde zur Erfüllung ihrer aufsichtlichen Aufgaben folgende Angaben zu übermitteln:

   a) Änderungen ihrer Organisationsstruktur und ihrer Prüfgrundsätze,
   b) eine Übersicht der von jedem Sachverständigen durchgeführten Prüfungen sowie
   c) die Erkenntnisse, die bei Prüfungen sowie bei der Feststellung von Abweichungen nach § 68 Absatz 3 gewonnen wurden,

7. der zuständigen Behörde unverzüglich einen Wechsel der vertretungsberechtigten Person mitzuteilen,
8. sicherzustellen, dass die technische Leitung sowie die bestellten Sachverständigen regelmäßig, mindestens alle zwei Jahre, an Fortbildungsveranstaltungen teilnehmen,
9. Betriebs- und Geschäftsgeheimnisse, die ihr im Rahmen ihrer Tätigkeit bekannt werden, nicht unbefugt zu offenbaren oder zu verwerten und
10. der zuständigen Behörde unverzüglich die Auflösung der Sachverständigenorganisation mitzuteilen.

§ 56 Pflichten der bestellten Sachverständigen

(1) Jeder Sachverständige ist verpflichtet, ein Prüftagebuch zu führen, aus dem sich mindestens Art, Umfang und Ergebnisse aller durchgeführten Prüfungen ergeben. Das Prüftagebuch hat der Sachverständige der zuständigen Behörde auf Verlangen vorzulegen.
(2) Sachverständige dürfen Betriebs- und Geschäftsgeheimnisse, die ihnen im Rahmen ihrer Tätigkeit bekannt werden, nicht unbefugt offenbaren oder verwerten.

§ 57 Anerkennung von Güte- und Überwachungsgemeinschaften

(1) Güte- und Überwachungsgemeinschaften bedürfen der Anerkennung durch die zuständige Behörde. Anerkannte Güte- und Überwachungsgemeinschaften sind berechtigt, Fachprüfer zur Zertifizierung und Überwachung von Fachbetrieben nach § 62 Absatz 1 zu bestellen.
(2) Anerkennungen aus einem anderen Mitgliedstaat der Europäischen Union oder einem anderen Vertragsstaat des Abkommens über den Europäischen Wirtschaftsraum stehen Anerkennungen nach Absatz 1 gleich, wenn sie ihnen gleichwertig sind. Sie sind der zuständigen Behörde vor Aufnahme der Tätigkeiten nach Absatz 1 Satz 2 im Original oder in Kopie vorzulegen; eine Beglaubigung der Kopie kann verlangt werden. Die zuständige Behörde kann darüber hinaus verlangen, dass gleichwertige Anerkennungen nach Satz 1 in beglaubigter deutscher Übersetzung vorgelegt werden.
(3) Eine Organisation ist als Güte- und Überwachungsgemeinschaft anzuerkennen, wenn sie

1. eine vertretungsberechtigte natürliche Person benennt und deren Vertretungsbefugnis gegenüber der zuständigen Behörde nachweist,
2. nachweist, dass sie eine technische Leitung und eine Stellvertretung bestellt hat, die die für Fachprüfer geltenden Anforderungen nach § 58 Absatz 1 erfüllen,
3. eine ausreichende Anzahl von Fachprüfern bestellt hat, die die in § 58 Absatz 1 genannten Anforderungen erfüllen und an fachliche Weisungen der technischen Leitung gebunden sind,

4. Grundsätze aufgestellt hat, die bei der Zertifizierung und Überwachung von Fachbetrieben zu beachten sind, und

5. ein betriebliches Qualitätssicherungssystem nachweist.

Das Qualitätssicherungssystem nach Satz 1 Nummer 5 hat sicherzustellen, dass geeignete Organisationsstrukturen vorhanden sind, nach denen die Fachprüfer überwacht werden und die die ordnungsgemäße Überprüfung der Fachbetriebe gewährleisten.

(4) Für Nachweise einzelner Anerkennungsvoraussetzungen aus einem anderen Mitgliedstaat der Europäischen Union oder einem anderen Vertragsstaat des Abkommens über den Europäischen Wirtschaftsraum gilt § 52 Absatz 4 entsprechend.

(5) Die Anerkennung kann auf bestimmte Fachgebiete beschränkt werden. Sie kann mit einem Vorbehalt des Widerrufs, einer Befristung, mit Bedingungen, Auflagen und dem Vorbehalt von Auflagen versehen werden. Die Anerkennung gilt im gesamten Bundesgebiet.

(6) Über einen Antrag auf Anerkennung ist innerhalb einer Frist von vier Monaten zu entscheiden; § 42a Absatz 2 Satz 2 bis 4 des Verwaltungsverfahrensgesetzes ist anzuwenden. Das Anerkennungsverfahren kann über eine einheitliche Stelle abgewickelt werden.

§ 58 Bestellung von Fachprüfern

(1) Eine Güte- und Überwachungsgemeinschaft darf für die Zertifizierung und Überwachung von Fachbetrieben nur solche Personen als Fachprüfer bestellen, die

1. für die Tätigkeit als Fachprüfer die erforderliche Zuverlässigkeit besitzen,

2. hinsichtlich ihrer Tätigkeit unabhängig sind; insbesondere darf kein Zusammenhang zwischen der Zertifizierung oder der Überwachung und anderen Leistungen für den Fachbetrieb bestehen,

3. auf Grund ihrer Fachkunde und ihrer durch praktische Tätigkeit gewonnenen Erfahrungen in der Lage sind, Fachbetriebe daraufhin zu überprüfen, ob sie die Anforderungen nach § 62 Absatz 2 erfüllen,

4. über die erforderlichen Kenntnisse der maßgeblichen Vorschriften des Wasser-, Bau-, Betriebssicherheits-, Immissionsschutz- und Abfallrechts und der technischen Regeln verfügen und

5. von keiner anderen im Bundesgebiet tätigen Güte- und Überwachungsgemeinschaft bestellt sind.

Für die Zuverlässigkeit nach Satz 1 Nummer 1 gilt § 53 Absatz 2 bis 4 entsprechend. Die nach Satz 1 Nummer 3 erforderliche Fachkunde liegt vor, wenn der zu bestellende Fachprüfer ein ingenieur- oder naturwissenschaftliches Studium in einer für die ausgeübte Tätigkeit einschlägigen Fachrichtung erfolgreich abgeschlossen hat oder über eine als gleichwertig anerkannte Berufsausbildung verfügt. Die Erfahrungen nach Satz 1 Nummer 3 erfordern eine mindestens fünfjährige berufliche Tätigkeit auf dem Gebiet der Planung, der Errichtung, der Instandsetzung, des Betriebs oder der Prüfung von Anlagen zum Umgang mit wassergefährdenden Stoffen. Die Güte- und Überwachungsgemeinschaft hat sich mittels einer Prüfung vor der Bestellung davon zu überzeugen, dass der zu bestellende Fachprüfer den Anforderungen nach Satz 1 Nummer 3 genügt. Das Ergebnis dieser Prüfung ist zu dokumentieren. Die Erfüllung der Anforderungen nach Satz 1 ist von der Güte- und Überwachungsgemeinschaft vor der Bestellung in einer Bestellungsakte zu dokumentieren.

(2) Von den Anforderungen an die Fachkunde und die Erfahrung nach Absatz 1 Satz 3 und 4 darf nach Zustimmung der zuständigen Behörde abgewichen werden. Dies gilt nicht für die technische Leitung.

(3) Mit der Bestellung ist dem Fachprüfer ein Bestellungsschreiben auszuhändigen.

(4) Eine Güte- und Überwachungsgemeinschaft kann mit einer anderen Güte- und Überwachungsgemeinschaft oder mit einer Sachverständigenorganisation vereinbaren, dass Personen, die von der anderen Organisation für die Zertifizierung und Überwachung von Fachbetrieben bestellt worden sind, für sie tätig werden, wenn sichergestellt ist, dass diese Personen

1. an die nach § 57 Absatz 3 Satz 1 Nummer 4 bei der Zertifizierung und Überwachung von Fachbetrieben zu beachtenden Grundsätze der Güte- und Überwachungsgemeinschaft, für die sie tätig werden, gebunden sind und
2. dem betrieblichen Qualitätssicherungssystem nach § 57 Absatz 3 Satz 1 Nummer 5 der Güte- und Überwachungsgemeinschaft, für die sie tätig werden, unterworfen sind.

§ 59 Widerruf und Erlöschen der Anerkennung; Erlöschen der Bestellung von Fachprüfern

(1) Die Anerkennung der Güte- und Überwachungsgemeinschaft kann unbeschadet des § 49 Absatz 2 Satz 1 Nummer 2 bis 5 des Verwaltungsverfahrensgesetzes widerrufen werden, wenn die Güte- und Überwachungsgemeinschaft

1. eine der Anforderungen nach § 57 Absatz 3 oder Absatz 4 nicht mehr erfüllt,
2. trotz Aufforderung durch die zuständige Behörde einem Fachbetrieb, der die Voraussetzungen nach § 62 Absatz 2 nicht mehr erfüllt oder wiederholt fachbetriebspflichtige Arbeiten fehlerhaft durchgeführt hat, nicht die Zertifizierung entzieht oder
3. Verpflichtungen nach § 60 Absatz 1 Nummer 1 bis 6 oder Nummer 8, § 61 Absatz 1 Satz 1 Nummer 1 oder Absatz 4 oder § 62 Absatz 2 nicht oder nicht ordnungsgemäß erfüllt.

(2) Mit der Auflösung der Güte- und Überwachungsgemeinschaft oder der Entscheidung über die Eröffnung des Insolvenzverfahrens erlischt die Anerkennung. Die zuständige Behörde kann im Fall der Eröffnung des Insolvenzverfahrens auf Antrag die Güte- und Überwachungsgemeinschaft für einen befristeten Zeitraum erneut anerkennen.

(3) Die Bestellung eines Fachprüfers erlischt, wenn

1. sie aufgehoben wird,
2. der Fachprüfer aus der Güte- und Überwachungsgemeinschaft, von der er bestellt wurde, ausscheidet oder
3. die Anerkennung der Güte- und Überwachungsgemeinschaft, von der der Fachprüfer bestellt wurde, nach Absatz 1 widerrufen wird oder nach Absatz 2 Satz 1 erlischt.

Der Fachprüfer hat in den Fällen des Satzes 1 das Bestellungsschreiben nach § 58 Absatz 3 zurückzugeben.

§ 60 Pflichten von Güte- und Überwachungsgemeinschaften und Fachprüfern

(1) Die Güte- und Überwachungsgemeinschaft ist verpflichtet,

1. die Bestellung eines Fachprüfers aufzuheben, wenn

   a) die Bestellung durch arglistige Täuschung, Drohung oder Bestechung erwirkt worden ist,
   b) der Fachprüfer wiederholt grob fahrlässig oder vorsätzlich gegen Pflichten nach Absatz 2 verstoßen hat oder die in § 58 Absatz 1 aufgeführten Anforderungen an Fachprüfer nicht mehr erfüllt oder

c) die zuständige Behörde die Aufhebung der Bestellung anordnet,

2. die Bestellung der Fachprüfer, ihre Tätigkeitsbereiche, die Änderung ihrer Tätigkeitsbereiche sowie das Erlöschen der Bestellung der Fachprüfer der zuständigen Behörde innerhalb von vier Wochen anzuzeigen,

3. jeweils bis zum 31. März eines Jahres für das vergangene Kalenderjahr der zuständigen Behörde zur Erfüllung ihrer aufsichtlichen Aufgaben Änderungen der Organisationsstruktur zu übermitteln,

4. der zuständigen Behörde unverzüglich einen Wechsel der vertretungsberechtigten Person mitzuteilen,

5. sicherzustellen, dass die technische Leitung, ihre Stellvertretung und die Fachprüfer regelmäßig, mindestens alle zwei Jahre, an Fortbildungsveranstaltungen teilnehmen,

6. mindestens viermal im Jahr einen internen Austausch der bei den Zertifizierungen und der Überwachung der Fachbetriebe gewonnenen Erkenntnisse durchzuführen, der auch für Schulungen des Personals der Fachbetriebe genutzt wird,

7. an einem jährlichen Erfahrungsaustausch der technischen Leitungen der Güte- und Überwachungsgemeinschaften teilzunehmen,

8. Betriebs- und Geschäftsgeheimnisse, die ihr im Rahmen ihrer Tätigkeit bekannt werden, nicht unbefugt zu offenbaren oder zu verwerten und

9. der zuständigen Behörde unverzüglich die Auflösung der Güte- und Überwachungsgemeinschaft mitzuteilen.

(2) Fachprüfer dürfen Betriebs- und Geschäftsgeheimnisse, die ihnen im Rahmen ihrer Tätigkeit bekannt werden, nicht unbefugt offenbaren oder verwerten.

§ 61 Gemeinsame Pflichten der Sachverständigenorganisationen und der Güte- und Überwachungsgemeinschaften

(1) Sachverständigenorganisationen, die berechtigt sind, Fachbetriebe zu zertifizieren und zu überwachen, sowie Güte- und Überwachungsgemeinschaften sind verpflichtet,

1. die Einhaltung der Anforderungen nach § 62 Absatz 2 sowie das ordnungsgemäße Arbeiten des Fachbetriebes regelmäßig, mindestens alle zwei Jahre, sowie bei gegebenem Anlass zu kontrollieren und Art, Umfang und Ergebnisse sowie Ort und Zeitpunkt der jeweiligen Kontrolle zu dokumentieren,

2. die bei den Kontrollen der Fachbetriebe gewonnenen Erkenntnisse zu sammeln und auszuwerten,

3. der zuständigen Behörde die bei den Kontrollen der Fachbetriebe gewonnenen Erkenntnisse jeweils bis zum 31. März eines Jahres für das vergangene Kalenderjahr zu übermitteln.

Zu den Kontrollen nach Satz 1 Nummer 1 gehören insbesondere Kontrollen der Ergebnisse und der Qualität von praktischen, vom Fachbetrieb ausgeführten Tätigkeiten, Kontrollen der Teilnahme an Schulungen oder Fortbildungsveranstaltungen nach Absatz 2 sowie Kontrollen der Geräte und Ausrüstungsteile nach § 62 Absatz 2 Satz 1 Nummer 1.

(2) Sachverständigenorganisationen und Güte- und Überwachungsgemeinschaften müssen für ihr Tätigkeitsgebiet Schulungen anbieten, mit denen der betrieblich verantwortlichen Person und dem eingesetzten Personal der Fachbetriebe die erforderlichen Kenntnisse, insbesondere auf den in § 62 Absatz 2 Satz 2 genannten Gebieten, vermittelt werden.

(3) Sachverständigenorganisationen und Güte- und Überwachungsgemeinschaften müssen Fachbetriebe, die für Dritte tätig werden, unverzüglich nach der Zertifizierung in geeigneter Weise im Internet bekannt machen; die Angaben sind aktuell zu halten. Bei der Bekanntmachung nach

Satz 1 sind die Fachbereiche und Tätigkeiten anzugeben, in denen der Fachbetrieb von der Sachverständigenorganisation oder der Güte- und Überwachungsgemeinschaft überwacht wird.

(4) Sachverständigenorganisationen und Güte- und Überwachungsgemeinschaften sind verpflichtet, einem Fachbetrieb die Zertifizierung unverzüglich zu entziehen, wenn dieser

1. wiederholt fachbetriebspflichtige Arbeiten fehlerhaft durchgeführt hat,
2. die in § 62 Absatz 2 und § 63 Absatz 1 aufgeführten Anforderungen an Fachbetriebe nicht mehr erfüllt oder
3. die Pflicht nach § 63 Absatz 2 nicht erfüllt.

§ 62 Fachbetriebe; Zertifizierung von Fachbetrieben

(1) Betriebe, die die in § 45 Absatz 1 genannten Tätigkeiten an den dort genannten Anlagen und Anlagenteilen ausführen, bedürfen der Zertifizierung als Fachbetrieb durch eine Sachverständigenorganisation oder eine Güte- und Überwachungsgemeinschaft. Die Zertifizierung kann auf bestimmte Tätigkeiten beschränkt werden. Sie ist auf einen Zeitraum von zwei Jahren zu befristen.

(2) Eine Sachverständigenorganisation oder eine Güte- und Überwachungsgemeinschaft darf einen Betrieb nur als Fachbetrieb zertifizieren, wenn dieser Betrieb

1. über die Geräte und Ausrüstungsteile verfügt, durch die die Erfüllung der Anforderungen nach § 62 Absatz 1 und 2 des Wasserhaushaltsgesetzes und dieser Verordnung gewährleistet wird,
2. eine betrieblich verantwortliche Person bestellt hat mit
   a) erfolgreich abgeschlossener Meisterprüfung in einem einschlägigen Handwerk, mit erfolgreichem Abschluss eines ingenieurwissenschaftlichen Studiums in einer für die ausgeübte Tätigkeit einschlägigen Fachrichtung oder mit einer geeigneten gleichwertigen Ausbildung,
   b) mindestens zweijähriger Praxis in dem Tätigkeitsgebiet des Fachbetriebs und
   c) ausreichenden Kenntnissen in den in Satz 2 genannten Bereichen, die in einer Prüfung nachgewiesen wurden,
3. nur Personal einsetzt, das über die erforderlichen Fähigkeiten für die vorgesehenen Tätigkeiten verfügt, beispielsweise auch an Schulungen von Herstellern zu einzusetzenden Produkten teilgenommen hat, und
4. Arbeitsbedingungen schafft, die eine ordnungsgemäße Ausführung der Tätigkeiten gewährleisten.

Die Kenntnisse nach Satz 1 Nummer 2 Buchstabe c müssen Folgendes umfassen:

1. Aufbau und Funktionsweise der Anlagen sowie deren Gefährdungspotenzial,
2. Eigenschaften der Stoffe, mit denen in den Anlagen umgegangen wird, insbesondere hinsichtlich ihrer Wassergefährdung,
3. maßgebliche Vorschriften des Wasser-, Bau-, Betriebssicherheits-, Immissionsschutz- und Abfallrechts und
4. Anforderungen an das Verarbeiten von bestimmten Bauprodukten und Anlagenteilen.

(3) Die Sachverständigenorganisation oder die Güte- und Überwachungsgemeinschaft stellt nach abgeschlossener Zertifizierung eine Urkunde über die Zertifizierung aus. Die Urkunde muss folgende Angaben enthalten:

1. Name und Anschrift des Fachbetriebes,

2. Name und Anschrift der Sachverständigenorganisation oder der Güte- und Überwachungsgemeinschaft, die den Betrieb zertifiziert hat,
3. eine Beschreibung des Tätigkeitsbereichs des Fachbetriebs sowie
4. die Geltungsdauer der Zertifizierung.

(4) Als Fachbetrieb gilt auch, wer die Anforderungen nach Absatz 2 erfüllt und berechtigt ist, in einem anderen Mitgliedstaat der Europäischen Union oder in einem anderen Vertragsstaat des Abkommens über den Europäischen Wirtschaftsraum Tätigkeiten durchzuführen, die in der Bundesrepublik Deutschland nach § 45 Fachbetrieben vorbehalten sind, sofern der Betrieb in dem anderen Staat einer gleichwertigen Überwachung unterliegt.

§ 63 Pflichten der Fachbetriebe

(1) Der Fachbetrieb hat sicherzustellen, dass die betrieblich verantwortliche Person mindestens alle zwei Jahre sowie das eingesetzte Personal regelmäßig an Schulungen nach § 61 Absatz 2 oder an anderen gleichwertigen Fortbildungsveranstaltungen teilnimmt.
(2) Fachbetriebe sind verpflichtet, der Sachverständigenorganisation oder der Güte- und Überwachungsgemeinschaft, die sie überwacht, Änderungen ihrer Organisationsstruktur unverzüglich mitzuteilen.
(3) Ein Betrieb, dem die Zertifizierung als Fachbetrieb entzogen wurde, hat die Zertifizierungsurkunde nach § 62 Absatz 3 der Sachverständigenorganisation oder der Güte- und Überwachungsgemeinschaft unverzüglich zurückzugeben; sie darf nicht weiter verwendet werden.

§ 64 Nachweis der Fachbetriebseigenschaft

Fachbetriebe haben die Fachbetriebseigenschaft unaufgefordert gegenüber dem Betreiber einer Anlage nachzuweisen, wenn dieser den Fachbetrieb mit fachbetriebspflichtigen Tätigkeiten beauftragt. Gegenüber der zuständigen Behörde haben sie ihre Fachbetriebseigenschaft auf Verlangen nachzuweisen. Der Nachweis nach den Sätzen 1 und 2 ist geführt, wenn der Fachbetrieb die Zertifizierungsurkunde nach § 62 Absatz 3 oder eine beglaubigte Kopie der Zertifizierungsurkunde vorlegt. Die Sätze 1 und 2 gelten in den Fällen des § 62 Absatz 4 mit der Maßgabe, dass die Berechtigung und die gleichwertige Kontrolle nachzuweisen sind; § 52 Absatz 2 Satz 2 und 3 gilt entsprechend.

Kapitel 5
Ordnungswidrigkeiten, Schlussvorschriften

§ 65 Ordnungswidrigkeiten

Ordnungswidrig im Sinne des § 103 Absatz 1 Satz 1 Nummer 3 Buchstabe a des Wasserhaushaltsgesetzes handelt, wer vorsätzlich oder fahrlässig

1. entgegen § 7 Absatz 2 eine Mitteilung nicht, nicht richtig, nicht vollständig, nicht in der vorgeschriebenen Weise oder nicht rechtzeitig macht,
2. entgegen § 13 Absatz 3 in Verbindung mit Anlage 7 Nummer 2.2 eine Anlage nicht richtig errichtet oder nicht richtig betreibt,
3. entgegen § 13 Absatz 3 in Verbindung mit Anlage 7 Nummer 5.1 Buchstabe a einen Vorgang nicht überwacht oder sich nicht oder nicht rechtzeitig vom ordnungsgemäßen Zustand einer dort genannten Sicherheitseinrichtung überzeugt,
4. entgegen § 13 Absatz 3 in Verbindung mit Anlage 7 Nummer 5.1 Buchstabe b eine Belastungsgrenze einer Anlage oder einer Sicherheitseinrichtung nicht einhält,
5. entgegen § 13 Absatz 3 in Verbindung mit Anlage 7 Nummer 6.1 Satz 1 eine Anzeige nicht, nicht richtig oder nicht rechtzeitig erstattet,
6. entgegen § 13 Absatz 3 in Verbindung mit Anlage 7 Nummer 6.2 Satz 2 oder Nummer 7.3 eine Maßnahme nicht, nicht richtig oder nicht rechtzeitig ergreift,
7. entgegen § 13 Absatz 3 in Verbindung mit Anlage 7 Nummer 6.2 Satz 3 eine Benachrichtigung nicht, nicht richtig oder nicht rechtzeitig vornimmt,
8. entgegen § 13 Absatz 3 in Verbindung mit Anlage 7 Nummer 6.4 eine Anlage nicht oder nicht rechtzeitig prüfen lässt,
9. entgegen § 13 Absatz 3 in Verbindung mit Anlage 7 Nummer 6.5 Satz 1 einen Prüfbericht nicht oder nicht rechtzeitig vorlegt,
10. entgegen § 13 Absatz 3 in Verbindung mit Anlage 7 Nummer 6.7 Satz 1 oder Satz 2 einen Mangel nicht, nicht richtig, nicht in der vorgeschriebenen Weise oder nicht rechtzeitig beseitigt,
11. entgegen § 13 Absatz 3 in Verbindung mit Anlage 7 Nummer 6.7 Satz 4 eine Anlage nicht oder nicht rechtzeitig außer Betrieb nimmt oder nicht oder nicht rechtzeitig entleert,
12. entgegen § 13 Absatz 3 in Verbindung mit Anlage 7 Nummer 6.7 Satz 5 eine Anlage wieder in Betrieb nimmt,
13. einer vollziehbaren Anordnung nach § 16 Absatz 1 zuwiderhandelt.
14. entgegen § 17 Absatz 1 eine Anlage nicht richtig errichtet oder nicht richtig betreibt,
15. entgegen § 17 Absatz 4 Satz 1 einen dort genannten Stoff nicht oder nicht rechtzeitig entfernt,
16. entgegen § 17 Absatz 4 Satz 2 eine Anlage nicht oder nicht rechtzeitig sichert,

17. entgegen § 23 Absatz 1 Satz 1 einen Vorgang nicht überwacht oder sich nicht oder nicht rechtzeitig vom ordnungsgemäßen Zustand einer dort genannten Sicherheitseinrichtung überzeugt,

18. entgegen § 23 Absatz 1 Satz 2 eine Belastungsgrenze einer Anlage oder einer Sicherheitseinrichtung nicht einhält,

19. entgegen § 23 Absatz 2 Satz 1 oder Absatz 3 Satz 1 einen Behälter befüllt,

20. entgegen § 24 Absatz 1 Satz 2 eine Anlage nicht oder nicht rechtzeitig außer Betrieb nimmt,

21. entgegen § 24 Absatz 2 Satz 1, auch in Verbindung mit Satz 2 oder Satz 3, oder entgegen § 40 Absatz 1 eine Anzeige nicht, nicht richtig, nicht vollständig, nicht in der vorgeschriebenen Weise oder nicht rechtzeitig erstattet,

22. entgegen § 44 Absatz 1 Satz 1 eine Betriebsanweisung nicht vorhält,

23. entgegen § 44 Absatz 2 Satz 1 Betriebspersonal nicht oder nicht rechtzeitig unterweist,

24. entgegen § 44 Absatz 4 Satz 2 ein Merkblatt nicht, nicht in der vorgeschriebenen Weise oder nicht für die vorgeschriebene Dauer anbringt,

25. entgegen § 45 Absatz 1 eine Anlage errichtet, reinigt, instand setzt oder stilllegt,

26. entgegen § 46 Absatz 2, Absatz 3 oder Absatz 5 eine Anlage nicht oder nicht rechtzeitig prüfen lässt,

27. einer vollziehbaren Anordnung nach § 46 Absatz 4 zuwider handelt,

28. entgegen § 47 Absatz 1 eine Prüfung durchführt,

29. entgegen § 47 Absatz 3 Satz 1 einen Prüfbericht nicht oder nicht rechtzeitig vorlegt,

30. entgegen § 48 Absatz 1 Satz 1 oder Satz 2 einen Mangel nicht, nicht richtig, nicht in der vorgeschriebenen Weise oder nicht rechtzeitig beseitigt,

31. entgegen § 48 Absatz 2 Satz 1 eine Anlage nicht oder nicht rechtzeitig außer Betrieb nimmt oder nicht oder nicht rechtzeitig entleert,

32. entgegen § 48 Absatz 2 Satz 2 eine Anlage wieder in Betrieb nimmt,

33. entgegen § 49 Absatz 1, Absatz 2 Satz 1 oder § 50 Absatz 1 eine dort genannte Anlage errichtet, betreibt oder erweitert, oder

34. entgegen § 53 Absatz 1 Satz 1 Nummer 2 eine Person als Sachverständigen bestellt.

§ 66 Bestehende Einstufungen von Stoffen und Gemischen

Stoffe, Stoffgruppen und Gemische, die am 1. August 2017 bereits durch die oder auf Grund der Verwaltungsvorschrift wassergefährdende Stoffe (VwVwS) vom 17. Mai 1999 (BAnz. Nr. 98a S. 3), die durch die Verwaltungsvorschrift vom 27. Juli 2005 (BAnz. Nr. 142a, S. 3) geändert worden ist, eingestuft worden sind, gelten nach Maßgabe dieser Einstufung als eingestuft im Sinne von Kapitel 2; diese Einstufungen werden jeweils vom Umweltbundesamt im Bundesanzeiger veröffentlicht. Das Umweltbundesamt stellt zudem im Internet eine Suchfunktion bereit, mit der die bestehenden Einstufungen wassergefährdender Stoffe, Stoffgruppen und Gemische nach Satz 1 ermittelt werden können.

§ 67 Änderung der Einstufung wassergefährdender Stoffe

Führt die Änderung der Einstufung eines wassergefährdenden Stoffes zur Erhöhung der Gefährdungsstufe einer Anlage, sind die hieraus folgenden weiter gehenden Anforderungen an die Anlage erst zu erfüllen, wenn die zuständige Behörde dies anordnet. Satz 1 gilt auch für Anlagen, die am 1. August 2017 bereits errichtet sind (bestehende Anlagen).

§ 68 Bestehende wiederkehrend prüfpflichtige Anlagen

(1) Für bestehende Anlagen, die einer wiederkehrenden Prüfpflicht nach § 46 Absatz 2 bis 4 unterliegen, gelten ab dem 1. August 2017:

1. § 23 Absatz 1 und die §§ 24, 40 bis 48 und
2. die übrigen Vorschriften dieser Verordnung, soweit sie Anforderungen beinhalten, die den Anforderungen entsprechen, die nach den jeweiligen landesrechtlichen Vorschriften am 31. Juli 2017 zu beachten waren; Anforderungen in behördlichen Zulassungen gelten als Anforderungen nach landesrechtlichen Vorschriften.

Informationen nach § 43 Absatz 1 Satz 1 und 2, deren Beschaffung nicht oder nur mit unverhältnismäßigem Aufwand möglich ist, müssen in der Anlagendokumentation nicht enthalten sein.

(2) Bei bestehenden Anlagen, die einer wiederkehrenden Prüfpflicht nach § 46 Absatz 2 bis 4 unterliegen, hat der Sachverständige zu prüfen, inwieweit die Anlage die Anforderungen nach Absatz 1 Satz 1 Nummer 2 nicht erfüllt.

(3) Für bestehende Anlagen, die einer wiederkehrenden Prüfpflicht nach § 46 Absatz 2 bis 4 unterliegen, hat der Sachverständige bei der ersten Prüfung nach diesen Vorschriften festzustellen, inwieweit für die Anlage Anforderungen dieser Verordnung bestehen, die über die Anforderungen hinausgehen, die nach den jeweiligen landesrechtlichen Vorschriften am 31. Juli 2017 zu beachten waren, mit Ausnahme der in Absatz 1 Satz 1 Nummer 1 genannten Vorschriften. Die Feststellung nach Satz 1 ist der zuständigen Behörde zusammen mit dem Prüfbericht nach § 47 Absatz 3 vorzulegen.

(4) Werden nach Absatz 3 Satz 1 Abweichungen festgestellt, kann die zuständige Behörde technische oder organisatorische Anpassungsmaßnahmen anordnen,

1. mit denen diese Abweichungen behoben werden,
2. die für diese Abweichungen in technischen Regeln für bestehende Anlagen vorgesehen sind, oder
3. mit denen eine Gleichwertigkeit zu den in Absatz 3 Satz 1 bezeichneten Anforderungen erreicht wird.

In den Fällen des Satzes 1 Nummer 2 und 3 sind die Anforderungen des § 62 Absatz 1 des Wasserhaushaltsgesetzes zu beachten.

(5) Auf Grund von nach Absatz 3 Satz 1 festgestellten Abweichungen können die Stilllegung oder die Beseitigung einer Anlage oder Anpassungsmaßnahmen, die einer Neuerrichtung der Anlage gleichkommen oder die den Zweck der Anlage verändern, nicht verlangt werden.

(6) Werden bei einer Prüfung nach § 46 Absatz 2 bis 4 von bestehenden Anlagen erhebliche oder gefährliche Mängel am Behälter oder an der Rückhalteeinrichtung festgestellt, sind bei der Beseitigung dieser Mängel die Anforderungen dieser Verordnung einzuhalten.

(7) Sollen wesentliche bauliche Teile oder wesentliche Sicherheitseinrichtungen einer bestehenden Anlage geändert werden, gelten für diese Teile oder diese Sicherheitseinrichtungen die Anforderungen dieser Verordnung, die über die Anforderungen hinausgehen, die nach den jeweiligen landesrechtlichen Vorschriften am 31. Juli 2017 zu beachten waren, mit Ausnahme der in Absatz 1 Satz 1 Nummer 1 genannten Vorschriften, bereits ab dem Zeitpunkt der Änderung.

(8) Bestehende Anlagen, die im Sinne von § 19 h Absatz 1 Satz 2 Nummer 1 des Wasserhaushaltsgesetzes in der am 28. Februar 2010 geltenden Fassung und nach näherer Maßgabe der am 31. Juli 2017 geltenden landesrechtlichen Vorschriften einfacher oder herkömmlicher Art sind, bedürfen keiner Eignungsfeststellung nach § 63 Absatz 1 Satz 1 des Wasserhaushaltsgesetzes.

(9) Gleisflächen von bestehenden Umschlaganlagen müssen abweichend von § 28 Absatz 1 Satz 1 und § 29 Absatz 1 Satz 2 nicht flüssigkeitsundurchlässig nachgerüstet werden.

(10) Bestehende Biogasanlagen mit Gärsubstraten ausschließlich landwirtschaftlicher Herkunft sind bis zum 1. August 2022 mit einer Umwallung nach § 37 Absatz 3 zu versehen. Mit Zustimmung der zuständigen Behörde kann darauf verzichtet werden, wenn eine Umwallung insbeson-

dere aus räumlichen Gründen nicht zu verwirklichen ist. Weitere Anpassungsmaßnahmen sind nach Maßgabe von Absatz 4 auf Anordnung der zuständigen Behörde erst nach dem 1. August 2022 zu verwirklichen.

§ 69 Bestehende nicht wiederkehrend prüfpflichtige Anlagen

(1) Für bestehende Anlagen, die keiner wiederkehrenden Prüfpflicht nach § 46 Absatz 2 bis 4 unterliegen, sind die am 31. Juli 2017 geltenden landesrechtlichen Vorschriften weiter anzuwenden, solange und soweit die zuständige Behörde keine Entscheidung nach Satz 2 getroffen hat. Die zuständige Behörde kann für Anlagen im Sinne von Satz 1 festlegen, welche Anforderungen nach dieser Verordnung zu welchem Zeitpunkt erfüllt werden müssen. Unbeschadet der Sätze 1 und 2 gelten § 23 Absatz 1 und die §§ 24, 40 und 43 bis 48 bereits ab dem dem 1. August 2017.
(2) Im Übrigen gilt § 68 Absatz 5, 7 und 8 entsprechend.

§ 70 Prüffristen für bestehende Anlagen

(1) Die Frist für die erste wiederkehrende Prüfung von Anlagen nach Spalte 3 der Anlage 5 oder der Anlage 6 beginnt bei Anlagen, die am … [einsetzen: Datum des Inkrafttretens dieser Verordnung nach § 73 Satz 2] bereits errichtet sind, mit dem Abschluss der letzten Prüfung nach landesrechtlichen Vorschriften. Als Prüfung im Sinne von Satz 1 gelten auch Tätigkeiten eines Fachbetriebs, die nach Landesrecht die Prüfung ersetzten.
(2) Bestehende Anlagen, die nach Spalte 3 der Anlage 5 oder der Anlage 6 einer wiederkehrenden Prüfung unterliegen, die aber nach den landesrechtlichen Vorschriften vor dem … [einsetzen: Datum des Inkrafttretens dieser Verordnung nach § 73 Satz 2] nicht wiederkehrend prüfpflichtig waren, sind innerhalb der folgenden Fristen erstmals zu prüfen:

1. Anlagen, die vor dem 1. Januar 1971 in Betrieb genommen wurden, bis zum 1. August 2019,
2. Anlagen, die im Zeitraum vom 1. Januar 1971 bis zum 31. Dezember 1975 in Betrieb genommen wurden, bis zum 1. August 2021,
3. Anlagen, die im Zeitraum vom 1. Januar 1976 bis zum 31. Dezember 1982 in Betrieb genommen wurden, bis zum 1. August 2023,
4. Anlagen, die im Zeitraum vom 1. Januar 1983 bis zum 31. Dezember 1993 in Betrieb genommen wurden, bis zum 1. August 2025,
5. Anlagen, die nach dem 31. Dezember 1993 in Betrieb genommen wurden, bis zum 1. August 2027.

§ 71 Einbau von Leichtflüssigkeitsabscheidern

Leichtflüssigkeitsabscheider für Kraftstoffe mit Zumischung von Ethanol dürfen nur eingebaut werden, wenn der Nachweis erbracht worden ist, dass sie gegenüber diesen Kraftstoffen beständig sind und ihre Funktionsfähigkeit nur unerheblich verringert wird.

§ 72 Übergangsbestimmung für Fachbetriebe, Sachverständigenorganisationen und bestellte Personen

(1) Ein Betrieb, der am 21. April 2017 berechtigt war, Gütezeichen einer baurechtlich anerkannten Überwachungs- oder Gütegemeinschaft zu führen, oder vor dem 22. April 2017 einen Überwachungsvertrag mit einer Technischen Überwachungsorganisation abgeschlossen hatte, gilt bis zum 22. April 2019 als Fachbetrieb im Sinne von § 62 Absatz 1, solange die Anforderungen nach § 62 Absatz 2 erfüllt sind und die baurechtlich anerkannte Überwachungs- oder Gütegemeinschaft oder die Technische Überwachungsorganisation die Einhaltung der Anforderungen überwacht. In den Fällen des § 64 Satz 1 ist der Nachweis der Fachbetriebseigenschaft geführt, wenn der Fachbetrieb eine Bestätigung der Überwachungs- oder Gütegemeinschaft, dass er zur Führung des Gütezeichens berechtigt ist, oder eine Bestätigung einer Technischen Überwachungsorganisation, dass der Fachbetrieb von ihr im Rahmen eines Überwachungsvertrages überwacht wird, vorlegt.

(2) Anerkennungen von Sachverständigenorganisationen nach landesrechtlichen Vorschriften, die vor dem 1. August 2017 erteilt worden sind, gelten als Anerkennungen nach § 52 Absatz 1 Satz 1 fort. Soweit § 52 Absatz 3 Anforderungen enthält, die über die Anforderungen der bisherigen landesrechtlichen Vorschriften hinausgehen, sind diese Anforderungen ab dem 1. Oktober 2017 zu erfüllen. Wurde die Anerkennung nach Satz 1 befristet erteilt und endet diese Befristung vor dem 1. Februar 2018, so gilt sie bis zum 1. Februar 2018 als Anerkennung im Sinne des § 52 Absatz 1 Satz 1 fort.

(3) Die Anforderungen nach § 53 Absatz 1 Satz 1 Nummer 4 in Verbindung mit Absatz 5 sowie nach § 62 Absatz 2 Satz 1 Nummer 2 Buchstabe a bis c gelten nicht für Personen, die vor dem 1. August 2017 von einer Sachverständigenorganisation oder einem Fachbetrieb bestellt worden sind.

§ 73 Inkrafttreten; Außerkrafttreten

Die §§ 57 bis 60 treten am Tag nach der Verkündung in Kraft. Im Übrigen tritt diese Verordnung am 1. August 2017 in Kraft. Zu dem in Satz 2 genannten Zeitpunkt tritt die Verordnung über Anlagen zum Umgang mit wassergefährdenden Stoffen vom 31. März 2010 (BGBl. I S. 377) außer Kraft.

Der Bundesrat hat zugestimmt.

Berlin, den 18. April 2017

Die Bundeskanzlerin
Dr. Angela Merkel

Die Bundesministerin
für Umwelt, Naturschutz, Bau und Reaktorsicherheit
Barbara Hendricks

Anlage 1
(zu § 4 Absatz 1, § 8 Absatz 1 und § 10 Absatz 2)

Einstufung von Stoffen und Gemischen als nicht wassergefährdend und in Wassergefährdungsklassen (WGK); Bestimmung aufschwimmender flüssiger Stoffe als allgemein wassergefährdend

1 Grundsätze

1.1 Die in dieser Anlage verwendeten Fachbegriffe, insbesondere zu toxischen Eigenschaften und zu Auswirkungen von Stoffen und Gemischen auf die Umwelt, werden im Sinne der Verordnung (EG) Nr. 1272/2008 des Europäischen Parlaments und des Rates vom 16. Dezember 2008 über die Einstufung, Kennzeichnung und Verpackung von Stoffen und Gemischen, zur Änderung und Aufhebung der Richtlinien 67/548/EWG und 1999/45/EG und zur Änderung der Verordnung (EG) Nr. 1907/2006 (ABl. L 353 vom 31.12.2008, S. 1, L 16 vom 20.1.2011, S. 1), die zuletzt durch die Verordnung (EU) 2015/1221 (ABl. L 197 vom 25.7.2015, S. 10) geändert worden ist, in der jeweils geltenden Fassung und der Richtlinie 67/548/EWG des Rates vom 27. Juni 1967 zur Angleichung der Rechts- und Verwaltungsvorschriften für die Einstufung, Verpackung und Kennzeichnung gefährlicher Stoffe (ABl. 196 vom 16.8.1967, S. 1), die zuletzt durch die Verordnung (EU) Nr. 944/2013 der Kommission vom 2. Oktober 2013 (ABl. L 261 vom 3.10.2013, S. 5) geändert worden ist, verwendet.

1.2 Krebserzeugende Stoffe sind alle Stoffe, die einzustufen sind

a) nach Anhang VI Tabelle 3.1 der Verordnung (EG) Nr. 1272/2008 als karzinogene Stoffe der Kategorie 1A oder Kategorie 1B (H350: „Kann Krebs verursachen"),

b) nach Anhang VI Tabelle 3.2 der Verordnung (EG) Nr. 1272/2008 als karzinogene Stoffe der Kategorie 1 oder Kategorie 2 (R45: „Kann Krebs erzeugen") oder

c) nach Anhang I der Verordnung (EG) Nr. 1272/2008 als karzinogene Stoffe der Kategorie 1A oder Kategorie 1B (H350: „Kann Krebs verursachen").

Krebserzeugend sind auch die Stoffe, die in einer Bekanntmachung des Bundesministeriums für Arbeit und Soziales nach § 20 Absatz 4 der Gefahrstoffverordnung vom 26. November 2010 (BGBl. I S. 1643, 1644), die zuletzt durch Artikel 2 der Verordnung vom 3. Februar 2015 (BGBl. I S. 49) geändert worden ist, als krebserzeugend bezeichnet werden. Stoffe, die nur auf inhalativem Weg krebserzeugend wirken, gelten bei der Bestimmung der Wassergefährdungsklasse nicht als krebserzeugend.

1.3 Aufschwimmende flüssige Stoffe sind alle flüssigen Stoffe, die unter Normalbedingungen folgende physikalischen Eigenschaften aufweisen:

a) eine Dichte von kleiner oder gleich 1.000 kg/m^3,

b) einen Dampfdruck von kleiner oder gleich 0,3 kPa und

c) eine Wasserlöslichkeit von kleiner oder gleich 1 g/l.

1.4 Wird nach Artikel 10 Absatz 2 der Verordnung (EG) Nr. 1272/2008 in Verbindung mit Anhang I Teil 4 Abschnitt 4.1.3.5.5.5 der Verordnung (EG) Nr. 1272/2008 für Stoffe wegen ihrer hohen aquatischen Toxizität ein Multiplikationsfaktor (M-Faktor) festgelegt, wird dieser bei der Ermittlung des prozentualen Gehaltes eines Stoffes in Gemischen berücksichtigt.

2 Einstufung von Stoffen und Gemischen als nicht wassergefährdend

2.1 Stoffe

Stoffe sind nicht wassergefährdend, wenn sie alle im Folgenden genannten Anforderungen erfüllen:

a) Die Summe nach Nummer 4.4 ist Null.
b) Ein flüssiger Stoff weist eine Wasserlöslichkeit von kleiner als 10 mg/l auf.
c) Ein fester Stoff weist eine Wasserlöslichkeit von kleiner als 100 mg/l auf.
d) Es ist keine Prüfung bekannt, nach der die akute Toxizität an einer Fischart (96 h LC_{50}) oder einer Wasserflohart (48 h EC_{50}) oder die Hemmung des Algenwachstums (72 h IC_{50}) unterhalb der Löslichkeitsgrenze liegt. Es müssen valide Prüfungen an zwei der vorgenannten Organismen durchgeführt worden sein.
e) Ein flüssiger organischer Stoff ist leicht biologisch abbaubar.
f) Ein fester organischer Stoff ist entweder leicht biologisch abbaubar oder weist kein erhöhtes Bioakkumulationspotenzial auf.
g) Durch leichte biologische oder abiotische Abbaubarkeit entsteht kein wassergefährdender Stoff.
h) Der Stoff ist kein aufschwimmender flüssiger Stoff nach Nummer 1.3.

2.2 Gemische

Gemische sind nicht wassergefährdend, wenn sie alle im Folgenden genannten Anforderungen erfüllen:

a) Der Gehalt an Stoffen der WGK 1 ist geringer als 3 % Massenanteil.
b) Der Gehalt an Stoffen der WGK 2 ist geringer als 0,2 % Massenanteil.
c) Der Gehalt an Stoffen der WGK 3 ist geringer als 0,2 % Massenanteil.
d) Der Gehalt an nicht identifizierten Stoffen ist geringer als 0,2 % Massenanteil.
e) Dem Gemisch wurden keine krebserzeugenden Stoffe nach Nummer 1.2 gezielt zugesetzt.
f) Dem Gemisch wurden keine Stoffe der WGK 3 gezielt zugesetzt.
g) Dem Gemisch wurden keine Stoffe gezielt zugesetzt, deren wassergefährdende Eigenschaften nicht bekannt sind.
h) Dem Gemisch wurden keine Dispergatoren oder Emulgatoren gezielt zugesetzt.
i) Das Gemisch schwimmt in oberirdischen Gewässern nicht auf.

Muss bei einem Stoff der WGK 2 oder WGK 3 wegen seiner hohen aquatischen Toxizität ein M-Faktor nach Nummer 1.4 berücksichtigt werden, wird der prozentuale Gehalt dieses Stoffes mit diesem Faktor multipliziert. Das sich daraus ergebende Produkt wird zur Ermittlung des Massenanteils im Sinne von Satz 1 Buchstabe b und c verwendet.

3 Bestimmung aufschwimmender flüssiger Stoffe und Gemische als allgemein wassergefährdend

3.1 Aufschwimmende flüssige Stoffe nach Nummer 1.3 sind allgemein wassergefährdend, wenn sie die Anforderungen nach Nummer 2.1 Buchstaben a bis g erfüllen.

3.2 Die aufschwimmenden flüssigen Stoffe nach Nummer 3.1 werden vom Umweltbundesamt im Bundesanzeiger öffentlich bekannt gegeben. Zudem stellt das Umweltbundesamt im Internet eine Suchfunktion bereit, mit der die nach Satz 1 bekannt gegebenen Stoffe ermittelt werden können.

3.3 Ein aufschwimmendes Gemisch aus aufschwimmenden flüssigen Stoffen nach Nummer 3.1 und nicht wassergefährdenden Stoffen gilt als allgemein wassergefährdend.

4 Einstufung von Stoffen in Wassergefährdungsklassen

4.1 Methodische Vorgaben

Grundlage für die Einstufung sind wissenschaftliche Prüfungen an dem jeweiligen Stoff gemäß den Vorgaben der Verordnung (EG) Nr. 440/2008 der Kommission vom 30. Mai 2008 zur Festlegung von Prüfmethoden gemäß der Verordnung (EG) Nr. 1907/2006 des Europäischen Parlaments und des Rates zur Registrierung, Bewertung, Zulassung und Beschränkung chemischer Stoffe (REACH) (ABl. L 142 vom 31.5.2008, S. 1), die zuletzt durch die Verordnung (EU) Nr. 900/2014 (ABl. L 247 vom 21.8.2014, S. 1) geändert worden ist, in der jeweils geltenden Fassung. Wurden aus diesen wissenschaftlichen Prüfungen für den jeweiligen Stoff

    a) R-Sätze gemäß den Anhängen I und VI der Richtlinie 67/548/EWG oder
    b) Gefahrenhinweise nach den Anhängen I, II und VI der Verordnung (EG) Nr. 1272/2008.

in der jeweils geltenden Fassung abgeleitet, werden den R-Sätzen bzw. Gefahrenhinweisen Bewertungspunkte nach Maßgabe von Nummer 4.2 zugeordnet. Wurden wissenschaftliche Prüfungen zur akuten oralen oder dermalen Toxizität oder zu Auswirkungen auf die Umwelt für den jeweiligen Stoff nicht durchgeführt, werden dem Stoff Vorsorgepunkte nach Maßgabe von Nummer 4.3 zugeordnet. Aus der Summe der Bewertungs- und Vorsorgepunkte für den jeweiligen Stoff wird die Wassergefährdungsklasse nach Maßgabe von Nummer 4.4 ermittelt.

4.2 R-Sätze, Gefahrenhinweise und Bewertungspunkte

Den R-Sätzen oder Gefahrenhinweisen im Sinne von Nummer 4.1 Satz 2 werden folgende Bewertungspunkte zugeordnet:

R-Satz	Bezeichnungen der besonderen Gefahren	Vorrangigkeit anderer R-Sätze	Bewertungspunkte
R21	gesundheitsschädlich bei Berührung mit der Haut	wird nicht zusätzlich zu R25, R23/25, R28 oder R26/28 berücksichtigt	1
R22	gesundheitsschädlich beim Verschlucken	wird nicht zusätzlich zu R24, R23/24, R27 oder R26/27 berücksichtigt	1
R24	giftig bei Berührung mit der Haut	wird nicht zusätzlich zu R28 oder R26/28 berücksichtigt	3
R25	giftig beim Verschlucken	wird nicht zusätzlich zu R27 oder R26/27 berücksichtigt	3
R27	sehr giftig bei Berührung mit der Haut		4
R28	sehr giftig beim Verschlucken		4
R29	entwickelt bei Berührung mit Wasser giftige Gase		2
R33	Gefahr kumulativer Wirkungen		2
R40*	Verdacht auf krebserzeugende Wirkung	wird nicht zusätzlich zu R68 berücksichtigt	2
R45*	kann Krebs erzeugen		9
R46	kann vererbbare Schäden verursachen	wird nicht zusätzlich zu R45 berücksichtigt	9

R-Satz	Bezeichnungen der besonderen Gefahren	Vorrangigkeit anderer R-Sätze	Bewertungspunkte
R50	sehr giftig für Wasserorganismen		6
R52	schädlich für Wasserorganismen		3
R53	kann in Gewässern längerfristig schädliche Wirkungen haben		3
R60	kann die Fortpflanzungsfähigkeit beeinträchtigen		4
R61	kann das Kind im Mutterleib schädigen	wird nicht zusätzlich zu R60 berücksichtigt	4
R62	kann möglicherweise die Fortpflanzungsfähigkeit beeinträchtigen	wird nicht zusätzlich zu R61 berücksichtigt	2
R63	kann das Kind im Mutterleib möglicherweise schädigen	wird nicht zusätzlich zu R60 und R62 berücksichtigt	2
R65	gesundheitsschädlich: kann beim Verschlucken Lungenschäden verursachen	wird nicht zusätzlich zu R21 und R22 berücksichtigt	1
R68	irreversibler Schaden möglich	wird nicht zusätzlich zu R40 berücksichtigt	2
R15/29	reagiert mit Wasser unter Bildung giftiger und hochentzündlicher Gase		2
R20/21	gesundheitsschädlich beim Einatmen und bei Berührung mit der Haut	wird nicht zusätzlich zu R25 oder R28 berücksichtigt	1
R20/22	gesundheitsschädlich beim Einatmen und Verschlucken	wird nicht zusätzlich zu R24 oder R27 berücksichtigt	1
R20/21/22	gesundheitsschädlich beim Einatmen, Verschlucken und Berührung mit der Haut		1
R21/22	gesundheitsschädlich bei Berührung mit der Haut und beim Verschlucken		1
R23/24	giftig beim Einatmen und bei Berührung mit der Haut	wird nicht zusätzlich zu R28 berücksichtigt	3
R23/25	giftig beim Einatmen und Verschlucken	wird nicht zusätzlich zu R27 berücksichtigt	3

R-Satz	Bezeichnungen der besonderen Gefahren	Vorrangigkeit anderer R-Sätze	Bewer-tungspunkte
R23/24/25	giftig beim Einatmen, Verschlucken und bei Berührung mit der Haut		3
R24/25	giftig bei Berührung mit der Haut und beim Verschlucken		3
R26/27	sehr giftig beim Einatmen und bei Berührung mit der Haut		4
R26/28	sehr giftig beim Einatmen und Verschlucken		4
R26/27/28	sehr giftig beim Einatmen, Verschlucken und Berührung mit der Haut		4
R27/28	sehr giftig bei Berührung mit der Haut und beim Verschlucken		4
R39/24	giftig: ernste Gefahr irreversiblen Schadens bei Berührung mit der Haut		4
R39/25	giftig: ernste Gefahr irreversiblen Schadens durch Verschlucken		4
R39/23/24	giftig: ernste Gefahr irreversiblen Schadens durch Einatmen und bei Berührung mit der Haut		4
R39/23/25	giftig: ernste Gefahr irreversiblen Schadens durch Einatmen und durch Verschlucken		4
R39/24/25	giftig: ernste Gefahr irreversiblen Schadens bei Berührung mit der Haut und durch Verschlucken		4
R39/23/24/25	giftig: ernste Gefahr irreversiblen Schadens durch Einatmen, Berührung mit der Haut und durch Verschlucken		4
R39/27	sehr giftig: ernste Gefahr irreversiblen Schadens bei Berührung mit der Haut		4
R39/28	sehr giftig: ernste Gefahr irreversiblen Schadens durch Verschlucken		4
R39/26/27	sehr giftig: ernste Gefahr irreversiblen Schadens durch Einatmen und bei Berührung mit der Haut		4

R-Satz	Bezeichnungen der besonderen Gefahren	Vorrangigkeit anderer R-Sätze	Bewertungspunkte
R39/26/28	sehr giftig: ernste Gefahr irreversiblen Schadens durch Einatmen und durch Verschlucken		4
R39/27/28	sehr giftig: ernste Gefahr irreversiblen Schadens bei Berührung mit der Haut und durch Verschlucken		4
R39/26/27/28	sehr giftig: ernste Gefahr irreversiblen Schadens durch Einatmen, Berührung mit der Haut und durch Verschlucken		4
R48/21	gesundheitsschädlich: Gefahr ernster Gesundheitsschäden bei längerer Exposition durch Berührung mit der Haut		2
R48/22	gesundheitsschädlich: Gefahr ernster Gesundheitsschäden bei längerer Exposition durch Verschlucken		2
R48/20/21	gesundheitsschädlich: Gefahr ernster Gesundheitsschäden bei längerer Exposition durch Einatmen und durch Berührung mit der Haut		2
R48/20/22	gesundheitsschädlich: Gefahr ernster Gesundheitsschäden bei längerer Exposition durch Einatmen und durch Verschlucken		2
R48/21/22	gesundheitsschädlich: Gefahr ernster Gesundheitsschäden bei längerer Exposition durch Berührung mit der Haut und durch Verschlucken		2
R48/20/21/22	gesundheitsschädlich: Gefahr ernster Gesundheitsschäden bei längerer Exposition durch Einatmen, Berührung mit der Haut und durch Verschlucken		2
R48/24	giftig: Gefahr ernster Gesundheitsschäden bei längerer Exposition durch Berührung mit der Haut		4
R48/25	giftig: Gefahr ernster Gesundheitsschäden bei längerer Exposition durch Verschlucken		4
R48/23/24	giftig: Gefahr ernster Gesundheitsschäden bei längerer Exposition durch Einatmen und durch Berührung mit der Haut		4

R-Satz	Bezeichnungen der besonderen Gefahren	Vorrangigkeit anderer R-Sätze	Bewertungspunkte
R48/23/25	giftig: Gefahr ernster Gesundheitsschäden bei längerer Exposition durch Einatmen und durch Verschlucken		4
R48/24/25	giftig: Gefahr ernster Gesundheitsschäden bei längerer Exposition durch Berührung mit der Haut und durch Verschlucken		4
R48/23/24/25	giftig: Gefahr ernster Gesundheitsschäden bei längerer Exposition durch Einatmen, Berührung mit der Haut und durch Verschlucken		4
R50/53	sehr giftig für Wasserorganismen, kann in Gewässern längerfristig schädliche Wirkungen haben		8
R51/53	giftig für Wasserorganismen, kann in Gewässern längerfristig schädliche Wirkungen haben		6
R52/53	schädlich für Wasserorganismen, kann in Gewässern längerfristig schädliche Wirkungen haben		4
R68/21	gesundheitsschädlich: Möglichkeit irreversiblen Schadens bei Berührung mit der Haut		2
R68/22	gesundheitsschädlich: Möglichkeit irreversiblen Schadens durch Verschlucken		2
R68/20/21	gesundheitsschädlich: Möglichkeit irreversiblen Schadens durch Einatmen und bei Berührung mit der Haut		2
R68/20/22	gesundheitsschädlich: Möglichkeit irreversiblen Schadens durch Einatmen und durch Verschlucken		2
R68/21/22	gesundheitsschädlich: Möglichkeit irreversiblen Schadens bei Berührung mit der Haut und durch Verschlucken		2
R68/20/21/22	gesundheitsschädlich: Möglichkeit irreversiblen Schadens durch Einatmen, Berührung mit der Haut und durch Verschlucken		2

Stoffen, die nur auf inhalativem Expositionsweg wirken, werden keine Bewertungspunkte zugeordnet.

R-Satz	Bezeichnungen der besonderen Gefahren	Vorrangigkeit anderer R-Sätze	Bewertungspunkte
EUH029	entwickelt bei Berührung mit Wasser giftige Gase		2
H300	Lebensgefahr bei Verschlucken		4
H301	giftig bei Verschlucken	wird nicht zusätzlich zu H310 berücksichtigt	3
H302	gesundheitsschädlich bei Verschlucken	wird nicht zusätzlich zu H311 oder H310 berücksichtigt	1
H304	kann bei Verschlucken und Eindringen in die Atemwege tödlich sein	wird nicht zusätzlich zu H312 und H302 berücksichtigt	1
H310	Lebensgefahr bei Hautkontakt	wird nicht zusätzlich zu H300 berücksichtigt	4
H311	giftig bei Hautkontakt	wird nicht zusätzlich zu H301 oder H300 berücksichtigt	3
H312	gesundheitsschädlich bei Hautkontakt	wird nicht zusätzlich zu H302, H301 oder H300 berücksichtigt	1
H340*	kann genetische Defekte verursachen (Expositionsweg angeben, sofern schlüssig belegt ist, dass diese Gefahr bei keinem anderen Expositionsweg besteht)	wird nicht zusätzlich zu H350 berücksichtigt	9

R-Satz	Bezeichnungen der besonderen Gefahren	Vorrangigkeit anderer R-Sätze	Bewertungspunkte
H341*	kann vermutlich genetische Defekte verursachen (Expositionsweg angeben, sofern schlüssig belegt ist, dass diese Gefahr bei keinem anderen Expositionsweg besteht)	wird nicht zusätzlich zu H351 berücksichtigt	2
H350*	kann Krebs verursachen (Expositionsweg angeben, sofern schlüssig belegt ist, dass diese Gefahr bei keinem anderen Expositionsweg besteht)		9
H351*	kann vermutlich Krebs verursachen (Expositionsweg angeben, sofern schlüssig belegt ist, dass diese Gefahr bei keinem anderen Expositionsweg besteht)	wird nicht zusätzlich zu H341 berücksichtigt	2
H360D	kann das Kind im Mutterleib schädigen	wird nicht zusätzlich zu H360F berücksichtigt	4
H360F	kann die Fruchtbarkeit beeinträchtigen		4
H361d	kann vermutlich das Kind im Mutterleib schädigen	wird nicht zusätzlich zu H360F und H361f berücksichtigt	2
H361f	kann vermutlich die Fruchtbarkeit beeinträchtigen	wird nicht zusätzlich zu H360D berücksichtigt	2
H370*	schädigt die Organe (oder alle betroffenen Organe nennen, sofern bekannt) (Expositionsweg angeben, sofern schlüssig belegt ist, dass diese Gefahr bei keinem anderen Expositionsweg besteht)		4
H371*	kann die Organe schädigen (oder alle betroffenen Organe nennen, sofern bekannt) (Expositionsweg angeben, sofern schlüssig belegt ist, dass diese Gefahr bei keinem anderen Expositionsweg besteht)		2
H372*	schädigt die Organe (alle betroffenen Organe nennen) bei längerer oder wiederholter Exposition (Expositionsweg angeben, wenn schlüssig belegt ist, dass diese Gefahr bei keinem anderen Expositionsweg besteht)		4

R-Satz	Bezeichnungen der besonderen Gefahren	Vorrangigkeit anderer R-Sätze	Bewertungspunkte
H373*	kann die Organe schädigen (alle betroffenen Organe nennen) bei längerer oder wiederholter Exposition (Expositionsweg angeben, wenn schlüssig belegt ist, dass diese Gefahr bei keinem anderen Expositionsweg besteht)		2
H400	sehr giftig für Wasserorganismen	wird nicht zusätzlich zu H410	6
H410	sehr giftig für Wasserorganismen mit langfristiger Wirkung		8
H411	giftig für Wasserorganismen mit langfristiger Wirkung		6
H412	schädlich für Wasserorganismen mit langfristiger Wirkung		4
H413	kann für Wasserorganismen schädlich sein, mit langfristiger Wirkung		3

Stoffen, die nur auf inhalativem Expositionsweg wirken, werden keine Bewertungspunkte zugeordnet.

4.3 Vorsorgepunkte

4.3.1 Sind zu einem Stoff keine Informationen im Sinne von Nummer 4.1 Satz 1 und 2 zur akuten oralen und dermalen Toxizität vorhanden, werden dem Stoff 4 Vorsorgepunkte zugewiesen.

4.3.2 Sind zu einem Stoff keine Informationen im Sinne von Nummer 4.1 Satz 1 und 2 zu Auswirkungen auf die Umwelt vorhanden, werden dem Stoff 8 Vorsorgepunkte zugewiesen. Die Anzahl der Vorsorgepunkte wird um 2 vermindert, wenn die leichte biologische Abbaubarkeit nachgewiesen und ein Bioakkumulationspotenzial ausgeschlossen wurde.

4.3.3 Wurden einem Stoff keine R-Sätze oder Gefahrenhinweise zu Auswirkungen auf die Umwelt im Sinne von Nummer 4.1 Satz 2 zugeordnet und sind Prüfungen im Sinne von Nummer 4.1 Satz 1 zu Auswirkungen auf die Umwelt für den Stoff bekannt, werden die folgenden Vorsorgepunkte zugewiesen:

    a) 8 Vorsorgepunkte, wenn eine Prüfung bekannt ist, nach der die akute Toxizität an einer Fischart (96 h LC_{50}) oder einer Wasserflohart (48 h EC_{50}) oder die Hemmung des Algenwachstums (72 h IC_{50}) nicht mehr als 1 mg/l beträgt und

        aa) kein Nachweis der leichten biologischen Abbaubarkeit oder
        bb) kein Nachweis zum Ausschluss eines Bioakkumulationspotenzials vorhanden ist,

    b) 6 Vorsorgepunkte, wenn eine Prüfung bekannt ist, nach der die akute Toxizität an einer Fischart (96 h LC_{50}) oder einer Wasserflohart (48 h EC_{50}) oder die Hemmung des Algenwachstums (72 h IC_{50}) mehr als 1 mg/l und nicht mehr als 10 mg/l beträgt und

        aa) kein Nachweis der leichten biologischen Abbaubarkeit oder bb) kein Nachweis zum Ausschluss eines Bioakkumulationspotenzials vorhanden ist,

c) 4 Vorsorgepunkte, wenn eine Prüfung bekannt ist, nach der die akute Toxizität an einer Fischart (96 h LC_{50}) oder einer Wasserflohart (48 h EC_{50}) oder die Hemmung des Algenwachstums (72 h IC_{50}) mehr als 10 mg/l und nicht mehr als 100 mg/l beträgt und kein Nachweis der biologischen Abbaubarkeit in Gewässern vorhanden ist,

d) 2 Vorsorgepunkte, wenn nur Prüfungen bekannt sind, nach denen die akute Toxizität an einer Fischart (96 h LC_{50}) oder einer Wasserflohart (48 h EC_{50}) oder die Hemmung des Algenwachstums (72 h IC_{50}) mehr als 100 mg/l beträgt und

    aa) kein Nachweis der biologischen Abbaubarkeit in Gewässern sowie
    bb) kein Nachweis zum Ausschluss eines Bioakkumulationspotenzials vorhanden ist.

4.4 Ermittlung der Wassergefährdungsklasse

Aus den nach den Nummern 4.2 und 4.3 ermittelten Bewertungs- und Vorsorgepunkten für den jeweiligen Stoff wird die Summe gebildet. Entsprechend dieser Summe wird eine der folgenden Wassergefährdungsklassen zugeordnet:

Die Summe beträgt 0 bis 4:	WGK 1
Die Summe beträgt 5 bis 8:	WGK 2
Die Summe beträgt mehr als 8:	WGK 3

5 Einstufung von Gemischen in Wassergefährdungsklassen

5.1 Grundsätze

5.1.1 Die Wassergefährdungsklasse von Gemischen wird aus den Wassergefährdungsklassen der enthaltenen Stoffe rechnerisch ermittelt. Dabei werden nicht identifizierte Stoffe und Stoffe gemäß § 3 Absatz 4 Satz 1 wie Stoffe der WGK 3 behandelt.

5.1.2 Werden feste Gemische bei der Herstellung von flüssigen Gemischen verwendet und wurden diese festen Gemische nicht als nicht wassergefährdend oder in eine Wassergefährdungsklasse eingestuft, werden die festen Gemische bei der Ableitung der Wassergefährdungsklasse des flüssigen Gemisches wie Stoffe der WGK 3 behandelt. Wurden die festen Gemische nach Nummer 5.2 oder Nummer 5.3 in eine Wassergefährdungsklasse eingestuft, werden sie bei der Ableitung der Wassergefährdungsklasse des flüssigen Gemisches wie Stoffe dieser Wassergefährdungsklasse behandelt. Satz 2 gilt entsprechend für eingestufte flüssige Gemische.

5.1.3 Krebserzeugende Stoffe nach Nummer 1.2 sind ab einem Massenanteil von 0,1 %, bezogen auf den Einzelstoff, zu berücksichtigen. Sind für die Einstufung des Gemisches als krebserzeugend (R45 bzw. H350) nach Anhang VI der Verordnung (EG) Nr. 1272/2008 und Anhang II der Richtlinie 1999/45/EG des Europäischen Parlaments und des Rates vom 31. Mai 1999 zur Angleichung der Rechts- und Verwaltungsvorschriften der Mitgliedstaaten für die Einstufung, Verpackung und Kennzeichnung gefährlicher Zubereitungen (ABl. L 200 vom 30.7.1999, S. 1, L 6 vom 10.1.2002, S. 71), die zuletzt durch die Verordnung (EG) Nr. 1272/2008 (ABl. L 353 vom 31.2.2008, S. 1) geändert worden ist, oder nach den Anhängen I und II der Verordnung (EG) Nr. 1272/2008 andere Massenanteile maßgebend, gelten diese. Bei der Ableitung der WGK 1 sind zugesetzte krebserzeugende Stoffe immer zu berücksichtigen.

5.1.4 Nicht krebserzeugende Stoffe mit einem Massenanteil von weniger als 0,2 %, bezogen auf den Einzelstoff, werden nicht berücksichtigt. Muss bei einem Stoff der WGK 2 oder WGK 3 wegen seiner hohen aquatischen Toxizität ein M-Faktor nach Nummer 1.4 berücksichtigt werden, wird der prozentuale Gehalt dieses Stoffes mit diesem Faktor multipliziert. Das sich daraus ergebende Produkt wird zur Ermittlung des Massenanteils verwendet.

5.1.5 Liegen wissenschaftliche Prüfungen im Sinne von Nummer 4.1 Satz 1 zur akuten oralen oder dermalen Toxizität oder zur aquatischen Toxizität für das Gemisch vor, kann die Wassergefährdungsklasse abweichend von den Nummern 5.1.1, 5.1.2 und 5.1.4 aus diesen Prüfergebnissen bestimmt werden. Den Prüfergebnissen werden Bewertungspunkte nach Maßgabe von Nummer 5.3 zugeordnet. Wurden bestimmte wissenschaftliche Prüfungen zur akuten oralen oder dermalen Toxizität oder zu Auswirkungen auf die Umwelt für das jeweilige Gemisch nicht durchgeführt, werden dem Gemisch Vorsorgepunkte nach Maßgabe von Nummer 5.3 zugeordnet. Aus der Summe der Bewertungs- und Vorsorgepunkte für das jeweilige Gemisch wird die Wassergefährdungsklasse ermittelt. Führen beide Methoden zu unterschiedlichen Wassergefährdungsklassen, so ist die aus den am Gemisch bestimmten Prüfdaten ermittelte Wassergefährdungsklasse maßgeblich.

5.1.6 Wurde zu einem Gemisch die Wassergefährdungsklasse anhand der Prüfdaten ermittelt, kann auf eine erneute Prüfung des Gemisches verzichtet werden, wenn nur ein Stoff ausgetauscht worden ist und

a) der neue Stoff bereits eingestuft und in die gleiche oder eine niedrigere Wassergefährdungsklasse wie der ausgetauschte Stoff eingestuft ist oder der neue Stoff als nicht wassergefährdend eingestuft ist und

b) keine Eigenschaften des neuen Stoffes bekannt sind, die zu einer Erhöhung des wassergefährdenden Potenzials des Gemisches führen können.

5.2 Rechnerische Ableitung der Wassergefährdungsklasse aus den Wassergefährdungsklassen der enthaltenen Stoffe

5.2.1 Ableitung der Wassergefährdungsklasse 3

Das Gemisch wird in die WGK 3 eingestuft, wenn eine der folgenden Voraussetzungen erfüllt ist:

a) Das Gemisch enthält krebserzeugende Stoffe der WGK 3.

b) Die Summe der Massenanteile aller im Gemisch enthaltenen Stoffe der WGK 3 beträgt 3 % oder mehr.

Muss bei einem Stoff der WGK 3 wegen seiner hohen aquatischen Toxizität ein M-Faktor nach Nummer 1.4 berücksichtigt werden, wird der prozentuale Gehalt dieses Stoffes mit diesem Faktor multipliziert. Das sich daraus ergebende Produkt wird zur Ermittlung des Massenanteils im Sinne von Satz 1 Buchstabe b verwendet.

5.2.2 Ableitung der Wassergefährdungsklasse 2

Trifft keine der unter Nummer 5.2.1 genannten Voraussetzungen zu, wird das Gemisch in die WGK 2 eingestuft, wenn eine der folgenden Voraussetzungen erfüllt ist:

a) Das Gemisch enthält krebserzeugende Stoffe der WGK 2.

b) Die Summe der Massenanteile aller im Gemisch enthaltenen Stoffe der WGK 2 beträgt 5 % oder mehr.

c) Das Gemisch enthält Stoffe der WGK 3, die nicht krebserzeugend sind, mit einem Massenanteil von 0,2 % oder mehr, bezogen auf den Einzelstoff.

d) Die Summe der Massenanteile aller im Gemisch enthaltenen nicht krebserzeugenden Stoffe der WGK 3 beträgt weniger als 3 %.

Muss bei einem Stoff der WGK 2 oder WGK 3 wegen seiner hohen aquatischen Toxizität ein M-Faktor nach Nummer 1.4 berücksichtigt werden, wird der prozentuale Gehalt dieses Stoffes mit diesem Faktor multipliziert. Das sich daraus ergebende Produkt wird zur Ermittlung des Massenanteils im Sinne von Satz 1 Buchstabe b bis d verwendet.

5.2.3 Ableitung der Wassergefährdungsklasse 1

Trifft keine der unter Nummer 5.2.1 und 5.2.2 genannten Voraussetzungen zu, wird das Gemisch in die WGK 1 eingestuft, wenn eine der folgenden Voraussetzungen erfüllt ist:

a) Das Gemisch enthält zugesetzte krebserzeugende Stoffe unterhalb der in Nummer 5.1.3 genannten Berücksichtigungsgrenze.

b) Das Gemisch enthält nicht-krebserzeugende Stoffe der WGK 2 mit einem Massenanteil von 0,2 % oder mehr, bezogen auf den Einzelstoff.

c) Die Summe der Massenanteile aller im Gemisch enthaltenen nicht-krebserzeugenden Stoffe der WGK 2 beträgt weniger als 5 %.

d) Die Summe der Massenanteile aller im Gemisch enthaltenen Stoffe der WGK 1 beträgt 3 % oder mehr.

e) Das Gemisch erfüllt nicht alle der unter Nummer 2.2 genannten Voraussetzungen für eine Einstufung als nicht wassergefährdend.

Muss bei einem Stoff der WGK 2 wegen seiner hohen aquatischen Toxizität ein M-Faktor nach Nummer 1.4 berücksichtigt werden, wird der prozentuale Gehalt dieses Stoffes mit diesem Faktor multipliziert. Das sich daraus ergebende Produkt wird zur Ermittlung des Massenanteils im Sinne von Satz 1 Buchstabe b und c verwendet.

5.3 Ableitung der Wassergefährdungsklasse aus am Gemisch gewonnenen Prüfergebnissen

5.3.1 Berücksichtigung der am Gemisch bestimmten akuten oralen oder dermalen Toxizität

Sind wissenschaftliche Prüfungen im Sinne von Nummer 4.1 Satz 1 zur akuten oralen oder dermalen Toxizität bekannt, ist festzustellen, ob das Gemisch nach Anhang II der Richtlinie 1999/45/EG oder Anhang I und II der Verordnung (EG) Nr. 1272/2008 einzustufen ist. Satz 1 gilt entsprechend, wenn diese wissenschaftlichen Prüfungen für alle enthaltenen Stoffe, nicht jedoch für das Gemisch bekannt sind. Werden aus den Prüfergebnissen nach Anhang II der Richtlinie 1999/45/EG oder den Anhängen I und II der Verordnung (EG) Nr. 1272/2008 R-Sätze oder Gefahrenhinweise zur akuten oralen oder dermalen Toxizität abgeleitet, werden diesen die in Nummer 4.2 genannten Bewertungspunkte zugeordnet. Sind wissenschaftliche Prüfungen im Sinne von Nummer 4.1 Satz 1 zur akuten oralen oder dermalen Toxizität weder für das Gemisch noch für alle enthaltenen Stoffe bekannt, werden dem Gemisch 4 Vorsorgepunkte zugewiesen.

5.3.2 Berücksichtigung der am Gemisch gewonnenen Prüfergebnisse zu Auswirkungen auf die Umwelt

Sind wissenschaftliche Prüfungen im Sinne von Nummer 4.1 Satz 1 zur akuten Toxizität an einer Fischart (96 h LC_{50}) oder einer Wasserflohart (48 h EC_{50}) oder zur Hemmung des Algenwachstums (72 h IC_{50}) für mindestens zwei der vorgenannten Organismen bekannt, werden die folgenden Bewertungspunkte zugeordnet:

 a) 8 Bewertungspunkte, wenn die Toxizität beim empfindlichsten Organismus 1 mg/l oder weniger beträgt,
 b) 6 Bewertungspunkte, wenn die Toxizität beim empfindlichsten Organismus mehr als 1 und bis zu 10 mg/l beträgt,
 c) 4 Bewertungspunkte, wenn die Toxizität beim empfindlichsten Organismus mehr als 10 und bis zu 100 mg/l beträgt,
 d) 2 Bewertungspunkte, wenn die Toxizität beim empfindlichsten Organismus mehr als 100 mg/l beträgt oder oberhalb der in Wasser erreichbaren Konzentration liegt.

Sind wissenschaftliche Prüfungen im Sinne von Nummer 4.1 Satz 1 zur akuten Toxizität an einer Fischart, einer Wasserflohart und zur Hemmung des Algenwachstums nicht bekannt oder nur für einen dieser Organismen bestimmt, werden dem Gemisch 8 Vorsorgepunkte zugewiesen. Ist bekannt, dass einer der vorgenannten Organismen besonders empfindlich auf einen im Gemisch enthaltenen Stoff reagiert, so muss die Prüfung am Gemisch auch mit diesem Organismus durchgeführt worden sein.

Ist für alle Stoffe eines Gemisches jeweils die leichte biologische Abbaubarkeit nachgewiesen und ein Bioakkumulationspotenzial ausgeschlossen, werden die für die Auswirkungen auf die Umwelt ermittelten Bewertungspunkte oder Vorsorgepunkte um 2 vermindert.

5.3.3 Berücksichtigung anderer am Gemisch gewonnener Prüfergebnisse

Sind wissenschaftliche Prüfungen im Sinne von Nummer 4.1 Satz 1 bekannt, aus denen für das Gemisch nach den Anhängen II und III der Richtlinie 1999/45/EG oder nach den Anhängen I und II der Verordnung (EG) Nr. 1272/2008 ein in Nummer 4.2 genannter R-Satz oder Gefahrenhinweis abgeleitet wird (ausgenommen R21 bis R28, R50 bis R53 und R65, jeweils einzeln oder in Kombination, oder H300, H301, H302, H304, H310, H311, H312, H400 und H410 bis H413, jeweils einzeln oder in Kombination), werden die dort aufgeführten Bewertungspunkte zugeordnet.

5.3.4 Ermittlung der Wassergefährdungsklasse

Aus den nach den Nummern 5.3.1 bis 5.3.3 ermittelten Bewertungs- und Vorsorgepunkten für das jeweilige Gemisch wird die Summe gebildet. Entsprechend dieser Summe wird dem Gemisch in entsprechender Anwendung von Nummer 4.4 eine Wassergefährdungsklasse zugeordnet.

Anlage 2

(zu § 4 Absatz 3, § 8 Absatz 3 und § 10 Absatz 3)

Dokumentation der Selbsteinstufung von Stoffen und Gemischen

1 Dokumentationsformblatt für Stoffe

1.1 Für die Dokumentation der Selbsteinstufung von Stoffen nach § 4 Absatz 3 ist das Dokumentationsformblatt 1 zu verwenden.

1.2. Angaben für die Selbsteinstufung von Stoffen

1.2.1 Für die Selbsteinstufung eines Stoffes müssen folgende Angaben dokumentiert werden:

 a) Name und Anschrift des Betreibers, Datum der Erstellung der Dokumentation,
 b) chemisch eindeutige Stoffbezeichnung,
 c) EG-Nummer sowie - soweit vorhanden - CAS-Nummer und Index-Nummer nach Anhang VI der Verordnung (EG) Nr. 1272/2008,
 d) Gefahrenhinweise oder R-Sätze nach Anlage 1 Nummer 4.1 Satz 2,
 e) Multiplikationsfaktoren nach Anlage 1 Nummer 1.4,
 f) Konzentrationsgrenzwerte nach Anhang VI der Verordnung (EG) Nr. 1272/2008,
 g) zugeordnete Bewertungspunkte nach Anlage 1 Nummer 4.2,
 h) zugeordnete Vorsorgepunkte nach Anlage 1 Nummer 4.3,
 i) Summe nach Anlage 1 Nummer 4.4 und
 j) Vorschlag für die Einstufung als nicht wassergefährdend oder in eine Wassergefährdungsklasse.

1.2.2 Zusätzlich zu den unter Nummer 1.2.1 genannten Angaben sollen zu einem Stoff folgende Angaben dokumentiert werden, soweit sie vorhanden und dem Betreiber zugänglich sind:

 a) Aggregatzustand, Dampfdruck, relative Dichte,
 b) Wasserlöslichkeit, Verteilungsverhalten (log P_{OW} oder BCF),
 c) akute orale und dermale Toxizität,
 d) Toxizität gegenüber zwei aquatischen Arten aus zwei verschiedenen Ebenen der Nahrungskette und
 e) biologische Abbaubarkeit.

Sofern ein Stoff als nicht wassergefährdend eingestuft werden soll, ist der Betreiber verpflichtet, die Angaben nach Satz 1 vollständig zu dokumentieren.

1.2.3 Für die Einstufung von Polymeren müssen darüber hinaus folgende Angaben dokumentiert werden:

 a) die mittlere Molmasse und der Molekulargewichtsbereich, für den die Einstufung Gültigkeit haben soll,
 b) der Restmonomerengehalt, wenn dieser oberhalb eines Massenanteils von 0,2 Prozent liegt,
 c) der Gehalt und die Identität von Additiven und Verunreinigungen, wenn ihr Gehalt oberhalb eines Massenanteils von 0,2 Prozent liegt, und
 d) der Gehalt und die Identität von krebserzeugenden Stoffen nach Anlage 1 Nummer 1.2, wenn ihr Gehalt oberhalb eines Massenanteils von 0,1 Prozent liegt.

Abweichend von Nummer 1.2.1 ist eine Dokumentation von Polymeren auch dann vollständig, wenn keine EG-Nummer und keine CAS-Nummer vorliegen.

2 Dokumentationsformblatt für Gemische

Für die Dokumentation der Selbsteinstufung von flüssigen oder gasförmigen Gemischen nach § 8 Absatz 3 und im Fall der Selbsteinstufung von festen Gemischen in Wassergefährdungsklassen nach § 10 Absatz 3 Satz 1 ist das Dokumentationsformblatt 2 zu verwenden.

3 Dokumentationsformblatt für feste Gemische, die als nicht wassergefährdend eingestuft werden

Für die Dokumentation der Selbsteinstufung von festen Gemischen als nicht wassergefähr- dend nach § 10 Absatz 3 Satz 1 ist das Dokumentationsformblatt 3 zu verwenden.

Dokumentationsformblatt 1
Dokumentation der Selbsteinstufung eines Stoffes

Angaben zum Betreiber der Anlage

Firma	
Abteilung	
Ansprechpartner/-in	
Straße/Postfach	
PLZ Ort	
Staat (bei Sitz des Betreibers außerhalb der Bundesrepublik Deutschland)	

Von der Dokumentationsstelle auszufüllen

Kenn-Nr.:	
Aufnahme am:	
Kürzel:	
Datum	
E-Mail-Adresse	
Telefon/Fax	

Angaben zum Stoff

chemisch eindeutige Stoffbezeichnung[2]			
☐ EG-Name ☐ CAS-Name[1]			
synonyme Bezeichnungen (englische Stoffbezeichnung)			
	CAS-Nr.	EG-Nr.[2]	Index-Nr.[3]
Wasserlöslichkeit in mg/l bei 20 °C		relative Dichte bei 20 °C	
Aggregatzustand bei 20 °C		Dampfdruck in kPa bei 20 °C	

zusätzliche Angaben bei Polymeren

mittlere Molmasse	
Molekulargewichtsbereich[4]	
Identität und Gehalt von Restmonomeren, Additiven und Verunreinigungen > 0,2 % Massenanteil	
Identität und Gehalt krebserzeugender Stoffe > 0,1 % Massenanteil	
Konzentrationsgrenzwerte nach Anhang VI der Verordnung (EG) Nr. 1272/2008	

Gefahrenhinweise nach Anlage III der Verordnung (EG) Nr. 1272/2008

Gefahrenhinweise Säugetiertoxizität		☐ nicht klassifiziert auf der Basis vorhandener Daten[1] ☐ nicht klassifiziert auf Grund fehlender Daten[1]
Gefahrenhinweise Umweltgefährlichkeit		☐ nicht klassifiziert auf der Basis vorhandener Daten[1] ☐ nicht klassifiziert auf Grund fehlender Daten[1]
Multiplikationsfaktor		(gemäß Artikel 10 der Verordnung (EG) Nr. 1272/2008)

[1] Zutreffendes bitte ankreuzen.
[2] Auch für Stoffe, deren Identitätsmerkmale vertraulich behandelt werden sollen, ist die Angabe der EG-Nummer und des chemisch eindeutigen Namens bzw. des EG-Namens erforderlich.
[3] Index-Nummer nach Anhang VI der Verordnung (EG) Nr. 1272/2008
[4] Bestimmt z. B. mit Ausschlusschromatographie [Size Exclusion Chromatography (SEC) oder Gel Permeations Chromatography (GPC)].

R-Satz-Einstufung nach Anhang III der Richtlinie 67/548/EWG

Gefahrensätze (R-Sätze) Säugetiertoxizität		□ nicht klassifiziert auf der Basis vorhandener Daten[1] □ nicht klassifiziert auf Grund fehlender Daten[1]
Gefahrensätze (R-Sätze) Umweltgefährlichkeit		□ nicht klassifiziert auf der Basis vorhandener Daten[1] □ nicht klassifiziert auf Grund fehlender Daten[1]

Prüfergebnisse[2]

akute orale/dermale Toxizität	Säugetierart	Dauer/LD_X/ Applikationsweg	Wert in mg/kg Körpergewicht	Quelle[3] E L S U
				□ □ □ □

aquatische Toxizität	Artname	Dauer/Endpunkt	Wert in mg/l	
Fisch				□ □ □ □
Wasserfloh				□ □ □ □
Alge				□ □ □ □
andere Organismen				□ □ □ □

biologisches Abbauverhalten	Testmethode	Abbaugrad nach 28 Tagen in %	10-Tage-Fenster eingehalten?	
			□ ja[1] □ nein[1]	□ □ □ □
Bioakkumulationspotenzial	log P_{OW}		□ gemessen[1] □ berechnet[1]	□ □ □ □
	BCF		□ gemessen[1] □ berechnet[1]	□ □ □ □

Bewertungspunkte

	Säugetiertoxizität	Umweltgefährlichkeit
Bewertungspunkte auf Basis der R-Sätze oder Gefahrenhinweise		
oder Bewertungspunkte auf Basis von Prüfergebnissen		
Vorsorgepunkte		
Summe		

Gesamtbewertung

WGK[4]

Dokumentationsbezogene Bemerkungen des Betreibers (z. B. Erkenntnisse, die eine von Anlage 1 AwSV abweichende Einstufung rechtfertigen)

Erkenntnisse, die zu einer Änderung der WGK führen, hat der Betreiber dem Umweltbundesamt umgehend mitzuteilen.

Unterschrift des Betreibers, ggf. Stempel

[1] Zutreffendes bitte ankreuzen!
[2] Die Angaben sind obligatorisch für nicht wassergefährdende Stoffe (nwg-Stoffe).
[3] Bitte ankreuzen: E = firmeneigene Studie; L = Literaturwert; S = Sekundärliteratur; U = Untersuchungsbericht liegt bei
[4] Bei nicht wassergefährdenden Stoffen bitte „nwg" eintragen!

Dokumentationsformblatt 2
Dokumentation der Selbsteinstufung eines Gemisches

Angaben zum Betreiber der Anlage

Ggf. Eingangsvermerk der zuständigen Behörde:

Firma	
Abteilung	
Ansprechpartner/-in	
Straße/Postfach	**Datum**	
PLZ Ort	**E-Mail-Adresse**	
Staat (bei Sitz des Betreibers außerhalb der Bundesrepublik Deutschland)	**Telefon/Fax**	

Angaben zur Identität des Gemisches

Bezeichnung	
Handelsname	

Ableitung der WGK nach Anlage 1 Nummer 5.2 AwSV

		ja	nein
Massenanteil krebserzeugender Stoffe nach Anlage 1 Nummer 5.1.3 AwSV $\geq 0{,}1$ %[1]	WGK 2		
	WGK 3		
Dem Gemisch wurden krebserzeugende Stoffe nach Anlage 1 Nummer 1.2 AwSV zugesetzt.			
Dem Gemisch wurden Dispergatoren zugesetzt.			

Im Gemisch enthaltene Stoffe	Summe der Massenanteile in %
WGK 3	
WGK 3 mit M-Faktor[2]	
WGK 2	
WGK 2 mit M-Faktor[2]	
WGK 1	
aufschwimmende flüssige Stoffe nach Anlage 1 Nummer 3.1 AwSV	
nicht wassergefährdende Stoffe (nwg-Stoffe)	
nicht identifizierte Stoffe und Stoffe nach § 3 Absatz 4 Satz 1 (gemäß Anlage 1 Nummer 5.1.1 Satz 2 AwSV) AwSV	
resultierende WGK[3]	

[1] Andere Massenanteile nach Anlage 1 Nummer 5.1.3 Satz 2 AwSV können maßgebend sein.
[2] Multiplikationsfaktor (M-Faktor) nach Anlage 1 Nummer 1.4 AwSV
  Bitte die Massenanteile mit den jeweiligen M-Faktoren multiplizieren!
[3] Bei nicht wassergefährdenden Gemischen bitte „nwg" eintragen!

Ableitung der WGK aus Prüfergebnissen nach Anlage 1 Nummer 5.3 AwSV

akute orale/dermale Toxizität	Säugetierart	Dauer/LD_x/ Applikationsweg	Wert in mg/kg Körpergewicht	Quelle[1] E L S U
				☐ ☐ ☐ ☐
aquatische Toxizität (an mindestens zwei aquatischen Arten aus zwei verschiedenen Ebenen der Nahrungskette)	Artname	Dauer/Endpunkt	Wert in mg/l	
Fisch		(96h) LC_{50}		☐ ☐ ☐ ☐
Wasserfloh		(48h) EC_{50}		☐ ☐ ☐ ☐
Alge		(72h) IC_{50}		☐ ☐ ☐ ☐
andere Organismen				☐ ☐ ☐ ☐
biologisches Abbauverhalten	Alle Stoffe dieses Gemisches sind leicht biologisch abbaubar gemäß OECD 301.			☐ ja ☐ nein
Bioakkumulationspotenzial	Für alle Stoffe dieses Gemisches wird ein Bioakkumulationspotenzial ausgeschlossen.			☐ ja ☐ nein
andere Gefährlichkeitsmerkmale (nach Anlage 1 Nummer 5.3.3 AwSV)				☐ ☐ ☐ ☐

Bewertungspunkte

	Säugetiertoxizität	Umweltgefährlichkeit
Bewertungspunkte auf Basis von Prüfergebnissen		
Vorsorgepunkte		
Bewertungspunkte entsprechend Anlage 1 Nummer 5.3.3 AwSV		
Summe		

Gesamtbewertung

WGK[2]	

Dokumentationsbezogene Bemerkungen des Betreibers (z. B. Erkenntnisse, die eine von Anlage 1 AwSV abweichende Einstufung rechtfertigen)

Erkenntnisse, die zu einer Änderung der WGK führen, hat der Betreiber der zuständigen Behörde umgehend mitzuteilen.

Unterschrift des Betreibers, ggf. Stempel

[1] Bitte ankreuzen: E = firmeneigene Studie; L = Literaturwert; S = Sekundärliteratur; U = Untersuchungsbericht liegt bei
[2] Bei nicht wassergefährdenden Gemischen bitte „nwg" eintragen!

Dokumentationsformblatt 3
Dokumentation der Selbsteinstufung eines festen nicht wassergefährdenden Gemisches

Angaben zum Betreiber der Anlage

Ggf. Eingangsvermerk der zuständigen Behörde:

Firma	
Abteilung	
Ansprechpartner/-in	
Straße/Postfach	**Datum**
PLZ Ort	**E-Mail-Adresse**
Staat (bei Sitz des Betreibers außerhalb der Bundesrepublik Deutschland)	**Telefon/Fax**

Angaben zum Gemisch

Beschreibung

Einstufung durch den Betreiber

Das Gemisch wird als **nicht wassergefährdend eingestuft**, da

☐   das Gemisch oder die darin enthaltenen Stoffe als nicht wassergefährdend im Bundesanzeiger veröffentlicht wurden (§ 3 Absatz 2 Satz 2 AwSV).

☐   das Gemisch nach Anlage 1 Nummer 2.2 AwSV als nicht wassergefährdend eingestuft werden kann (§ 10 Absatz 1 Nummer 1 AwSV).

☐   das Gemisch nach anderen Rechtsvorschriften selbst an hydrogeologisch ungünstigen Standorten und ohne technische Sicherungsmaßnahmen offen eingebaut werden darf (§ 10 Absatz 1 Nummer 2 AwSV).

☐   das Gemisch den Einbauklassen Z 0 oder Z 1.1 der „Anforderungen an die stoffliche Verwertung von Abfällen – Technische Regeln" entspricht (§ 10 Absatz 1 Nummer 3 AwSV).

Dokumentationsbezogene Bemerkungen des Betreibers (z. B. Erkenntnisse, die eine von Anlage 1 AwSV abweichende Einstufung rechtfertigen)

Erkenntnisse, nach denen das feste Gemisch nicht mehr als nicht wassergefährdend einzustufen ist, hat der Betreiber der zuständigen Behörde umgehend mitzuteilen.

Unterschrift des Betreibers, ggf. Stempel

Anlage 3
(zu § 44 Absatz 4 Satz 2)

Merkblatt zu Betriebs- und Verhaltensvorschriften beim Betrieb von Heizölverbraucheranlagen

Bitte gut sichtbar in der Nähe der Anlage aushängen!

Wer eine Heizölverbraucheranlage betreibt, ist für ihren ordnungsgemäßen Betrieb verantwortlich. Der Betreiber hat sich nach § 46 Absatz 1 AwSV regelmäßig insbesondere davon zu überzeugen, dass die Anlage keine Mängel aufweist, die dazu führen können, dass Heizöl freigesetzt wird.

Besondere örtliche Lage:	O Wasserschutzgebiet, Schutzzone: .... O Heilquellenschutzgebiet .... O Überschwemmungsgebiet ....
Sachverständigen-Prüfpflicht: (§ 46 Absatz 2 und 3 AwSV)	O bei Inbetriebnahme Datum der Inbetriebnahmeprüfung: .... O regelmäßig wiederkehrend alle 2,5 / 5 Jahre nächste Prüfung: .... nächste Prüfung: .... nächste Prüfung: ....
Fachbetriebspflicht: (§ 45 AwSV)	O die Anlage ist nicht fachbetriebspflichtig O die Anlage ist fachbetriebspflichtig

Besteht die Gefahr, dass Heizöl austreten kann, oder ist dieses bereits geschehen, sind unverzüglich Maßnahmen zur Schadenbegrenzung zu ergreifen (§ 24 Absatz 1 AwSV).

Das Austreten einer nicht nur unerheblichen Menge Heizöl ist unverzüglich einer der folgenden Behörden zu melden, wenn die Stoffe in den Untergrund, in die Kanalisation oder in ein oberirdisches Gewässer gelangt sind oder gelangen können (§ 24 Absatz 2 AwSV):

Feuerwehr	Tel.: 112
Polizeidienststelle	Tel.: 110
örtlich zuständige Behörde:	Tel.: ....
	Adresse: ....

Anlage 4
(zu § 44 Absatz 4 Satz 2 und 3)

**Merkblatt zu Betriebs- und Verhaltensvorschriften beim Umgang mit wasserge-
fährdenden Stoffen**

Bitte gut sichtbar in der Nähe der Anlage aushängen!

Wer eine Anlage betreibt, ist für ihren ordnungsgemäßen Betrieb verantwortlich. Der Betreiber hat sich nach § 46 Absatz 1 AwSV regelmäßig insbesondere davon zu überzeugen, dass
die Anlage keine Mängel aufweist, die dazu führen können, dass wassergefährdende Stoffe
freigesetzt werden.

Anlagenbezeichnung:
....

Füllgut (wassergefährdender Stoff):   ....WGK.............

Besondere örtliche Lage:	O Wasserschutzgebiet, Schutzzone:
	O Heilquellenschutzgebiet, Schutzzo-
ne:..............	
	O Überschwemmungsgebiet ....
Fachbetriebspflicht: (§ 45 AwSV)	O die Anlage ist nicht fachbetriebspflichtig O die Anlage ist fachbetriebspflichtig

Besteht die Gefahr, dass wassergefährdende Stoffe austreten können, oder ist dieses bereits geschehen, sind unverzüglich Maßnahmen zur Schadenbegrenzung zu ergreifen (§ 24
Absatz 1 AwSV).

Das Austreten einer nicht nur unerheblichen Menge eines wassergefährdenden Stoffes ist
unverzüglich einer der folgenden Behörden zu melden, wenn die Stoffe in den Untergrund, in
die Kanalisation oder in ein oberirdisches Gewässer gelangt sind oder gelangen können (§
24 Absatz 2 AwSV):

Feuerwehr	Tel.: 112
Polizeidienststelle	Tel.: 110
örtlich zuständige Behörde:	Tel.: .... Adresse: ....
Betriebliche/-r Ansprechpartner/-in:	Tel.: .... Herr/Frau:...

Anlage 5
(zu § 46 Absatz 2)

Prüfzeitpunkte und -intervalle für Anlagen außerhalb von Schutzgebieten und festgesetzten oder vorläufig gesicherten Überschwemmungsgebieten

	Anlagen [1], [2]	Prüfzeitpunkte und -intervalle		
	Spalte 1	Spalte 2	Spalte 3	Spalte 4
Zeile 1		vor Inbetriebnahme [3] oder nach einer wesentlichen Änderung	wiederkehrende Prüfung [4], [5]	bei Stilllegung einer Anlage
Zeile 2	unterirdische Anlagen mit flüssigen oder gasförmigen wassergefährdenden Stoffen	A, B, C und D	A, B, C und D alle 5 Jahre	A, B, C und D
Zeile 3	oberirdische Anlagen mit flüssigen oder gasförmigen wassergefährdenden Stoffen, einschließlich Heizölverbraucheranlagen	B, C und D	C und D alle 5 Jahre	C und D
Zeile 4	Anlagen mit festen wassergefährdenden Stoffen	über 1.000 t	unterirdische Anlagen und Anlagen im Freien über 1.000 t alle 5 Jahre	unterirdische Anlagen und Anlagen im Freien über 1.000 t
Zeile 5	Anlagen zum Umschlagen wassergefährdender Stoffe im intermodalen Verkehr	über 100 t umgeschlagener Stoffe pro Arbeitstag	Anlagen über 100 t umgeschlagener Stoffe pro Arbeitstag alle 5 Jahre	Anlagen über 100 t umgeschlagener Stoffe pro Arbeitstag
Zeile 6	Anlagen mit aufschwimmenden flüssigen Stoffen	über 100 m³	über 1.000 m³ alle 5 Jahre	über 1.000 m³
Zeile 7	Biogasanlagen, in denen ausschließlich Gärsubstrate nach § 2 Absatz 8 eingesetzt werden [6]	über 100 m³	über 1.000 m³ alle 5 Jahre	über 1.000 m³
Zeile 8	Abfüll- und Umschlaganlagen sowie Anlagen zum Laden und Löschen von Schiffen	B, C und D	B alle 10 Jahre; C und D alle 5 Jahre	B, C und D

---

[1] Die in der Tabelle verwendeten Buchstaben A, B, C und D beziehen sich auf die Gefährdungsstufen nach § 39 Absatz 1 der zu prüfenden Anlagen.

[2] Die in der Tabelle enthaltenen Angaben zum Volumen und zur Masse beziehen sich auf das maßgebende Volumen oder die maßgebende Masse wassergefährdender Stoffe (§ 39), mit denen in der Anlage umgegangen wird.

[3] Zur Inbetriebnahmeprüfung sowie zur Prüfung nach einer wesentlichen Änderung von Abfüll- oder Umschlaganlagen gehört eine Nachprüfung der Abfüll- oder Umschlagflächen nach einjähriger Betriebszeit. Die Nachprüfung verschiebt das Abschlussdatum der Prüfung vor Inbetriebnahme nicht.

[4] Die Fristen für die wiederkehrenden Prüfungen beginnen mit dem Abschluss der Prüfung vor Inbetriebnahme oder nach einer wesentlichen Änderung nach Spalte 2.

[5] Zur Wahrung der Fristen der wiederkehrenden Prüfungen ist es ausreichend, die Prüfungen bis zum Ende des Fälligkeitsmonats durchzuführen.

[6] Maßgebendes Volumen einer Biogasanlage im Sinne von § 39 Absatz. 9.

Anlage 6
(zu § 46 Absatz 3)

Prüfzeitpunkte und -intervalle für Anlagen in Schutzgebieten und festgesetzten oder vorläufig gesicherten Überschwemmungsgebieten

	Anlagen [1,2]	Prüfzeitpunkte und -intervalle		
	Spalte 1	Spalte 2	Spalte 3	Spalte 4
Zeile 1		vor Inbetriebnahme [3] oder nach einer wesentlichen Änderung	wiederkehrende Prüfung [4,5]	bei Stilllegung einer Anlage
Zeile 2	unterirdische Anlagen mit flüssigen oder gasförmigen wassergefährdenden Stoffen	A, B, C und D [3]	A, B, C und D alle 30 Monate [4]	A, B, C und D
Zeile 3	oberirdische Anlagen mit flüssigen oder gasförmigen wassergefährdenden Stoffen einschließlich oberirdischer Heizölverbraucheranlagen	B, C und D	B, C und D alle 5 Jahre	B, C und D
Zeile 4	Anlagen mit festen wassergefährdenden Stoffen	über 1.000 t	unterirdische Anlagen und Anlagen im Freien über 1.000 t alle 5 Jahre	unterirdische Anlagen und Anlagen im Freien über 1.000 t
Zeile 5	Anlagen zum Umschlagen wassergefährdender Stoffe im intermodalen Verkehr	über 100 t umgeschlagener Stoffe pro Arbeitstag	über 100 t umgeschlagener Stoffe pro Arbeitstag alle 5 Jahre	über 100 t umgeschlagener Stoffe pro Arbeitstag
Zeile 6	Anlagen mit aufschwimmenden flüssigen Stoffen	über 100 m^3	über 1.000 m^3 alle 5 Jahre	über 1.000 m^3
Zeile 7	Biogasanlagen, in denen ausschließlich Gärsubstrate nach § 2 Absatz 8 eingesetzt werden [6]	über 100 m^3	über 1.000 m^3 alle 5 Jahre	über 1.000 m^3
Zeile 8	Abfüll- und Umschlaganlagen sowie Anlagen zum Laden und Löschen von Schiffen	B, C und D	B, C und D alle 5 Jahre	B, C und D

---

[1] Die in der Tabelle verwendeten Buchstaben A, B, C und D beziehen sich auf die Gefährdungsstufen nach § 39 Absatz 1 der zu prüfenden Anlagen.

[2] Die in der Tabelle enthaltenen Angaben zum Volumen und zur Masse beziehen sich auf das maßgebende Volumen oder die maßgebende Masse wassergefährdender Stoffe (§ 39), mit denen in der Anlage umgegangen wird.

[3] Zur Inbetriebnahmeprüfung sowie zur Prüfung nach einer wesentlichen Änderung von Abfüll- oder Umschlaganlagen gehört eine Nachprüfung der Abfüll- oder Umschlagflächen nach einjähriger Betriebszeit. Die Nachprüfung verschiebt das Abschlussdatum der Prüfung vor Inbetriebnahme nicht.

[4] Die Fristen für die wiederkehrenden Prüfungen beginnen mit dem Abschluss der Prüfung vor Inbetriebnahme oder nach einer wesentlichen Änderung nach Spalte 2.

[5] Zur Wahrung der Fristen der wiederkehrenden Prüfungen ist es ausreichend, die Prüfungen bis zum Ende des Fälligkeitsmonats durchzuführen.

[6] Maßgebendes Volumen einer Biogasanlage im Sinne von § 39 Absatz 9.

Anlage 7

(zu § 13 Absatz 3, § 52 Absatz 1 Satz 2 Nummer 1 Buchstabe a)

Anforderungen an Jauche-, Gülle- und Silagesickersaftanlagen (JGS-Anlagen)

1 Begriffsbestimmungen

1.1 Zu JGS-Anlagen zählen insbesondere Behälter, Sammelgruben, Erdbecken, Silos, Fahrsilos, Güllekeller und -kanäle, Festmistplatten, Abfüllflächen mit den zugehörigen Rohrleitungen, Sicherheitseinrichtungen, Fugenabdichtungen, Beschichtungen und Auskleidungen.
1.2 Sammeleinrichtungen sind alle baulich-technischen Einrichtungen zum Sammeln und Fördern von Jauche, Gülle und Silagesickersäften. Zu ihnen gehören auch die Entmistungskanäle und
-leitungen, Vorgruben, Pumpstationen sowie die Zuleitung zur Vorgrube, sofern sie nicht regelmäßig eingestaut sind.

2 Allgemeine Anforderungen

2.1 Es dürfen für die Anlagen nur Bauprodukte, Bauarten oder Bausätze verwendet werden, für die die bauaufsichtlichen Verwendbarkeitsnachweise unter Berücksichtigung wasserrechtlicher Anforderungen vorliegen.
2.2 Anlagen müssen so geplant und errichtet werden, beschaffen sein und betrieben werden, dass

 a) allgemein wassergefährdende Stoffe nach § 3 Absatz 2 Satz 1 Nummer 1 bis 5 nicht austreten können,
 b) Undichtheiten aller Anlagenteile, die mit Stoffen nach Buchstabe a in Berührung stehen, schnell und zuverlässig erkennbar sind,
 c) austretende allgemein wassergefährdende Stoffe nach § 3 Absatz 2 Satz 1 Nummer 1 bis 5 schnell und zuverlässig erkannt werden und
 d) bei einer Betriebsstörung anfallende Gemische, die ausgetretene wassergefährdende Stoffe enthalten können, ordnungsgemäß und schadlos verwertet oder beseitigt werden.

2.3 JGS-Anlagen müssen flüssigkeitsundurchlässig, standsicher und gegen die zu erwartenden mechanischen, thermischen und chemischen Einflüsse widerstandsfähig sein.
2.4 Der Betreiber hat mit dem Errichten und dem Instandsetzen einer JGS-Anlage einen Fachbetrieb nach § 62 zu beauftragen, sofern er nicht selbst die Anforderungen an einen Fachbetrieb erfüllt. Dies gilt nicht für Anlagen zum Lagern von Silagesickersaft mit einem Volumen von bis zu 25 Kubikmetern, sonstige JGS-Anlagen mit einem Gesamtvolumen von bis zu 500 Kubikmetern oder für Anlagen zum Lagern von Festmist oder Siliergut mit einem Volumen von bis zu 1.000 Kubikmetern.
2.5 Unzulässig ist das Errichten von Behältern aus Holz.

3 Anlagen zum Lagern von flüssigen allgemein wassergefährdenden Stoffen

3.1 Einwandige JGS-Lageranlagen für flüssige allgemein wassergefährdende Stoffe mit einem Gesamtvolumen von mehr als 25 Kubikmetern müssen mit einem Leckageerkennungssystem ausgerüstet sein. Einwandige Rohrleitungen sind zulässig, wenn sie den technischen Regeln entsprechen.

3.2 Sammel- und Lagereinrichtungen sind in das Leckageerkennungssystem nach Nummer 3.1 mit einzubeziehen. Bei Sammel- und Lagereinrichtungen unter Ställen kann auf ein Leckageerkennungssystem verzichtet werden, wenn die Aufstauhöhe auf das zur Entmistung notwendige Maß begrenzt wird und insbesondere Fugen und Dichtungen vor Inbetriebnahme auf ihren ordnungsgemäßen Zustand geprüft werden.

4 Anlagen zum Lagern von Festmist und Siliergut

4.1 Die Lagerflächen von Anlagen zur Lagerung von Festmist und Siliergut sind seitlich einzufassen und gegen das Eindringen von oberflächig abfließendem Niederschlagswasser aus dem umgebenden Gelände zu schützen. An Flächen von Foliensilos für Rund- und Quaderballen werden keine Anforderungen gestellt, wenn auf ihnen keine Entnahme von Silage erfolgt.

4.2 Es ist sicherzustellen, dass Jauche, Silagesickersaft und das mit Festmist oder Siliergut verunreinigte Niederschlagswasser vollständig aufgefangen und ordnungsgemäß als Abwasser beseitigt oder als Abfall verwertet wird, soweit keine Verwendung entsprechend der guten fachlichen Praxis der Düngung möglich ist.

5 Abfülleinrichtungen

5.1 Wer eine JGS-Anlage befüllt oder entleert, hat

a) diesen Vorgang zu überwachen und sich vor Beginn der Arbeiten von dem ordnungsgemäßen Zustand der dafür erforderlichen Sicherheitseinrichtungen zu überzeugen und

b) die zulässigen Belastungsgrenzen der Anlage und der Sicherheitseinrichtungen beim Befüllen und beim Entleeren einzuhalten.

5.2 Es ist sicherzustellen, dass das beim Abfüllen durch allgemein wassergefährdende Stoffe verunreinigte Niederschlagswasser vollständig aufgefangen und ordnungsgemäß als Abwasser beseitigt oder als Abfall verwertet wird, soweit keine Verwendung entsprechend der guten fachlichen Praxis der Düngung möglich ist.

6 Pflichten des Betreibers zur Anzeige und zur Überwachung

6.1 Soll eine Anlage zum Lagern von Silagesickersaft mit einem Volumen von mehr als 25 Kubikmetern, eine sonstige JGS-Anlage mit einem Gesamtvolumen von mehr als 500 Kubikmetern oder eine Anlage zum Lagern von Festmist oder Silage mit einem Volumen von mehr als 1.000 Kubikmetern errichtet, stillgelegt oder wesentlich geändert werden, hat der Betreiber dies der zuständigen Behörde mindestens sechs Wochen im Voraus schriftlich anzuzeigen. Satz 1 gilt nicht für das Errichten von Anlagen, die einer Zulassung im Einzelfall nach anderen Rechtsvorschriften bedürfen oder diese erlangt haben, sofern durch die Zulassung auch die Erfüllung der Anforderungen dieser Verordnung sichergestellt wird.

6.2 Der Betreiber hat den ordnungsgemäßen Betrieb und die Dichtheit der Anlagen sowie die Funktionsfähigkeit der Sicherheitseinrichtungen regelmäßig zu überwachen. Ergibt die Überwachung nach Satz 1 einen Verdacht auf Undichtheit, hat er unverzüglich die erforderlichen Maßnahmen zu ergreifen, um ein Austreten der Stoffe zu verhindern. Besteht der Verdacht, dass wassergefährdende Stoffe in einer nicht nur unerheblichen Menge bereits ausgetreten sind und eine Gefährdung eines Gewässers nicht auszuschließen ist, hat er unverzüglich die zuständige Behörde zu benachrichtigen.

6.3 Bestätigt sich der Verdacht auf Undichtheit oder treten wassergefährdende Stoffe aus, hat der Betreiber unverzüglich Maßnahmen zur Schadensbegrenzung zu ergreifen und eine Instandsetzung durch einen Fachbetrieb zu veranlassen, sofern er nicht selbst Fachbetrieb ist.

6.4 Betreiber haben nach Nummer 6.1 anzeigepflichtige Anlagen einschließlich der Rohrleitungen vor Inbetriebnahme und auf Anordnung der zuständigen Behörde durch einen Sachverständigen auf ihre Dichtheit und Funktionsfähigkeit prüfen zu lassen. Betreiber haben Erdbecken alle fünf Jahre, in Wasserschutzgebieten alle 30 Monate, durch einen Sachverständigen prüfen zu lassen.

6.5 Der Sachverständige hat der zuständigen Behörde über das Ergebnis jeder von ihm durchgeführten Prüfung nach Nummer 6.4 innerhalb von vier Wochen nach Durchführung der Prüfung einen Prüfbericht vorzulegen. Er hat die Anlage auf Grund des Ergebnisses der Prüfungen in eine der folgenden Klassen einzustufen:

    a) ohne Mangel,
    b) mit geringfügigem Mangel,
    c) mit erheblichem Mangel oder
    d) mit gefährlichem Mangel.

Über gefährliche Mängel hat der Sachverständige die zuständige Behörde unverzüglich zu unterrichten.

6.6 Der Prüfbericht nach Nummer 6.5 muss Angaben zu Folgendem enthalten:

    a) zum Betreiber,
    b) zum Standort,
    c) zur Anlagenidentifikation,
    d) zur Anlagenzuordnung,
    e) zu behördlichen Zulassungen,
    f) zum Sachverständigen und zu der Sachverständigenorganisation, die ihn bestellt hat,
    g) zu Art und Umfang der Prüfung,
    h) dazu, ob die Prüfung der gesamten Anlage abgeschlossen ist oder welche Anlagenteile noch nicht geprüft wurden,
    i) zu Art und Umfang der festgestellten Mängel,
    j) zu Datum und Ergebnis der Prüfung und
    k) zu erforderlichen Maßnahmen und zu einem Vorschlag für eine angemessene Frist für ihre Umsetzung.

6.7 Der Betreiber hat die bei Prüfungen nach Nummer 6.4 festgestellten geringfügigen Mängel innerhalb von sechs Monaten nach Feststellung und, soweit nach Nummer 2.4 erforderlich, durch einen Fachbetrieb nach § 62 zu beseitigen. Erhebliche und gefährliche Mängel hat der Betreiber unverzüglich zu beseitigen. Die Beseitigung erheblicher Mängel bedarf der Nachprüfung durch einen Sachverständigen. Stellt der Sachverständige einen gefährlichen Mangel fest, hat der Betreiber die Anlage unverzüglich außer Betrieb zu nehmen und, soweit dies nach Feststellung des Sachverständigen erforderlich ist, zu entleeren. Die Anlage darf erst wieder in Betrieb genommen werden, wenn der zuständigen Behörde eine Bestätigung des Sachverständigen über die erfolgreiche Beseitigung der festgestellten Mängel vorliegt.

7 Bestehende Anlagen

7.1 Für JGS-Anlagen, die am ...[einsetzen: Datum des Tages des Inkrafttretens dieser Verordnung nach §73 Satz 2] bereits errichtet sind (bestehende Anlagen), gelten ab diesem Datum

a) § 24 Absatz 1 und 2 sowie die Nummern 5.1 und 6.1 bis 6.3,

b) die Nummern 6.4 bis 6.7 mit der Maßgabe, dass die zuständige Behörde die Prüfung der dort genannten Anlagen und Erdbecken durch einen Sachverständigen nur dann anordnen kann, wenn der Verdacht erheblicher oder gefährlicher Mängel vorliegt und

c) die Nummern 1 bis 4 und 5.2, soweit sie Anforderungen beinhalten, die den Anforderungen entsprechen, die nach den jeweiligen landesrechtlichen Vorschriften am ...[einsetzen: Datum des Tages vor dem Inkrafttreten dieser Verordnung nach § 73 Satz 2] zu beachten waren.

Im Übrigen gelten für bestehende Anlagen, die vor dem ... [einsetzen: Datum des Tages des Inkrafttretens dieser Verordnung nach § 73 Satz 2] bereits nach den jeweils geltenden landesrechtlichen Vorschriften prüfpflichtig waren, diese Prüfpflichten auch weiterhin.

7.2 Bei bestehenden Anlagen mit einem Volumen von mehr als 1.500 Kubikmetern, die den Anforderungen nach den Nummern 2 bis 4 und 5.2 nicht entsprechen, kann die zuständige Behörde technische oder organisatorische Anpassungsmaßnahmen anordnen,

a) mit denen diese Abweichungen behoben werden,

b) die für diese Abweichungen in technischen Regeln für bestehende Anlagen vorgesehen sind oder

c) mit denen eine Gleichwertigkeit zu den in den Nummern 2 bis 4 und 5.2 bezeichneten Anforderungen erreicht wird.

In den Fällen des Satzes 1 Nummer 2 und 3 sind die Anforderungen des § 62 Absatz 1 des Wasserhaushaltsgesetzes zu beachten. Davon unberührt bleibt für alle bestehenden Anlagen die Anordnungsbefugnis nach § 100 Absatz 1 Satz 2 des Wasserhaushaltsgesetzes.

7.3 Bei bestehenden Anlagen mit einem Volumen von mehr als 1.500 Kubikmetern, bei denen eine Nachrüstung mit einem Leckageerkennungssystem aus technischen Gründen nicht möglich oder nur mit unverhältnismäßigem Aufwand zu erreichen ist, ist die Dichtheit der Anlage durch geeignete technische und organisatorische Maßnahmen nachzuweisen.

7.4 In den Anordnungen nach Nummer 7.2 kann die Behörde nicht verlangen, dass die Anlage stillgelegt oder beseitigt wird oder Anpassungsmaßnahmen fordern, die einer Neuerrichtung gleichkommen oder die den Zweck der Anlage verändern. Bei der Beseitigung von erheblichen oder gefährlichen Mängeln eines JGS-Behälters sind die Anforderungen dieser Verordnung zu beachten. Im Übrigen gilt für bestehende Anlagen § 68 Absatz 7 entsprechend.

7.5 Bei bestehenden Anlagen mit einem Volumen von mehr als 1.500 Kubikmetern hat der Betreiber die Einhaltung der Anforderungen nach den Nummern 6.2 und 6.3, insbesondere Art, Umfang, Ergebnis, Ort und Zeitpunkt der jeweiligen Überwachung sowie die ergriffenen Maßnahmen zu dokumentieren und die Dokumentation der zuständigen Behörde auf Verlangen vorzulegen.

8 Anforderungen in besonderen Gebieten

8.1 Im Fassungsbereich und in der engeren Zone von Schutzgebieten dürfen keine JGS-Anlagen errichtet und betrieben werden. In der weiteren Zone von Schutzgebieten dürfen einwandige JGS-Lageranlagen für flüssige allgemein wassergefährdende Stoffe nur mit einem Leckageerkennungssystem errichtet und betrieben werden.

8.2 In festgesetzten und vorläufig gesicherten Überschwemmungsgebieten dürfen JGS-Anlagen nur errichtet und betrieben werden, wenn

a) sie nicht aufschwimmen oder anderweitig durch Hochwasser beschädigt werden können und
b) wassergefährdende Stoffe durch Hochwasser nicht abgeschwemmt werden, nicht freigesetzt werden und nicht auf eine andere Weise in ein Gewässer gelangen können.

8.3 Die zuständige Behörde kann eine Befreiung von den Anforderungen nach den Nummern 8.1 und 8.2 erteilen, wenn

a) das Wohl der Allgemeinheit dies erfordert oder das Verbot zu einer unzumutbaren Härte führen würde und
b) wenn der Schutzzweck des Schutzgebietes nicht beeinträchtigt wird.

8.4 Weiter gehende Vorschriften in landesrechtlichen Verordnungen zur Festsetzung von Schutzgebieten bleiben unberührt.

Teil II
Begründung zur AwSV vom 18.03.2016

Kapitel 1
Allgemeiner Teil

I. Zielsetzung und Notwendigkeit

Durch die Grundgesetzänderung zum 1. September 2006 wurde auch der Bereich „Wasserhaushalt" Teil der konkurrierenden Gesetzgebung (Artikel 74 Absatz 1 Nummer 32 des Grundgesetzes [GG]). Der Bund kann nunmehr auf diesem Gebiet Vollregelungen treffen. Das Gesetz zur Neuregelung des Wasserrechts vom 31. Juli 2009 (BGBl. I, S. 2585) füllt diese neue Kompetenz aus und schafft zugleich die Grundlage für entsprechende konkretisierende Regelungen des Bundes auf Verordnungsebene. Eine grundlegende und sowohl für die Wirtschaft als auch die Verwaltung bedeutende Regelung auf dieser neuen Grundlage ist das Recht des Umgangs mit wassergefährdenden Stoffen. Die Verordnung über Anlagen zum Umgang mit wassergefährdenden Stoffen konkretisiert die entsprechenden gesetzlichen Vorgaben des neuen WHG (§§ 62 und 63). Sie enthält überwiegend stoff- und anlagenbezogene Regelungen, von denen durch Landesrecht nicht abgewichen werden darf (Artikel 72 Absatz 3 Satz 1 Nummer 5 GG).

Die Verordnung soll die bisherigen Landesverordnungen über Anlagen zum Umgang mit wassergefährdenden Stoffen ablösen, die auf der Grundlage der Muster-Anlagenverordnung der Länderarbeitsgemeinschaft Wasser vom 8./9. November 1990 (Stand der Fortschreibung: 22./23. März 2001; Muster-VAwS) erlassen worden sind. Damit wird eine seit Langem vor allem von der betroffenen Wirtschaft geforderte Vereinheitlichung des Anlagenrechts zum Schutz der Gewässer geschaffen, das sich im Laufe der Zeit in den Ländern in einigen Punkten unterschiedlich entwickelt hat. Die Verordnung übernimmt Regelungen, die zumindest in einigen Ländern bereits eingeführt sind und sich als erfolgreich erwiesen haben. Für einzelne Länder kann es damit zwangsläufig zu neuen bzw. veränderten Vorgaben kommen.

Die Verordnung normiert darüber hinaus das Verfahren zur Einstufung wassergefährdender Stoffe einschließlich einer hiermit verbundenen Selbsteinstufungspflicht des Anlagenbetreibers. Sie löst die entsprechenden Regelungen in der auf der Grundlage des § 19 g Absatz 5 Satz 2 WHG a.F. erlassenen Verwaltungsvorschrift wassergefährdende Stoffe vom 17. Mai 1999 (BAnz. Nr. 98a vom 29. Mai 1999) ab, die durch die Allgemeine Verwaltungsvorschrift zur Änderung der Verwaltungsvorschrift wassergefährdende Stoffe vom 27. Juli 2005 (VwVwS, BAnz. Nr. 142a vom 30. Juli 2005) geändert worden ist, und entwickelt sie fort.

Die Verordnung dient schließlich auch der Umsetzung der in der Richtlinie 2000/60/EG des Europäischen Parlaments und des Rates vom 23. Oktober 2000 zur Schaffung eines Ordnungsrahmens für Maßnahmen der Gemeinschaft im Bereich der Wasserpolitik (Wasserrahmenrichtlinie) enthaltenen Bestimmungen zum Schutz der Gewässer vor der Freisetzung von Schadstoffen aus technischen Anlagen und den Folgen unerwarteter Verschmutzungen.

II. Wesentliche Bestimmungen

Die Verordnung enthält stoff- und anlagenbezogene Regelungen zum Umgang mit wassergefährdenden Stoffen sowie Regelungen zu Sachverständigenorganisationen, Güte- und Überwachungsgemeinschaften und Fachbetrieben.
Die Verordnung gilt nur für Anlagen, in denen mit wassergefährdenden Stoffen umgegangen wird. Ausgenommen werden in § 1 die Anlagen, die nicht ortsfest sind und nicht ortsfest benutzt werden, Anlagen bei denen der Umfang der wassergefährdenden Stoffe gegenüber anderen Sachen in der Anlage unerheblich ist sowie diejenigen, bei denen wassergefährdende Stoffe im Untergrund gespeichert werden. Von der Verordnung ausgenommen sind außerdem oberirdische Anlagen außerhalb von Schutz- und Überschwemmungsgebieten mit einem Volumen bis zu 220 Litern oder einer Masse bis zu 200 Kilogramm. Letztere bleiben jedoch dem Besorgnisgrundsatz (§ 62 Absatz 1 WHG) unterworfen.

1. Einstufung von Stoffen und Gemischen in eine Wassergefährdungsklasse oder als nicht wassergefährdend (Kapitel 2)

Vergleichbar zu den Vorgaben in der bisherigen Verwaltungsvorschrift wassergefährdende Stoffe (VwVwS) hat der Betreiber einer Anlage grundsätzlich alle Stoffe und Gemische, mit denen in seinen Anlagen umgegangen wird, auf der Grundlage von auch im Rahmen des europäischen Stoff- und Chemikalienrechts zu ermittelnden Daten zu bewerten und in eine der drei Wassergefährdungsklassen oder als nicht wassergefährdend einzustufen (Selbsteinstufung, § 4 Absatz 1 und § 8 Absatz 1). Die Pflicht eines Anlagenbetreibers zur Selbsteinstufung und die wesentlichen Grundlagen für die Einstufung (§ 4 Absatz 1 bzw. § 8 Absatz 1 und § 10) werden mit dieser Verordnung normativ verankert. Durch Anlage 1 werden die Einstufungsgrundlagen konkretisiert und ausgefüllt, indem dort die maßgeblichen Kriterien festgelegt werden.
Die mit der Selbsteinstufung für Stoffe ermittelten Wassergefährdungsklassen werden vom Umweltbundesamt geprüft. Hierzu kontrolliert das Umweltbundesamt die vom Betreiber einzureichende Dokumentation auf Vollständigkeit und Plausibilität (§ 5 Absatz 1 Satz 1). Wie die bisherigen Erfahrungen mit der Selbsteinstufung zeigen, ist es notwendig, ein Qualitätssicherungssystem einzurichten. Hierzu wählt das Umweltbundesamt stichprobenartig Dokumentationen aus und überprüft sie anhand eigener Quellen und Erkenntnisse. Das Umweltbundesamt entscheidet aufgrund der Ergebnisse der Überprüfung und eigener Erkenntnisse und Bewertungen über die endgültige Einstufung (§ 6 Absatz 1 und Absatz 2), gibt dies dem Betreiber bekannt und veröffentlicht die Entscheidung im Bundesanzeiger und im Internet (§ 6 Absatz 3 und 4).
Bei flüssigen und gasförmigen Gemischen hat der Betreiber eine Dokumentation seiner Einstufung der zuständigen Landesbehörde vorzulegen (§ 8 Absatz 3), die die Selbsteinstufung ebenfalls kontrollieren kann. Hierzu kann sie sich vom Umweltbundesamt beraten lassen (§ 9 Absatz 2). Feste Gemische gelten grundsätzlich als allgemein wassergefährdend, können aber abweichend vom Betreiber eingestuft werden (§ 10 Absatz 1 und 2). Die Beibehaltung der Einstufung von Stoffen und Gemischen in Wassergefährdungsklassen ermöglicht es, die Anlagensicherheit mit Bezug zu dem Gefährdungspotenzial der Anlage und zu deren räumlicher Zuordnung (z.B. in Schutzgebieten) durch Differenzierung von Überwachungsanforderungen und logistischen Maßnahmen zu staffeln. Gleichzeitig besteht ein dauernder Anreiz, die Kenntnisse über die gewässerrelevanten Stoffdaten zu verbessern und so zur Substitution von gefährlichen Stoffen durch weniger gewässerschädigende beizutragen.

2. Anforderungen an Anlagen zum Umgang mit wassergefährdenden Stoffen, Pflichten des Anlagenbetreibers (Kapitel 3)

Alle Anlagen mit wassergefährdenden Stoffen müssen präzise definiert und von anderen abgegrenzt werden (§ 14) und bestimmte Grundsatzanforderungen einhalten (§ 17): Die Behälter und Rohrleitungen, in denen sich die wassergefährdenden Stoffe befinden, müssen hinsichtlich ihres Materials und ihrer Konstruktion so ausgebildet sein, dass ein Austreten wassergefährdender Stoffe unter allen Betriebsbedingungen verhindert wird. Falls es doch einmal eine Undichtheit geben sollte, muss ohne weitere Hilfsmittel zu erkennen sein, wo die wassergefährdenden Stoffe austreten. Die ausgetretenen wassergefährdenden Stoffe sowie ggf. in Schadensfällen mit wassergefährdenden Stoffen verunreinigte Stoffe müssen dann zurückgehalten und einer schadlosen Entsorgung zugeführt werden. Spezielle Rückhalteregelungen für bestimmte Anlagen enthalten die §§ 26 bis 38, die vorrangig gegenüber den allgemeinen Regelungen in § 18 sind. Soweit in eine Anlage Rohrleitungen oder Abwasseranlagen einbezogen werden sollen, ergeben sich die speziellen Anforderungen aus § 21 und § 22.

Für alle Anlagen gilt außerdem, dass der Betreiber besondere Sicherheitsvorschriften bei der Befüllung und Entleerung einhalten muss (§ 23) und dass er Betriebsstörungen, bei denen wassergefährdende Stoffe in nicht nur unerheblicher Menge austreten, anzuzeigen und Gegenmaßnahmen zu treffen hat (§ 24).

Um eine Differenzierung der Anforderungen vornehmen zu können, werden die Anlagen in Abhängigkeit von der Wassergefährdungsklasse und dem Volumen bzw. der Masse in vier Gefährdungsstufen eingestuft (§ 39). Sowohl die Verpflichtung zur Anzeige (§ 40) als auch die zur Eignungsfeststellung (§ 41) richtet sich vorwiegend nach diesen Gefährdungsstufen. Zum sicheren Betrieb einer Anlage gehört außerdem, dass der Betreiber eine Betriebsanweisung vorhält (§ 44), die Anlage nur durch Fachbetriebe errichten und warten lässt (§ 45) und dass er sie durch einen unabhängigen Sachverständigen auf ihren ordnungsgemäßen Zustand überprüfen lässt (§ 46). Mit steigender Gefährdungsstufe nehmen dabei die Verpflichtungen zu.

Um dem besonderen Schutzbedürfnis in Wasserschutz- und Überschwemmungsgebieten nachzukommen, enthalten §§ 49 und 50 bestimmte Einschränkungen, die das Risiko in diesen Gebieten vermindern.

3. Sachverständigenorganisationen, Güte- und Überwachungsgemeinschaften, Fachbetriebe (Kapitel 4)

Sowohl die Sachverständigenorganisationen, deren Aufgabe insbesondere darin liegt, die Anlagen zu prüfen und Fachbetriebe zu zertifizieren und zu überwachen, als auch die Güte- und Überwachungsgemeinschaften, deren Aufgabe es allein ist, Fachbetriebe zu zertifizieren und zu überwachen, bedürfen einer bundesweit geltenden Anerkennung (§§ 52 und 57). Damit soll sichergestellt werden, dass diese für den sicheren Betrieb einer Anlage wichtigen Aufgaben nur von Personal wahrgenommen werden, das insbesondere über die entsprechende Fachkunde und Erfahrung verfügt. Die Organisationen sind verpflichtet, ihr Personal fortzubilden und die bei ihrer Arbeit gewonnenen Erfahrungen auszuwerten (§§ 55 und 60). Wenn sie diesen Verpflichtungen nicht nachkommen, kann ihre Anerkennung widerrufen werden. Die Anforderungen an die Fachbetriebe, die Arbeiten an einer Anlage verrichten, regelt § 62 Absatz 2. Damit ein Betreiber auch gezielt geeignete Fachbetriebe beauftragen kann, müssen die Sachverständigenorganisationen und die Güte- und Überwachungsgemeinschaften eine Liste der von ihnen anerkannten Fachbetriebe veröffentlichen (§ 61 Absatz 3). Der Fachbetrieb muss dem Betreiber vor Ort unaufgefordert seine Fachbetriebseigenschaft nachweisen.

4. Schlussvorschriften (Kapitel 5)

Schließlich enthält die Verordnung Übergangsregelungen für bestehende Einstufungen von Stoffen und Gemischen (§§ 66 und 67), bestehende Anlagen (§§ 68 bis 70) und für Sachverständigenorganisationen und Fachbetriebe (§ 72).

III. Vereinbarkeit mit EG-Recht

Die Regelungen der Verordnung dienen auch der Umsetzung verbindlicher Vorgaben des EG-Wasserrechts. Nach Artikel 11 Absatz 3 Buchstabe l) der Wasserrahmenrichtlinie sind die Mitgliedstaaten verpflichtet, „alle erforderlichen Maßnahmen (zu ergreifen), um Freisetzungen von signifikanten Mengen an Schadstoffen aus technischen Anlagen zu verhindern und den Folgen unerwarteter Verschmutzungen, wie etwa bei Überschwemmungen, vorzubeugen und/oder diese zu mindern, auch mit Hilfe von Systemen zur frühzeitigen Entdeckung derartiger Vorkommnisse oder zur Frühwarnung und, im Falle von Unfällen, die nach vernünftiger Einschätzung nicht vorhersehbar waren, unter Einschluss aller geeigneter Maßnahmen zur Verringerung des Risikos für die aquatischen Ökosysteme". Die Verordnung ist auch mit sonstigem EG-Recht vereinbar.

IV. Alternativen

Zu der Verordnung gibt es keine Alternative. Es besteht ein allgemeines umwelt- und rechtspolitisches Bedürfnis, die durch die Föderalismusreform von 2006 erweiterten Regelungsbefugnisse des Bundes im Wasserbereich auch untergesetzlich auszufüllen, um zu bundeseinheitlichen Anforderungen an Anlagen zum Umgang mit wassergefährdenden Stoffen zu kommen und damit die derzeitige Rechtszersplitterung zu überwinden.

V. Auswirkungen auf die Gleichstellung von Männern und Frauen

Die gleichstellungspolitischen Auswirkungen des Verordnungsentwurfs wurden gemäß § 2 des Bundesgleichstellungsgesetzes und den hierzu erstellten Arbeitshilfen geprüft. Soweit Personen von den Regelungen der Verordnung betroffen sind, wirken sie sich auf Frauen und Männer in gleicher Weise aus. Die Relevanzprüfung in Bezug auf Gleichstellungsfragen fällt somit negativ aus.

VI. Befristung

Eine Befristung der Verordnung kommt nicht in Betracht, weil bundeseinheitliche Regelungen über Anlagen zum Umgang mit wassergefährdenden Stoffen auf Dauer notwendig und auch EG-rechtlich unverzichtbar sind.

VII. Kosten und finanzielle Auswirkungen des Verordnungsentwurfs

1. Kosten für die öffentlichen Haushalte

Die Verordnung über Anlagen zum Umgang mit wassergefährdenden Stoffen präzisiert und vereinheitlicht die für Bund, Länder und Gemeinden im Wesentlichen bereits bestehenden Verpflichtungen zum Schutz der Gewässer beim Umgang mit wassergefährdenden Stoffen, die durch das Wasserhaushaltsgesetz sowie durch das Wasserrecht der Länder bereits vorgegeben worden sind. Die bereits existierende Verpflichtung zur Selbsteinstufung wassergefährdender Stoffe, mit denen in Anlagen umgegangen wird, durch den Anlagenbetreiber wird konkretisiert und an zwischenzeitliche Entwicklungen im europäischen und internationalen Stoff- und Chemikalienrecht angepasst. Bisherige in einigen Details zum Teil auseinander laufende technische und organisatorische Vorgaben der Länder für Anlagen zum Umgang mit wassergefährdenden Stoffen werden durch bundesrechtliche Regelungen abgelöst und vereinheitlicht.

Die Kostensituation für die öffentlichen Haushalte stellt sich insgesamt wie folgt dar: Durch die Pflicht des Umweltbundesamtes, die Einstufung wassergefährdender Stoffe zu überprüfen sowie insbesondere durch die verwaltungsrechtlich überprüfbaren Bescheide zur Einstufung wassergefährdender Stoffe entstehen dem Bund innerhalb der geltenden Haushalts- und Finanzpläne zusätzliche Vollzugskosten in Höhe von 52.500 € jährlich.

Die Erstellung von technischen Regelwerken und die Beauftragung von Gutachten zur Klärung spezieller Fragen im Bereich wassergefährdender Stoffe hat bisher Kosten in Höhe von 20.000 € - 50.000 € für die technischen Regeln und 30.000 € für Gutachten pro Jahr verursacht. Die Größenordnung dieser Ausgaben ändert sich durch die Verordnung nicht.

Mit Erlass der Verordnung werden auf der Grundlage der Verordnungen der Länder zur Feststellung der wasserrechtlichen Eignung von Bauprodukten und Bauarten nach den jeweiligen Landesbauordnungen (WasBauPVO) auch Bauprodukte und Bauarten für Anlagen zum Lagern und Abfüllen von Gärsubstraten landwirtschaftlicher Herkunft unter Berücksichtigung der wasserrechtlichen Anforderungen durch das Deutsche Institut für Bautechnik (DIBt) zugelassen. Die Biogasanlagen wurden bisher von den zuständigen Behörden im Einzelfall beurteilt. Die Ausarbeitung der Prüfanforderungen und der Bewertungsgrundsätze auf der Grundlage der bundeseinheitlichen Vorgaben sowie die Erarbeitung der bauaufsichtlichen Verwendbarkeitsnachweise für diese Anlagen wird beim DIBt und damit bei den dieses finanzierenden Ländern Kosten in Höhe von 250.000 € im Jahr verursachen. Gleichzeitig werden beim DIBt Gebühreneinnahmen von ca. 40.000 € erwartet. Daraus entstehen den das DIBt finanzierenden Ländern Kosten in Höhe von 210.000 € pro Jahr. Dem stehen Entlastungen im Vollzug der Länder gegenüber, die mindestens dieselbe Größenordnung erreichen werden, da Parallelarbeiten vermieden werden können.

2. Kosten für die Wirtschaft, Preiswirkungen

Der Wirtschaft entstehen durch die Regelungen des Verordnungsentwurfs soweit sie den landesrechtlichen Vorschriften genügen, in Ausnahmefällen zusätzliche Kosten. Diese können sich z.B. aus den Gefährdungsabschätzungen für Rohrleitungen oder für bestimmte Anlagen mit gasförmigen Stoffen ergeben (vgl. §§ 21 bzw. 38). Da die Biogasanlagen in den bisherigen Verordnungen nicht geregelt waren, entsteht Nachrüstungsbedarf von ca. 12 Millionen Euro pro Jahr, wenn diese Anlagen tatsächlich ohne die jetzt geforderten Sicherheitseinrichtungen betrieben werden. Für Neuanlagen ergeben sich gegenüber dem ungeregelten Zustand zusätzliche Kosten von ca. 5,7 Mill. €/a. Allerdings entsprechen die Anforderungen dieser Verordnung dem heute üblicherweise verwirklichten Niveau, so dass diese Zusatzkosten dann nicht entstehen.

Durch die Verordnung werden auf Grund des bundeseinheitlichen Niveaus in den Ländern, die abweichend von der Muster-VAwS geringere Anforderungen gestellt haben, die höheren Anforderungen gelten. Damit werden jedoch auch Wettbewerbsverzerrungen vermieden. Der Verordnungsentwurf enthält jedoch keine Verpflichtung, bestehende Anlagen uneingeschränkt an das technische Sicherheitsniveau dieser Verordnung anzupassen. Entsprechende Maßnahmen unterliegen einer Verhältnismäßigkeitsüberprüfung durch die Behörde. Aussagekräftige Statistiken über den Anpassungsbedarf von bestehenden Anlagen liegen jedoch nicht vor. Auswirkungen auf das Preisniveau, insbesondere auf das Verbraucherpreisniveau, sind nicht zu erwarten.

VIII. Bürokratiekosten

1. Unternehmen

Die Verordnung über Anlagen zum Umgang mit wassergefährdenden Stoffen enthält für Unternehmen folgende Informationspflichten:

- die Selbsteinstufung wassergefährdender Stoffe (§ 4 und § 8), soweit dieser Stoff oder dieses Gemisch noch nicht eingestuft ist,
- Widerspruchsverfahren (aus § 6 Absatz 3),
- die abweichende Einstufung eines festen Gemisches (§ 10), wenn dies der Betreiber aus eigenem Interesse möchte,
- die Dokumentation der Abgrenzung von Anlagen (§ 14 Absatz 1),
- die Anzeigepflicht beim Austreten wassergefährdender Stoffe in nicht nur unerheblicher Menge, ggf. auch gegenüber Wasserversorgern und Abwasserentsorgern (§ 24),
- die Anzeigepflicht für Anlagen mit erhöhtem Risiko, die errichtet oder wesentlich geändert werden (§ 40 bzw. Anlage 7 Nummer 6.1),
- die Anlagendokumentation (§ 43 Absatz 1) sowie die Bereithaltung von Unterlagen (§ 43 Absatz 2)
- die Betriebsanweisung oder alternativ das Merkblatt (§ 44 Absatz 1 bzw. Absatz 4),
- die Übersendung der Prüfberichte an die Behörde (§ 47 Absatz 3)
- die Anbringung der Prüfplakette (§ 47 Abs. 4)
- die Befreiung von Anforderungen in Schutzgebieten und Überschwemmungsgebieten (§ 49 Absatz 4 bzw. § 50 Absatz 2 bzw. Anlage 7 Nummer 8.3)
- der Antrag auf Anerkennung als Sachverständigenorganisation (§ 52 Absatz 1) oder Güte- und Überwachungsgemeinschaft (§ 57 Absatz 1)
- die Bestellungsakte (§ 53 Absatz 1 Satz 3 bzw. § 58 Absatz 1 Satz 7), Anzeige der Bestellung (§ 55 Nummer 2 und § 60 Absatz 1 Nummer 2) und Bestellungsschreiben (§ 53 Absatz 7 und § 58 Absatz 3)
- die Jahresberichte und die darin enthaltende Auswertung (§ 55 Nummer 6 bzw. § 60 Absatz 1 Satz 1 Nummer 3)
- das Prüftagebuch (§ 56 Absatz 1)
- die Zertifizierungsurkunde für Fachbetriebe (§ 62 Absatz 3)
- die Bekanntmachung der zertifizierten Fachbetriebe (§ 61 Absatz 3),
- Mitteilung zur Änderung der Organisationsstruktur eines Fachbetriebs (§ 63 Absatz 2).

Mit Ausnahme der Prüfplakette und der Bekanntmachung der zertifizierten Fachbetriebe waren diese Informationspflichten auch bisher schon grundsätzlich in vergleichbarer Form landesrechtlich geregelt und sind für die betroffenen Unternehmen nicht neu. Der Aufwand für das Anbringen der Prüfplakette ist ausgesprochen gering, da der Sachverständige schon vor Ort ist und nur diese Plakette anbringen muss. Auch der Aufwand für die Einstellung einer Liste ins Internet ist vernachlässigbar, da jede Organisation auch bisher schon eine Liste führen musste, wen sie anerkannt hat und überprüfen musste und der Zeitaufwand zum Hochladen einer solchen Liste nicht ins Gewicht fällt. Insgesamt werden bisherige auseinander laufende technische und organisatorische Vorgaben der Länder für den Umgang mit wassergefährdenden Stoffen durch bundesrechtliche Regelungen abgelöst und vereinheitlicht. Insbesondere bei länderübergreifend tätigen Unternehmen, Sachverständigenorganisationen und Fachbetrieben wird dies zu einer Entlastung führen. Auf das in der Muster-VAwS der Länder noch vorhandene, aber nicht mehr in jedem Fall auszufüllende Anlagenkataster wurde ganz verzichtet.

Zu den anfallenden Bürokratiekosten wird des Weiteren auf die Begründung zum Wasserhaushaltsgesetz verwiesen.

2. Bürgerinnen und Bürger

Die Verordnung über Anlagen zum Umgang mit wassergefährdenden Stoffen enthält nur im Hinblick auf Heizölverbraucheranlagen Informationspflichten für Bürgerinnen und Bürger. Zu nennen sind hier die Anzeigepflicht für die Errichtung oder wesentliche Änderung von Heizölverbraucheranlagen mit mehr als einem Kubikmeter (§ 40 Absatz 1), die Pflicht, das Austreten von Heizöl aus der Anlage anzuzeigen (§ 24 Absatz 2), sowie die Pflicht, eine Anlagendokumentation vorzuhalten (§ 43 Absatz 1) und ein Merkblatt anzubringen (§ 44 Absatz 4). Diese Verpflichtungen entsprechen den bisherigen Regelungen der Länder.

3. Verwaltung

Die Verordnung über Anlagen zum Umgang mit wassergefährdenden Stoffen enthält die Pflicht des Umweltbundesamtes, eingestufte wassergefährdende Stoffe öffentlich bekannt zu geben (§ 6 Absatz 4). Dies erfolgte bisher im Rahmen einer Verwaltungsvorschrift nach Zustimmung des Bundesrates. Der Ablauf des Verfahrens wird vereinfacht, so dass sich hier keine wesentliche Änderung ergibt.

Zusammenstellung des Erfüllungsaufwandes

Grundsätzliche Vorbemerkung:
Die Verordnung über Anlagen zum Umgang mit wassergefährdenden Stoffen (AwSV) des Bundes wird die bisherigen Verordnungen der Länder ablösen. Die Länder hatten sich in der Länderarbeitsgemeinschaft Wasser (LAWA) auf eine Muster-Anlagenverordnung (Muster- VAwS) geeinigt, die mit mehr oder weniger geringen Abweichungen von den Ländern in Landesrecht umgesetzt wurde. Dadurch entsteht bei vielen identifizierten Vorgaben kein zusätzlicher Erfüllungsaufwand (weder Auf- noch Abbau an Erfüllungsaufwand), da die Vorschriften für Wirtschaft und Verwaltung auch vorher schon bestanden. Ein zusätzlicher/verringerter Aufwand entsteht nur, wo auch inhaltliche Änderungen bei gesetzlichen Vorgaben gegenüber dem derzeitigen Landesrecht vorgenommen werden. In einigen Fällen sind einzelne Länder beim Erlass der jeweiligen Verordnungen in gewissen Grenzen von der Vorlage abgewichen. Die Unterschiede betreffen mit Ausnahme der Verordnungen von Berlin und Nordrhein-Westfalen in der Regel nur Details. Diese beiden Bundesländer haben weitestgehend auf die Einstufung von wassergefährdenden Stoffen und Gemischen verzichtet. Dieser Verzicht hatte auch Folgewirkungen auf technische und organisatorische Maßnahmen. Da die Wassergefährdungsklassen mit der neuen Verordnung auch für diese Bundesländer wieder gelten werden, kommt auf diese beiden Länder ein besonderer Erfüllungsaufwand im Hinblick auf die Einstufung der wassergefährdenden Stoffe und die davon abhängenden Maßnahmen zu. Nordrhein-Westfalen hat außerdem einige Sonderregelungen eingeführt, wie z.B., dass auf ein volles Rückhaltevolumen bei Anlagen der Gefährdungsstufe D verzichtet wird.
Die folgende Darstellung des Erfüllungsaufwandes bezieht sich als „Ausgangszustand" auf die Muster-VAwS der LAWA sowie bezüglich der Einstufung wassergefährdender Stoffe auf die Verwaltungsvorschrift wassergefährdende Stoffe vom 17. Mai 1999 (BAnz. Nr. 98a vom 29. Mai 1999), die durch die Allgemeine Verwaltungsvorschrift zur Änderung der Verwaltungsvorschrift wassergefährdende Stoffe vom 27. Juli 2005 (VwVwS, BAnz. Nr. 142a vom 30. Juli 2005) geändert worden ist. Eine Gesamtdarstellung der Abweichungen von den jeweiligen Landesverordnungen würde den Rahmen einer Abschätzung des Erfüllungsaufwandes allein schon vom Umfang her sprengen. Die damit einhergehende Ungenauigkeit muss insofern in Kauf genommen werden. Sofern bei bestimmten Ländern (insbesondere Berlin und Nordrhein-Westfalen) stark abweichende Regelungen bestanden, wird diese Besonderheit im Text erwähnt, ohne sie allerdings als abweichenden Erfüllungsaufwand darzustellen.
Die Darstellung des Erfüllungsaufwandes erweist sich insgesamt als sehr schwierig. Die Daten des Statistischen Bundesamtes sind für die hier vorliegenden Fragestellungen in der Regel nur wenig aussagekräftig. Auch die beteiligte Wirtschaft und die Länder können in vielen Fällen keine fundierten Daten liefern, so dass viele Aussagen auf groben Abschätzungen beruhen, die sich allein auf die Erfahrungen und Einschätzungen der Betroffenen stützen. Die Zuständigkeiten für den Vollzug werden durch die AwSV nicht geändert. In der Regel sind für die Vollzugsaufgaben der AwSV die von den Ländern bestimmten Landesbehörden zuständig. Dies gilt auch für die Anerkennung der Sachverständigenorganisationen und der Güte- und Überwachungsgemeinschaften. Die Einstufung von Stoffen und Stoffgruppen erfolgt hingegen beim Umweltbundesamt (UBA). Das Eisenbahn-Bundesamt (EBA) ist Aufsichts- und Genehmigungsbehörde für die Eisenbahnen des Bundes. Vollzugsaufgaben aus der AwSV für Eisenbahnbetriebsanlagen des Bundes obliegen mithin dem EBA. Hierzu gehören u.a. Umschlagsanlagen einschließlich Ladestellen, an denen mit wassergefährdenden Stoffen umgegangen wird, aber auch Tankstellen für Schienenfahrzeuge, Altölumfüllstellen, Heizölverbraucheranlagen in Bahnhöfen und Stellwerken, sowie Notstromaggregate und hydraulische Aufzugsanlagen in den Eisenbahnbetriebsanlagen des Bundes. Mit der AwSV werden in diesem Zuständigkeitsbereich Aufgaben für den Bund konkretisiert. Bei gleichbleibender Belastung der Verwaltung kommt es hierdurch teilweise zu

einer Verlagerung der Aufgabe von der Verwaltung der Länder auf die Verwaltung des Bundes. In der Summe wird sich der Erfüllungsaufwand voraussichtlich nicht ändern.

Durch die Verordnung über Anlagen zum Umgang mit wassergefährdenden Stoffen ergeben sich gemäß nachfolgender Aufstellung insgesamt folgende Veränderungen des Erfüllungsaufwandes:

Zusätzliche Kosten Bundesverwaltung (Umweltbundesamt) (Nr. 6, 9, 11, 12, 15, 31)	54.000 €/a
Einmalige Kosten Bundesverwaltung (Umweltbundesamt) (Nr. 132)	925 €
Zusätzliche Kosten Landesverwaltungen	475.150 €/a
Zusätzliche wiederkehrende Kosten Wirtschaft (Nr. 10, 14, 36, 44, 50, 84, 85, 106, 109, 110, 114-120, 122, 123, 125-129, 137, 141)	33,9 Mio. €/a
davon für Informationspflichten (Nr. 14, 84, 106, 114, 115, 120, 123, 125, 126, 127, 129, 138)	6,05 Mio. €/a
Einmalige Kosten Wirtschaft (Nr. 44, 62, 75, 134)	71,9 Mio. €
davon Nachrüstung Biogasanlagen	62,5 Mio. €
Einsparungen Wirtschaft (Nr. 17)	- 196.000 €/a

Insgesamt ist die Datenbasis für die Angabe des Erfüllungsaufwandes sehr unbefriedigend, die angegebenen Kosten und Einsparungen beruhen damit im Wesentlichen auf Schätzungen. Die Gesamtsummen beziehen sich auf unterschiedliche Branchen und völlig unterschiedliche Verhältnisse. Die Aussagekraft ist insofern begrenzt.

Evaluation:
Es ist deshalb beabsichtigt, in etwa drei Jahren mit den Ländern, den Betreibern und den Sachverständigen zu erörtern, welche Erfahrungen mit der neuen Verordnung gesammelt wurden, welche Wirkungen sie entfaltet hat – soweit es hierzu belastbare Daten gibt –, welche Akzeptanz die Regelungen gefunden haben und ob daraus der Bedarf zu Verbesserungen der Verordnung abzuleiten ist.

E 1 Erfüllungsaufwand für Bürgerinnen und Bürger (B)
E 2 Erfüllungsaufwand für die Wirtschaft (W)
    davon Bürokratiekosten aus Informationspflichten
E 3 Erfüllungsaufwand der Verwaltung
    Bund (V-Bund)
    Länder einschließlich Kommunen (V-Land)

A: Anzahl der Fälle pro Jahr
K: Kosten pro Fall
E: Erfüllungsaufwand pro Jahr

Lfd.Nr.	Regelung	Vorgabe	Norm-adressat	Zusätzlicher Erfüllungsaufwand gegenüber den Landesregelungen
1	§ 4 Absatz 1	Selbsteinstufung von Stoffen durch Betreiber	W-IP	Keine Belastungsänderung
2	§ 4 Absatz 3	Dokumentation der Selbsteinstufung und Übermittlung an das UBA	W-IP	Keine Belastungsänderung
3	§ 4 Absatz 4	Vorschlag einer abweichenden Einstufung durch den Betreiber	W-IP	Keine Belastungsänderung
4	§ 5 Absatz 1	Überprüfung der Selbsteinstufung von Stoffen durch das UBA	V-Bund	Keine Belastungsänderung
5	§ 5 Absatz 1	Nachlieferung von Unterlagen – in Nr. 1 und 2 enthalten	W	Keine Belastungsänderung
6	§ 5 Absatz 2	Stichprobenüberprüfung der Dokumentation durch das UBA	V-Bund	A: 25 K: 925 €/F E: 23.000 €/a
7	§ 5 Absatz 3	Zusammenfassung von Stoffen zu Stoffgruppen durch das UBA	V-Bund	Keine Belastungsänderung
8	§ 6 Absatz 1	UBA-Entscheidung zur Stoffeinstufung	V-Bund	Keine Belastungsänderung
9	§ 6 Absatz 3	Bekanntgabe der Entscheidung an den Betreiber	V-Bund	A: 250 K: 17,85 €/F E: 4.700 €/a
10		Widerspruchsverfahren	W	A: 20 F/a K: 980 €/F E: 19.600 €/a
11		Widerspruchsverfahren	V-Bund	A: 20 F/a K: 925 €/F E: 18.500 €/a
12	§ 6 Absatz 4	Veröffentlichung der Entscheidung	V-Bund	A: 6 K: 150 €/F E: 900 €/a
13	§ 7 Absatz 1	Neubewertung und ggf. Änderung der Einstufung von Stoffen und Veröffentlichung	V-Bund	Keine Belastungsänderung
14		Widerspruchsverfahren	W-IP	A: 5 F/a K: 980 €/F E: 4.900 €/a

15		Widerspruchsverfahren	V-Bund	A: 5 F/a K: 925 €/F E: 4.600 €/a
16	§ 7 Absatz 2	Mitteilung des Betreibers über Informationen zur Änderung einer Stoffeinstufung an das UBA	W-IP	Keine Belastungsänderung
17	§ 8 Absatz 1 und 3	Selbsteinstufung von Gemischen durch Betreiber und Dokumentation	W	Keine Belastungsänderung; bei festen Gemischen: A: 400 K: 490 €/F E: -196.000 €/a
18	§ 8 Absatz 3	Vorlage an die zuständige Behörde im Rahmen der Zulassung oder auf Verlangen	W	Keine Belastungsänderung
19	§ 8 Absatz 4	Gewährung der Einsichtnahme in die Selbsteinstufung zur Wahrung von Betriebsgeheimnissen	W	0
20	§ 8 Absatz 4	Einsichtnahme in die Dokumentation der Selbsteinstufung durch die zuständige Behörde	V-Land	0
21	§ 9 Absatz 1	Nachlieferung von Unterlagen	W	Keine Belastungsänderung
22	§ 9 Absatz 1	Überprüfung der Selbsteinstufung durch die zuständige Behörde und ggf. abweichende Einstufung	V-Land	Keine Belastungsänderung
23	§ 9 Absatz 2	Beratung der zuständigen Behörde durch das UBA auf Verlangen	V-Bund	Keine Belastungsänderung
24	§ 10 Absatz 1	Einstufung eines festen Gemisches als nicht wassergefährdend	W	Keine Belastungsänderung, Erleichterung
25	§ 10 Absatz 2	Einstufung eines festen Gemisches in eine Wassergefährdungsklasse	W	Keine Belastungsänderung
26	§ 10 Absatz 3	Dokumentation der Einstufung eines festen Gemisches durch den Betreiber	W	Keine Belastungsänderung
27	§ 10 Absatz 3	Vorlage der Dokumentation bei der zuständigen Behörde im Rahmen der Zulassung oder auf Verlangen	W	Keine Belastungsänderung
28	§ 10 Absatz 3	Überprüfung der Dokumentation	V-Land	Keine Belastungsänderung
29	§ 10 Absatz 4	Änderung der Einstufung eines festen Gemisches	V-Land	Keine Belastungsänderung
30	§ 10 Absatz 4	Bestimmung eines festen Gemischs als allgemein wassergefährdend und Bekanntgabe	V-Land	Keine Belastungsänderung
31	§ 11	Einstufung eines Gemischs durch das UBA	V-Bund	A: 5 K: 460 €/F E: 2.300 €/a
35	§ 16 Absatz 2	Anordnung der Beobachtung von Gewässern	V-Land	Keine Belastungsänderung

36	§ 16 Absatz 3	Zulassung von Ausnahmen	W V-Land	A: 1.000 K-W: 430 €/F E-W: 428.000 € K-V-Land: 410 €/F E-V-Land: 407.000 €
32	§ 12 Absatz 1	Einrichtung einer Kommission zur Bewertung wassergefährdender Stoffe beim BMUB	V-Bund	Keine Belastungsänderung
33	§ 14 Absatz 1	Bestimmung und Abgrenzung von Anlagen durch den Betreiber	W	Keine Belastungsänderung
34	§ 16 Absatz 1	Abweichende Anforderung	V-Land	Keine Belastungsänderung
37	§ 17 Absatz 1 bis 3	Grundsatzanforderungen an Anlagen	W	Keine Belastungsänderung
38	§ 17 Absatz 4	Anforderungen an die Stilllegung einer Anlage	W	Keine Belastungsänderung
39	§ 18 Absatz 1 bis 3	Anforderung an die Rückhaltung wassergefährdender Stoffe	W	Grundsätzlich: Keine Belastungsänderung für spezielle kleine Anlagen (Abs. 3 Satz 2) nicht zu beziffern
40	§ 18 Absatz 4	Volles Rückhaltevolumen bei Gefährdungsstufe D	W	Keine Belastungsänderung
41	§ 19 Absatz 1	Kontrolle von Abläufen	W	Keine Belastungsänderung
42	§ 19 Absatz 6	Entscheidung zur Rückhaltung und Beseitigung von Niederschlagswasser	V-Land	Keine Belastungsänderung
43	§ 20	Anforderung an die Rückhaltung bei Brandereignissen	W	Keine Belastungsänderung
44	§ 21 Absatz 1	Gefährdungsabschätzung für Rohrleitungen	W	Einmalig: A: 350 Fälle K: 2.000 €/Fall E: 700.000 € gesamt Regelmäßig: A: 7 Fälle p.a. K: 2.000 €/Fall E: 14.000 €/a
45	§ 21 Absatz 2 Nummer 2 und 3	Kontrolle von Kontrolleinrichtungen von unterirdischen Rohrleitungen	W	Keine Belastungsänderung
46	§ 22 Absatz 3	Besondere Betriebsanweisung bei der Mitnutzung von Abwasseranlagen als Rückhalteeinrichtung	W	Keine Belastungsänderung
47	§ 23 Absatz 1	Überwachung des Befüllens oder Entleerens	W	Keine Belastungsänderung

48	§ 24 Absatz 1	Maßnahmen bei Betriebsstörungen	W	Keine Belastungsänderung
49	§ 24 Absatz 2	Anzeige des Austretens wassergefährdender Stoffe	B-IP W-IP	Keine Belastungsänderung
50	§ 24 Absatz 3	Instandsetzungskonzept	B W	A: 5.000 F/a K: 2.000 €/F E: 5 Mio. €/a
51	§ 26 Absatz 1	Anforderungen für feste wassergefährdende Stoffe in Behältern oder Räumen	W	Keine Belastungsänderung
52	§ 26 Absatz 2	Anforderungen für feste wassergefährdende Stoffe bei offenem Umgang	W	Keine Belastungsänderung
53	§ 27	Anforderungen für Stoffe, denen flüssige wassergefährdende Stoffe anhaften	W	Keine Belastungsänderung
54	§ 28 Absatz 1	Umschlagflächen für flüssige wassergefährdende Stoffe	W	Keine Belastungsänderung
55	§ 30	Laden und Löschen von Schiffen	W	Keine Belastungsänderung
56	§ 31	Fass- und Gebindelager	W	Keine Belastungsänderung
57	§ 32	Abfüllflächen von Heizölverbraucheranlagen	W	Keine Belastungsänderung
58	§ 33	Abfüllflächen für bestimmte HBV-Anlagen	W	Einsparungen, nicht näher zu beziffern
59	§ 34	Alarm- und Maßnahmepläne bei HBV-Anlagen in der Energieversorgung	W	Keine Belastungsänderung
60	§ 35	Erdwärmesonden, Solarkollektoren und Kälteanlagen	W	Keine Belastungsänderung
61	§ 36	Öl- und Massekabel	W	Keine Belastungsänderung
62	§ 37	Biogasanlagen mit Gärsubstraten landwirtschaftlicher Herkunft	W	A: 200 K: 16.250 € E: 2,5 Mio. € Nachrüstung A: 5.700 K: 10.500 E: 60 Mio. €
63	§ 38 Absatz 2	Gefährdungsabschätzung für Anlagen mit gasförmigen wassergefährdenden Stoffen	W	Nicht zu beziffern
64	§ 39 Absatz 1	Zuordnung zu Gefährdungsstufen	B-IP W-IP	Keine Belastungsänderung
65	§ 40 Absatz 1	Anzeigepflicht	B-IP W-IP V-Land	Keine Belastungsänderung
66	§ 40 Absatz 4	Anzeigepflicht nach Wechsel des Betreibers	W-IP V-Land	Keine Belastungsänderung

67	§ 41 Absatz 2	Untersagung des Betriebs oder Festsetzung von Anforderungen	V-Land	Keine Belastungsänderung
68	§ 42	Antrag auf Eignungsfeststellung	B-IP W-IP	Keine Belastungsänderung
69	§ 43 Absatz 1	Anlagendokumentation	B-IP W-IP	Einsparungen, nicht näher zu beziffern
70	§ 43 Absatz 2	Bereithaltung der Unterlagen für Prüfungen	B-IP W-IP	Keine Belastungsänderung
71	§ 43 Absatz 3	Vorlage der Unterlagen	W-IP	Keine Belastungsänderung
72	§ 44 Absatz 1	Vorhaltung der Betriebsanweisung	W-IP	Keine Belastungsänderung
73	§ 44 Absatz 1	Abstimmung des Notfallplans	W-IP V-Land	Keine Belastungsänderung
74	§ 44 Absatz 2	Unterweisung und Dokumentation über Betriebsanweisung	W-IP	Keine Belastungsänderung
75	§ 44 Absatz 4	Anbringung eines Merkblattes	B-IP W-IP	Keine Belastungsänderung Für bestehende A-Anlagen einmalig A: 350.000 K: 23,80 €/F E: 8,3 Mio. €
76	§ 46 Absatz 1	Überwachung der Dichtheit	B W	Keine Belastungsänderung
77	§ 46 Absatz 1	Anordnung eines Überwachungsvertrages	V-Land	Keine Belastungsänderung
78	§ 46 Absatz 2	Prüfung von Anlagen außerhalb von Schutzgebieten	B W	Keine Belastungsänderung
79	§ 46 Absatz 3	Prüfung von Anlagen innerhalb von Schutzgebieten	B W	Keine Belastungsänderung
80	§ 46 Absatz 4	Anordnung einer Prüfung	V-Land	Einsparungen, nicht näher zu beziffern
81	§ 46 Absatz 5	Prüfung nach Beseitigung von Mängeln	B W	Keine Belastungsänderung
82	§ 47 Absatz 2	Einstufung des Ergebnisses der Prüfungen	W	Keine Belastungsänderung
83	§ 47 Absatz 3	Vorlage Prüfbericht	W-IP	Keine Belastungsänderung
84	§ 47 Absatz 4	Plakette zu Prüfungen	W-IP	A: 200.000 K: 3,68 €/F E: 724.000 €/a
85	§ 47 Absatz 5	Übergabe eines neuen Merkblattes	W	A: 200.000 K: 2,72 €/F E: 544.000 €/a
86	§ 48 Absatz 1	Beseitigung von Mängeln	V-Land	A: 40.000 K: E: nicht zu beziffern - siehe Bemerkung

87	§ 48 Absatz 2	Bestätigung der Beseitigung eines Mangels	W	Keine Belastungsänderung
88	§ 48 Absatz 2	Außerbetriebnahme einer Anlage	W	Keine Belastungsänderung
89	§ 49 Absatz 4	Befreiungen in Schutzgebieten	V-Land	Keine Belastungsänderung
90	§ 50 Absatz 2	Befreiungen in Überschwemmungsgebieten	V-Land	Keine Belastungsänderung
91	§ 51	Nachweis für abweichende Regelung	W	Keine Belastungsänderung
92	§ 52 Absatz 1 und 3	Antrag zur Anerkennung einer SVO mit Unterlagen	W-IP	Keine Belastungsänderung
93	§ 52 Absatz 2 und 4	Überprüfung der Gleichwertigkeit der Anerkennung	V-Land	Nicht zu beziffern
94	§ 52 Absatz 1 und 3	Anerkennung einer SVO	V-Land	Keine Belastungsänderung
95	§ 53 Absatz 1 und 7	Bestellung von SV und Aushändigung eines Bestellungsschreibens	W	Keine Belastungsänderung
96	§ 53 Absatz 6	Abweichende Bestellung	W	Keine Belastungsänderung
97	§ 54 Absatz 1	Widerruf einer Anerkennung	V-Land	Keine Belastungsänderung
98	§ 55 Nummer 1, 7 und 10	Anzeige der Aufhebung der Bestellung eines SV, des Wechsels der vertretungsbefugten Person oder der Auflösung der SVO	W-IP	Keine Belastungsänderung
99	§ 55 Nummer 2	Anzeige Bestellung eines Sachverständigen, Änderung, Erlöschen einer Bestellung	W-IP	Keine Belastungsänderung
100	§ 55 Nummer 3	Kontrolle von Prüfungen	W	Keine Belastungsänderung
101	§ 55 Nummer 4	Erkenntnisaustausch	W	Keine Belastungsänderung
102	§ 55 Nummer 5	Externer Erfahrungsaustausch	W	Keine Belastungsänderung
103	§ 55 Nummer 6	Jahresbericht	W-IP	Keine Belastungsänderung
104	§ 55 Absatz 8	Teilnahme Fortbildung	W	Keine Belastungsänderung
105	§ 56 Absatz 1	Führen eines Prüftagebuchs und Vorlage auf Verlangen	W-IP	Keine Belastungsänderung
106	§ 57 Absatz 1 und 3	Antrag auf Anerkennung einer GÜG mit Unterlagen	W-IP	A: 12 K: 2.100 €/F E: 26.000 €
107	§ 57 Absatz 3	Anerkennung einer GÜG	V-Land	A: 12 K: 2.000 €/F E: 24.000 €
108	§ 57 Absatz 2 und 4	Überprüfung der Gleichwertigkeit der Anerkennung	V-Land	Keine Angabe möglich
109	§ 58 Absatz 1	Bestellung eines Fachprüfers	W	A: 12 x 27 K: 210 €/Fachprüfer E: 68.000 €/a

110	§ 58 Absatz 2	Abweichende Bestellung	W	A: 5 K: 19 €/F E: 95 €/a
111		dto.	V-Land	A: 5 K: 75 €/F E: 375 €/a
112	§ 59 Absatz 1	Widerruf der Anerkennung	V-Land	Vernachlässigbar
113	§ 60 Absatz 1 Nummer 1	Aufhebung der Bestellung eines Fachprüfers	W-IP	Nicht zu beziffern
114	§ 60 Absatz 1 Nummer 2	Anzeige der Bestellung, Änderung oder des Erlöschens der Bestellung eines Fachprüfers	W-IP	A: 300 K: 38,10 €/F E: 1.150 €
115	§ 60 Absatz 1 Nummer 3	Jahresbericht	W-IP	A: 12 K: 420 € E: 5.000 €/a
116	§ 60 Absatz 1 Nummer 5	Teilnahme Fortbildungsveranstaltungen	W	A: 300 K: 970 €/Person E: 97.000 €/a
117	§ 60 Absatz 1 Nummer 6	Erkenntnisaustausch	W	A: 12x25 K: 420 €/Person E: 126.000 €/a
118	§ 60 Absatz 1 Nummer 7	Externer Erfahrungsaustausch	W-IP	A: 12 K: 670 €/Person E: 8.000 €/a
119	§ 61 Absatz 1 Nummer 1	Überwachung und Kontrolle der Fachbetriebe	W	A: 1.500 K: 210 €/F E: 300.000 €/a
120	§ 61 Absatz 1 Nummer 2	Auswertung der Erkenntnisse	W-IP	A: 12 K: 420 €/Org. E: 5.000 €/a
121	§ 61 Absatz 1 Nummer 3	Jahresbericht	W-IP	in 120 enthalten
122	§ 61 Absatz 2	Schulungsangebot	W	A: 400 K: 1.500 €/Schulung E: 600.000 €/a
123	§ 61 Absatz 3	Bekanntmachung der Fachbetriebe	W-IP	A: 6.000 K: 16,40 €/F E: 980.000 €/a
124	§ 61 Absatz 4	Entzug der Zertifizierung	W	Vernachlässigbar
125	§ 62 Absatz 1 Nummer 2	Zertifizierung der Fachbetriebe (siehe Nr. 121)	W-IP	A: 6.000 K: 630 €/F E: 3,8 Mio. €/a
126	§ 62 Absatz 2 Nummer 2	Bestellung einer betrieblich verantwortlichen Person	W-IP	A: 6.000 K: 52,40 €/F E: 315.000 €/a
127	§ 62 Absatz 3	Urkunde zur Zertifizierung	W-IP	A: 6.000 K: 16,40 €/F E: 99.000 €/a

128	§ 63 Absatz 1	Schulung des Fachbetriebs	W	A: 12.000 K: 580 €/Fachbetrieb E: 7,0 Mio. €/a
129	§ 63 Absatz 2	Mitteilungen des Fachbetriebs	W-IP	A: 1.200 K: 32,50 €/F E: 39.000
130	§ 63 Absatz 3	Rückgabe der Zertifizierungsurkunde	W	Vernachlässigbar
131	§ 64	Nachweis der Fachbetriebseigenschaft	W-IP	Keine Belastungsänderung
132	§ 66	Veröffentlichung bestehender Einstufungen	V-Bund	einmalig: K: 925 € E: 925 €
133	§ 67	Anordnungen nach Änderung der Einstufung	V-Land	Keine Belastungsänderung
134	§ 38 Absatz 3	Feststellung der Abweichungen der VAwS von der AwSV	W	A: 7.000 K: 52,40 €/F E: max. 367.000 €/5a
135	§ 68 Absatz 4	Anordnungen	V-Land W	Keine Angabe möglich
136	Anlage 7 Nummer 2.2 und 2.3	Grundsatzanforderungen an JGS-Anlagen	W-IP	Keine Belastungsänderung
137	Anlage 7 Nummer 3.1	Leckageerkennungssystem	W	A: 1.450 K: 8.500 € E: 12,3 Mill. €/a
138	Anlage 7 Nummer 6.1	Anzeigepflicht für JGS-Anlagen	W-IP	A: 1.900 K: 1 h E: 42.000 €/a
139	Anlage 7 Nummer 6.1	Bearbeitung Anzeige von JGS-Anlagen	V-Land	A: 1.900 K: 0,5 h E: 25.700 €/a
140	Anlage 7 Nummer 6.2 und 6.3	Betreiberpflichten (Überwachung, Maßnahmen im Schadensfall)	W	Keine Belastungsänderung
141	Anlage 7 Nummer 6.4	Prüfpflicht	W	A: 1.900 K: 750 € E: 1,4 Mill. €/a
142	Anlage 7 Nummer 6.4	Anordnungen	V-Land	Keine Angaben möglich

A: Anzahl der Fälle pro Jahr
K: Kosten pro Fall
E: Erfüllungsaufwand pro Jahr

Erläuterungen zu einzelnen Punkten:
Vorbemerkung zu den Nummer 1 bis 31: In den beiden Ländern Berlin und Nordrhein- Westfalen wurde die Einstufung von wassergefährdenden Stoffen in Wassergefährdungsklassen (WGK) mit den letzten Novellierungen der dortigen VAwS nicht mehr fortgeführt. In beiden Ländern ergibt sich jetzt mit der Beibehaltung der WGK ein zusätzlicher Erfüllungsaufwand. Dieser bezieht sich nicht auf die Einstufung von Stoffen, da diese ja bundesweit eingestuft wurden, sondern auf die von Gemischen. Außerdem ergeben sich sowohl für die Betreiber, als auch für die Behörden Veränderungen der aus den WGK abgeleiteten Anforderungen und damit wiederum ein zusätzlicher Erfüllungsaufwand. Wie schon ausgeführt, wird auf die Darstellung dieses Erfüllungsaufwandes für einzelne Länder verzichtet.
Der Erfüllungsaufwand für die Einstufung von Stoffen und Gemischen ändert sich grundsätzlich nicht, da die Vorschriften auch bisher schon bestanden. Ein zusätzlicher Aufwand entsteht nur in den wenigen Fällen, wo aus rechtssystematischen Gründen oder aus Gründen der Rechtssicherheit neue Vorgaben gemacht werden mussten.

Die Posten 1 und 2 werden zusammengefasst, da es sich um ineinander verwobene Prozesse handelt. In den letzten Jahren wurden von der Industrie etwa 100 Stoffe pro Jahr neu eingestuft. Durch REACH angeregt steigt diese Zahl derzeit an und liegt bei etwa 200 – 300 Stoffen pro Jahr. Durchschnittlich ist von einem Aufwand für das Zusammentragen der Informationen, das Eintragen in das Dokumentationsformblatt sowie die Übersendung an das Umweltbundesamt von 1 Tag (8 Stunden) pro Stoff auszugehen. Bei einem Stundensatz von 61,20 Euro ergeben sich Gesamtkosten (250 x 8 h x 61,20 €) von 122.000 Euro pro Jahr. Ein **zusätzlicher** Erfüllungsaufwand (Belastungsänderung) ist **nicht** zu erwarten.

Zu Nr. 3: Abweichende Einstufungen werden von den Betreibern nur sehr selten vorgeschlagen. Die Fallzahl liegt nach bisherigen Erfahrungen bei ca. 20 pro Jahr. Der Aufwand für Recherche und insbesondere Begründung verdoppelt sich in etwa und liegt gegenüber dem normalen Verfahren bei 2 Tagen (16 Stunden) pro Fall. Daraus ergeben sich Gesamtkosten (20 x 16 x 61,20 €) von 20.000 Euro pro Jahr. Ein **zusätzlicher** Erfüllungsaufwand ist **nicht** zu erwarten. Zur Erfüllung der Informationspflicht der Selbsteinstufung ergeben sich damit insgesamt (Nummer 1 bis 3) jährliche Gesamtkosten von 142.000 Euro, der Erfüllungsaufwand ändert sich jedoch nicht, da die Regelung auch bisher schon bestand.

Zu Nr. 4: Das UBA muss wie bisher jede Selbsteinstufung auf Vollständigkeit und Plausibilität überprüfen. Der Arbeitsaufwand ist vergleichbar zu dem der Betreiber, so dass beim UBA für die Überprüfung von Gesamtkosten von (250 x 8 h x 57,80 €) 116.000 Euro pro Jahr ausgegangen werden muss. In diesen Kosten ist die Nachforderung von Unterlagen und deren Bearbeitung enthalten. Ein **zusätzlicher** Erfüllungsaufwand ist **nicht** zu erwarten.

Zu Nr. 5: Bei einem Teil der eingereichten Dokumentationsformblätter ergeben sich Nachfragen oder es müssen vom Betreiber noch zusätzliche Informationen beigefügt werden. Dies betrifft in etwa 50 – 100 Fälle pro Jahr. Bei vergleichbarem Arbeitsaufwand von 1 Tag pro Fall ergeben sich Gesamtkosten (75 x 8 h x 61,20 €) von 37.000 Euro pro Jahr. Entsprechende Nachforderungen mussten auch bisher schon bearbeitet werden, so dass ein **zusätzlicher** Erfüllungsaufwand **nicht** zu erwarten ist.

Zu Nr. 6: Die neu eingeführte Stichprobenüberprüfung soll an etwa 10 % der Fälle, also 20 – 30 Fällen pro Jahr, durchgeführt werden. Erfahrungen über den zeitlichen Aufwand liegen hierzu bisher noch nicht vor, es ist jedoch davon auszugehen, dass auch in diesem Fall zwei Arbeitstage für die Anforderung, ggf. Nachforderung und Validierung der Prüfberichte ausreichen sollten. Daraus ergeben sich Gesamtkosten (25 x 16 h x 57,80 €) von 23.000 Euro pro Jahr. Die Belastungsänderung liegt damit bei 23.000 Euro pro Jahr.

Zu Nr. 7: Die Zusammenfassung von Stoffen zu Stoffgruppen ist ein eher seltener Vorgang, bedarf dann aber einer genauen Definition und Abgrenzung der zu einer Stoffgruppe gehörenden Stoffe. Mehr als 10 Stoffgruppen werden pro Jahr nicht gebildet, so dass bei einem Zeitaufwand von 2 Tagen pro Stoffgruppe Gesamtkosten (10 x 16 h x 57,80 €) von 9.000 Euro pro Jahr entstehen. Ein **zusätzlicher** Erfüllungsaufwand ist **nicht** zu erwarten.

8 und 9 können zusammengefasst werden, da jede Entscheidung auch einem Betreiber bekanntzugeben ist. Die abschließende Einstufung des Stoffes einschl. der erforderlichen Dokumentation im Umweltbundesamt wird mit einem halben Arbeitstag pro Stoff abgeschätzt. Bei 200 – 300 Stoffen pro Jahr ergeben sich Gesamtkosten (250 x 4 h x 57,80 €) von 58.000 Euro, die dem bisherigen Aufwand entsprechen. Durch die mit der AwSV neu eingeführte Erstellung eines rechtskräftigen Bescheids ergibt sich gegenüber der heutigen Mitteilung ein zusätzlicher Erfüllungsaufwand 0,5 Stunden pro Fall. Der **zusätzliche** Erfüllungsaufwand liegt damit (250 x 0,5 h x 35,70 €) bei 4.700 Euro.

Zu 10 und 11: Die Einstufung der wassergefährdenden Stoffe erfolgte bisher nicht als Verwaltungsakt. Aus rechtssystematischen Gründen wird dies nun geändert. Wenn ein Betreiber gegen die Einstufungsentscheidung des UBA Widerspruch einlegt, entsteht ein zusätzlicher Erfüllungsaufwand. Für ein Widerspruchsverfahren müssen zwei Arbeitstage pro Widerspruch angesetzt werden. Die Anzahl der zu erwartenden Widersprüche wird mit ca. 20 pro Jahr angenommen. Der zusätzliche Erfüllungsaufwand liegt damit (20 x 16 x 57.80 €) für die Verwaltung bei 18.500 Euro, für die Wirtschaft (20 x 16 x 61,20 €) bei 19.600 Euro.

Zu 12: Die Veröffentlichung der Entscheidung einer Stoffeinstufung im Internet ist von ihrem Arbeitsaufwand vernachlässigbar und erfolgt im Rahmen der Dokumentation der Einstufung. Das Suchprogramm „Rigoletto" des Umweltbundesamtes ist schon heute im Internet vorhanden. Die durchschnittlichen jährlichen Kosten für die Pflege dieses Systems liegen bei etwa 30.000 Euro pro Jahr. Diese Kosten verändern sich durch die AwSV nicht. Der Abdruck der neueingestuften Stoffe im Bundesanzeiger, der etwa 6mal im Jahr stattfinden soll, ist jeweils mit einem halben Arbeitstag anzusetzen. Daraus ergibt sich eine Belastung (6 x 4 h x 35,70 €) von 900 Euro pro Jahr.

Zu Nr. 13: Die Neubewertung oder Änderung einer Einstufung nimmt mit der Verfügbarkeit neuer Stoffdaten durch REACH zu und könnte zukünftig bei ca. 50 Fällen pro Jahr liegen. Da hierbei in der Regel nur einige Daten ausgetauscht werden, ist der Aufwand für die Wirtschaft gering und liegt bei 2 Stunden. Die Gesamtkosten für die Wirtschaft betragen demnach (50 x 2 h x 61,20 €) insgesamt 6.100 Euro pro Jahr. Der Aufwand für das Umweltbundesamt liegt vergleichbar zu dem der Nr. 4, 8 und 9 bei etwa einem halben Arbeitstag. Daraus ergeben sich Gesamtkosten (50 x 4 h x 57,80 €) in Höhe von 12.000 Euro pro Jahr. Ein **zusätzlicher** Erfüllungsaufwand ist nicht zu erwarten, da neue Erkenntnisse auch bisher schon bewertet werden mussten.

Zu Nr. 14 und 15: Bei Umstufungen ist in ca. 5 Fällen mit einem Widerspruchsverfahren zu rechnen. Dafür sind sowohl bei der Wirtschaft wie beim UBA zwei Arbeitstage (16 h) pro Widerspruchsverfahren zu veranschlagen. Damit ergeben sich für die Wirtschaft Kosten (5 x 16 h x 61,20 €) von 4.900 Euro pro Jahr und beim UBA Kosten (5 x 16 h x 57,80 €) von 4.600 Euro pro Jahr.

Zu Nr. 16: Der Betreiber war schon bisher verpflichtet, die Behörde über wesentliche Änderungen zu informieren. Dies ergibt sich aus der Vorbemerkung zu Anhang 3 der VwVwS vom 29.05.1999. Nach dem dort in Bezug genommenen § 4a Abs. 3 der Gefahrstoffverordnung vom 26. Oktober 1993 (BGBl. Nr. 57) hat er alle gesicherten wissenschaftlichen Erkenntnisse zu berücksichtigen und für Stoffe, die noch nicht bekannt gemacht wurden, Nachforschungen anzustellen. Diese Regelung wird mit § 7 Absatz 2 – und vergleichbar § 9 Absatz 2 für Gemische – fortgeführt. Entsprechende Informationen über wesentliche Änderungen sind bisher jedoch kaum erfolgt und spielen eine völlig untergeordnete Rolle. Ein **zusätzlicher** Erfüllungsaufwand ist **nicht** zu erwarten, da die Informationspflicht unter dem Gefahrstoffrecht schon erfasst ist.

Zu Nr. 17 und 18: Die beiden Schritte können wie bei Stoffen zusammengefasst werden. Die Zahl der Selbsteinstufungen von Gemischen liegt deutlich über der der Stoffe, da jeder Betreiber nahezu jede Einstufung für sich vornehmen muss und nur in wenigen Fällen auf eine vorliegende zurückgreifen kann. Pro Jahr werden von den Sachverständigen etwa 50.000 Anlagen erstmalig geprüft, wobei Heizölverbraucheranlagen und Tankstellen ausgeklammert bleiben, da hier mit bekannten Stoffen umgegangen wird. Bei den erwähnten Anlagen werden viele mit definierten Stoffen und nicht mit Gemischen umgehen. Bei bestehenden Anlagen kommt es auch zu Veränderungen bei den eingesetzten Gemische, die dann ebenfalls neu bewertet werden müssen. Eine belastbare Abschätzung der pro Jahr vorgenommenen Einstufungen von Gemischen gibt es nicht. Im Folgenden wird davon ausgegangen, dass von den 50.000 Anlagen bei zwei Dritteln, also etwa 33.500 Anlagen ein Gemisch einzustufen ist. Zu der Art der Einstufung, ob dies also aufgrund der Mischung bekannter Stoffe oder durch Untersuchungen erfolgt, gibt es ebenfalls keine verwertbaren Erkenntnisse. Erfolgt die Einstufung aufgrund theoretischer Erkenntnisse, dürfte sie vom Aufwand her vernachlässigbar sein, da auf die vorhandene Einstufung von Stoffen zurückgegriffen und in einem formalisierten Rechengang das Ergebnis erzielt werden kann. Der Aufwand für eine solche Einstufung dürfte bei 0,5 Stunden pro Fall liegen. Von der Wirtschaft wurde allerdings die Angabe gemacht, dass dazu im Einzelfall auch ein Zeitaufwand von bis zu 8 Stunden erforderlich ist. Müssen Untersuchungen am Gemisch gemacht werden, dürfte der Zeitaufwand bei etwa zwei Tagen liegen, hinzukommen die Kosten der Untersuchungen, in erster Linie von Biotests, in der Regeln von 5.000 Euro pro Gemisch. Nach Angabe der Wirtschaft können die Kosten im Einzelfall aber auch bis zu 20.000 Euro betragen. Im Folgenden wird deshalb von Kosten von 7.500 Euro ausgegangen.

Geht man davon aus, dass 95 % aller Gemische aufgrund der Einstufung der eingesetzten Stoffe eingestuft werden, ergeben sich für 33.250 Anlagen, die jährlich neu in Betrieb gehen und bei denen jeweils ein Gemisch eingestuft wird, Kosten in Höhe (33.250 x 0,5 x 61,20 €) von 1.000.000 Euro im Jahr. Bei den verbleibenden 1.750 Anlagen bei denen die Einstufung aufgrund einer Untersuchung erfolgt, ergibt sich folgender Erfüllungsaufwand: Für die Beauftragung und Bearbeitung der Untersuchungen zwei Tage (nach Angabe der Wirtschaft im Einzelfall bis zu 5 Tage), also (1.750 x 16 h x 61,20 €) 1,7 Millionen Euro plus die Analysenkosten in Höhe von (1.750 x 7.500 €) 13,125 Millionen Euro. Die Gesamtkosten dieser Einstufungen von Gemischen lagen danach bisher bei etwa 15 Millionen Euro pro Jahr. Der zukünftige Erfüllungsaufwand wird davon nicht abweichen. Angesichts der eher abnehmenden Zahl von Anlagen wird der Erfüllungsaufwand zukünftig sogar eher abnehmen als zunehmen. Eine Belastungsänderung wird aber nicht ausgewiesen.

Die angegebene Rechnung gilt nur für den Fall, dass die Gemische nicht fest sind. Diese fallen unter die allgemein wassergefährdenden Stoffe und müssen nicht eingestuft werden. Eine Statistik über die Zahl der Betriebe, die mit festen wassergefährdenden Stoffen umgehen, gibt es nicht. Das Statistische Bundesamt (Fachserie 19, Reihe 1) weist aber für das Jahr 2010 allein im Bereich der Bauschuttaufbereitungsanlagen eine Anzahl von 2.073 Anlagen aus. Annäherungsweise kann davon ausgegangen werden, dass pro Jahr etwa ein Fünftel dieser Anlagen neu errichtet oder geändert wird und jeder Betreiber dieser Anlagen seinen Bauschutt einstufen muss. Bei einer Arbeitszeit (vgl. Nr. 1/2) von 8 Stunden pro Einstufung einschl. Dokumentation ergibt sich für diese Branche durch die **Neuregelung eine Einsparung** (400 x 8 h x 61,20 €) von 196.000 Euro pro Jahr.

Zu Nr. 19: Angaben, wie groß die Anzahl der Gemische ist, die als Betriebsgeheimnis anzusehen sind, liegen nicht vor. Der Aufwand für die Einsichtnahme ist für die Betreiber und Behörden jedoch so gering, dass er vernachlässigt werden kann, zumal er nicht verpflichtend gefordert wird.

Zu 20: Der Aufwand für die Einsichtnahme in die Dokumentation der Selbsteinstufung von Gemischen erfolgt wie bisher in der Regel zusammen mit den gesamten Zulassungsunterlagen. Der Aufwand kann demnach vernachlässigt werden. Ein zusätzlicher Aufwand ist auf jeden Fall nicht zu erkennen.

Zu 21 und 22: Die Nachlieferung von Unterlagen auf Veranlassung der Behörde ist ein eher seltener Vorgang, der im Rahmen von Zulassungen von Anlagen auch heute schon vorkommt. Nach Aussage der Länder ist die Zahl der Überprüfungen von Einstufungen relativ gering und wird in der Regel pro Land mit unter 100 pro Jahr angegeben. Für ganz Deutschland kann von etwa 1.000 Fällen pro Jahr ausgegangen werden. Die Zusammenstellung und Nachlieferung der Unterlagen erfordert für die Wirtschaft einen Aufwand von etwa 4 Stunden pro Fall. Daraus ergibt sich ein Erfüllungsaufwand (1.000 x 4 h x 61,20 €) von 245.000 Euro pro Jahr. Bei einer durchschnittlichen Bearbeitungszeit in der Verwaltung von etwa 3 Stunden ergibt sich für die Verwaltung ein Erfüllungsaufwand (1.000 x 3 h x 58,10 €) von 174.000 Euro pro Jahr. Eine Veränderung wird durch die neue Verordnung nicht eintreten. Ein **zusätzlicher** Erfüllungsaufwand ist nicht zu erwarten.

Zu 23: Die Länder und Vollzugsbehörden haben schon in der Vergangenheit bei Diskussionen um die Einstufung in eine Wassergefährdungsklasse Anfragen an das Umweltbundesamt gestellt. Eine verbindliche Regelung dazu gab es nicht, die Beratung erfolgte also im Rahmen der Amtshilfe. Bisher wurden pro Jahr etwa 200 bis 300 Anfragen gestellt, es ist davon auszugehen, dass sich diese Zahl nicht nennenswert verändert. Bei einer durchschnittlichen Bearbeitungsdauer von 1

Stunde ergibt dies für das Umweltbundesamt einen heute schon **bestehenden Aufwand** (250 x 1 h x 57,80 €) von 14.000 €. **Eine Änderung des Erfüllungsaufwands ist nicht zu erwarten**.

Zu 24: Nach § 3 Abs. 2 Nr. 8 sind feste Gemische grundsätzlich als allgemein wassergefährdend zu betrachten, es sei denn, sie sind schon als nicht wassergefährdend eingestuft (§ 3 Abs. 2 Satz 2) oder sie können nach § 10 Absatz 1 als nicht wassergefährdend eingestuft werden. Die Unterscheidung zwischen wassergefährdenden Stoffen und nicht wassergefährdenden Stoffen musste nach dem bisherigen Landesrecht jeder Betreiber treffen. Durch die Neuregelung, die insbesondere im Bereich der Abfälle auf abfallrechtlich verpflichtende Informationen abhebt, wird die Entscheidung erheblich erleichtert. Für die Dokumentation dieser vorliegenden Daten wird von einem Aufwand von 1 Stunde ausgegangen, Daraus ergibt sich ein Erfüllungsaufwand von 61,20 Euro pro Anlage mit einem nicht wassergefährdenden Stoff. Bei Anlagen mit mehreren Gemischen erhöht sich der Aufwand entsprechend. Über die Anzahl entsprechender Anlagen gibt es keinerlei Auskünfte, so dass eine Abschätzung des Erfüllungsaufwandes nicht möglich ist. Gegenüber der bisherigen Regelung stellt das Verfahren jedoch eine Erleichterung dar, so dass auf jeden Fall **kein zusätzlicher** Erfüllungsaufwand entsteht.

Zu 25: Die Vorschrift zur Einstufung eines festen Gemisches in eine Wassergefährdungsklasse entspricht der bisherigen Verwaltungsvorschrift. Es ist davon auszugehen, dass eine Einstufung der Gemische vom Hersteller aufgrund vorhandener Daten zu den Stoffen erfolgt. Der Erfüllungsaufwand ist danach vernachlässigbar. Ein **zusätzlicher** Erfüllungsaufwand entsteht **nicht**.

Zu 26 - 30: Die Vorschriften entsprechen der bisherigen Vollzugspraxis. Eine Überprüfung von Anlagen gehört zu den Pflichten der zuständigen Behörde nach § 100 Abs. 1 WHG. Bei einer solchen Kontrolle ist der Betreiber verpflichtet, Auskunft über die von ihm eingesetzten Stoffe zu machen. Dies entspricht der bisherigen Vollzugspraxis. Der durch die Vorschriften ausgelöste **zusätzliche Erfüllungsaufwand ist vernachlässigbar**.

Zu Nr. 31: Grundsätzlich werden Gemische nicht vom Umweltbundesamt eingestuft. In speziellen Sonderfällen kann es jedoch in Zukunft sinnvoll sein, eine bundesweite Einstufung vorzunehmen (vgl. Begründung). Eine Aussage über die Häufigkeit lässt sich nicht machen, fünf Fälle pro Jahr sollten jedoch schon die absolute Obergrenze ausmachen. Aufgrund der erforderlichen eigenen Recherchen beim Umweltbundesamt wird von einem doppelten Aufwand einer Stoffeinstufung (vgl. Nr. 1 und 2) von 8 Stunden ausgegangen. Daraus ergibt sich ein zusätzlicher Erfüllungsaufwand (5 x 8 h x 57,80 €) von 2.300 Euro pro Jahr.

Zu 32: Die Kommission zur Bewertung wassergefährdender Stoffe besteht schon heute und hat die Aufgabe, Vorschläge zur Einstufung von Stoffen und Gemischen in Wassergefährdungsklassen zu erarbeiten und die Bewertungsgrundlagen fortzuentwickeln (BAnz Nr. 74 vom 19. April 2007). Die Einstufung von Stoffen und Gemischen erfolgt zukünftig direkt durch das Umweltbundesamt, die Einbeziehung der KBwS bleibt Einzelfällen vorbehalten. Damit kommt es zu einer Entlastung der KBwS. Der Schwerpunkt der Arbeit der Kommission wird zukünftig in konzeptionellen Fragestellungen liegen. Dies wird zwar ggf. zu Änderungen der personellen Zusammensetzung und der inhaltlichen Schwerpunkte führen, der diesbezügliche Aufwand ändert sich jedoch nicht.
Die Kommission bestand bisher aus max. 12 Mitgliedern. Es finden zukünftig wie bisher voraussichtlich pro Jahr zwei zweitägige Sitzungen statt. Daraus ergibt sich bei einem Stundensatz von 52,40 für wissenschaftliche und technische Dienstleistungen ein Aufwand (12 x 2 x 16 h x 52,40 €) von 20.000 Euro. Hinzu kommen Reisekosten von (24 x 250 €) 6.000 Euro, zusammen 26.000 Euro pro Jahr. Ein **zusätzlicher** Erfüllungsaufwand ist **nicht** zu erwarten, da sich an dem Rhythmus der Sitzungen und deren Aufwand soweit absehbar keine Änderungen ergeben.

Zu Nr. 33: Die Notwendigkeit Anlagen zu definieren und ggf. von anderen abzugrenzen, bestand auch schon nach den landesrechtlichen Vorschriften. Nach Punkt 6.2 der TRwS 779 war für die Anlagenbeschreibung eine wasserrechtliche Abgrenzung erforderlich. Ein **zusätzlicher** Erfüllungsaufwand ergibt sich demnach **nicht**.

Zu Nr. 34: Die meisten Bundesländer haben heute auch schon ihren Behörden die Möglichkeit eingeräumt, abweichende Anforderungen zu stellen. Diese Vollzugspraxis hat sich bewährt und wird fortgesetzt. Fallzahlen zur Häufigkeit solcher behördlicher Anordnungen liegen nur teilweisevor und reichen bis zu 60 Fällen pro Bundesland. Die durchschnittliche Bearbeitungsdauer eines Falles liegt bei 4 bis 6 Stunden. Daraus ergibt sich bisher bei 30 Fällen pro Jahr und Bundesland ein Erfüllungsaufwand (480 x 5 h x 58,10 €) von 139.000 Euro pro Jahr. Es ist davon auszugehen, dass sich der Aufwand nicht ändert, so dass **kein zusätzlicher** Erfüllungsaufwand bei den Ländern entstehen wird.

Zu Nr. 35: Die Regelung stellt eine Fortführung des § 19 i Absatz 3 der WHG a.F. dar. Fallzahlen zur Häufigkeit solcher behördlicher Anordnungen liegen nicht vor, dürften jedoch nach Angabe der Länder sehr gering sein. Es ist davon auszugehen, dass sich der Aufwand nicht ändert, so dass **kein zusätzlicher** Erfüllungsaufwand bei den Ländern und der Wirtschaft entstehen wird.

Zu Nr. 36: Fallzahlen zur Häufigkeit dieser sehr weitgehenden und für viele Bundesländer gegenüber der Muster-VAwS neu in die AwSV eingeführten Regelung können kaum abgeschätzt werden. Einzelne Länder gehen zukünftig von bis zu 150 Fällen pro Jahr aus. In Ländern, in denen es eine solche Regelung schon gab, ist mit keiner Änderung zu rechnen. Überschlägig könnten sich aus der Ausnahmemöglichkeit deutschlandweit 1.000 zusätzliche Fälle pro Jahr ergeben. Ausnahmeregelungen erfolgen nur auf Veranlassung der Betreiber. Es ist anzunehmen, dass hier für die Betreiber und die Behörden ein nicht unerheblicher Arbeitsaufwand entsteht, der in der Größenordnung von jeweils durchschnittlich 6 bis 8 Stunden liegt. Daraus ergibt sich ein Erfüllungsaufwand (1.000 x 7 h x 58,10 €) von 407.000 Euro pro Jahr für die Behörden und (1.000 x 7 h x 61,20 €) von 428.000 Euro pro Jahr für die Wirtschaft.

Zu Nr. 37: § 15 setzt die Grundsatzanforderungen der Muster-VAwS fort. Ein **zusätzlicher** Erfüllungsaufwand ist daraus **nicht** absehbar. Die Regelung, dass Anlagen so zu planen sind, dass die Anforderungen der AwSV eingehalten werden, ist zwar neu aufgenommen, jedoch mussten bisher auch schon Anlagen geplant werden. In erster Linie wird also die Rechtsposition der Betreiber gestärkt. Ein zusätzlicher Erfüllungsaufwand ist insofern nicht zu erwarten.

Zu Nr. 38: Eine entsprechende Regelung enthielten die meisten Verwaltungsvorschriften oder vergleichbare Erlasse der Länder. Die neue Regelung ist eher erleichternd, da wassergefährdende Stoffe nur soweit technisch möglich entfernt werden müssen. Ein **zusätzlicher** Erfüllungsaufwand entsteht **nicht**.

Zu Nr. 39: Die Anforderungen an die Rückhaltung wassergefährdender Stoffe entsprechen denen, die in Anlage 1 der Muster VAwS unter dem Punkt 1.1 für R_1 (Rückhaltung des Volumens, das bis zum Wirksamwerden geeigneter Sicherheitsvorkehrungen auslaufen kann) genannt sind, oder das in den Verwaltungsvorschriften oder Technischen Regeln wassergefährdende Stoffe beschrieben wurde. Ein **zusätzlicher** Erfüllungsaufwand ergibt sich **nicht**. Die flüssigkeitsundurchlässige Flächenabdichtung für Anlagen mit Stoffen der WGK 1 zwischen 220 und 1.000 Litern (§ 18 Abs. 3 Satz 2) ist z.B. als Beschichtungsstoff oder als fertiges Konstruktionsteil auf dem Markt frei erhältlich und kostet wenige hundert Euro pro Anlage. Eine Aussage über die Anzahl dieser Anlagen, die zukünftig mit dem genannten Teilrückhaltevolumen errichtet werden müssen, ist aufgrund des Fehlens von jeglichen statistischen Angaben unmöglich.

Zu Nr. 40: Die Forderung nach einem vollständigen Rückhaltevolumen R_2 ist abgeleitet aus Anlage 1 der Muster-VAwS. Danach war R_2 bei Lageranlagen und Anlagen zum Herstellen, Behandeln und Verwenden mit Stoffen der WGK 2 ab 100 Kubikmetern, bei Anlagen mit Stoffen der WGK 3 ab 0,1 Kubikmetern erforderlich. Durch die Neuregelung ändert sich bei Anlagen mit Stoffen der WGK 2 nichts, bei Anlagen mit Stoffen der WGK 3 werden erst Anlagen ab einem Volumen von 10 Kubikmetern erfasst. Die Neuregelung führt also zu einer Erleichterung und damit zu **keiner Erhöhung der bestehenden Erfüllungsaufwandes**. Die Darstellung der Verringerung des Erfüllungsaufwandes ist aufgrund der unzureichenden Datenlage nicht möglich. NRW ist von dieser Regelung in seiner VAwS abgewichen. Dort gibt es seit der Novelle der VAwS von 2001 kein R2 mehr. Durch die bundesweite Regelung wird der bisher geringere Aufwand bei der Neuerrichtung von Anlagen dem bundesweiten angeglichen.

Zu Nr. 41: Die Muster-VAwS enthielt keine konkrete Vorgabe, wie Anlagen, bei denen der Zutritt von Niederschlagswasser verhindert werden soll, entwässert werden sollen. Die Lösungen, die nun in die AwSV übernommen wurden, entsprechen jedoch der Vollzugspraxis. Ein **zusätzlicher** Erfüllungsaufwand entsteht dadurch **nicht**.

Zu Nr. 42: Die Regelung wurde neu in die AwSV aufgenommen. Allerdings wurden diese Anlagen auch bisher schon entwässert, wobei die Zulässigkeit von Einleitungen in Gewässer von den Wasserbehörden im Rahmen der Einleiterlaubnis für Niederschlagswasser nach § 57 WHG geregelt wurde. Diese Möglichkeit, im Einzelfall zu entscheiden, ist nun in die AwSV aufgenommen worden. Die Länder rechnen mit etwa 100 bis 150 solcher Entscheidungen pro Jahr, bei einer durchschnittlichen Bearbeitungsdauer von 4 Stunden. Bei insgesamt etwa 1.500 Fällen ergibt sich derzeit ein Erfüllungsaufwand (1.500 x 4 h x 58,10 €) von 349.000 Euro pro Jahr. Da die Entwässerung auch bisher schon geregelt werden musste, ergibt sich **kein zusätzlicher** Erfüllungsaufwand.

Zu Nr. 43: Die Rückhaltung von Löschwasser war bisher in § 3 Nummer 4 der Muster-VAwS bzw. in Nr. 8.2 der TRwS 779 geregelt. Die Regelung wird grundsätzlich fortgesetzt, ein zusätzlicher **Erfüllungsaufwand** ergibt sich **nicht**.

Zu Nr. 44: Die Anforderungen an oberirdische Rohrleitungen wurden aus § 12 Abs. 3 und Tabelle 2.3 der Anlage 1 der Muster-VAwS abgeleitet. Eine Gefährdungsabschätzung war nach der Muster-VAwS nur für Rohrleitungen mit Stoffen der WGK 2 und 3 erforderlich. Für Rohrleitungen mit Stoffen der WGK 2 und 3 ergibt sich demnach **keine Veränderung** des Erfüllungsaufwandes.
An Rohrleitungen mit Stoffen der WGK 1 wurden jedoch bisher keine Anforderungen gestellt. Nach der Neuregelung ist auch für diese Anlagen eine Rückhalteeinrichtung vorgeschrieben, auf die auch ohne Gefährdungsabschätzung verzichtet werden kann, wenn die Rohrleitungen über Flächen führen, die aufgrund ihrer hydrogeologischen Schutzbedürftigkeit keines besonderen Schutzes bedürfen.
Eine Abschätzung des zusätzlichen Erfüllungsaufwandes ist selbst für die Wirtschaft kaum möglich. Überschlagsmäßig kann insgesamt von 3.500 in Frage kommenden Anlagen mit Stoffen der WGK 1 ausgegangen werden. Wenn man davon ausgeht, dass 10 % dieser Anlagen über besonders schutzbedürftige Flächen führen, ergeben sich 350 Anlagen, für die eine Gefährdungsabschätzung gemacht werden muss. Eine Gefährdungsabschätzung einer Rohrleitungsanlage wird mit etwa 2.000 Euro pro Fall – weitgehend unabhängig von der Länge der Leitung - angesetzt. Bei 350 Anlagen, für die eine solche Gefährdungsabschätzung gemacht werden muss, ergibt sich ein zusätzlicher **einmaliger** Erfüllungsaufwand für die Gefährdungsabschätzung (350 x 2.000 €) von 700.000 Euro.
Sofern sich dabei ergeben sollte, dass die Rohrleitung doppelwandig verlegt werden muss, ergeben sich Kosten von 1.000 Euro pro Meter Rohrleitung. Allerdings ist für Rohrleitungen mit

Stoffen der – kritischer einzuschätzenden - WGK 2 und 3 eine solche Forderung bisher nur in extremen Ausnahmefällen – und da meist aus anderen Gründen – gefordert worden. Insofern ist davon auszugehen, dass bei Rohrleitungen mit Stoffen der WGK 1 eine solche Forderung nicht erhoben wird. Die Gefährdungsabschätzung wird eher dazu führen, dass Dichtungen, Flansche oder Armaturen angepasst werden müssen. Da jede Rohrleitung technisch anders gestaltet ist, lassen sich die Kosten dieser technischen Maßnahmen nicht vernünftig abschätzen.
Zur Abschätzung der jährlichen Kosten wird unterstellt, dass die 3.500 Anlagen in den letzten 50 Jahren entstanden sind und daher eine jährliche Fallzahl von 70 Neuanlagen angesetzt werden kann, 7 Anlagen davon führen über besonders schützenswerte Flächen, für die eine Gefährdungsabschätzung erforderlich ist. Der zusätzliche Erfüllungsaufwand liegt damit (7 x 2.000 €) bei 14.000 Euro pro Jahr, zuzüglich der nicht abschätzbaren Kosten für technische Maßnahmen.

Zu Nr. 45 Die Regelungen zu unterirdischen Rohrleitungen führen diejenigen in § 12 Absatz 2 der Muster-VAwS fort. Insofern entsteht hier **kein zusätzlicher** Erfüllungsaufwand.

Zu Nr. 46: Die besondere Betriebsanweisung für die – sehr selten in Frage kommende - Mitnutzung einer Abwasseranlage führt § 21 der Muster-VAwS fort. Insofern entsteht **kein zusätzlicher** Erfüllungsaufwand.

Zu Nr. 47: Die Vorschriften zum Befüllen und Entleeren wurden aus § 19 k WHG a.F. übernommen. Ein **zusätzlicher** Erfüllungsaufwand entsteht dadurch **nicht**.

Zu Nr. 48: Die Vorschrift übernimmt den bisherigen § 19 i Absatz 2 Satz 1 und 2 Wasserhaushaltsgesetz. Ein **zusätzlicher** Erfüllungsaufwand entsteht dadurch **nicht**.

Zu Nr. 49: Die Vorschriften setzen die Vorschriften des § 8 Abs. 1 und 2 der Muster-VAwS fort. Nach Angaben des Statistischen Bundesamtes gab es 2010 insgesamt 837 Unfälle mit wassergefährdenden Stoffen. Da eine Anzeige in der Regel zu Lokalterminen führt, rechnen die Länder mit einem Aufwand von bis zu 10 Stunden pro Fall. Daraus ergeben sich Gesamtkosten für die Landesverwaltungen (837 x 10 h x 58,10 €) von 486.000 Euro. Der Aufwand für die Wirtschaft und den Bürger sind in der Regel nur halb so groß, da sie vor Ort sind und ihre Anlage naturgemäß besser kennen. Daraus ergibt sich für diese ein Gesamtaufwand (837 x 5 h x 61,20 €) von 256.000 Euro. Die Kosten für die Beseitigung der Schäden sind in diesen Summen nicht enthalten.
Es ist zu hoffen, dass die Fallzahl eher abnehmen als zunehmen wird, so das ein **zusätzlicher** Erfüllungsaufwand **nicht** entsteht.

Zu 50: Die Vorschrift, nach der Instandsetzungsarbeiten auf der Grundlage eines Konzeptes zu machen sind, ist in dieser Form neu. Es ist davon auszugehen, dass auch bisher schon entsprechende konzeptionelle Überlegungen vorgenommen wurden. Nähere Angaben hierzu sind allerdings nicht möglich.
Grundsätzlich ist davon auszugehen, dass die meisten Instandsetzungsmaßnahmen bei Anlagen vorgenommen werden, die einen erhebliche Mangel haben. Nach der Statistik der Sachverständigenorganisationen sind dies etwa 5.000 Anlagen pro Jahr. Je nach Größe und Komplexität der Anlage liegen die Kosten eines solchen Instandsetzungskonzeptes zwischen 500 und 5.000 Euro. Bei durchschnittlichen Kosten von 2.000 Euro ergeben sich damit Gesamtkosten von 10 Millionen Euro pro Jahr. Im „Ex-ante-Leitfaden" ist für solche Fälle aufgeführt, dass die Hälfte der Kosten sowieso angefallen wäre, so dass ein zusätzlicher Erfüllungsaufwand von 5 Millionen Euro entsteht. Dem steht jedoch ein entsprechender Nutzen gegenüber, der sich aus der verbesserten Planung von Instandsetzungsmaßnahmen ergibt, hier aber nicht näher betrachtet wird.

Zu 51 und 52: Die Regelung in § 26 ist eine Fortführung derjenigen in § 14 der Muster- VAwS. Insbesondere für Recyclinganlagen galt bisher die TA Luft vom 24. Juli 2002. Danach sind Äbfallläger so zu errichten und zu betreiben sind, dass Schadstoffe nicht in den Boden oder das Grundwasser eindringen können". Demnach kommt es zu keiner Verschärfung der Anforderungen, ein **zusätzlicher** Erfüllungsaufwand entsteht **nicht**.

Zu 53: Die Regelung setzt bereits in einigen Ländern existierende Vorgaben in Verwaltungsvorschriften (z.B. NRW: Nr. 3.1.3 oder BE 5.1.3) fort. Der Ansatz von 5 % Rückhaltevolumen stellt eine Verringerung der sonst erforderlichen Ermittlung des Rückhaltevolumens und zugleich eine Vereinfachung des Vollzuges dar. Es kommt damit in den meisten Bundesländern zu Kosteneinsparungen gegenüber dem dort derzeit geltenden Landesrecht. Die Anzahl der betroffenen Anlagen wird statistisch nicht erfasst, dürfte jedoch sehr gering sein. Eine konkrete Aussage zum Erfüllungsaufwand ist nicht möglich, aufgrund der Vereinfachung kommt es aber in einer Reihe von Bundesländern eher zu einer Verringerung des Aufwandes.

Zu 54: Die Regelung ist eine Fortführung von Tabelle 2.2.2 in Anlage 1 der Muster-VAwS. Danach mussten diese Anlagen über eine dichte und beständige Fläche (F_1) verfügen. Nur das Umladen von Flüssigkeiten der WGK 1 in Verpackungen, die den gefahrgutrechtlichen Anforderungen genügen oder gleichwertig sind, musste nicht über einer dichten Fläche erfolgen. Diese Regelung für WGK-1-Stoffe wurde nicht fortgesetzt, da in Umschlaganlagen eine Differenzierung nach WGK nicht vorgenommen wird. Anlagen, die nur mit solchen Stoffen umgehen, sind nicht bekannt. Für alle anderen Anlagen bleibt das Anforderungsniveau gleich, es ergibt sich also **kein zusätzlicher** Erfüllungsaufwand.

Zu 55: Die Regelung führt die aus Tabelle 2.2.4 der Muster-VAwS fort. Die Regelung zu den Schüttgütern ist zwar neu, ergab sich aber bisher unmittelbar aus den allgemeinen Forderungen des WHG. Sie enthält keine neuen materiellen Anforderungen. Insofern ergibt sich **kein zusätzlicher** Erfüllungsaufwand.

Zu 56: Die Regelung führt die Tabellen 2.1.3 und 2.1.4 der Muster-VAwS fort und führt insofern zu **keinem zusätzlichen** Erfüllungsaufwand.

Zu 57: Die Regelung führt Tabellen 2.2.3 der Muster-VAwS fort und führt insofern zu **keinem zusätzlichen** Erfüllungsaufwand.

Zu 58: Die Regelung knüpft an die von Heizölverbraucheranlagen in § 32 AwSV an und erweitert den Anwendungsbereich auch auf einige HBV-Anlagen, die nur selten befüllt werden. Bei diesen Anlagen kann insofern auf eine gesonderte Befestigung der Abfüllfläche verzichtet werden. In einigen Ländern wurde auch bisher schon so verfahren.
Bei Kosten von 60 bis 80 Euro pro Quadratmeter für Asphalt- und 100 bis 120 Euro pro Quadratmeter für Betonflächen (Angabe der Wirtschaft) und einer abzudichtenden Fläche von ca. 10 Euro pro Quadratmeter ergeben sich pro Anlage Einsparungen in Höhe von ca. 1.000 Euro, sofern entsprechende Forderungen erhoben und umgesetzt wurden. Nach Angabe der Wirtschaft gibt es allein eine sechsstellige Anzahl von ölgefüllten Trafos, für die entsprechende Kosten anfallen könnten. Da hierzu jedoch keine statistischen Angaben vorliegen, werden keine Aussagen zu Minderungen des Erfüllungsaufwandes gemacht.

Zu 59: Die Regelung führt Tabellen 2.1.5 der Muster-VAwS fort und führt insofern zu **keinem zusätzlichen** Erfüllungsaufwand.

Zu 60: Die Regelung leitet sich von den „Empfehlungen der LAWA an wasserwirtschaftliche Anforderungen an Erdwärmesonden und Erdwärmekollektoren", Mai 2011, ab, dem die Umweltministerkonferenz per Umlaufbeschluss zugestimmt hat. Damit wird eine Regelung, die im Vollzug berücksichtigt wurde, die aber gesetzlich nicht normiert war, fortgesetzt. Ein zusätzlicher Erfüllungsaufwand ergibt sich dadurch nicht.

Absatz 3 normiert vergleichbare Anforderungen an die Solarkollektoren und Kälteanlagen. Für diese Anlagen gab es in den meisten Ländern bisher keine besonderen Vorschriften, so dass grundsätzlich die Grundsatzanforderungen herangezogen werden mussten. Es ist jedoch nicht bekannt, dass entsprechende Anforderungen von den Vollzugsbehörden erhoben wurden. Die getroffene Regelung entspricht grundsätzlich den heute üblichen bereits angewandten Aufstellungsbedingungen, so dass davon auszugehen ist, dass **kein zusätzlicher** Erfüllungsaufwand entsteht.

Zu 61: Die Regelung für Ölkabel ist nur in Großstädten von Bedeutung. Eine ausdrückliche Regelung hierzu gab es nur in der VAwS von Berlin, die in dieser Form fortgeführt wird. Nach Abschätzungen der Wirtschaft gibt es in Deutschland etwa 15.000 Öl- und Massekabelanlagen. Soweit dies bisher abschätzbar ist, ergeben sich aus der Verordnung keine zu ergreifenden Anpassungsmaßnahmen. Ein **zusätzlicher** Erfüllungsaufwand entsteht dadurch **nicht**.

Zu 62: Biogasanlagen waren in den Ländern bisher über Merkblätter, Erlasse oder technische Regeln geregelt, die überwiegend erst in den letzten Jahren veröffentlicht wurden. Die Regelung der AwSV baut zwar auf den dabei gewonnenen Erfahrungen und den Vorstellungen der Länder auf und führt sie zusammen, die Abweichungen können jedoch je nach Land und Alter der Anlage unterschiedlich groß ausfallen.

§ 37 enthält im Wesentlichen zwei Forderungen, die Leckageerkennung und die Umwallung, die bisher nur teilweise eingebaut oder verwirklicht wurden.

Die Anzahl der vorhandenen Biogasanlagen (Ende 2014) liegt nach Angaben der Wirtschaft bei ca. 8726, bis Ende 2015 ist mit einem Neubau von ca. 200 Anlagen zu rechnen. Die Zahl der Neubauten hat durch die EEG-Novelle deutlich abnehmen. Bei Neuerrichtung liegen die Kosten einer Leckageerkennung je nach Durchmesser des Behälters bei 7.500 bis 15.500 Euro pro Behälter. Etwa seit dem Jahr 2007 wurde die Behälter entsprechend gebaut.

Die Kosten für die Umwallung liegen im Zusammenhang mit einem Neubau bei ca. 10 bis 20 Euro pro Meter. Die Länge der Umwallung schwankt, kann aber mit durchschnittlich 350 Metern angesetzt werden. Daraus ergeben sich Kosten von 3.500 bis 7.000 Euro pro Anlage. Der zusätzliche Erfüllungsaufwand für Neuanlagen beträgt damit – abhängig von den bisherigen unterschiedlichen Vorgaben der Länder – durchschnittlich 5.250 Euro für die Umwallung, sowie 11.500 Euro für die Leckageerkennung, insgesamt also maximal (700 x 16.750 €) 3,35 Millionen Euro pro Jahr. Da eine wesentliche Anzahl von Ländern inzwischen entsprechende Anforderungen stellt, wird angenommen, dass die Erfüllungskosten um etwa ein Viertel geringer sind. Sie liegen danach bei ca. 2,5 Millionen Euro pro Jahr.

Die Kosten für eine nachträgliche Umwallung sind deutlich höher, da meist kein entsprechendes Bodenmaterial mehr zur Verfügung steht. Teilweise ist eine nachträgliche Umwallung auch technisch nicht machbar. Nach Angabe der Wirtschaft verfügen etwa 5.700 der bestehenden Biogasanlagen über keine Umwallung. Konkrete Angaben zu einer möglichen Anpassung lassen sich nur im Einzelfall machen. Es wird geschätzt, dass sich die Kosten maximal verdoppeln und damit bei etwa 7.000 bis 14.000 Euro pro Biogasanlage liegen. Damit ergeben sich in den nächsten 5 Jahren (vgl. § 68 Absatz 10) Gesamtkosten von (5.700 x 10.500 €) 60 Millionen Euro oder 12 Millionen Euro pro Jahr.

Nach Angaben der Wirtschaft verfügen etwa 3.000 der bestehenden Biogasanlagen über keine Leckageerkennung, hauptsächlich die, die vor 2004 errichtet wurden. Bei etwa 2.300 Anlagen, die über eine Leckageerkennung verfügen, werden die Anforderungen der Verordnung bzw. deren nachgelagerten Regelwerke nicht erfüllt, da z.B. bestimmte Anlagenteile ausgenommen wurden. Eine Nachrüstung der Leckageerkennung in Form einer „Folie unter den Behältern" ist technisch nicht möglich. Welche Maßnahmen (technischer und/oder organisatorischer Natur) zukünftig anerkannt werden können, um den Anforderungen der AwSV zu genügen, ist zur Zeit rein spekulativ. Die Abschätzung von Kosten für den Nachrüstbedarf im Anlagenbestand ist daher zum aktuellen Zeitpunkt unmöglich.

Zu 63: Die Regelung zu Anlagen zum Umgang mit gasförmigen wassergefährdenden Stoffen ist neu. Nach § 13 Absatz 3 der Muster-VAwS waren diese Anlagen einfacher oder herkömmlicher-Art. Eine Konkretisierung der technischen Anforderungen erfolgte nicht. Wegen der Neufassung des WHG musste eine Neuregelung vorgenommen werden. Die erforderlichen Maßnahmen ergeben sich aus einer Gefährdungsabschätzung. Angaben, wie diese Anlagen derzeit gestaltet sind, und wie viele Anlagen dieser Art es überhaupt gibt, liegen nicht vor. Im Wesentlichen ist allerdings davon auszugehen, dass diese Anlagen auch dem Immissionsschutzrecht unterliegen und dort bereits vergleichbare Anforderungen gestellt werden. Ob es zu einem zusätzlichen Erfüllungsaufwand kommt, kann auch von der Wirtschaft nicht angegeben werden.

Zu 64: Die Zuordnung von Anlagen zu Gefährdungsstufen folgt § 6 der Muster-VAwS und ist eine Konsequenz aus der Einstufung von wassergefährdenden Stoffen in Wassergefährdungsklassen. Die Verpflichtung, Anlagen in Gefährdungsstufen einzustufen, ändert sich (außer in NRW) nicht und führt zu **keinem zusätzlichen** Erfüllungsaufwand.

Zu 65: Die Anzeigepflicht ist ein Instrument, das in vielen Bundesländern in den Wassergesetzen verankert war.
Die für eine Anzeige erforderlichen Daten liegen bei einer qualifizierten Planung einer Anlage vor. Das Zusammentragen und Übersenden führt bei den meisten Betreibern zu einem Aufwand von weniger als einer Stunde. Anlagen, die anderen Zulassungsverfahren unterliegen, insbesondere nach dem BImSchG, müssen hier nicht weiter betrachtet werden, da für sie keine Anzeigepflicht besteht.
Nach der Statistik der SVO ging die Zahl der Erstprüfungen von 1999 bis 2010 von 85.695 auf 37.425 Anlagen zurück. Dies ist in erster Linie auf die zurückgehende Anzahl von Heizölverbraucheranlagen zurückzuführen.
Der Erfüllungsaufwand auf Seiten der Betreiber kann bei einer durchschnittlichen Zahl von 40.000 Anlagen pro Jahr und einer Stunde Bearbeitungsdauer (40.000 x 38,10 €) mit 1,52 Millionen Euro für die Wirtschaft angesetzt werden.
Der Erfüllungsaufwand für die Behörden, die eine Plausibilitätsprüfung vornehmen, ggf. den Betreiber auf Probleme hinweisen und die Anlage registrieren, wird nach Angaben der Länder mit durchschnittlich 3 Stunden angesetzt. Daraus ergeben sich Kosten (40.000 x 3 h x 27,10 €) von 3,25 Millionen Euro pro Jahr für die Behörden.
Anzeigepflichten sind nach derzeitigem Stand in 11 Bundesländern landesrechtlich eingeführt. Ein zusätzlicher Erfüllungsaufwand entsteht damit nur in 5 Bundesländern, der aber auf Grund der Ausführungen in der Einleitung nicht gesondert ausgewiesen wird.

Zu 66: Bei der Anzeigepflicht des Wechsels des Betreibers, die für Heizölverbraucheranlagen nicht gilt, sind nur die neuen Betreiberdaten anzugeben. Der Aufwand für ein entsprechendes Schreiben liegt für den Betreiber bei 15 bis 30 Minuten, die Änderung in einer Datei bei der Behörde dürfte zu einem vergleichbaren Aufwand führen. Dabei ist jeweils nur von einem mittleren Qualifikationsniveau auszugehen.
Über die Häufigkeit eines solchen Betreiberwechsels liegen nur Daten von wenigen Ländern vor. Soweit es eine solche Regelung schon gibt, wird offensichtlich der Anzeigeverpflichtung nicht in allen Fällen nachgekommen. Die Angaben schwanken von etwa 50 Fällen pro Jahr bis über 2.000. Eine Hochrechnung ist auf dieser Datenbasis nicht möglich. Wenn man davon ausgeht, dass bei etwa 1 % der Anlagen pro Jahr der Betreiber wechselt, ergibt sich eine Fallzahl von 2.000 (1 % von insgesamt 200.000 Anlagen).
Daraus ergibt sich für die Betreiber ein Erfüllungsaufwand (2.000 x 0,5 h x 23,80 €) von 24.000

Euro pro Jahr, für die Verwaltung (2.000 x 0,5 h x 27,10 €) von 27.000 Euro. Nach Aussage einiger Länder ist der Erfüllungsaufwand bisher vernachlässigbar, eine Änderung wird nicht erwartet.

zu 67: Eignungsfeststellungen werden derzeit in der überwiegenden Zahl aller Bundesländer durchgeführt, BY hat ein vereinfachtes Verfahren eingeführt.
Nach Angaben der Länder liegt der Aufwand für die vereinfachte Eignungsfeststellung bei etwa 5 Stunden pro Fall. Der Aufwand ist stark davon abhängig, welche Qualität die Unterlagen haben. Insofern können auch doppelte Bearbeitungszeiten entstehen. Die Fallzahlen schwanken in den Bundesländern zwischen 10 und 250 pro Jahr. Daraus ergibt sich bisher ein Aufwand (5 h x 58,10 € x (10 oder 250) x 16) von 46.000 bis 1,16 Mio. Euro pro Jahr.
Der Aufwand in der Wirtschaft ist geringer, da die Unterlagen, die für die Eignungsfeststellung erforderlich sind, auch für eine qualifizierte Anlagenplanung und Ausschreibung erforderlich sind. Insofern werden für die Zusammenstellung 3 Stunden veranschlagt. Daraus ergibt sich ein bisheriger Aufwand von (3 h x 61,20 € x (10 oder 250) x 16) von 29.000 bis 734.000 Euro pro Jahr.
Gegenüber den jetzt geltenden landesrechtlichen Vorschriften und der gängigen Vollzugspraxis ergibt sich unter Berücksichtigung der Vorbemerkung **kein zusätzlicher** Erfüllungsaufwand.

zu 68: Ein Antrag zur Eignungsfeststellung ist im Grunde nur noch bei Anlagen der Gefährdungsstufe D vorgesehen, sofern diese Anlagen nicht unter das BImSchG fallen und deshalb kein eigenständiges wasserbehördliches Verfahren geführt wird. Der Antrag entspricht dem, der bisher gestellt werden musste, so dass ein nennenswerter zusätzlicher Erfüllungsaufwand für D-Anlagen nicht zu erwarten ist. Im Übrigen kann auch das Anzeige- und Eignungsfeststellungsverfahren zusammengefasst werden.
Durch die Sonderregelung bei Heizölverbraucheranlagen, nach der für diese kein Eignungsfeststellungsverfahren geführt werden muss, ist mit keinen zusätzlichem Erfüllungsaufwand zu rechnen.
Nach Angaben der Länder ist nicht allzu häufig mit Eignungsfeststellungsverfahren zu rechnen. Angegeben wurden 10 bis 120 Fälle pro Bundesland, die zu einem Aufwand von 8 bis 12 Stunden, in schwierigen Fällen bis zu 5 Tagen, führen. Daraus ergibt sich ein Erfüllungsaufwand bei 300 Fällen in Deutschland (300 x 10 h x 58,10 €) von 174.000 Euro pro Jahr. Für die Wirtschaft ist wie beim vereinfachten Verfahren mit einem Aufwand für die gesonderte Erstellung des Antrags zu rechnen, die bei etwa 5 Stunden liegen wird. Daraus ergibt sich ein Aufwand (300 x 5 h x 61,20 €) von 92.000 Euro pro Jahr. Eine Veränderung dieser Situation wird bei gleichbleibendem Anlagenbau nicht erwartet, so dass sich **kein zusätzlicher** Erfüllungsaufwand ergibt.

zu 69: Die Anlagendokumentation leitet sich aus der Betriebsanweisung nach § 3 Nummer 6, dem Anlagenkataster nach § 11 der Muster-VAwS sowie nach Nr. 6.2 der TRwS 779 ab. Gegenüber den bisher geltenden Vorschriften ist diese Dokumentation zwar für alle Anlagen zu führen, allerdings ist der Umfang dieser Dokumentation auf die wesentlichen Angaben beschränkt. Die entsprechenden Daten müssen dem Betreiber sowieso vorliegen, so dass kein ernsthafter Aufwand entsteht.
Die Zusammenstellung der geforderten, vorhandenen Unterlagen sollte in der Regel nicht mehr als 1 Stunde pro Anlage benötigen, die Wirtschaft geht jedoch für ihre Anlagen von bis zu 4 Stunden aus. Bei Heizölverbraucheranlagen dürfte die Anforderung durch Übergabe der Unterlagen vom errichtenden Fachbetrieb erledigt sein.
Eine Übersicht über alle in Deutschland vorhandenen Anlagen, für die eine Dokumentation zu erstellen ist, gibt es nicht. Nach Angaben des statistischen Bundesamtes gibt es etwa 200.000 Anlagen, die keine Heizölverbraucheranlagen sind. Erfasst sind dabei allerdings nur die prüfpflichtigen Anlagen. Die Anzahl der nicht erfassten Anlagen dürfte deutlich höher liegen.
Eine konkrete Aussage zum Erfüllungsaufwand ist weder hinsichtlich der Fallzahl noch hinsicht-

lich des Aufwandes für jeden Fall möglich. Bei Betreibern, die die bisherigen Anforderungen aus den Regelwerken erfüllt haben, ist mit **keinem zusätzlichen** Erfüllungsaufwand zu rechnen.

zu 70 und 71: Die Anforderung entspricht den Nummern 7.2.1. und 7.3.1 der TRwS 779. Ein nennenswerter **zusätzlicher** Erfüllungsaufwand ist **nicht** zu erwarten, wenn die technischen Regeln eingehalten worden sind.

zu 72: Die Betriebsanweisung wurde aus § 3 Nummer 6 der Muster-VAwS bzw. der Nr. 6.2 der TRwS 779 übernommen. Ein nennenswerter zusätzlicher Erfüllungsaufwand entsteht deshalb nicht.

zu 73: Die Abstimmung des Notfallplans entspricht Nr. 6.2 Absatz 4 Nummer 2.3 der TRwS 779. Ein **zusätzlicher** Erfüllungsaufwand entsteht insofern **nicht**. Die Länder setzen für die Abstimmung eines Notfallplanes einen zeitlichen Aufwand von 6 bis 10 Stunden, also (8 x 58,10 €) von 460 Euro pro Notfallplan an. Allerdings ist in vielen Fällen der Notfallplan auch schon nach anderen Rechtsvorschriften erforderlich, so dass der Aufwand zwar vorhanden ist, aber entsprechend auch auf andere Rechtsbereiche (BImSchG oder Störfallverordnung) verteilt werden muss. Die Angaben zur Häufigkeit der Erstellung eines Notfallplans schwanken zwischen 5 und 1.500 Fälle pro Jahr und Bundesland. Daraus lässt sich keine vernünftige Angabe des Erfüllungsaufwandes ableiten. Da der Aufwand fortgeführt wird, kann darauf verzichtet werden.

zu 74: Die Unterweisung des Betriebspersonals einschl. der Dokumentation entspricht Nr. 6.2 Absatz 4 Nummer 6 der TRwS 779. Ein **zusätzlicher** Erfüllungsaufwand entsteht insofern **nicht**.

zu 75: Die Anbringung des Merkblattes wurde aus § 3 Nummer 6 der Muster-VAwS übernommen. Ein **zusätzlicher** Erfüllungsaufwand entsteht **nicht**.
Das Beschaffen, Ausfüllen und Anbringen eines Merkblattes für bestehende Anlagen nach § 44 Absatz 4 Nr. 1, 2 und 4 führt zu einem maximalen Aufwand von 1 Stunde pro Anlage bei niedrigem Qualifikationsniveau. Angaben zur Fallzahl diese Anlagen gibt es nicht. Nach Angabe der Wirtschaft gibt es ca. 70.000 Anlagen mit Stoffen der WGK 1 zwischen 10 und 100 Kubikmetern, die also in die Gefährdungsstufe A fallen. Die Gesamtzahl der A-Anlagen liegt schätzungsweise beim Fünffachen. Daraus ergibt sich eine Gesamterfüllungsaufwand (350.000 x 23,80 €) von 8,33 Millionen Euro.

zu 76 und 77: Die Regelungen wurden aus § 19 i Absatz 2 Satz 2 WHG a.F. übernommen und führt insofern zu **keinem zusätzlichen** Erfüllungsaufwand. So weit bekannt, wurde von dem Instrument der Anordnung in der Vergangenheit nur in seltenen Fällen (maximal 5 pro Jahr und Bundesland) Gebrauch gemacht. Dabei ist mit einem Aufwand von bis zu 4 Stunden pro Fall auszugehen. Der gleichbleibende Erfüllungsaufwand liegt damit (5 x 16 x 4 x 58,10 €) bei 19.000 Euro.

zu 78 und 79: Die Regelung stellt eine Fortführung des § 19 i Absatz 2 Satz 3 WHG a.F. dar. Ein **zusätzlicher** Erfüllungsaufwand entsteht **nicht**.

zu 80: Die Anordnung einer Prüfung führt § 19 i Absatz 2 Satz 3 Nummer 4 WHG a.F. fort. Nach der Statistik der Sachverständigenorganisationen stellt dieser Prüfanlass seit 1999 immer weniger als 1 % aller Prüfungen dar. Eine Veränderung ist hier nicht absehbar, so dass ein **zusätzlicher** Erfüllungsaufwand **nicht** zu erwarten ist.

zu 81: Die Prüfung nach Beseitigung von Mängeln setzt altes Landesrecht fort. Insofern entsteht **kein zusätzlicher** Erfüllungsaufwand.
Nach der Statistik der Sachverständigenorganisationen wurden im letzten Jahrzehnt zwischen

7.000 und 18.000 Nachprüfungen durchgeführt, der Anteil an der Gesamtzahl der Prüfungen lag damit bei etwa 2 bis 5 %.

zu 82: Die Einstufung des Prüfergebnisses in die vier Klasen entspricht dem Vorgehen der Sachverständigen in den letzten Jahren. Insofern ist ein **zusätzlicher** Erfüllungsaufwand **nicht** zu erwarten.

zu 83: Die Vorlage des Prüfberichts führt die Regelung des § 23 Absatz 4 Satz 2 Muster- VAwS fort. Insofern ist ein **zusätzlicher** Erfüllungsaufwand **nicht** zu erwarten.

zu 84: Das Anbringen einer Prüfplakette ist eine Neuregelung, die dem Heizölhändler einen Hinweis darauf gibt, dass die Anlage zumindest zum Prüfzeitpunkt soweit technisch in Ordnung war, dass einer Befüllung nichts im Wege steht.
Der Zeitaufwand für das Anbringen einer Prüfplakette nach erfolgreich abgeschlossener Prüfung liegt näherungsweise bei 3 Minuten und ist im Hinblick auf die Dauer einer Prüfung sowie An- und Abfahrt vernachlässigbar, da sich die Zahl der Prüfungen, die ein Sachverständiger pro Tag durchführt, nicht verändert. Die Kosten einer Prüfplakette hängen von der Art der Plakette ab, zu der es allerdings in der AwSV keine Vorgabe gibt, und liegen voraussichtlich bei etwa 1 Euro.
Bei insgesamt 1 Millionen Anlagen, die im 5-jährigen Rhythmus prüfpflichtig sind, ergeben sich damit pro Jahr Gesamtkosten (200.000 x (3 Min/60 Min x 52,40 € + 1 €)) von 724.000 Euro pro Jahr.

zu 85: Die Übergabe eines neuen Merkblattes an private Heizölverbraucheranlagenbetreiber bei einer Prüfung durch Sachverständige dient der Vereinfachung für Privatpersonen, die entsprechende Neuregelungen häufig nicht kennen. Der Zeitaufwand für den Sachverständigen wird mit 3 Minuten geschätzt, die Kosten einer Kopie mit 0,1 Euro. Bei insgesamt ca. 1 Millionen Heizölverbraucheranlagen ergeben sich Gesamtkosten (1 Mio. x (3/60 h x 52,40 € + 0,1 €)) von 2,72 Millionen Euro im Rahmen der fünfjährigen Prüfpflicht. Pro Jahr ergeben sich damit Kosten in Höhe von ca. 544.000 Euro.

zu 86: In den meisten Bundesländern wurde nach der Feststellung erheblicher Mängel die Beseitigung dieser Mängel durch die zuständige Behörde angeordnet. Diese Regelung wird nun durch die eigenverantwortliche Beseitigung durch den Betreiber ersetzt. Daraus ergibt sich eine Verringerung des Erfüllungsaufwandes durch die Behörde. Allerdings berichten die Länder, die bisher schon auf eine Anordnung verzichtet haben, davon, dass Betreiber trotz einer entsprechenden Regelung in der Landes-VAwS eine Reaktion der Behörde abwarten. Insofern kommt es zwar nach dem Verordnungstext zu einer Verringerung des Aufwands, in der Praxis jedoch offensichtlich nicht. Auf eine mögliche Darstellung der Entlastung wird deshalb verzichtet. Eine Änderung des Erfüllungsaufwandes für die Wirtschaft ergibt sich nicht, da zukünftig nicht die Anordnung der Behörde, sondern das Aushändigen des Prüfberichts Auslöser für die Beseitigung der Mängel ist.

zu 87: Die Prüfung nach Beseitigung von gefährlichen Mängeln sowie die Bestätigung der erfolgreichen Beseitigung setzt altes Landesrecht fort. Insofern entsteht **kein zusätzlicher** Erfüllungsaufwand.
Nach der Statistik der Sachverständigenorganisationen wurden im letzten Jahrzehnt zwischen 150 und 300 gefährliche Mängel pro Jahr festgestellt, der Anteil an der Gesamtzahl der Prüfungen lag immer unter 1 %.

zu 88: Die Außerbetriebnahme von Anlagen mit gefährlichen Mängeln setzt altes Landesrecht fort. Insofern entsteht **kein zusätzlicher** Erfüllungsaufwand.
Es kann geschätzt werden, dass ein Drittel der Anlagen mit gefährlichen Mängeln stillgelegt werden muss. Nach der Statistik der Sachverständigenorganisationen wurden im letzten Jahrzehnt

zwischen 150 und 300 gefährliche Mängel pro Jahr festgestellt, dies bedeutet, dass zwischen 50 bis 100 Anlagen stillgelegt wurden.

zu 89: Die Möglichkeit, Befreiungen von den Regelungen in Schutzgebieten zu erteilen, war in der Muster-VAwS nicht vorgesehen, wurde aber in vielen Ländern praktiziert. Eine Statistik, wie häufig von dieser Regelung Gebrauch gemacht wurde, existiert nicht. Inwieweit diese Regelung zukünftig zu zusätzlichen Verfahren führen wird, kann von den Ländern nicht abgeschätzt werden. Dies hängt einzig von den Betreibern ab.
Befreiungsverfahren sind in der Regel aufwändig, da sie eine substanzielle Prüfung der Befreiungstatbestände erfordern und oft auch von Ortsbesichtigungen und Gesprächen mit den Antragstellern begleitet werden. Insofern ist der Aufwand pro Befreiung mit einem bis fünf Arbeitstagen zu veranschlagen. Für den Antragsteller bedeutet dies Kosten (20 h x 61,20 €) von 1.200 Euro pro Antrag, hinzukommen ggf. Kosten für Ingenieurleistungen für Planung und Beurteilung. Der Aufwand für die Behörde dürfte vergleichbar sein und liegt (20 h x 58,10 €) bei 1.100 Euro. Angaben zur Häufigkeit dieser Verfahren liegen nicht vor. Da entsprechende Verfahren auch nach dem WHG geführt werden konnten und von den Ländern auch bisher schon durchgeführt wurden, entsteht **kein zusätzlicher** Erfüllungsaufwand.

zu 90: Die Ausführungen zu den Befreiungen in Wasserschutzgebieten gelten für Überschwemmungsgebiete sinngemäß. Statistiken sind ebenfalls nicht vorhanden.

zu 91: Die Ausführungen zu den Befreiungen in Wasserschutzgebieten gelten für die Abstandsregelung sinngemäß. Statistiken sind ebenfalls nicht vorhanden.

zu 92: Antragstellung und der Umfang der erforderlichen Unterlagen zur Anerkennung von Sachverständigenorganisationen entsprechen weitgehend denen des § 22 der Muster- VAwS.
Derzeit gibt es nach der Statistik der Sachverständigenorganisationen in Deutschland 51 SVO (Stand 2010). In den letzten Jahren hat die Zahl eher abgenommen. Da nach § 72 Absatz 2 die bisherigen Anerkennungen grundsätzlich fortgelten und die Länder auch bisher schon ihre Anerkennungen befristet hatten, wird sich der Aufwand nicht verändern. Ein **zusätzlicher** Erfüllungsaufwand ist **nicht** zu erwarten.
Nach den Erfahrungen der SVO ist für die Zusammenstellung eines Antrages mit einem Aufwand von ca. 10 Tagen, dementsprechend mit Kosten (10 d x 8 h x 52,40 €) von 4.200 Euro zu rechnen.

Zu 93: Bisher haben ausländischen Organisationen oder Sachverständige keine Anträge gestellt. Insofern liegen keinerlei Erfahrungen vor. Grundsätzlich ist jedoch davon auszugehen, dass der Aufwand über dem einer inländischen Organisation liegt, da die rechtlichen und organisatorischen Verhältnisse des Landes, aus dem der Antrag kommt, ermittelt werden müssen und sprachliche Barrieren bestehen können. Der zusätzliche Aufwand wird mit etwa 50 % der unter Nummer 92 genannten Kosten veranschlagt, so dass sich ein Erfüllungsaufwand von 6.300 Euro pro Organisation ergeben könnte.

Zu 94: Der Aufwand entspricht grundsätzlich dem bisherigen. Von den Ländern wird der Aufwand pro Anerkennung auf 10 bis 40 Stunden, dementsprechend (25 h x 58,10 €) auf 1.450 Euro pro Anerkennung, geschätzt. Die längere Bearbeitungsdauer ist für Erstanerkennungen anzusetzen. Es ist davon auszugehen, dass sich an dem Aufwand nichts Wesentliches ändert.

Zu 95: Auch bisher mussten die SVO die Bestellung eines Sachverständigen verantwortlich durchführen. Die Anforderungen haben sich gegenüber der Muster-VAwS und dem LAWA-Merkblatt nicht grundsätzlich geändert, so dass ein **zusätzlicher** Erfüllungsaufwand **nicht** zu erwarten ist. Allerdings liegt die Verantwortung nun vollständig bei den SVO, eine Beteiligung

der zuständigen Behörde ist nicht mehr vorgesehen. Insofern ergibt sich hier auf Behördenseite ein Abbau des Erfüllungsaufwands, der allerdings nicht näher zu beziffern ist, da eine Statistik über die Häufigkeit solcher Teilnahmen nicht existiert.
Nach der Statistik der Sachverständigenorganisationen gab es im Jahr 2010 insgesamt 2.102 Sachverständige. Für die Neubestellung eines Sachverständigen kann von einem Aufwand von einem Tag, entsprechend (8 h x 52,40) 420 Euro ausgegangen werden. Pro Jahr kommt es schätzungsweise zu 100 Neubestellungen in allen Organisationen. Daraus ergibt sich für alle SVO eine jährliche Belastung (100 x 8 h x 52,40 €) von 42.000 Euro, die der heutigen entspricht.

Zu 96: Der Aufwand für eine abweichende Bestellung entspricht grundsätzlich dem bei einer Bestellung (vgl. 95).

Zu 97: Ein Widerruf der Anerkennung einer SVO war auch bisher schon vorgesehen, ist allerdings bis heute nicht durchgesetzt worden. Erfahrungen hierzu liegen dementsprechend nicht vor. Nach Auffassung der Länder führt der Widerruf einer Anerkennung zu einem deutlich höheren Aufwand als die Anerkennung selbst. Ein **zusätzlicher** Erfüllungsaufwand ist **nicht** zu erwarten.

Zu 98: Je nach Anlass ist für das Erlöschen einer Bestellung ein Aufwand von einer Stunde oder mehreren Tagen anzusetzen, insofern ist von Kosten von 100 bis mehreren tausend Euro auszugehen. Für die Anzeige des Erlöschens, Wechsels oder der Auflösung wird pro Fall von höchstens einer Stunde, also 38,20 Euro ausgegangen. Alle dieser Anzeigen kommen nur äußerst selten vor, Statistiken existieren nicht. Die Anzeigen waren auch nach den bisherigen landesrechtlichen Vorschriften vorzunehmen, so dass **kein zusätzlicher** Erfüllungsaufwand entsteht.

Zu 99: Die entsprechenden Schreiben waren auch nach den landesrechtlichen Vorschriften erforderlich, so dass **kein zusätzlicher** Erfüllungsaufwand entsteht. Das einzelne Anzeigeverfahren liegt pro Fall bei allerhöchstens einer Stunde, also 38,20 Euro.

Zu 100: Die entsprechenden Kontrollen waren auch nach den landesrechtlichen Vorschriften erforderlich, so dass **kein zusätzlicher** Erfüllungsaufwand entsteht. Für die Kontrolle der Prüfungen eines Sachverständigen sowie der damit verbundenen Gespräche ist pro Sachverständigen ein Aufwand von durchschnittlich einem Tag pro Jahr anzusetzen. Bei insgesamt ca. 2.100 Sachverständigen ergibt sich damit ein schon heute bestehender Aufwand (2.100 x 8 h x 52,40 €) von ca. 890.000 Euro.

Zu 101: Der interne Erkenntnisaustausch war auch nach den bisherigen Anerkennungsbescheiden erforderlich, so dass **kein zusätzlicher** Erfüllungsaufwand zu erwarten ist. Der Austausch erfolgt an 4 Tagen im Jahr und ist pro Sachverständigen mit 2,5 Stunden anzusetzen. Daraus ergibt sich ein Aufwand von 10 Stunden pro Sachverständigen und Jahr, oder insgesamt (2 100 x 10 h x 52,40 €) 1,1 Millionen Euro pro Jahr.

Zu 102: Der externe Erkenntnisaustausch war auch schon nach den bisherigen Anerkennungsbescheiden vorgesehen, so dass kein zusätzlicher Erfüllungsaufwand zu erwarten ist. Er liegt bei einem Tag pro Organisation, bei 51 Organisationen also (51 x 8 h x 52,40 €) bei 21.000 Euro pro Jahr plus entsprechender Reisekosten von durchschnittlich 250 Euro, insgesamt also 34.000 Euro.

Zu 103: Die Erstellung eines Jahresberichts war auch schon nach den landesrechtlichen Vorschriften erforderlich, so dass **kein zusätzlicher** Erfüllungsaufwand zu erwarten ist. Der durchschnittliche Aufwand liegt bei etwa 2 Tagen pro Organisation, also (51 x 16 h x 52,40 €) insgesamt etwa 43.000 Euro.

Zu 104: Die Teilnahme an Fortbildungsveranstaltungen war auch bisher nach den landesrechtlichen Vorschriften erforderlich, so dass kein zusätzlicher Erfüllungsaufwand zu erwarten ist. Da diese Fortbildung nicht allein der AwSV zuzuordnen ist, sondern auch nach anderen Rechtsvorschriften erfolgt, lässt sich der Aufwand nicht genau abgrenzen und beziffern. Grundsätzlich sollte jedoch davon ausgegangen werden, dass jeder Sachverständige einmal pro Jahr eine eintägige Veranstaltung (resp. einmal alle zwei Jahre eine zweitägige Veranstaltung) besucht. Bei Kosten dieser Veranstaltung von ca. 300 Euro, Reisekosten von ca. 250 Euro und einem Verdienstausfall von 8 Stunden pro Tag ergeben sich bei 2.100 Sachverständigen Gesamtkosten (2.100 x (300 € + 250 € + 8 h x 52,40 €)) von 2 Millionen Euro. Da sich dieser Aufwand auch aus anderen Rechtsvorschriften ergibt, wird nur ein Drittel der AwSV zugeordnet. Darauf ergibt sich ein der AwSV zuzuordnender Erfüllungsaufwand für alle SVO von 680.000 Euro pro Jahr und für jede einzelne SVO von ca. 13.000 Euro pro Jahr.

Zu 105: Das Führen eines Prüftagebuchs war auch nach den bisherigen landesrechtlichen Vorschriften erforderlich, so dass **kein zusätzlicher Erfüllungsaufwand** zu erwarten ist. Der Aufwand ist bei qualifizierter Arbeitsorganisation vernachlässigbar.

Vorbemerkung zu 106 bis 118: Die GÜG waren bisher baurechtlich verankert, und müssen nun neu anerkannt werden. Derzeit sind 12 GÜG bekannt. Weitere GÜG sind nicht zu erwarten. Durchschnittlich wird die Zahl der Mitarbeiter auf 25 pro GÜG geschätzt. Einige GÜG haben einen deutlichen größeren Personalbestand, einige bestehen jedoch überwiegend aus Personen, die im Rahmen von Kooperationsverträgen mit den GÜG zusammenarbeiten, also bei der GÜG nicht fest angestellt sind.

Zu 106: Die Zusammenstellung der Unterlagen und Antragstellung ist grundsätzlich vergleichbar mit den SVO, allerdings entfallen alle Unterlagen, die sich auf die Prüfung, die Organisation der Prüfung und die Qualitätskontrolle beziehen. Insofern wird davon ausgegangen, dass der Aufwand nur bei 5 Tagen pro Antrag liegt. Pro GÜG ergibt sich damit ein Erfüllungsaufwand (5 d x 8 h x 52,40 €) von 2.100 Euro, für alle 12 GÜG also von 26.000 Euro.

Zu 107: Der behördliche Aufwand dürfte den Aufwand bei einer SVO übertreffen, da von einem höheren Beratungsbedarf aufgrund der Neuregelung auszugehen ist, der mit 10 Stunden angesetzt wird. Der Erfüllungsaufwand dürfte damit (35 h x 58,10 €) bei 2.000 Euro pro Anerkennung liegen. Der zusätzliche Gesamterfüllungsaufwand liegt für alle 12 GÜG bei 24.000 Euro.

Zu 108: Zur Überprüfung der Gleichwertigkeit von GÜG gilt das zu der bei den SVO Dargelegte (vgl. Nummer 93) in entsprechender Form. Allerdings entfällt der zusätzliche Beratungsbedarf, so dass auch hier 35 Stunden, bzw. 2.000 Euro pro Fall anzusetzen sind. Schätzungen, ob und wie oft eine solche Überprüfung zukünftig erfolgen wird, würden jeglicher Basis entbehren.

Zu 109: Es wird davon ausgegangen, dass der Aufwand für die Bestellung eines Fachprüfers auch in etwas halb so groß ist, wie bei den Sachverständigen. In etwa müsste demnach einer halber Tag ausreichen. Vorausgesetzt, die 25 Personen pro GÜG treffen zu, ergeben sich damit Gesamtkosten von (12 x 25 x 4 h x 52,40 €) 63.000 Euro. Außerdem sind die Kosten von 2 Neubestellungen pro Organisation zu berücksichtigen. Daraus ergibt sich eine zusätzliche jährliche Belastung (12 x 2 x 4 h x 52,40 €) von 5.000 Euro, zusammen von 68.000 Euro für alle GÜG.

Zu 110/111: Die abweichende Bestellung eines Fachprüfers ergibt gegenüber den üblichen Kosten einer Bestellung keine Änderung bezüglich des fachlichen Aufwands. Allerdings ist die Zustimmung der Behörde einzuholen. Dafür werden auf Seite der Wirtschaft 0,5 Stunden angesetzt. Daraus ergibt sich ein Erfüllungsaufwand (0,5 h x 38,20 €) von 19 Euro pro Fall. Auf Seiten der

Verwaltung werden etwa eine Stunde für die fachliche Prüfung des Vorschlags und 0,5 Stunden für die Beantwortung angesetzt. Daraus ergibt sich ein Gesamtaufwand (1 h x 52,30 € + 0,5 h x 58,10 €) von 75 Euro pro Fall. Die Häufigkeit einer abweichenden Bestellung wird sehr gering sein. Es ist höchstens mit durchschnittlich 5 Fällen pro Jahr zu rechnen. Dies ergibt für die Wirtschaft einen Erfüllungsaufwand von 95 Euro im Jahr, für die Verwaltung von 375 Euro pro Jahr.

Zu 112: Der Aufwand für einen Widerruf der Anerkennung einer GÜG liegt vergleichbar wie bei SVOs über dem bei der Anerkennung. Eine Aussage, ob eine solche Maßnahme erforderlich werden wird, lässt sich nicht machen.

Zu 113: Je nach Anlass der Aufhebung einer Bestellung ist ein Aufwand von einer Stunde oder mehreren Tagen anzusetzen, insofern von Kosten von 100 bis mehreren tausend Euro. Eine Aussage, ob eine solche Maßnahme erforderlich werden wird, lässt sich nicht machen.

Zu 114: Der Aufwand für die Anzeige einer Bestellung, der Änderung oder des Erlöschens liegt bei höchstens einer Stunde, also (1 h x 38,10 €) bei 38,10 Euro. Die Kosten bei der erstmaligen Bestellung sind in denjenigen der Anerkennung der GÜG enthalten. Bei (12 x 25) 300 Fachprüfern insgesamt dürfte es pro Jahr zu nicht mehr als 30 Schreiben kommen. Damit ergibt sich ein Erfüllungsaufwand (30 x 38,10 €) von 1.150 Euro pro Jahr.

Zu 115: Die Erstellung eines Jahresberichts führt zu einem durchschnittlichen Erfüllungsaufwand von etwa einem Tag pro GÜG, wobei wieder vorausgesetzt wird, dass er halb so aufwändig wie bei einer SVO ist (vgl. Nummer 103). Daraus ergibt sich ein Erfüllungsaufwand (12 x 8 h x 52,40 €) von insgesamt etwa 5.000 Euro.

Zu 116: Die Teilnahme an Fortbildungsveranstaltungen ist nicht allein der AwSV zuzuordnen, sondern folgt auch aus anderen Rechtsvorschriften. Der Aufwand lässt sich damit nicht genau abgrenzen und beziffern. Grundsätzlich sollte jedoch davon ausgegangen werden, dass jeder Fachprüfer einmal pro Jahr eine eintägige Veranstaltung (resp. einmal alle zwei Jahre eine zweitägige Veranstaltung) besucht. Bei Kosten dieser Veranstaltung von ca. 300 Euro, Reisekosten von ca. 250 Euro und einem Verdienstausfall (8 x 52,40 €) von 420 Euro pro Tag ergeben sich bei 300 Fachprüfern Gesamtkosten von 291.000 Euro. Da sich dieser Aufwand auch aus anderen Rechtsvorschriften ergibt, wird nur ein Drittel der AwSV zugeordnet. Darauf ergibt sich ein **zusätzlicher** Erfüllungsaufwand für alle GÜG von 97.000 Euro pro Jahr und für jede einzelne GÜG von 8.100 Euro pro Jahr.

Zu 117: Der Erkenntnisaustausch erfolgt an 4 Tagen im Jahr und ist pro Fachprüfer bei 2 Stunden zu veranschlagen. Daraus ergibt sich ein Aufwand von 8 Stunden pro Fachprüfer und Jahr, oder insgesamt bei einem Stundensatz von 52,40 Euro (12 x 25 x 8 h x 52,40 €) von 126.000 Euro pro Jahr.

Zu 118: Der Aufwand für den externen Erkenntnisaustausch liegt wie bei den SVOs bei einem Tag pro Organisation, bei 12 GÜG also (12 x 8 h x 52,40 €) bei 5.000 Euro pro Jahr plus entsprechender Reisekosten von durchschnittlich 250 Euro, insgesamt also 8.000 Euro.

Zu 119: Der durchschnittliche jährliche Aufwand zur Kontrolle der Fachbetriebe dürfte bei etwa 4 Stunden, also 210 Euro pro Fachbetrieb liegen.
Eine Angabe zur Anzahl der Fachbetriebe lässt sich nicht machen. Von den SVO werden gem. der Statistik ca. 9.000 Fachbetriebe überwacht. Es wird im Folgenden angenommen, dass von den GÜG insgesamt 3.000 Fachbetriebe zertifiziert werden. Zusammen ergibt dies etwa 12.000 zu überwachende Fachbetriebe. Daraus ergeben sich Gesamtkosten für die regelmäßige Überwachung der Fachbetriebe (12 000 x 210 €) in Höhe von 2,5 Millionen Euro. Da sich diese Kosten

auf die zweijährige Zertifizierungsperiode beziehen, entstehen pro Jahr Kosten in Höhe von 1,25 Millionen. Euro. Eine entsprechende Überwachungstätigkeit war grundsätzlich auch nach den alten Rechtsvorschriften schon vorhanden, musste jedoch bzgl. der von den GÜG zertifizierten Fachbetriebe, dem Baurecht zugeordnet werden. Gem. Aufteilung SVO/GÜG ist etwa ein Viertel (300.000 €/a) der AwSV und den dort verankerten GÜG zuzuordnen.

Zu 120 und 121: Für die Auswertung der Ergebnisse und Erstellung eines Jahresberichts wird durchschnittlich von einem Erfüllungsaufwand ausgegangen, der etwa bei der Hälfte von dem der SVO liegt, also von etwa einem Tag pro GÜG, insgesamt etwa 5.000 Euro.

Zu 122: Für Organisation, Werbung und Durchführung einer eintägigen Schulung wird von 2 Tagen, dementsprechend ca. 1.000 Euro plus Räumlichkeiten in Höhe von 500 Euro ausgegangen. Geht man von 30 Personen pro Kurs aus und davon, dass jeder Fachbetrieb einmal im Jahr an so einer Schulung teilnimmt, ergibt sich ein Gesamtbedarf von 400 Schulungsangeboten. Daraus ergibt sich ein Gesamterfüllungsaufwand (400 Schulungsangebote x 1.500 €) von 600.000 Euro pro Jahr.

Zu 123: Die Bekanntmachung der zertifizierten Betriebe werden mit einer halben Stunde, also (0,5 x 32,80 €) 16,40 Euro pro Bekanntmachung, mithin 980.000 Euro pro Jahr bei 6.000 Fachbetrieben veranschlagt.

Zu 124: Je nach Anlass des Entzuges der Zertifizierung ist ein Aufwand von einer Stunde oder mehreren Tagen anzusetzen, insofern von Kosten von 100 bis mehreren tausend Euro. Eine Aussage, ob eine solche Maßnahme erforderlich werden wird, lässt sich nicht machen.

Zu 125: Für die Neuzertifizierung eines Fachbetriebes einschl. der erforderlichen Dokumentationen sind 1,5 Tage oder (12 h x 52,40 €) 630 Euro zu veranschlagen. Wenn man von den Annahmen in Nummer 119 ausgeht, ergeben sich für die Neuzertifizierung von Fachbetrieben (12.000 x 630 €) Kosten in Höhe von 7,6 Millionen Euro. Da sich diese Kosten auf die zweijährige Zertifizierungsperiode beziehen, entstehen pro Jahr Kosten in Höhe von 3,8 Millionen Euro.

Zu 126: Für die Bestellung der betrieblich verantwortlichen Person wird ein Erfüllungsaufwand von einer Stunde pro Fachbetrieb angesetzt. Dies ergibt einen einmaligen Erfüllungsaufwand für alle Fachbetriebe (12.000 h x 52,40 €) von 630.000 Euro oder von 315.000 Euro pro Jahr.

Zu 127: Das Ausstellen der Urkunde wird mit einer halben Stunde bzw. (0,5 x 32,80 €) 16,40 Euro pro Fachbetrieb angesetzt. Daraus ergibt sich ein Erfüllungsaufwand von insgesamt (12.000 x 16,40 €) 197.000 Euro in zwei Jahren, dementsprechend 99.000 Euro pro Jahr.

Zu 128: Die Kosten für die Organisation und Durchführung der Schulungen sind in den Ausführungen zu Nr. 122 enthalten. Die Kosten der Schulungen pro Teilnehmer (1.500 € Kosten der Schulung durch 30 Teilnehmer, siehe Nr. 122) liegen bei 50 Euro plus Reisekosten und Verdienstausfall. Da die meisten Schulungen in der Umgebung stattfinden werden, werden die Reisekosten zu 100 Euro und der Verdienstausfall mit (8 h x 52,40 €) 420 Euro angesetzt. Damit ergibt sich ein Erfüllungsaufwand von 570 Euro pro geschultem Mitarbeiter. Über die durchschnittliche Zahl der Mitarbeiter eines Fachbetriebes liegen keine Angaben vor. Wenn man davon ausgeht, dass pro Jahr drei Mitarbeiter (einschl. der betrieblich verantwortlichen Person) an einer Schulung teilnehmen, ergeben sich pro Fachbetrieb jährliche Kosten von ca. 1.800 Euro. Hochgerechnet auf die Fortbildung aller Fachbetriebe ergibt sich ein Erfüllungsaufwand von 21,6 Millionen Euro. Auch das Personal von Fachbetrieben muss aus anderen Gründen und Rechtsvorschriften regelmäßig fortgebildet werden. Deshalb wird nur ein Drittel der AwSV zugeordnet. Darauf ergibt sich ein **zusätzlicher** Erfüllungsaufwand für alle Fachbetriebe von 7 Millionen Euro pro

Jahr und für jede einzelnen der 12.000 Fachbetriebe von 580 Euro pro Jahr.

Zu 129: Änderungen der Organisationsstruktur eines Fachbetriebes stellen eher die Ausnahme dar. Wenn man davon ausgeht, dass dies pro Jahr für 10 % der Fachbetriebe zutrifft, ergeben sich insgesamt pro Jahr 1.200 Mitteilungen. Setzt man jede Mitteilung mit einer Stunde oder 32,80 Euro an, ergibt sich ein Erfüllungsaufwand von 39.000 Euro.

Zu 130: Die Zahl der Fachbetriebe, denen die Zertifizierung entzogen wird, ist vernachlässigbar, insofern entsteht für die Rückgabe der Urkunde kein nennenswerter Aufwand.

Zu 131: Der Nachweis der Fachbetriebseigenschaft kann z.B. durch Vorzeigen der Urkunde geschehen. In diesem Fall ist der Erfüllungsaufwand vernachlässigbar. In den Fällen, in denen der Betreiber eine Kopie erhalten will, entstehen Kosten von einem Euro pro Fall. Die Zahl dieser Fälle ist unbekannt. Der Nachweis der Fachbetriebseigenschaft war schon nach landesrechtlichen Vorschriften erforderlich, so dass sich der Erfüllungsaufwand nicht ändert.

Zu 132: Die vorgesehene Veröffentlichung aller bisher eingestuften Stoffe und Gemische wird zu einem einmaligen Aufwand von 2 Arbeitstagen beim Umweltbundesamt führen. Daraus ergeben sich Kosten (16 h x 57,80 €) von 925 Euro.

Zu 133: Anordnungen, die aufgrund einer Neueinstufung der wassergefährdenden Stoffe erfolgten, waren auch bisher schon im Landesrecht vorgesehen, aber die Ausnahme. Ein **zusätzlicher** Erfüllungsaufwand entsteht insofern **nicht**.

Vorbemerkung zu Nr. 134 und 135: Die Regelungen beziehen sich auf bestehende Anlagen. Eine Angabe über die Anzahl der Anlagen, die nicht der Anforderungen der Verordnung genügen, aber die bisherigen landesrechtlichen Anforderungen einhielten, kann nicht gemacht werden. Das Statistische Bundesamt nennt für das Jahr 2010 eine Anzahl von insgesamt 1.285.734 Anlagen, davon sind knapp 1,1 Millionen Anlagen Heizölverbraucheranlagen, die schon heute prüfpflichtig sind und somit erfasst worden sind. Eine Verpflichtung diese Anlagen nachzurüsten, soweit sie keine Mängel haben, besteht nicht.
Ca. 200.000 Anlagen der vom Statistischen Bundesamt erfassten Anlagen sind der Wirtschaft zuzuordnen. Bei diesen Anlagen wird nach Einschätzung der Länder, der Wirtschaft und der Sachverständigen davon ausgegangen, dass zwischen 2 bis 5 % der Anlagen von der AwSV abweichen. Dies würde bedeuten, dass zwischen 4.000 und 10.000 Anlagen insgesamt den neuen Anforderungen der Verordnung nicht entsprechen. Ein nicht unerheblicher Teil dieser Anlage ist auch heute schon „in Bearbeitung", entspricht also nicht vollständig den bestehenden landesrechtlichen Vorschriften. Bei diesen letztgenannten Anlagen vergrößert sich also nur das Umsetzungsdefizit. Da es hier aber schon heute Absprachen zwischen Behörde und Betreibern gibt, wird sich dieser Zustand nicht grundlegend ändern. Die Verordnung hebt allerdings in § 69 Absatz 3 und 4 auf die Anlagen ab, bei denen sich die landesrechtlichen Vorschriften von den bundesrechtlichen unterscheiden. Dies dürfte im Wesentlichen bei Rohrleitungsanlagen mit Stoffen der WGK 1, bei Biogasanlagen sowie bei Anlagen mit gasförmigen wassergefährdenden Stoffen der Fall sein. Die entsprechenden Annahmen finden sich in Nummer 44, 62 und 63. Auf diese speziellen Fälle wird im Folgenden nicht mehr eingegangen.

zu 134: Die Sachverständigenprüfung, auf die hier Bezug genommen wird, ist nach den bisherigen und zukünftigen Regelungen vorgeschrieben, verursacht also keinen zusätzlichen Erfüllungsaufwand. Neben der üblichen Prüfung soll der Sachverständige in dem Bericht auch darstellen, wenn das Landesrecht abweichende Anforderungen gegenüber der neuen Verordnung enthielt.
Bei den maximal 10.000 Anlagen der Wirtschaft werden die Kosten der Feststellung der recht-

lichen Abweichung mit maximal einer Arbeitsstunde (52,40 €) veranschlagt. Da die Prüfkosten einer komplizierten Industrieanlage bei ca. 1.500 Euro liegen können (vgl. auch hier die abweichende Einschätzung der Sachverständigen), entstehen durch die Darstellung der Abweichungen Kosten in Höhe (7.000 x 52,40 €) von insgesamt max. 367.000 Euro in fünf Jahren (dem Prüfzyklus) bzw. 74.000 Euro pro Jahr.

Zu 135: Angaben über Häufigkeit von Anordnungen und die dadurch entstehenden Kosten in der Wirtschaft sind gegenüber den in den Nummern 44, 62 und 63 dargestellten nicht möglich. Bei schätzungsweise 7.000 Anlagen könnten Abweichungen vorliegen, Ob und in welchem Zeitraum es zu Anordnungen kommt und ob diese nicht auch schon aufgrund der bisherigen Abweichungen getroffen würden, lässt sich aus Sicht der Länder nicht abschätzen. Da allein schon der Wert dieser Anlagen etwa um den Faktor 10.000 schwankt und nicht gesagt werden kann, welche Maßnahmen die zuständige Behörde letztlich anordnet, wird auf eine Abschätzung der Kosten sowohl im Hinblick auf die behördlichen Kosten als auch im Hinblick auf die Kosten der von der Wirtschaft zu treffenden Maßnahmen verzichtet. Nach Aussagen der Länder können sich die durch eine Anordnung ausgelösten Maßnahmen zwischen etwa 100 Euro (z.b. für eine Rückschlagklappe) bis mehrere Millionen Euro (z.b. bei Schutzmaßnahmen gegen Überschwemmungen) bewegen. Ein Durchschnittswert kann nicht angegeben werden.

Vorbemerkung zu 136 bis 142: Die Anforderungen an JGS-Anlagen richteten sich bisher nach der LAWA-Musterverordnung über Anforderungen an Anlagen zum Lagern und Abfüllen von Jauche, Gülle, Festmist, Silagesickersäften (JGS-Anlagen) aus dem Jahr 2005 (unveröffentlicht), die je nach Land innerhalb der VAwS oder in einer gesonderten JGS-Verordnung festgelegt waren.
Eine Aussage über die konkrete technische Ausstattung der Anlagen lässt sich nicht treffen, da diese Anlagen wasserrechtlich nicht genehmigt (eignungsfestgestellt) werden mussten und auch keine Anzeigepflicht bestand. Nach der Landwirtschaftszählung des Statistischen Bundesamtes verfügten im Jahr 2010 insgesamt 142.300 Betriebe über Lagerkapazitäten für Festmist, 59.700 Betriebe über Lagerkapazitäten für Jauche und 120.400 Betriebe über Lagerkapazitäten für Gülle. Die 120.400 Betriebe mit Gülle verfügten über eine Gesamtlagerkapazität von 128 Millionen Kubikmetern. Eine Angabe über die Zahl der Behälter, in denen dieses Volumen gelagert wird, gibt es nicht. Der Deutsche Bauernverband geht einschl. aller Kleinanlagen insgesamt von 800.000 bis 1.000.000 Anlagen zur Lagerung von Festmist, Gülle, Jauche und Silagesickersaft aus.
Nach Angaben des Statistischen Bundesamtes gab es 2013 in Deutschland insgesamt 199.200 landwirtschaftliche Betriebe mit Viehhaltung (Tabelle 0210R, Fachserie 3, Reihe 2.1.3). Davon fielen 125.200 Betriebe in der kleinsten Gruppe mit bis zu 50 Großvieheinheiten. Eine Umrechnung der Großvieheinheiten in die dabei anfallenden Mengen an Gülle oder Festmist ist nur schwer möglich. Die vom Bundesrat eingeführte Bagatellregelung, die auf den Volumina für Gülle und Festmist beruht, dürfte für Betriebe mit Festmistverfahren aber in derselben Größenordnung liegen, so dass die wesentlichen Anforderungen der Anlage 7 nur für die verbleibenden etwa 75.000 viehhaltenden Betriebe gelten dürften. Bei Betrieben mit Gülleverfahren hingegen ist der Anteil der Betriebe, die unter die Bagatellregelung fallen, deutlich kleiner.

Zu 136: Die Grundsatzanforderungen führen im Wesentlichen die der LAWA fort. Wie bei den übrigen Anlagen ist die Planung dieser Anlagen jetzt ausdrücklich mit einbezogen. Da jede neue Anlage einer qualifizierten Planung unterliegen sollte, ist wie unter Nummer 36 von **keinem zusätzlichen** Erfüllungsaufwand auszugehen.

Zu 137: Leckageerkennungssysteme waren nach der LAWA nur in Schutzgebieten erforderlich, einige Länder haben jedoch hiervon abweichende Regelungen getroffen. Die Wirtschaft geht von Kosten für ein Leckageerkennungssystem eines Güllebehälters je nach Größe der Anlage von 4.000 bis 13.000 Euro aus. Bei einer durchschnittlichen Betriebsdauer eines JGS-Behälters von 40 Jahren werden pro Jahr schätzungsweise (75.000 Betriebe : 40 Jahre Betriebsdauer) 1.900 Güllebehälter neu errichtet. Die Zahl der Anlagen in Schutzgebieten und die, die sich in Ländern befinden, in denen diese Anforderung schon bestand, ist nicht bekannt. Schätzungsweise dürfte ein Viertel aller Anlage darunter fallen. Daraus ergeben sich zusätzliche Gesamtkosten (1.450 x 8.500 €) von 12,3 Milliarden Euro pro Jahr. Bei bestehenden Anlagen ist eine Nachrüstung i.d.R. nicht machbar ohne die Anlage so zu verändern, dass dies einem Neubau gleichkommt. Eine Umrüstung entfällt insofern, so dass nur für organisatorische Maßnahmen Kosten anfallen, über deren Höhe keine Aussagen getroffen werden können.

Zu 138: Eine Anzeigepflicht für JGS-Anlagen bestand bisher nicht. Als Anzeige ist jedoch nur die Angabe der Art der Anlagen (z.B. Güllebehälter), der Größe, der Bauweise und der Sicherheitseinrichtungen. Die beiden letzten Informationen erhält der Betreiber i.d.R. über die anbietende Firma. Insofern wird der Aufwand nicht über einer Stunde pro Anlage liegen. Für den Neubau von Anlagen (vgl. Nr. 137) ergibt sich ein Erfüllungsaufwand von einer Stunde oder 22,10 Euro pro Betrieb oder (1.900 x 22.10 €) 42.000 Euro für alle Betriebe und Jahr. Eine Anzeigepflicht für bestehende Anlagen besteht nicht, insofern fallen hier auch keine Erfüllungskosten an.

Zu 139: Da es bisher keine Anzeigepflicht gab, wurden die Anlagen grundsätzlich in den Behörden nicht erfasst, aus bau- oder immissionsschutzrechtlichen Gründen sowie wegen dem europarechtlichen Cross Compliance-Regelung waren sie den Behörden teilweise jedoch bekannt. Die Übernahme der Anlagen in die behördliche Überwachung bei einem Neubau wird mit 0,5 Stunden pro Anlage angesetzt. Damit ergibt sich für die Bestandserfassung ein Erfüllungsaufwand (1.900 x 0,5 h x 27,10 €) von insgesamt 25.750 Euro pro Jahr.

Zu 140: Die Betreiberpflichten entsprechen grundsätzlich denen, die ein Landwirt auch schon heute hatte. Ein konkreter **zusätzlicher** Erfüllungsaufwand lässt sich **nicht** darstellen.

Zu 141: Die Prüfpflicht vor Inbetriebnahme ist neu. Die Einzelheiten der Prüfverfahren werden derzeit im Rahmen der Erarbeitung der Technischen Regeln noch diskutiert, so dass gesicherte Aussagen nicht möglich sind. Außerdem wird der Aufwand je nach der zu prüfenden Anlage – z.B. eine Anlage zur Lagerung von Festmist oder eine Sammelanlage unter einem Stall – und je nach Anfahrtsweg sehr unterschiedlich sein, so dass die Kosten einer Prüfung wahrscheinlich im Bereich einer Zehnerpotenz schwanken können. Setzt man wie bei anderen Anlagen eine Prüfung mit 750 Euro an, ergibt sich bei den jährlich durchzuführenden 1.900 Prüfungen (s.o.) ein Erfüllungsaufwand von 750 Euro pro Betrieb, oder insgesamt 1,4 Milliarden Euro.

Zu 142: Daten zum Alter oder zum Zustand der JGS-Anlagen liegen nirgendwo vor. Eine Basis zur Abschätzung, wie viele Anlagen von den bisherigen landesrechtlichen Vorschriften abweichen könnten und ob es zu Anordnungen bei diesen Anlagen zu Anordnungen kommt, und was dabei angeordnet werden könnte, besteht nicht. Eine Abschätzung des Vollzugsaufwands ist deshalb unmöglich.

IX. Auswirkungen des Verordnungsentwurfs im Hinblick auf eine nachhaltige Entwicklung

Das Verordnungsvorhaben steht im Einklang mit dem Leitgedanken der Bundesregierung zur nachhaltigen Entwicklung im Sinne der Nationalen Nachhaltigkeitsstrategie. Die vorgesehenen Regelungen zum Umgang mit wassergefährdenden Stoffen dienen dem Schutz der Gewässer vor Freisetzungen solcher Stoffe und sind in Ausprägung des Vorsorgeprinzips unmittelbar dem

Nachhaltigkeitsprinzip verpflichtet. Das Nachhaltigkeitspostulat nach einem Schutz der Lebensräume wird durch die Verhinderung der Verunreinigung von Wasser und Boden gestärkt. Dies trägt dazu bei, die Artenvielfalt zu erhalten. Die Verordnung leistet hierzu einen wichtigen Beitrag.

Kapitel 2
Besonderer Teil

Zu Kapitel 1 (Zweck; Anwendungsbereich; Begriffsbestimmungen)

Kapitel 1 regelt den Zweck und den Anwendungsbereich der Verordnung sowie Begriffsbestimmungen.

Zu § 1 (Zweck; Anwendungsbereich)

§ 1 Absatz 1 bestimmt den Zweck der Verordnung, nämlich den Schutz der Gewässer vor nachteiligen Veränderungen ihrer Eigenschaften durch Freisetzungen von wassergefährdenden Stoffen aus Anlagen zum Umgang mit solchen Stoffen. Die Erfahrung hat gezeigt, dass es ohne entsprechende Regelungen zu erheblichen Kontaminationen von Boden und Grundwasser kommt. Diese Auswirkungen sollen durch die vorliegende Verordnung verhindert werden.
Voraussetzung dafür, dass ein Betreiber die Verordnung anzuwenden hat, ist, dass er eine Anlage betreibt und dass in dieser Anlage mit wassergefährdenden Stoffen umgegangen wird. Eine Anlage, in der der Betreiber mit einem wassergefährdenden Stoff umgeht, muss nach dem Besorgnisgrundsatz des § 62 Absatz 1 WHG so errichtet und betrieben werden, dass es nach menschlicher Erfahrung unwahrscheinlich ist, dass diese wassergefährdenden Stoffe in Boden oder Gewässer gelangen.

Absatz 2 regelt drei Fälle, in denen die Verordnung nicht anzuwenden ist:

- wenn mit Stoffen umgegangen werden soll, die als nicht wassergefährdend veröffentlicht worden sind; dies sind diejenigen, die nach der VwVwS 2005 im Bundesanzeiger Nummer 142a veröffentlicht worden sind, diejenigen die zwischenzeitlich von der Kommission zur Bewertung wassergefährdender Stoffe neu eingestuft wurden sowie diejenigen die zukünftig noch als nicht wassergefährdend eingestuft und als solche veröffentlicht werden; zur Vermeidung von Rechtsunsicherheiten werden alle diese nicht wassergefährdenden Stoffe vom Umweltbundesamt mit dem Inkrafttreten der Verordnung und später regelmäßig im Bundesanzeiger bekannt gemacht und sind außerdem auf der Internetseite des Umweltbundesamtes recherchierbar; ein Gemisch aus nicht wassergefährdenden Stoffen ist dabei auch nicht wassergefährdend,
- wenn mit wassergefährdenden Stoffen in mobilen Anlagen umgegangen wird, also z.B. in Kraftfahrzeugen, sowie

- wenn wassergefährdende Stoffe im Untergrund nach § 4 Absatz 9 des Bundesberggesetzes gespeichert werden; die Regelungen dieser Verordnung können auf diese Form der
unterirdischen Lagerung nicht angewandt werden, da beispielsweise eine technische Um-
schließung der gespeicherten Medien im Untergrund nicht erfolgen kann; oberirdische
Anlagen, die dem Bergrecht unterliegen, sind vom Anwendungsbereich des Kapitels 3
jedoch nicht ausgenommen.

Absatz 3 führt mit dem Ziel der Entbürokratisierung eine Bagatellregelung ein. Von der Verordnung ausgenommen sind danach oberirdische Anlagen bis 220 Litern bzw. 200 Kilogramm
außerhalb von Schutzgebieten und festgesetzten oder vorläufig gesicherten Überschwemmungsgebieten. Für die Betreiber dieser Anlagen gelten damit die technischen Anforderungen, Anzeigepflichten oder andere Verpflichtungen nach dieser Verordnung nicht. Für diese Anlagen
bleibt jedoch nach Satz 2 der Besorgnisgrundsatz bzw. der Grundsatz des bestmöglichen Gewässerschutzes nach § 62 Absatz 1 WHG unberührt, auch wenn nach der Verordnung keine
speziellen technischen und organisatorischen Maßnahmen gefordert sind. Diese Bagatellregelung bedeutet auch nicht, dass es sich bei den angegebenen Mengen um unerhebliche Mengen
handelt. Die Freisetzung eines wassergefährdenden Stoffes aus einer Kleinanlage ist genauso bedeutsam wie die Freisetzung derselben Menge aus einer Anlage, die der Verordnung unterliegt.
Nach Satz 3 bedürfen die genannten Kleinanlagen auch keiner Eignungsfeststellung nach § 63
Absatz 1 WHG. Die Einführung einer solchen Bagatellregelung folgt dem vielfach geäußerten
Wunsch, für solche Anlagen auf jegliche Art einer behördlichen Kontrolle zu verzichten und
die Einhaltung des Besorgnisgrundsatzes bzw. des bestmöglichen Schutzes der Gewässer der Ei-
genverantwortung der Betreiber zu überantworten. Durch die Bagatellregelung werden auch die
zuständigen Behörden von jeglicher Kontrollarbeit entlastet, es sei denn, es kommt zum Austreten wassergefährdender Stoffe oder zu Boden- oder Gewässerverunreinigungen.

Absatz 4 Satz 1 führt eine Vollzugspraxis der Länder fort, die allerdings bisher nicht normiert
war. Bei Betrieben kommt es immer wieder vor, dass die Frage gestellt wird, ob sie eine Anlage
zum Umgang mit wassergefährdenden Stoffen betreiben. Diese Frage stellt sich beispielsweise
dann, wenn mit Sachen umgegangen wird, die nicht wassergefährdend sind, gelegentlich aber
auch mit solchen, die als wassergefährdender Stoff eingestuft sind. Dies kann z.B. bei einer Anlage der Fall sein, in der überwiegend Pakete oder Stückgüter umgeschlagen werden, die nicht
in den Anwendungsbereich der Verordnung fallen (Bücher, Kleidung, Kleingeräte, Spiele, Lebensmittel), im Ausnahmefall jedoch in einem umgeschlagenen Paket wassergefährdende Stoffe
enthalten sind (z.B. ein Parfum) oder ein Stückgut angenommen wird, das einen wassergefährdenden Stoff enthält. In so einem Fall ist es aus Gründen der Verhältnismäßigkeit gerechtfertigt,
eine Art Bagatellregelung zu schaffen, die verhindert, dass die Ausnahmesituation des Vorhan-
denseins wassergefährdender Stoffe dazu führt, dass z.B. eine ganze Lagerhalle mit einer flüssigkeitsundurchlässigen Dichtfläche ausgerüstet werden muss. Diese Ausnahmeregelung kann
aber nur greifen, wenn der Anteil der wassergefährdenden Stoffe an den insgesamt vorhandenen
Sachen unerheblich ist. Unerheblich kann dieser Anteil immer nur dann sein, wenn der ganz
überwiegende Teil der Sachen, mit denen in der Anlage umgegangen wird, nicht wassergefährdend ist, und dies nicht nur für begrenzte Zeiträume der Fall ist, sondern dieser Zustand während
der gesamten geplanten Betriebsdauer in dieser Form aufrechterhalten wird. Bei einer Anlage, in
der der Anteil der wassergefährdenden Stoffe im erläuterten Sinn unerheblich ist, müssen diese
wassergefährdenden Stoffe nicht eingestuft werden.
Sobald regelmäßig mit wassergefährdenden Stoffen umgegangen wird oder der Betrieb – z.B.
durch öffentliche Darstellung - darauf ausgerichtet wird, auch mit wassergefährdenden Stoffen umzugehen, kann für diesen regelmäßig anfallenden Anteil eine entsprechend ausgerüstete
Sonderfläche geschaffen werden, die der AwSV entspricht. Für Speditionen oder vergleichbare

gewerbliche Einrichtungen, die darauf spezialisiert sind, mit wassergefährdenden Stoffen umzugehen, oder die einen Umschlag von Gefahrgütern oder wassergefährdenden Stoffen anbieten,
finden die Regelungen dieser Verordnung Anwendung. Die Ausschlussregelung des Absatzes 4
greift auch nicht, wenn z.B. ein Fass- und Gebindelager betrieben wird, in dem zeitweise Fässer
und Gebinde gelagert werden, die nicht unter die Verordnung fallen. Dieser Zustand besteht nur
zeitweise und schon gar nicht während der gesamten Betriebsdauer. Da zu einem anderen Zeitpunkt wassergefährdende Stoffe gelagert werden, unterfällt das Lager der Verordnung. Zu jedem
Zeitpunkt muss also der Anteil der wassergefährdenden Stoffe unerheblich sein.
Nach Satz 2 kann der Betreiber bei der zuständigen Behörde beantragen, festzustellen, ob eine
Anlage unter die Verordnung fällt. Damit soll trotz der Verwendung des unbestimmten Rechtsbe-
griffs „unerheblich" in Satz 1 für den Betreiber Rechtssicherheit erreicht werden. Die erforderliche Rechtssicherheit bei der Identifizierung der Bagatellfälle kann angesichts der Vielgestal-
tigkeit der Sachverhalte über die nach Satz 2 vorgesehene behördliche Einzelfallentscheidung
sichergestellt werden, die der Betreiber veranlassen kann, wenn er Sicherheit über die Anwend-
barkeit der Verordnung auf seine Anlage haben will.

Zu § 2 (Begriffsbestimmungen)

§ 2 definiert die Begriffe, die für die Verordnung von besonderer Bedeutung sind. Die Begriffsbestimmungen entsprechen in weiten Teilen denen der Muster-VAwS.

Absatz 2 knüpft an die Begriffsbestimmung der wassergefährdenden Stoffe in § 62 Absatz 3
WHG an, nach der die Eigenschaft dieser Stoffe, die Wasserbeschaffenheit nachteilig zu verändern, als entscheidendes Kriterium anzusehen ist. Die Begriffsbestimmung präzisiert diese
Aussage dahingehend, dass unter dem Oberbegriff der „wassergefährdenden Stoffe" naturwis-
senschaftlich Stoffe und Gemische zu verstehen sind – unabhängig von ihrem Aggregatzustand.
In der Begründung zum Wasserhaushaltsgesetz (BT-Drucksache 16/12275 vom 17.03.2009 S.
71) war festgehalten worden, dass der Begriff „wassergefährdende Stoffe" Stoffe und Zubereitungen im Sinne des Chemikalienrechts umfasst und Gemische und Abfälle einschließt. Diese
wassergefährdenden Stoffe müssen nach den Regeln von Kapitel 2 Abschnitt 2 in eine Wassergefährdungsklasse eingestuft werden, wobei sich dabei auch herausstellen kann, dass ein Stoff oder
Gemisch nicht wassergefährdend ist oder nach diesem Abschnitt als allgemein wassergefährdend
gilt. Eine fehlende Einstufung führt nicht dazu, dass ein Stoff oder ein Gemisch nicht als wassergefährdender Stoff anzusehen ist. Nach § 3 Absatz 4 gilt dieser Stoff oder dieses Gemisch
sogar als stark wassergefährdend. Die Einstufung von wassergefährdenden Stoffen in Wassergefährdungsklassen ist eine Grundlage für die Festlegung von risikoproportionalen Anforderungen
an Anlagen. Die Wassergefährdungsklassen gelten nur im Recht des Umgangs mit wassergefährdenden Stoffen und sind nicht heranzuziehen, wenn Wirkungen dieser Stoffe in der Umwelt
beurteilt werden sollen.

Absatz 3 übernimmt für Stoffe die entsprechende Begriffsdefinition des Chemikaliengesetzes (§
3 Satz 1 Nummer 1 ChemG). Zur besseren Verständlichkeit wird auf einen Verweis verzichtet,
damit unmittelbar deutlich wird, dass der in der Verordnung verwendete Stoffbegriff nicht bedeutet, dass es sich um chemisch reine Stoffe (für Analysenzwecke) handelt, sondern dass ein
gewisses Maß an Beimengungen und Verunreinigungen akzeptiert wird. So werden Ottokraft-
stoffe europarechtlich als Stoff definiert, obwohl es sich chemisch gesehen eindeutig um ein
Gemisch handelt.
Die Begriffsbestimmungen unter Absatz 2 und 3 beinhalten nicht den Begriff des Erzeugnisses
nach § 3 Satz 1 Nummer 5 ChemG. Die Begriffsbestimmung in Absatz 2 und 3 ist insofern eng

im Sinne des ChemG auszulegen.

Absatz 4 bestimmt, dass Gemische aus zwei oder mehreren Stoffen bestehen. Bei diesen Gemischen kommt es nicht darauf an, dass diese Stoffe aktiv gemischt worden sind. Unter die Gemische fallen auch Abfälle, die regelmäßig aus mehreren Stoffen bestehen. Die Absicht, sich dieser Gemische entledigen zu wollen, ist bezüglich der Frage, ob von ihnen eine Wassergefährdung ausgehen kann, nicht bedeutsam.

Da der Aggregatszustand von Stoffen für deren Gewässergefährdungspotenzial und damit auch im Hinblick auf die zu stellenden Anforderungen von erheblicher Bedeutung ist, werden in den Absätzen 5 bis 7 gasförmige, flüssige und feste Stoffe in Anlehnung an Begriffsbestimmungen im europäischen Chemikalienrecht (Verordnung (EG) Nr. 1272/2008 des europäischen Parlaments und des Rates vom 16. Dezember 2008 über die Einstufung, Kennzeichnung und Verpackung von Stoffen und Gemischen, zur Änderung und Aufhebung der Richtlinien 67/548/EWG und 1999/45/EG und zur Änderung der Verordnung (EG) Nr. 1907/2006 (ABl. L 353 vom 31.12.2008, S. 1, L 16 vom 20.1.2011, S. 1), die zuletzt durch die Verordnung (EU) 2015/1221 (ABl. L 197 vom 25.7.2015, S. 10) geändert worden ist, definiert. Entscheidend für die Zuordnung zu einem Aggregatszustand sind seine Eigenschaften bei Normalbedingungen. Wenn aus verfahrenstechnischen Gründen mit bestimmten Stoffen in einer Anlage bei höheren Temperaturen umgegangen wird, ist dieser Zustand nicht ausschlaggebend.

Absatz 8 definiert Gärsubstrate landwirtschaftlicher Herkunft zur Gewinnung von Biogas. Der Begriff wird im Zusammenhang mit Anlagen zur Gewinnung von Biogas verwendet. Die Begriffsbestimmung folgt dem Merkblatt DWA-M 907 der Deutschen Vereinigung für Wasserwirtschaft, Abwasser und Abfall e.V. (DWA): „Erzeugung von Biomasse für die Biogasgewinnung unter Berücksichtigung des Boden- und Gewässerschutzes" vom April 2010 und beschreibt die Ausgangsmaterialien, bei denen eine Ausbringung nach Vergärung auch in sensiblen Gebieten unter bestimmten Bedingungen möglich ist. Unter die Gärsubstrate landwirtschaftlicher Herkunft zur Gewinnung von Biogas fallen die Pflanzen oder Pflanzenteile, die direkt vom Acker abgeerntet werden oder die bei Tätigkeiten in Wäldern, im Gartenbau oder bei der Landschaftspflege anfallen, sowie die Rückstände, die bei der Be- oder Verarbeitung landwirtschaftlicher Produkte anfallen. Dabei dürfen keine wassergefährdenden Stoffe, also z.B. Extraktionsmittel zugesetzt werden. Außerdem darf sich die Gefährlichkeit der Rückstände nicht erhöhen. Dies wäre z.B. bei thermischen Prozessen der Fall, wenn toxische Nebenprodukte entstehen. Wenn die Rückstände jedoch keimen oder durch biochemische Prozesse Vergärungsprodukte entstehen, nimmt die Gefährlichkeit i.d.R. nicht zu. Die Bestimmung lässt einen gewissen Spielraum, bezieht sich jedoch mit ihrer Begrifflichkeit auf die Gefährlichkeit im Sinne des § 3 Absatz 1.

Absatz 9 Satz 1 definiert zunächst wie in § 1 Absatz 1 Satz 1 der Muster-VAwS eine Anlage als selbständige und ortsfeste oder ortsfest benutzte Einheit, die einer der im WHG genannten Funktionen dient, also dem Lagern, Abfüllen, Umschlagen, Herstellen, Behandeln oder Verwenden (Nummer 1) sowie dem Transport in Rohrleitungen innerhalb eines Werksgeländes (Nummer 2). Einheiten, die nur im Zusammenhang mit anderen Einheiten eine dieser Funktionen erfüllen können, wie z.B. Pumpen, Vorlagebehälter oder Ausdehnungsgefäße, oder solche, die frei beweglich sind, wie z.B. Kraftfahrzeuge mit Benzin- oder Dieselantrieb, sind keine Anlagen im Sinne der Verordnung, sie können jedoch bei fester Einbindung Bestandteil einer Anlage sein. Zu einer Einheit gehören alle unselbständigen Teile einer Anlage, aus denen bei einer Betriebsstörung wassergefährdende Stoffe direkt oder durch Nachlieferung aus anderen Teilen auslaufen können. Als ortsfeste oder ortsfest benutzte Einheiten gelten nach Absatz 9 Satz 2 nur diejenigen Anlagen, die länger als ein halbes Jahr zu einem bestimmten betrieblichen Zweck an einem Ort betrieben werden. Dabei müssen beide Voraussetzungen erfüllt werden. Ein betrieblicher Zweck besteht dann, wenn eine definierte und unveränderte Aufgabe durch eine Anlage erfüllt wird. Nur wenn diese Aufgabe für mehr als ein halbes Jahr erhalten bleibt, fällt die Anlage unter den Anlagenbegriff. Nicht unter den Anlagenbegriff fallen in der Regel Baustellencontainer oder Baustellentankstellen, da ihr Standort dem Baufortschritt angepasst wird und sie dementsprechend in sich ändernden betrieblichen Zusammenhängen betrieben werden. Auch die Lagerung von Fehlchargen aus Produktionsbetrieben, die in Fässer oder Container abgefüllt und dann entsorgt werden, zählen nicht zu Anlagen im Sinne der Verordnung, da entsprechende Behälter in der Regel nur wenige Tage mit diesen Fehlchargen beaufschlagt sind.

Absatz 9 Satz 2 Halbsatz 2 bestimmt, dass eine Anlage untergliedert sein kann und dann aus mehreren Anlagenteilen bestehen kann. Eine Anlage zum Lagern wassergefährdender Stoffe kann also beispielsweise aus den beiden Anlagenteilen einwandiger Lagerbehälter und Auffangwanne bestehen.

Grundlegende Voraussetzung des Vorliegens einer Anlage im Sinne dieser Verordnung ist, dass sie zu dem Zweck betrieben wird, mit wassergefährdenden Stoffen umzugehen, also diese Stoffe zu lagern, abzufüllen, umzuschlagen, herzustellen, zu behandeln oder zu verwenden. Dies ist bei einem Tank, in dem z.B. Heizöl oder Benzin gelagert wird, selbstverständlich der Fall. Eine Maschine zur Herstellung von Speiseeis, die regelmäßig mit flüssigen Desinfektionsmitteln gereinigt wird und in der für eine bestimmte Zeit wassergefährdende Stoffe auf die Behältnisse einwirken, wird damit aber noch keine Anlage zum Umgang mit wassergefährdenden Stoffen. Der Supermarkt, in dem überwiegend Lebensmittel, aber auch einige Wasch- und Reinigungsmittel angeboten werden, ist auch keine Anlage zum Umgang mit wassergefährdenden Stoffen (§ 1 Absatz 4).

Anlagen im Sinne der Verordnung müssen im Betrieb mit wassergefährdenden Stoffen umgehen. Die Verwendung eines wassergefährdenden Stoffes, z.B. eines Anstrichmittels zur Beschichtung von Fundamenten, macht aus dieser baulichen Anlage keine Anlage zum Umgang mit wassergefährdenden Stoffen, da im Betrieb der baulichen Anlage selbst mit diesen wassergefährdenden Stoffen nicht mehr umgegangen wird.

Die Begriffe Fass- und Gebindelager in Absatz 10 beschreiben eine Lageranlage, in der sich ortsbewegliche Behältnisse mit einem maximalen Volumen von jeweils bis zu 1.250 Litern befinden. Das in allen Behältnissen zusammen dort gelagerte Volumen an wassergefährdenden Stoffen spielt keine Rolle. Die Begriffsbestimmung dient dazu, für diese Anlagen besondere Anforderungen vorsehen zu können.

Mit dem Begriff „Heizölverbraucheranlagen" in Absatz 11 werden in Weiterentwicklung der entsprechenden Begriffsdefinition in § 2 Absatz 13 der Muster-VAwS die Anlagen näher bestimmt, in denen flüssige wassergefährdende Stoffe zu Zwecken der Nutzung ihrer energetischen Eigenschaften eingesetzt werden. Für diese Nutzung in Frage kommende wassergefährdende Stoffe sind insbesondere Heizöl EL, flüssige Triglyceride (Pflanzenöl) und flüssige Fettsäuremethylester. Die Zuordnung zu einer Heizölverbraucheranlage erfolgt über deren Jahresverbrauch, der 100 m^3 nicht übersteigen darf, und über die Häufigkeit der Befüllung, die mit maximal viermal im Jahr festgelegt wird. Damit werden die typischen privaten Heizölverbraucheranlagen erfasst, nicht jedoch gewerblich betriebene Anlagen z.B. der Strom- oder Wärmeerzeugung. Bei Heizölverbraucheranlagen ist zu beachten, dass nach § 62 Absatz 1 Satz 1 WHG nur Anlagen zum Verwenden wassergefährdender Stoffe im Gewerbe und im Bereich öffentlicher Einrichtungen unter den Besorgnisgrundsatz fallen. Für den privaten Betreiber ergibt sich daraus, dass nur sein Heizöltank den Anforderungen der Verordnung unterliegt, nicht jedoch der Brenner. Die Heizölverbraucheranlagen stellen zahlenmäßig den größten Teil der in der Verordnung geregelten Anlagen dar. Für sie werden zum Teil vereinfachte Regelungen, insbesondere zu den Abfüllflächen getroffen (siehe § 32), da aufgrund der beschränkten Nutzung Anforderungen an die Abfüllflächen unverhältnismäßig wären. Diesen Anlagen stehen Notstromanlagen gleich, da bei diesen Anlagen von einem eher noch geringeren Verbrauch und einer selteneren Befüllung ausgegangen werden kann. Eine Vorgabe zu den in den Notstromanlagen eingesetzten Stoffen erfolgt nicht.

Absatz 12 führt den Begriff der Eigenverbrauchstankstelle ein. Insbesondere in der Landwirt-schaft, aber beispielsweise auch bei Speditionen werden solche Tankstellen für den eigenen Kraftfahrzeugpark verwendet und von den meisten Ländern seit Jahren auch unter besonderen Bedingungen zugelassen. Die Definition folgt weitgehend derjenigen in der Technischen Regel wassergefährdende Stoffe TRwS Arbeitsblatt ATV-DVWK-A 781 Tankstellen für Kraftfahrzeu-ge, Ausgabe 08/2004 der DWA. Ergänzt wurde diese Definition um den Jahresverbrauch von 100.000 Litern an dieser Tankstelle, der sich aus den Vollzugserfahrungen der Länder ableitet.

Absatz 13 definiert Anlagen zum Lagern und Abfüllen von Jauche, Gülle und Silagesickersäften sowie vergleichbaren in der Landwirtschaft anfallenden Stoffen, sog. JGS-Anlagen. Nach § 62 Absatz 1 Satz 3 WHG gilt für diese Anlagen der bestmögliche Schutz der Gewässer vor nach-teiligen Veränderungen ihrer Eigenschaften. Mit der Begriffsbestimmung soll eine Diskussion, die im Vollzug regelmäßig zu Schwierigkeiten geführt hat, beendet werden. Neben den flüssigen Stoffen Jauche, Gülle und Silagesickersäfte werden über den Begriff der vergleichbaren in der Landwirtschaft anfallenden Stoffe in § 62 Absatz 1 Satz 3 WHG auch feste Stoffe einbezogen, bei denen Sickersäfte anfallen können, die wassergefährdende Eigenschaften haben. Insofern ist es konsequent, auf die entsprechenden Begriffsbestimmungen in § 2 Satz 1 des Düngegeset-zes zurückzugreifen und Wirtschaftsdünger einschließlich Festmist einzubeziehen. Der Kreis der dabei zu erfassenden Stoffe muss zur Vermeidung von Regelungslücken gegenüber dem Dünge-gesetz aber noch um Dung nicht landwirtschaftlicher Herkunft (Nummer 3), also z.B. den Mist von Ponyreithöfen, erweitert werden. Außerdem ist die Silage oder das Silicrgut einzubeziehen, soweit Silagesickersäfte anfallen. Unter diesen Begriffen sind insbesondere pflanzliche Biomas-sen aus landwirtschaftlicher Erzeugung und Produktion, Pflanzen oder Pflanzenbestandteile zu verstehen, die in landwirtschaftlichen, forstwirtschaftlichen oder gartenbaulichen Betrieben oder im Rahmen der Landschaftspflege anfallen, die während der Lagerung zu Gärfutter aufgeschlos-sen werden und bei denen während dieses Prozesses Silagesickersäfte anfallen können.

In Absatz 14 werden die einzelnen Anlagen aufgeführt, die in der Verordnung unter den Ober-begriff „Biogasanlagen" fallen. Erfasst wird damit der gesamte Prozess von der Lagerung der Gärsubstrate bis hin zur Lagerung der Gärreste mit den für diese Prozessschritte erforderlichen Behältern. Unter dem Begriff „Biogasanlagen" werden deshalb alle unter den Nummern 1 bis 3 aufgeführten Lageranlagen, die zugehörigen Abfüllanlagen sowie die Behälter zur Vergärung cinschließlich der zugehörigen Anlagen zusammengefasst.
Es ist jedoch keinesfalls jede Anlage zum Lagern von Gärsubstraten oder Gärresten Bestandteil einer Biogasanlage. Vielmehr können Anlagen zum Lagern von Gärsubstraten oder Gärresten nur dann als Bestandteil einer Biogasanlage angesehen werden, wenn dies auf Grund des funktiona-len und räumlichen Zusammenhangs dieser Anlagen gerechtfertigt ist. Hierbei ist maßgeblich auf den Betreiber der Biogasanlage abzustellen. Selbst wenn dieser einen wassergefährdenden Stoff für den Betrieb der Biogasanlagen von einem Dritten zukauft, so wird dieser Dritte nicht Betreiber der Biogasanlage. Räumlich von einer Biogasanlage entfernt liegende Gärrestlager, die z. B. anderen Landwirtschaftsbetrieben als Zwischenlager vor der Ausbringung auf ihren Feldern dienen, sind nicht Bestandteil einer Biogasanlage, da diese Gärrestlager in keinem räumlichen und funktionalen Zusammenhang zu einer Biogasanlage stehen.
Erst recht sind diejenigen Anlagen zum Lagern von Gärsubstraten, bei denen die Gärsubstrate nicht für den Einsatz in einer Biogasanlage bestimmt sind, nicht Bestandteil einer Biogasanlage. Bei den in der Landwirtschaft anfallenden Gärsubstraten und Gärresten handelt es sich um „ver-gleichbare in der Landwirtschaft anfallende Stoffe" im Sinne des § 62 Absatz 1 Satz 3 WHG. Biogasanlagen sind sowohl die, die mit Gärsubstraten landwirtschaftlicher Herkunft nach § 2 Absatz 8 umgehen und für die ein besonderes Sicherheitsniveau gilt (vgl. insbesondere § 37), als auch diejenigen, in denen auch alle anderen Gärsubstrate verwendet werden und für die die

Regelungen der Verordnung ohne Abstriche gelten.

Die Begriffsbestimmung für unterirdische Anlagen in Absatz 15 stellt eine Fortentwicklung der entsprechenden Begriffsbestimmung in § 2 Absatz 3 Muster-VAwS dar. Im ersten Halbsatz wird der Vollzugspraxis folgend bestimmt, dass eine Anlage dann unterirdisch ist, wenn ein Teil von ihr unterirdisch ist. Diese Ergänzung ist deshalb wichtig, weil sich die Anforderungen in der Verordnung an die Anlage richten. So sind z.B. unterirdische Anlagen im erhöhten Maße prüf-pflichtig (vgl. Anlage 5 und 6). Satz 1 Halbsatz 1 stellt klar, dass dann nicht nur die unterirdischen Anlagenteile, sondern die gesamte Anlagen zu prüfen ist. Eine Differenzierung der Anlagenprü-fungen im Hinblick auf Anlagenteile würde zu einer erheblichen Bürokratisierung führen und die Einhaltung dieser Pflicht deutlich komplizierter machen. Der Begriff „unterirdisch" ist auf die primäre Barriere der Anlagen zu beziehen, also die Teile einer Anlage, die die wassergefähr-denden Stoffe direkt und bestimmungsgemäß umschließen. Aus der bisherigen Formulierung in der Muster-VAwS wurde jedoch nicht hinreichend deutlich, dass - neben den direkt im Erd-reich verlegten (Satz 1 Nummer 1) – auch nicht erreichoder kontrollierbare Anlagenteile wie z.B. Rohrleitungen in mit dem Erdreich verbundenen Kellerfundamenten als unterirdisch angesehen werden müssen (Satz 1 Nummer 2). Im Falle einer Undichtheit dieser Anlagenteile würden die wassergefährdenden Stoffe ins Erdreich gelangen, da die Bauteile, in denen sie sich befinden, keine Rückhaltefunktion erfüllen. Präzisierend gegenüber der Muster-VAwS wurde deshalb in Satz 1 Nummer 2 eingefügt, dass auch die Anlagenteile unterirdisch sind, die nicht vollständig einsehbar sind, sich aber in Bauteilen befinden, die unmittelbar mit dem Erdreich Kontakt haben. Aufgrund der fehlenden Einsehbarkeit können Undichtheiten konstruktionsbedingt nicht erkannt werden. Anlagenteile der sekundären Sicherheit, also z.B. ein Ableitungsrohr einer Dichtfläche, sowie die Böden von Flachbodenbehältern stellen hingegen keine unterirdischen Anlagenteile dar (Satz 2 Halbsatz 2). Oberirdisch sind auch Flächen, auf denen beispielsweise feste wasserge-fährdende Gemische offen gelagert werden oder Silos mit festen Gärsubstraten oder Siliergut, da diese Flächen zumindest von oben, wenn dort keine wassergefährdenden Stoffe gelagert werden, auf Undichtheiten kontrolliert werden können.

In Absatz 16 wird definiert, was unter Rückhalteeinrichtungen zu verstehen ist. Der Begriff dient als Oberbegriff für Einrichtungen der sekundären Sicherheit von Anlagen. Diese Anlagentei-le sind immer flüssigkeitsundurchlässig zu gestalten (siehe § 18 Absatz 2), da nur dann dem Besorgnisgrundsatz (§ 62 Absatz 1 WHG) Genüge getan und ein Austreten wassergefährden-der Stoffe aus der Anlage sicher verhindert werden kann. Die Definition ist den bestehenden Technischen Regeln wassergefährdende Stoffe Arbeitsblatt DWA-A 779: Allgemeine technische Regelungen, Ausgabe 04/2006, entnommen.

In Absatz 17 wird bestimmt, was unter doppelwandigen Anlagen zu verstehen ist, da es im Voll-zug immer wieder zu Diskussionen hierüber gekommen ist. Die Begriffsbestimmung ist aus dem Arbeitsblatt DWA-A 779: Allgemeine technische Regelungen, Ausgabe 4/2006, abgeleitet.

Die Definition der Abfüll- und Umschlagsflächen in Absatz 18 ist aus der bestehenden Techni-schen Regel wassergefährdender Stoffe Arbeitsblatt DWA-A 781: Anforderungen an Tankstellen, Ausgabe 08/2004, abgeleitet.

Nach der Begriffsbestimmung für Rohrleitungen in Absatz 19 dienen diese der Beförderung wassergefährdender Stoffe insbesondere beim Befüllen und Entleeren anderer Anlagen. Zu den Rohrleitungen gehören auch die Anlagenteile, die zu ihrem ordnungsgemäßen Betrieb erforder-lich sind, wie z.B. Armaturen, Flansche und Dichtmittel. Die Bestimmung dient auch der Ab-grenzung gegenüber Rohrfernleitungen.

Die Definitionen der Begriffe „Lagern", „Abfüllen", „Umschlagen", „Herstellen", „Behandeln", „Verwenden", „Errichten", „Instandhalten" und „Stilllegen" in den Absätzen 20 und 22 bis 30 beschreiben die Tätigkeiten, für die in der Verordnung bestimmte Anforderungen gestellt werden und die aus der Muster-VAwS weitgehend unverändert übernommen wurden. Der Begriff des Lagerns (Absatz 20) umfasst nicht das Ablagern, also das Niederlegen von Stoffen oder Gemischen, um sich ihrer zu entledigen, z.B. auf Deponien. Für derartige Tätigkeiten gelten spezialgesetzliche Vorschriften.

Absatz 21 fügt eine Definition von Erdbecken zur Lagerung von Jauche, Gülle und Silagesickersaft (JGS) ein, für die das Deutsche Institut für Bautechnik (DIBt) mehreren Antragstellern für deren Systeme eine allgemeine bauaufsichtliche Zulassung erteilt hat.

In Absatz 24 wird neu der Begriff des „Intermodalen Verkehrs" definiert. Die Begriffsbestimmung greift eine Terminologie des Verkehrswesens auf. Entscheidend ist beim intermodalen Verkehr, dass die Güter in ein und derselben Ladeeinheit oder in ein und demselben Straßenfahrzeug (z.B. Sattelschlepperanhänger) auf verschiedenen Verkehrsträgern, also Schiff, Schiene oder Straße, transportiert werden und dass die Ladeeinheiten beim Umschlagen nicht geöffnet werden. D.h. der Transporteur hat keinen Zugriff auf die transportierten Güter, also die wassergefährdenden Stoffe und kann diese nicht selbst beurteilen. Insofern werden die Güter selbst nicht umgeschlagen, wohl aber die Ladeeinheiten. Der Begriff wird nur auf Umschlaganlagen angewandt und grenzt die Umschlaganlagen des intermodalen Verkehrs, bei denen die Ladeeinheiten von einem auf einen anderen Verkehrsträger umgeschlagen werden, von allen anderen ab, bei denen die Ladeeinheiten zwischen gleichen Verkehrsträgern (insbesondere Straßenfahrzeugen) umgeschlagen werden.

Bei der Begriffsbestimmung für „Wesentliche Änderungen" in Absatz 31 wurde auf die Verwaltungsvorschriften der Länder sowie die Betriebssicherheitsverordnung zurückgegriffen. Eine wesentliche Änderung von Merkmalen liegt z.B. vor, wenn ein einwandiger Behälter in einer Auffangwanne durch einen doppelwandigen Behälter mit Leckanzeigegerät ersetzt wird. Dies führt sowohl zu baulichen als auch zu sicherheitstechnischen Veränderungen. Eine wesentliche Änderung von Merkmalen liegt jedoch nicht vor, wenn z.B. eine Pumpe durch eine neue mit vergleichbaren technischen Eigenschaften ersetzt wird.

Die Definition der Schutzgebiete in Absatz 32 entspricht § 2 Absatz 11 der Muster-VAwS. Sie wurde erweitert um die qualitative Schutzzonenabgrenzung bei Wasserschutzgebieten (Satz 2 letzter Halbsatz), die für einige Länder von Bedeutung ist.

Absatz 33 bestimmt, dass als Sachverständige nur die auf der Grundlage dieser Verordnung von anerkannten Sachverständigenorganisationen bestellten Sachverständigen gelten.

Zu Kapitel 2 (Einstufung von Stoffen und Gemischen)

Kapitel 2 enthält die stoffbezogenen Vorgaben zur Bestimmung der Wassergefährdung als Voraussetzung für die im Kapitel 3 geregelten anlagenbezogenen Maßnahmen zum Schutz der Gewässer vor nachteiligen Veränderungen ihrer Eigenschaften.

Zu Abschnitt 1 (Grundsätze)

Abschnitt 1 regelt Grundsätze der Einstufung von Stoffen und Gemischen in eine Wassergefährdungsklasse oder als nicht wassergefährdend sowie die Bestimmung als allgemein wassergefährdend.

Zu § 3 (Grundsätze)

§ 3 Absatz 1 regelt den Grundsatz, dass Stoffe und Gemische, mit denen in Anlagen umgegangen
wird, als nicht wassergefährdend oder in eine Wassergefährdungsklasse einzustufen sind.

Die derzeit bestehende Praxis, Stoffe und Gemische in eine der drei Wassergefährdungsklassen
(WGK) stark wassergefährdend, deutlich wassergefährdend, schwach wassergefährdend oder als
nicht wassergefährdend einzustufen, bleibt erhalten. Der Ausdruck „deutlich wassergefährdend"
für Stoffe der WGK 2 wird zur eindeutigen Abgrenzung zu dem Begriff „wassergefährdender
Stoff" eingeführt, der für alle wassergefährdenden Stoffe unabhängig von der Wassergefährdungsklasse verwendet wird. Die bisherigen Bezeichnungen der Wassergefährdungsklassen 1
und 3 bleiben dagegen unverändert.

Absatz 2 führt den Begriff der „allgemein wassergefährdenden Stoffe" ein und beschreibt sie
näher. Allgemein wassergefährdende Stoffe sind diejenigen, bei denen die Eigenschaft der Wassergefährdung unstrittig ist, bei denen jedoch keine Einstufung in eine Wassergefährdungsklasse
vorgenommen werden soll und der Verordnungsgeber eine abschließende Regelung trifft. Dieser
Begriff kommt dem von der Wirtschaft vielfach geäußerten Wunsch nach, für bestimmte Gemische aufgrund des Aufwandes einer Einstufung und der sich ändernden Zusammensetzung keine
Einstufung vornehmen zu müssen.
Unter Satz 1 Nummer 1 bis 5 werden die Stoffe aus dem landwirtschaftlichen Bereich, die als
allgemein wassergefährdend gelten, aufgeführt. Neben den flüssigen Stoffen Jauche, Gülle und
Silagesickersäfte werden über den Begriff der vergleichbaren in der Landwirtschaft anfallenden
Stoffe in § 62 Absatz 1 Satz 3 WHG auch feste Stoffe einbezogen, bei denen Sickersäfte anfallen
können, die wassergefährdende Eigenschaften haben (Nummer 5). Insofern ist es konsequent, auf
die entsprechenden Begriffsbestimmungen in § 2 Satz 1 des Düngegesetzes zurückzugreifen und
Wirtschaftsdünger einschließlich Festmist einzubeziehen. Der Kreis der dabei zu erfassenden
Stoffe muss zur Vermeidung von Regelungslücken gegenüber dem Düngegesetz aber noch um
tierische Ausscheidungen nicht landwirtschaftlicher Herkunft (Nummer 3), also z.B. den Mist
von Ponyreithöfen, erweitert werden. Außerdem ist die Silage oder das Siliergut einzubeziehen,
soweit Silagesickersäfte anfallen. Unter diesen Begriffen sind insbesondere pflanzliche Biomas-
sen aus landwirtschaftlicher Erzeugung und Produktion, Pflanzen oder Pflanzenbestandteile zu
verstehen, die in landwirtschaftlichen, forstwirtschaftlichen oder gartenbaulichen Betrieben oder
im Rahmen der Landschaftspflege anfallen, die während der Lagerung zu Gärfutter aufgeschlos-
sen werden und bei denen während dieses Prozesses Silagesickersäfte anfallen können.
Unter Satz 1 Nummer 6 werden diese unter Nummer 1 bis 5 genannten allgemein wassergefährdenden Stoffe durch die Gärsubstrate landwirtschaftlicher Herkunft zur Gewinnung von Biogas
ergänzt, bei denen grundsätzlich von einer vergleichbaren Zusammensetzung ausgegangen werden kann und bei denen eine weitere Einstufung ebenfalls nicht sinnvoll erscheint.
Mit Satz 1 Nummer 7 werden aufschwimmende flüssige Stoffe sowie Gemische, die nur aus
diesen bestehen, einbezogen. Bei ihnen handelt es sich um Stoffe, die zwar alle Kriterien eines
Stoffes für eine Einstufung als nicht wassergefährdend erfüllen, jedoch aufgrund ihrer physikalischen Eigenschaften im Wasser aufschwimmen. Durch das Aufschwimmen auf der Gewässeroberfläche können diese Stoffe Wasserorganismen, Insekten und Vögel schädigen, indem sie
beispielsweise ihre Sauerstoffaufnahme oder ihre Mobilität unterbinden. Deshalb müssen diese
Stoffe im Hinblick auf eine mögliche Belastung eines oberirdischen Gewässers als allgemein

wassergefährdend angesehen werden. Unter die aufschwimmenden flüssigen Stoffe fallen nur diejenigen, die vom Umweltbundesamt als solche veröffentlicht worden sind.

Nach Satz 1 Nummer 8 werden auch feste Gemische als allgemein wassergefährdend bestimmt. Die Herausnahme der festen Gemische aus der Verpflichtung der Selbsteinstufung erfolgt insbesondere im Hinblick auf die in der Wirtschaft überall anfallenden festen Abfälle. Wie von der Wirtschaft dargestellt, würde eine konsequente Umsetzung der sonst bestehenden Einstufungspflicht zu einem hohen bürokratischen Aufwand und zeitlichen Verzögerungen bei der Entsorgung führen. Die vorgenommene Regelung dient der Vermeidung dieser unerwünschten Effekte und ist in der Praxis ausgesprochen einfach anzuwenden. In § 10 wird dem Betreiber die Möglichkeit eingeräumt, feste Gemische abweichend einzustufen. Diese Regelung bleibt unberührt. Gemische, die in der Liste der nicht wassergefährdenden Stoffe, die vom Umweltbundesamt veröffentlicht wird, aufgeführt sind, müssen nicht mehr erneut beurteilt werden. Sie sind ohne weitere Ermittlung gemäß Satz 2 nicht wassergefährdend. Zu diesen Gemischen zählen beispielsweise auch Metalle, soweit sie fest sind, nicht in kolloidaler Lösung vorliegen und nicht mit Wasser oder Luftsauerstoff reagieren. Auch rostendes Eisen ist also als nicht wassergefährdend eingestuft, nicht hingegen das mit Wasser heftig reagierende elementare Metall Natrium.

Als nicht wassergefährdend sind auch Naturstoffe wie Mineralien, Sand, Holz, Kohle, Zellstoffe sowie Gläser und keramische Materialien sowie Kunststoffe eingestuft, soweit sie fest, nicht dispergiert, wasserunlöslich und indifferent sind. Die Liste der nicht wassergefährdenden Stoffe wurde gegenüber der 2005 im Bundesanzeiger veröffentlichten zwischenzeitlich um weitere Stoffe ergänzt, zu denen auch die Hochofen-Schlacken oder die Stahlwerkschlacken aus dem Linz-Donawitz-Verfahren gehören. Alle als nicht wassergefährdend eingestuften Stoffe und Gemische sind nach § 66 auf der Internetseite des Umweltbundesamtes und im Bundesanzeiger veröffentlicht und können über die Internetseite des Umweltbundesamtes recherchiert werden.

Die Fiktion, dass alle festen Gemische als allgemein wassergefährdend anzusehen sind, wird abweichend von Satz 1 Nummer 8 und ergänzend zu Satz 2 durch Satz 3 entkräftet, nach dem die festen Gemische insbesondere dann nicht als allgemein wassergefährdend gelten, wenn auf Grund ihrer Herkunft oder Zusammensetzung davon auszugehen ist, dass sie nicht geeignet sind, die Wasserbeschaffenheit nachteilig zu verändern. Häufig vorkommende Gemische, wie Gesteine, Boden, Sägespäne, Verpackungskunststoffe, Glas, Papier oder auch Kräuter oder Bienenwachs enthalten zwar in analytisch nachweisbaren Mengen wassergefährdende Stoffe, das Maß dieser wassergefährdenden Stoffe wird jedoch nach vernünftiger Einschätzung in der Regel nicht ausreichen, die Wasserbeschaffenheit nachteilig zu verändern, wenn die Herkunft des Gemischs oder seine Zusammensetzung nicht für eine Wassergefährdung sprechen. Eine Analyse der genauen Zusammensetzung eines festen Gemischs mit Angabe der Anteile jedes im Gemisch enthaltenen Stoffes ist unter diesen Umständen nicht erforderlich. Dies gilt auch für den Fall, dass es sich bei den oben genannten Sachen um Abfälle handelt, soweit diese nicht offensichtlich oder gar zielgerichtet durch andere wassergefährdende Stoffe verunreinigt sind. Ein Teil der genannten Beispiele kann sowieso schon unter bestimmte, vom Umweltbundesamt als nicht wassergefährdend definierte Gruppen eingeordnet werden. Diese Einstufung stellt zwar eine Sicherheit für den Betreiber dar, ist aber nicht zwingend erforderlich. Sofern es keinen Hinweis darauf gibt, dass ein festes Gemisch von den in ihm vorhandenen Stoffen her zu einer Verunreinigung des Bodens oder Grundwassers führen kann, ist es nicht als allgemein wassergefährdend anzusehen. Insofern wird eine Anlage, die darauf ausgelegt ist, mit solchen Gemischen umzugehen, nicht als Anlage zum Umgang mit wassergefährdenden Stoffen zu bezeichnen sein. Eine Anlage zur Lagerung von Altglas, Altpapier oder Holzresten ist demnach nicht als Anlage zum Umgang mit wassergefährdenden Stoffen anzusehen, selbst dann nicht, wenn es dort gelegentliche Fehleinwürfe gibt oder das Altholz getrocknete Farbreste enthält. Beim Container mit Hölzern, die mit Holzschutzmitteln behandelt sind, dürfte aber deutlich werden, dass es hier zu erheblichen Kontaminationen kommen kann, wenn die Holzschutzmittel ausgewaschen würden. Diese Hölzer sind demnach als wassergefährdende Stoffe im Sinne des § 3 Absatz 2 Satz 1 Nummer 8 anzusehen.

Nach Absatz 3 gelten Stoffe und Gemische, die dazu bestimmt sind, oder von denen erwartet werden kann, dass sie als Lebensmittel aufgenommen werden, sowie Stoffe und Gemische, die zur Tierfütterung bestimmt sind, mit Ausnahme von Siliergut und Silage, soweit bei diesen Silagesickersaft anfallen kann, als nicht wassergefährdend, da insbesondere eine Einstufung von Nahrungsmitteln in Wassergefährdungsklassen in der Öffentlichkeit nur schwer vermittelbar wäre. Damit zählen beispielsweise Bier, Wein oder Säfte mit dem Zusatz von Ascorbinsäure (Vitamin C) nicht zu den wassergefährdenden Stoffen. Bei den Lebensmitteln, die als nicht wassergefährdend gelten, kommt es nicht darauf an, dass sie in genau dieser Form aufgenommen werden oder ob und wie sie verarbeitet worden sind. Die Maiskörner, aus denen Popcorn hergestellt wird, der Traubenmost, der zu Wein vergoren wird, oder die Zuckerrübe, aus der Zucker gewonnen wird, können auch schon zu den Lebensmitteln gezählt werden. Die Zuordnung zu den nicht wassergefährdenden Stoffen gilt jedoch nur für die Lebensmittel, die von Mensch oder Tier aufgenommen werden und nicht für die Stoffe und Gemische, die bei der Herstellung der Lebensmittel oder ihrer Ver- oder Bearbeitung absichtlich zugesetzt werden. Die Phosphor- oder Ascorbinsäure, die z.B. bei der Herstellung von Erfrischungsgetränken genutzt wird, ist für sich genommen ein wassergefährdender Stoff, mit dem in einer Anlage umgegangen wird. Beide Stoffe werden zugesetzt und nicht als solche aufgenommen, so dass die Behälter mit diesen Stoffen AwSV-Anlagen sind. Dementsprechend gilt das zum Verzehr vorgesehene Speisesalz als nicht wassergefährdend, während das chemisch weitgehend vergleichbare Tausalz in eine Wassergefährdungsklasse einzustufen ist. Werden Stoffe, die auch in Lebensmitteln enthalten sind, wie z.B. Ethanol, für andere Zwecke, also z.B. zur Reinigung eingesetzt, müssen sie ebenfalls in Wassergefährdungsklassen eingestuft werden. Unter die Nummer 2 fallen alle Stoffe oder Erzeugnisse, die verarbeitet, teilweise verarbeitet oder unverarbeitet zur Tierfütterung bestimmt sind. Siliergut und Silage, bei denen Silagesickersaft anfallen kann, wären damit zwar auch erfasst, gelten jedoch aufgrund der Regelung in § 62 Absatz 1 Satz 3 WHG als allgemein wassergefährdend (Absatz 2 Satz 1 Nummer 5). Die Ausführungen zu zugesetzten Stoffen und Gemischen bei Lebensmitteln gelten für Futtermittel entsprechend.

Solange zu einem Stoff keine Entscheidung über die Einstufung im Bundesanzeiger veröffentlicht oder zu einem Gemisch keine Einstufung gegenüber einer zuständigen Landesbehörde dokumentiert worden ist, gilt nach Absatz 4 für diesen Stoff bzw. für dieses Gemisch die Wassergefährdungsklasse „stark wassergefährdend". Mit dieser schon der derzeitigen Praxis entsprechenden Regelung wird dem Besorgnisgrundsatz (§ 62 Absatz 1 WHG) Rechnung getragen.

Zu Abschnitt 2 (Einstufung von Stoffen und Dokumentation; Entscheidung über die Einstufung)

Abschnitt 2 regelt die Einstufung von Stoffen, die Dokumentation dieser Einstufung und das Verfahren der Entscheidung über die Einstufung. Abschnitt 3 macht entsprechende Vorgaben für Gemische. Diese Trennung der Regelungen für Stoffe und Gemische soll der besseren Verständlichkeit dienen.

Zu § 4 (Selbsteinstufung von Stoffen; Ausnahmen; Dokumentation)

§ 4 regelt die Pflicht des Betreibers zur Selbsteinstufung von Stoffen, die bisher schon in der VwVwS geregelt war.

Absatz 1 verpflichtet den Betreiber einer Anlage zum Umgang mit wassergefährdenden Stoffen, die in der Anlage enthaltenen oder verwendeten Stoffe in eine der nach § 3 Absatz 1 vorgegebenen Wassergefährdungsklassen oder als nicht wassergefährdend einzustufen. Die Einstufung in Wassergefährdungsklassen oder als nicht wassergefährdend ergibt sich aus den Stoffeigenschaften nach Maßgabe der Anlage 1. Die Daten, die zur Ableitung der wassergefährdenden Stoffeigenschaft erforderlich sind, müssen dem Betreiber aufgrund anderer gültiger stoff- oder chemikalienrechtlicher Regelungen bekannt sein. Maßgebend sind dabei die Eigenschaften der Stoffe in dem Zustand, in dem sie in eine Anlage gelangen. Reaktionen in der Anlage, insbesondere in HBV-Anlagen, bleiben unberücksichtigt.

Absatz 1 verpflichtet nur den Betreiber zur Selbsteinstufung von Stoffen. Sofern ein Hersteller, Inverkehrbringer oder ein anderer Unternehmer die von ihm vertriebenen Stoffe beispielsweise aus wirtschaftlichem Interesse einstufen will, ist dieses vom Wortlaut des Absatzes 1 aber nicht ausgeschlossen.

Die Verpflichtung zur Selbsteinstufung besteht nach Absatz 2 nicht, wenn ein Stoff in der Verordnung als allgemein wassergefährdend bestimmt ist (Nummer 1), bereits mit seiner Einstufung im Bundesanzeiger veröffentlicht wurde (Nummer 2) oder ein Stoff bereits durch eine veröffentlichte Stoffgruppeneinstufung erfasst wird (Nummer 3). Diese Regelungen erlauben es, auf bestehende Einstufungen zurückzugreifen und dienen damit der Vermeidung von unnötiger Doppelarbeit. Nummer 4 ermöglicht dem Betreiber, einen Stoff unabhängig von seinen Eigenschaften als stark wassergefährdend (WGK 3) zu betrachten. Dieser Regelung kann sich ein Betreiber bedienen, der jeglicher Diskussion um die von ihm eingesetzten Stoffe entgehen will und bereit ist, seine Anlage auf der sicheren Seite zu betreiben. Diese Regelung gilt natürlich nur für seine Anlage und stellt keine Einstufung des Stoffes dar. Nummer 5 stellt eine Sonderregelung für Umschlaganlagen dar und entbindet den Anlagenbetreiber von der Verpflichtung, die wassergefährdenden Stoffe in den Containern oder Ladeeinheiten zu bestimmen. Eine entsprechende Einstufung kann der Betreiber nicht vornehmen, da er den Container nicht öffnen darf. Zur Entscheidung über die Wassergefährdung kann auf die gefahrgutrechtliche Kennzeichnung abgestellt werden.

Absatz 3 verpflichtet den Betreiber, die von ihm für die Selbsteinstufung herangezogenen Daten in einem vorgegebenen Formblatt zu dokumentieren. Die Verwendung des Formblattes soll es dem Betreiber erleichtern, alle erforderlichen Daten anzugeben und dem Umweltbundesamt die Auswertung vereinfachen. Der Umfang der Daten muss im Falle der Einstufung als nicht wassergefährdend größer sein als bei der Einstufung wassergefährdender Stoffe, da mit der Einstufung als nicht wassergefährdend die Anlagen, in denen diese Stoffe verwendet werden, insoweit vollständig aus dem übrigen Regelungsbereich der Verordnung entlassen werden.

Die Dokumentation über die Einstufung von Stoffen ist dem Umweltbundesamt zu übermitteln, damit dieses die Dokumentation kontrollieren (siehe § 5 Absatz 1) und über die endgültige Einstufung entscheiden kann (siehe § 6 Absatz 1). Damit wird sichergestellt, dass die Betreiber die Selbsteinstufung korrekt vornehmen und dass nachvollziehbare und zuverlässige Einstufungsentscheidungen veröffentlicht werden können.

Absatz 4 eröffnet einem Betreiber in bestimmten Fällen die Möglichkeit, die Wassergefährdung seines Stoffes abweichend von den in Anlage 1 näher bestimmten Kriterien zu ermitteln und unter Beifügung entsprechender Nachweise einen abweichenden Einstufungsvorschlag beim Umweltbundesamt einzureichen. Gründe für eine abweichende Einstufung können z.B. sein, dass die der normalen Einstufung zugrunde liegenden Daten und Toxizitätseigenschaften im Hinblick auf eine mögliche Gewässergefährdung im Oberflächen- oder Grundwasser nicht zum Tragen kommen.

Zu § 5 (Kontrolle und Überprüfung der Dokumentation; Stoffgruppen)

Das Instrument der Selbsteinstufung verlangt eine behördliche Qualitätskontrolle, die in § 5 geregelt ist.

Absatz 1 verpflichtet das Umweltbundesamt, alle nach § 4 Absatz 3 und 4 dokumentierten Angaben zur Einstufung von Stoffen auf Vollständigkeit und Plausibilität zu kontrollieren. Diese Kontrolle soll sicherstellen, dass bei der Einstufung von allen Betreibern die Vorgaben der Anlage 1, also zum Beispiel die Punktevergabe für die R-Sätze, vollständig eingehalten werden. Das Umweltbundesamt wird ermächtigt, vom Betreiber ggf. fehlende oder fehlerhafte Angaben ergänzen oder berichtigen zu lassen (Satz 2).

Des Weiteren verpflichtet Absatz 2 Satz 1 und 2 das Umweltbundesamt, stichprobenartig die Selbsteinstufung von Stoffen über die zu dokumentierenden Angaben hinaus im Detail zu überprüfen. Dazu werden beispielsweise auch die Ableitung der R-Sätze oder die Einbeziehung von wissenschaftlichen Studien des Herstellers beleuchtet. In diesen Fällen hat der Betreiber auf Verlangen des Umweltbundesamtes auch die Unterlagen beizubringen, die die Grundlage der Einstufung bilden (Satz 3).

Absatz 3 stellt klar, dass das Umweltbundesamt auch die Möglichkeit hat, Stoffe in Stoffgruppen zusammenzufassen und diese Stoffgruppen einzustufen. Diese Möglichkeit soll dem Umweltbundesamt vorbehalten bleiben, damit die Definition einer Stoffgruppe wissenschaftlich eindeutig, nachvollziehbar und mit dem europäischen Stoffrecht vereinbar ist. Einem Betreiber bleibt es unbenommen, entsprechende Vorschläge zu machen.

Zu § 6 (Entscheidung über die Einstufung; Veröffentlichung im Bundesanzeiger)

§ 6 regelt die Entscheidung des Umweltbundesamtes über die Einstufung eines Stoffes oder einer Stoffgruppe und die Veröffentlichung dieser Entscheidung.

Die verbindliche Entscheidung über die Einstufung von Stoffen, für die Betreiber eine Selbsteinstufung dokumentiert haben, und von Stoffgruppen trifft das Umweltbundesamt (§ 6 Absatz 1). Es entscheidet auf der Grundlage der Ergebnisse der Überprüfungen nach § 5 Absatz 1 und 2. Die Entscheidung des Umweltbundesamtes berücksichtigt nach Absatz 1 Satz 2 neben den Ergebnissen der Überprüfung nach § 5 eigene Erkenntnisse oder Bewertungen sowie vorliegende Stellungnahmen der Kommission zur Bewertung wassergefährdender Stoffe. Erst mit der Entscheidung des Umweltbundesamtes und der Bekanntgabe gegenüber dem Betreiber wird die Selbsteinstufung des Betreibers rechtsverbindlich und kann der Planung, der Errichtung oder dem Betrieb einer Anlage zugrunde gelegt werden. Eine zeitliche Verzögerung der Planung und Errichtung ist nicht zu erwarten, da die Entscheidungen durch eine sachgerechte Dokumentation der Selbsteinstufung kurzfristig getroffen werden können.

Nach Absatz 2 kann das Umweltbundesamt darüber hinaus auch Einstufungen von Stoffen oder Stoffgruppen aufgrund eigener Erkenntnisse ohne Vorliegen einer Selbsteinstufung des Betreibers vornehmen.

Absatz 3 verpflichtet das Umweltbundesamt, die Entscheidung über die Einstufung eines Stoffes nach Absatz 1 Satz 1 dem Betreiber bekanntzugeben. Damit erhält der Betreiber die Möglichkeit, gegen die Einstufung Widerspruch einzulegen. Gegenüber dem heutigen Zustand wird so die Rechtssicherheit deutlich erhöht.

Nach Absatz 4 Satz 1 gibt das Umweltbundesamt die Entscheidungen über die Einstufung von Stoffen und Stoffgruppen nach Absatz 1 und 2 außerdem im Bundesanzeiger in Form einer Allgemeinverfügung im Sinne von § 35 Satz 2 VwVfG öffentlich bekannt, gegen die beim Umweltbundesamt Widerspruch eingelegt werden kann. Davon unabhängig wird das Umweltbundesamt nach Satz 2 im Internet eine Suchfunktion bereitstellen, mit der Wassergefährdungsklassen einzelner Stoffe direkt abgefragt werden können. Eine entsprechende Möglichkeit räumt das System „Rigoletto" auf der Internetseite des Umweltbundesamtes schon heute ein. Diese Informationen werden damit jedem Betreiber frei zugänglich, so dass die Verpflichtung zur Selbsteinstufung desselben Stoffes oder eines zur selben Stoffgruppe gehörenden Stoffes bei einem Einsatz in einer anderen Anlage entfällt. Eine Angabe von personenbezogenen Daten erfolgt bei allen diesen Formen der Veröffentlichung nicht, so dass auf datenschutzrechtliche Regelungen verzichtet werden kann.

Die zentrale Dokumentation ist sinnvoll, da für Stoffe eine allgemeingültige, verbindliche und eindeutige Einstufung nach den in Anlage 1 vorgegebenen Kriterien und zugleich auch eine verbindliche, unter den Aspekten des Datenschutzes nicht zu beanstandende Veröffentlichung möglich ist. Vor diesem Hintergrund ist es sachgerecht, das Umweltbundesamt auch künftig als zentrale Dokumentationsstelle für die Einstufung von wassergefährdenden Stoffen vorzusehen. Damit wird erreicht, dass Betreiber die Wassergefährdungsklasse eines Stoffes nur aus den im Bundesanzeiger veröffentlichten Listen des Umweltbundesamtes ermitteln müssen. Ist der Stoff dort nicht gelistet, ist er noch nicht eingestuft worden und unterliegt noch der Pflicht zur Selbsteinstufung. Eine Doppelbewertung wird mit dieser Vorgehensweise ausgeschlossen.

Zu § 7 (Änderung bestehender Einstufungen; Mitteilungspflicht)

Absatz 1 verpflichtet das Umweltbundesamt, sofern ihm entsprechende Erkenntnisse vorliegen, ggf. eine Neubewertung eines Stoffes vorzunehmen und die Änderung der Einstufung zu veröffentlichen.

Liegen einem Betreiber Informationen vor, die zu einer Änderung der Einstufung führen können, verpflichtet Absatz 2 den Betreiber, diese Informationen dem Umweltbundesamt zukommen zu lassen. Auf der Grundlage dieser Informationen nimmt das Umweltbundesamt nach Absatz 1 erforderlichenfalls eine Änderung der Einstufung von Stoffen vor, die im Bundesanzeiger zu veröffentlichen ist. Beide Absätze sollen gewährleisten, dass die Einstufungen dem neuesten Stand der wissenschaftlichen Erkenntnisse entsprechen.

Zu Abschnitt 3 (Einstufung von Gemischen und Dokumentation; Überprüfung der Einstufung)

Abschnitt 3 regelt in vergleichbarer Form wie Abschnitt 2 die Einstufung, Dokumentation und Überprüfung der Einstufung von Gemischen.

Zu § 8 (Selbsteinstufung von flüssigen oder gasförmigen Gemischen; Dokumentation)

Absatz 1 verpflichtet den Betreiber einer Anlage zum Umgang mit wassergefährdenden Stoffen, die in der Anlage enthaltenen oder verwendeten flüssigen oder gasförmigen Gemische – für feste Gemische gilt eine besondere Regelung nach § 3 Absatz 2 und § 10 – in eine der nach § 3 Absatz 1 vorgegebenen Wassergefährdungsklassen oder als nicht wassergefährdend einzustufen. Die Einstufung in Wassergefährdungsklassen oder als nicht wassergefährdend ergibt sich aus den Eigenschaften nach Maßgabe der Anlage 1. Sofern hierbei auf Daten zur Eigenschaft der Stoffe im Gemisch zurückgegriffen wird, müssen diese dem Betreiber aufgrund anderer gültiger stoff- oder chemikalienrechtlicher Regelungen bekannt sein.

Die Verpflichtung zur Selbsteinstufung besteht nach Absatz 2 nicht für Gemische nach § 3 Absatz 2 und 3 (Nummer 1), da der Verordnungsgeber hier abschließende Vorgaben gemacht hat, wenn ein Gemisch bereits mit seiner Einstufung im Bundesanzeiger veröffentlicht wurde (Nummer 2) oder wenn für ein Gemisch bereits eine Dokumentation erstellt worden ist (Nummer 3). Diese Regelungen erlauben es, auf bestehende Einstufungen zurückzugreifen, und dienen damit der Vermeidung von unnötiger Doppelarbeit. Nummer 4 gibt dem Betreiber wie bei den Stoffen die Möglichkeit, das Gemisch unabhängig von näheren Erkenntnissen seiner Eigenschaften als stark wassergefährdend zu betrachten. Nummer 5 befreit den Betreiber einer Umschlaganlage im intermodalen Verkehr von der Verpflichtung, die Gemische einzustufen und ist vergleichbar zu der Regelung zu Stoffen in § 4 Absatz 2 Nummer 5. Nicht erneut eingestuft werden müssen auch die Gemische, die vom Umweltbundesamt eingestuft und veröffentlicht wurden (Nummer 6).

Absatz 3 verpflichtet den Betreiber, die von ihm für die Selbsteinstufung herangezogenen Daten in einem vorgegebenen Formblatt zu dokumentieren - vgl. hierzu die Begründung zu § 4 Absatz 3. Die Dokumentation über die Einstufung von Gemischen ist nicht dem Umweltbundesamt, sondern allein der zuständigen Behörde im Rahmen der Zulassung der Anlage oder auf Verlangen der zuständigen Behörde im Rahmen der Überwachung vorzulegen. Dies gilt auch für den Fall, dass die Anlage keiner Zulassung bedarf. Damit kann die zuständige Behörde die Dokumentation überprüfen und bei Bedarf auch über eine abweichende Einstufung entscheiden (siehe § 9 Absatz 1 Satz 3). Mit diesem Vorgehen wird sichergestellt, dass die Betreiber die Selbsteinstufung korrekt vornehmen. Nach Satz 2 ist der Betreiber verpflichtet, seine Dokumentation auf dem Laufenden zu halten. Durch diese Regelung wird sichergestellt, dass Erkenntnisse, die der Betreiber zu seinen flüssigen und gasförmigen Gemischen erlangt, dokumentiert werden und ggf. dann in die Einstufung eines Gemisches Eingang finden, wenn sie zu einer Änderung der Wassergefährdungsklasse mit entsprechenden Auswirkungen auf die Anlage führen. Der Betreiber ist jedoch nicht verpflichtet, diese Erkenntnisse von sich aus der Behörde mitzuteilen. Der Verzicht auf diese Pflicht soll den bürokratischen Aufwand verringern. Die Behörde hat jedoch unabhängig von einer Regelung immer das Recht, die Dokumentation zu überprüfen (vgl. § 9 Absatz 1).

Absatz 4 regelt eingeschränkte Informationspflichten des Betreibers für den Fall, dass die vollständige Dokumentation der Daten Betriebsgeheimnisse zur Rezeptur eines Gemisches enthalten würde. In diesem Fall kann der Betreiber eine Dokumentation nach Absatz 3 verweigern. Er muss dann aber der zuständigen Behörde mitteilen, wie groß jeweils der Anteil aller Stoffe der jeweiligen Wassergefährdungsklassen ist. Die Identität der im Gemisch enthaltenen Stoffe muss dagegen nicht im Einzelnen angegeben werden. Durch die Angabe der Anteile der jeweiligen Wassergefährdungsklassen ist es allerdings möglich, die Gemischregelung und damit die Einstufung des Gemisches nachzuvollziehen. Im Fall der schützenswerten Betriebsgeheimnisse dokumentiert in diesem Sinne die zuständige Behörde die Nachvollziehbarkeit der Einstufung des Gemisches in eine Wassergefährdungsklasse. Eine solche Regelung ist erforderlich, damit Betreiber nicht die Rezepturen bestimmter für den Erfolg des Betriebes besonders wichtiger Gemische offen legen oder aus der Hand geben müssen.

Zu § 9 (Überprüfung der Selbsteinstufung von flüssigen oder gasförmigen Gemischen; Änderung der Selbsteinstufung)

§ 9 regelt die Überprüfung der Selbsteinstufung von flüssigen und gasförmigen Gemischen.

Nach Absatz 1 Satz 1 hat die zuständige Behörde die Möglichkeit, die Selbsteinstufungen sowie die nach § 8 Absatz 3 dokumentierten Angaben zu überprüfen. In diesem Fall gelten die Mitwirkungspflichten des Betreibers wie bei der Stoffeinstufung nach § 5 Absatz 1. Anders als bei Stoffen, deren Einstufung eine wesentliche Grundlage für die Einstufung von Gemischen bildet, ist bei Gemischen die Überprüfung jeder Selbsteinstufung auf Vollständigkeit und Plausibilität nicht verpflichtend vorgesehen. Gemische weisen im Unterschied zu Stoffen häufig wechselnde Zusammensetzungen auf und fallen in der Regel in dieser Form nur in einer einzelnen Anlage an. Auf andere Anlagen sind diese Selbsteinstufungen aufgrund abweichender Produktionsprozesse und damit verbundener anderer Zusammensetzungen der Gemische meist nicht übertragbar. Insofern dient es der Entbürokratisierung, die Einstufung von Gemischen nicht zentral zusammenzufassen und keine Veröffentlichung der Einstufung von Gemischen vorzusehen. Damit wird außerdem auch verhindert, sensible Daten weitergeben zu müssen.

Nach Absatz 2 kann sich die zuständige Behörde in Fragen der Einstufung von flüssigen oder gasförmigen Gemischen durch das Umweltbundesamt beraten lassen, wenn sie dies für geboten hält. Damit erhält die zuständige Behörde eine geregelte Möglichkeit, sich bei unterschiedlichen Auffassungen externen Sachverstandes zu bedienen.

Zu § 10 (Einstufung fester Gemische)

§ 10 regelt die Möglichkeit und das Verfahren, abweichend von § 3 Absatz 2 feste Gemische doch in eine Wassergefährdungsklasse oder als nicht wassergefährdend einzustufen. Diese Regelung gilt auch für feste Abfälle, da sie wie alle anderen Stoffe und Gemische wassergefährdend sein können. Der Umgang mit ihnen unterliegt daher den Anforderungen der §§ 62 und 63 des Wasserhaushaltsgesetzes, von denen nur Abwasser und bestimmte radioaktive Stoffe ausgenommen sind (§ 62 Absatz 6 WHG).

Absatz 1 legt fest, dass ein Betreiber auf eigene Initiative feste Gemische als nicht wassergefährdend einstufen kann, wenn zumindest eine der folgenden Bedingungen erfüllt ist:

- der Betreiber nimmt eine Einstufung als Gemisch nach Anlage 1 Nummer 2.2 vor (Nummer 1)
- der Einbau ist nach anderen Rechtsvorschriften uneingeschränkt möglich (Nummer 2). Bei dieser Regelung wird unterstellt, dass dann eine nachteilige Veränderung der Eigenschaften des Grundwassers nicht zu besorgen ist. Voraussetzung ist die uneingeschränkt zulässige Verwertung oder Ablagerung. Im Zusammenhang mit der Erarbeitung der zukünftigen Ersatzbaustoffverordnung wurden ausgesprochen umfangreiche Gutachten erstellt, in denen die Freisetzung von Schadstoffen aus Recyclingmaterialien im Hinblick auf das zeitliche Verhalten sowie die auftretenden Konzentrationen untersucht wurden.

In Auswertung dieser Gutachten wurde für die unterschiedlichen Materialien definiert, unter welchen Voraussetzungen sie in technische Bauwerke eingebaut werden dürfen. Materialien, die zu keinen nachteiligen Veränderungen von Gewässern führen können, sollen ohne Einschränkungen und ohne behördliches Verfahren eingebaut werden können. Diese sollen deshalb auch als nicht wassergefährdend gelten. Materialien, die aber z.B. nur unter einer hydraulisch gebundenen oder wasserundurchlässigen Deckschicht oder Bauweise eingebaut werden dürfen, bei denen ein bestimmter Abstand zum Grundwasserstand einzuhalten ist oder die in Wasserschutzgebieten Zone III A und III B oder in einem Überschwemmungsgebiet nicht eingebaut werden dürfen, genügen der Vorgabe eines uneingeschränkten Einbaus nicht und fallen damit unter die allgemein wassergefährdenden Stoffe. Durch diese Regelung wird erreicht, dass Gemische, die überall in der Umwelt eingebaut werden dürfen, auch bei ihrer Lagerung, bei ihrem Umschlag oder ihrer Behandlung in Anlagen nicht als wassergefährdend gelten. Bei anderen Gemischen, deren Entsorgung nur unter besonderen Sicherheitsvorkehrungen möglich ist, kommen dagegen die anlagenbezogenen Anforderungen der Verordnung zur Anwendung. Dies ist gerechtfertigt, da dieses Material offensichtlich aufgrund seiner Eigenschaften zu einer Schädigung der Umwelt führen kann, wenn keine Schutzmaßnahmen getroffen werden. Die Regelungen zu den festen Gemischen verfolgen das Ziel, bezüglich der Abfälle keine eigenständigen Einstufungen vorzunehmen, sondern sich an vorhandene, insbesondere abfallrechtliche, Regelungen anzulehnen und diese für die Verordnung zu nutzen. Dies dient der Vollzugserleichterung und soll vermeiden, dass es zu abweichenden Zuordnungen der Abfälle im Abfall- und Wasserrecht kommt.

- das Gemisch kann als Z 0- oder Z 1.1-Material der Mitteilung 20 der Länderarbeitsgemeinschaft Abfall (LAGA) „Anforderungen an die stoffliche Verwertung von mineralischen Abfällen/Technische Regeln" (Stand: 06.11.2003) eingestuft werden (Nummer 3). Diese Technische Regel ist 2004 vom Erich Schmidt Verlag Berlin veröffentlicht und bei der Deutschen Nationalbibliothek archivmäßig gesichert niedergelegt worden. Sie kann auch in der Bibliothek des BMUB in Bonn eingesehen werden. Der feste Verweis auf das Regelwerk ist in der Zeit bis zum Erlass der geplanten Ersatzbaustoffverordnung zur eindeutigen Abgrenzung der nicht wassergefährdenden Recyclingmaterialien erforderlich. Dieses Regelwerk ist zudem in der Praxis bekannt und anerkannt, so dass mit diesem Verweis ein einfaches und betreiberfreundliches Verfahren festgeschrieben wird. Die Zuordnung des Z0 und Z1.1-Materials zu den nicht wassergefährdenden Stoffen entspricht der Vollzugspraxis der Länder. Diese hatten Material der Zuordnungsstufe Z1.2 und darüber als wassergefährdend angesehen. Die bisher schon bestehende Praxis, im Einzelfall auch abweichende Regelungen für Anlagen zu treffen, wird durch § 16 aufgefangen (siehe dort).

Absatz 2 räumt dem Betreiber die Möglichkeit ein, feste Gemische in Wassergefährdungsklassen einzustufen. Diese Möglichkeit wird dann interessant, wenn ein festes Gemisch vertrieben wird und anschließend zu einem neuen Gemisch verarbeitet wird. Die Mischungsregel in Anlage 1 Nummer 5 enthält keinen Bezug auf allgemein wassergefährdende Stoffe, so dass zur Vermeidung von unbilligen Härten eine besondere Regelung erforderlich geworden ist.

Absatz 3 Satz 1 regelt, dass ein Betreiber den Nachweis, dass ein festes Gemisch als nicht wassergefährdend oder in eine Wassergefährdungsklasse eingestuft werden kann, zu dokumentieren und der zuständigen Behörde im Rahmen einer ggf. erforderlichen Zulassung oder der Überwachung vorzulegen hat. Wie bei den flüssigen und gasförmigen Gemischen ist der Betreiber verpflichtet, die Dokumentation auf dem aktuellen Stand zu halten (Satz 2). Nach Satz 3 hat die

Behörde die Möglichkeit, die Dokumentation zu überprüfen und bei Bedarf nach Satz 4 fehlende oder nicht plausible Unterlagen ergänzen oder berichtigen zu lassen. Eine Anlage, die mit nicht wassergefährdenden Stoffen umgeht, fällt nicht unter die Verordnung. Der Betreiber bleibt jedoch in der Pflicht, bei Kontrollen oder bei möglichen Grundwasserbelastungen nachzuweisen, dass er in seiner Anlage tatsächlich nur mit nicht wassergefährdenden Stoffen umgeht. Im Übrigen wird auf die Begründung zu § 8 Absatz 3 verwiesen.

Absatz 4 bestimmt zum einen, dass die zuständige Behörde einer Einstufung eines festen Gemisches durch den Betreiber als nicht wassergefährdend widersprechen kann, so dass es bei der gesetzlichen Einstufung nach § 3 Absatz 2 Satz 1 Nummer 8 verbleibt. Zudem kann die zuständige Behörde nach Absatz 4 ein festes Gemisch abweichend von der Einstufung des Betreibers in eine andere Wassergefährdungsklasse einstufen. Sie hat dabei nach Satz 2 die Möglichkeit, sich vom Umweltbundesamt beraten zu lassen, bevor sie nach Satz 3 dem Betreiber dieses Ergebnis in schriftlicher Form bekannt gibt. Gegen einen solchen Bescheid können Rechtsmittel eingelegt werden. Mit Absatz 3 und 4 wird dem möglichen Missbrauch einer fehlerhaften Einstufung durch den Betreiber wirkungsvoll Einhalt geboten.

Zu § 11 (Einstufung von Gemischen durch das Umweltbundesamt)

§ 11 Satz 1 räumt dem Umweltbundesamt die Möglichkeit ein, Gemische als nicht wassergefährdend oder in eine Wassergefährdungsklasse einzustufen, wozu ansonsten nur der Betreiber und die zuständige Behörde ermächtigt sind. Dabei soll eine solche Einstufung die Ausnahme bleiben und nur vorgenommen werden, wenn es den Bedarf nach einer bundesweit gültigen Regelung gibt. Dies kann z.B. der Fall sein, wenn verschiedene Behörden oder Betreiber zu unterschiedlichen Ergebnissen bei der Einstufung kommen. Dies ist jedoch nicht der Fall, wenn Betreiber und zuständige Behörde unterschiedlicher Meinung sind oder wenn sich ein Betreiber aus betriebswirtschaftlichen Überlegungen einen Vorteil von einer bundesweit gültigen Einstufung verspricht. Um den Kriterien dieser Verordnung zu genügen, muss eine eindeutige Charakterisierung des Gemischs vorgenommen werden, die es auch einem anderen Betreiber erlaubt, zweifelsfrei festzustellen, dass es sich bei dem bei ihm vorhandenen Gemisch von seiner Zusammensetzung und Charakteristik her um das Gemisch handelt, das eingestuft worden ist. Eine spezielle Regelung, wer diese Einstufung veranlassen kann, enthält der Paragraf nicht. In der Regel wird die Einstufung des Gemischs durch eine Diskussion im Geschäftsbereich des BMUB oder UBA ausgelöst werden. Grundsätzlich ist es aber auch möglich, dass ein Betreiber oder ein Hersteller/Inverkehrbringer vorstellig wird. In diesen Fällen besteht jedoch kein Anspruch auf eine solche Einstufung. Satz 2 regelt die Veröffentlichung einer solchen Einstufung durch Verweis auf § 6 Absatz 4.

Zu Abschnitt 4 (Kommission zur Bewertung wassergefährdender Stoffe)

Zu § 12 (Kommission zur Bewertung wassergefährdender Stoffe)

§ 12 regelt die Zusammensetzung und die Aufgaben der Kommission zur Bewertung wassergefährdender Stoffe (KBwS). Die Kommission hat bereits bisher das Bundesministerium für Umwelt, Naturschutz, Bau und Reaktorsicherheit in Einstufungsfragen beraten.

Absatz 1 Satz 1 ordnet die KBwS dem Bundesministerium für Umwelt, Naturschutz, Bau und Reaktorsicherheit zu. Satz 2 regelt die Beratungsfunktion der KBwS gegenüber dem Bundesministerium für Umwelt, Naturschutz, Bau und Reaktorsicherheit und dem Umweltbundesamt. Die KBwS muss nicht mehr wie bisher in jede einzelne Entscheidung des Umweltbundesamtes einbezogen werden. Nur dann, wenn das Umweltbundesamt aus besonderen Gründen nicht allein entscheiden kann, wird es eine Stellungnahme von der KBwS einfordern, die dann nach § 6 Absatz 1 und 2 in die Einstufungsentscheidung einfließen kann. Das Umweltbundesamt kann ebenfalls bei Widerspruchsverfahren gegen eine Einstufung eine Stellungnahme von der KBwS einholen. Die KBwS kann jedoch von sich aus beispielsweise zur Berücksichtigung internationaler Entwicklungen zur Bewertung von Stoffen, zur Notwendigkeit der Einbeziehung weiterer Testverfahren oder zur Fortentwicklung von Bewertungsverfahren beratend tätig werden.

Absatz 2 Satz 1 und 2 bestimmt die Zusammensetzung der Kommission. Durch die ausgewogene Einbindung von behördlichem, industriellem und wissenschaftlichem Sachverstand wird sichergestellt, dass die Stellungnahmen zur Einstufung von Stoffen gemäß § 6 Absatz 1 Nummer 2 unabhängig und praxisnah ausfallen und somit eine hohe Akzeptanz bei den Betroffenen erreicht wird. Die Berufung der Mitglieder folgt deren besonderem Fachwissen. Sie vertreten ihre persönliche Fachmeinung. Die Mitgliedschaft ist nach Satz 3 ehrenamtlich. In schwierigen Fällen soll durch die Einbeziehung dieser Expertinnen und Experten aus unterschiedlichen Fachrichtungen die Einstufung abgesichert werden.

Absatz 3 regelt die Berufung der Mitglieder der KBwS durch das Bundesministerium für Umwelt, Naturschutz, Bau und Reaktorsicherheit, die Wahl der oder des Vorsitzenden und die Annahme einer Geschäftsordnung.

Zu Kapitel 3 (Technische und organisatorische Anforderungen an Anlagen zum Umgang mit wassergefährdenden Stoffen)

In Kapitel 3 werden die Anforderungen an Anlagen zum Umgang mit wassergefährdenden Stoffen und die Pflichten der Betreiber geregelt.

Zu Abschnitt 1 (Allgemeine Bestimmungen)

Abschnitt 1 regelt Einschränkungen des Geltungsbereichs des Kapitels 3 (§ 13), die Bestimmung und Abgrenzung von Anlagen (§ 14), den Status und die Bekanntmachung technischer Regeln (§ 15) sowie die Möglichkeit für die zuständige Behörde, abweichende Anforderungen zu stellen (§ 16).

Zu § 13 (Einschränkungen des Geltungsbereichs dieses Kapitels)

§ 13 bestimmt Ausnahmen vom Anwendungsbereich des Kapitels 3 der Verordnung.

Absatz 1 bestimmt, dass für Anlagen zum Umgang mit aufschwimmenden flüssigen Stoffen (sog. Floater) die Anforderungen des Kapitels nur dann gelten, wenn nicht ausgeschlossen werden kann, dass die Floater in ein oberirdisches Gewässer gelangen können. Ein Eintrag in ein oberirdisches Gewässer kann insbesondere möglich sein, wenn diese Anlagen an oder in der Nähe eines oberirdischen Gewässers liegen oder die aufschwimmenden flüssigen Stoffe aufgrund des Gefälles in ein oberirdisches Gewässer oder im Zuge einer Direkt- oder Indirekteinleitung in ein solches Gewässer gelangen können. Diese Regelung folgt der Tatsache, dass diese Stoffe aufgrund ihrer aufschwimmenden Eigenschaften beim Eintrag in ein oberirdisches Gewässer zu einer nachteiligen Veränderung der Eigenschaften dieses Gewässers führen, also wassergefährdend sind. Anlagen, bei denen die aufschwimmenden flüssigen Stoffe nicht in ein oberirdisches Gewässer gelangen können, fallen damit nicht unter Kapitel 3 der Verordnung. Dazu würde z.B. ein unterirdisches Hydraulikaggregat eines Aufzuges zählen, das mit solchen Stoffen betrieben wird.

Absatz 2 Nummer 1 nimmt die Anlagen zum Lagern von Hausmüll im privaten Bereich aus. Außerdem sind auch Geschäftsabfälle, wie sie typischerweise in Büros, Behörden, Schulen oder Gaststätten anfallen, ausgenommen, also z.B. Papiere, organische Abfälle aus Teeküchen, Servietten o.ä. Hausmüll und Bioabfall können nach heutigem Wissensstand wassergefährdende Eigenschaften haben. Die Behälter, in denen diese Abfälle gesammelt werden, die von den Entsorgungsunternehmen eingeführt wurden und die an die Entsorgungsfahrzeuge angepasst sind, entsprechen jedoch in der Regel nicht den Anforderungen des Kapitels 3. Eine Änderung dieser Situation ist genauso wenig angemessen wie die Umrüstung der Stellplätze für diese Behälter im Hinblick auf die Anforderungen nach Kapitel 3. Zur Vermeidung unbilliger Härten wird deshalb eine Sonderregelung getroffen, nach der an diese Anlagen, solange sie den Gebäuden zugeordnet sind, in denen diese Stoffe anfallen, keine Anforderungen gestellt werden.

Nummer 2 enthält eine entsprechende Regelung auch für die Lagerung und Behandlung von Bioabfällen, z.B. im Garten, im Rahmen der Eigenkompostierung. Behandelter Bioabfall, also Kompost, ist zwar als nicht wassergefährdender Stoff eingestuft, dies bezieht sich jedoch nicht auf die Ausgangsstoffe, bei deren Behandlung auch schädliches Sickerwasser anfallen kann. Um zu verhindern, dass die Eigenkompostierung erschwert wird und dabei zukünftig die Anforderungen des Kapitels 3 eingehalten werden müssen, werden auch an sie keine Anforderungen gestellt. In beiden Fällen gelten jedoch die Anforderungen der Verordnung für die Anlagen, in denen der eingesammelte Abfall in zentralen Anlagen gelagert oder behandelt wird.

Nummer 3 befreit das Gewerbe davon, bei der Sammlung und Lagerung fester wassergefährdender Abfälle und fester Abfälle, denen wassergefährdende Stoffe anhaften, die Anforderungen der Verordnung einzuhalten, indem für dichte Behälter bis 1.250 Liter eine Sonderregelung eingeführt wird. Entsprechende Sammelgefäße sind in vielen Werkstätten oder Produktionshallen vorhanden. Die Regelung ist als Bagatellregelung zur Entbürokratisierung und Vereinfachung der gesamten Vorgehensweise zu verstehen. Im Unterschied zu den Haushaltsabfällen, bei denen auf alle Anforderungen verzichtet wird, werden hier jedoch vom Betreiber bestimmte praxisgerechte Grundpflichten verlangt.

Nummer 4 ergänzt, dass Kapitel 3 ebenfalls auf das Lagern fester Gemische, die auf der Baustelle bei der Bautätigkeit, z.B. beim Abbruch eines Gebäudes anfallen, nicht anzuwenden ist. Mit dieser Regelung soll insbesondere erreicht werden, dass zur Zwischenlagerung der auf einer Baustelle unmittelbar anfallenden Abfälle keine Anlagen errichtet werden müssen. Es ist davon auszugehen, dass diese Zwischenlagerung auf einen relativ kurzen Zeitraum beschränkt bleibt.

JGS-Anlagen müssen nach § 62 Absatz 1 Satz 3 WHG den bestmöglichen Schutz der Gewässer vor nachteiligen Veränderungen ihrer Eigenschaften gewährleisten. Für sie gelten nach Absatz 3 nur die §§ 16 (Behördliche Anordnungen), 24 (Pflichten bei Betriebsstörungen; Instandsetzung) und 51 (Abstand zu Trinkwasserbrunnen, Quellen und oberirdischen Gewässern). Für diese JGS-Anlagen ist in erster Linie Anlage 7 einschlägig. Kapitel 1, 2, 4 und 5 gelten dagegen auch für JGS-Anlagen.

Zur Verringerung der durch Nitrat aus landwirtschaftlichen Quellen verursachten oder ausgelösten Gewässerverunreinigung und zur Vorbeugung weiterer Gewässerverunreinigung dieser Art verlangt die Richtlinie 91/676/EWG des Rates vom 12. Dezember 1991 zum Schutz der Gewässer vor Verunreinigung durch Nitrat aus landwirtschaftlichen Quellen (Nitratrichtlinie) in Artikel 5 die Festlegung von Aktionsprogrammen für die als gefährdet ausgewiesenen Gebiete bzw. eines Aktionsprogramms für das gesamte Gebiet eines Mitgliedstaates.

In Deutschland setzt sich das nationale Aktionsprogramm aus zwei Teilen zusammen. Der erste Teil umfasst Vorschriften zur Ausbringung von stickstoffhaltigen Düngemitteln auf landwirtschaftlichen Nutzflächen sowie zum Fassungsvermögen von Anlagen zur Lagerung von Wirtschaftsdüngern. Der zweite Teil umfasst nach § 62a Satz 2 WHG insbesondere Angaben zur Beschaffenheit, zur Lage, zur Errichtung und zum Betrieb von Anlagen zum Lagern und Abfüllen von Jauche, Gülle und Silagesickersäften sowie von vergleichbaren in der Landwirtschaft anfallenden Stoffen. Dieser zweite Teil des Aktionsprogramms bildet die Grundlage für die Regelungen zu JGS-Anlagen in der vorliegenden Verordnung (§ 62a Satz 4 WHG). Nach § 62 Satz 3 WHG bedarf das Aktionsprogramm zum Schutz von Gewässern vor Nitrateinträgen aus Anlagen einer strategischen Umweltprüfung nach dem Gesetz über die Umweltverträglichkeitsprüfung.

Zu § 14 (Bestimmung und Abgrenzung von Anlagen)

§ 14 regelt die formale Bestimmung und die Abgrenzung von Anlagen zu anderen Anlagen.

Absatz 1 bestimmt, dass der Betreiber einer Anlage festzulegen und zu dokumentieren hat, welche Anlagenteile zur Anlage gehören und wo die Schnittstellen zu anderen Anlagen sind. In der Vergangenheit war die Frage, welche Anlagenteile zu einer Anlage gehören und wo eine Anlage in eine andere übergeht, Anlass zu intensiven Diskussionen zwischen Betreibern, Sachverständigen und Behördenvertretern. Eine unstrittige und alle Fälle berücksichtigende Regelung ist bisher nicht gelungen. Nachdem der Betreiber das umfassendste Wissen über seine Anlagen hat, ist er auch am besten in der Lage, festzulegen, welche Teile zu einer Anlage gehören. Die meisten Länder haben sich dieser Auffassung inzwischen angeschlossen. Der Behörde bleibt die Möglichkeit, diese Entscheidung zu überprüfen, unbenommen, da der Betreiber über eine Dokumentation der Abgrenzung der Anlage verfügen muss. Wenn ein Betreiber nur eine Anlage betreibt, stellt sich die Frage der Abgrenzung und der Schnittstellen nicht. Die Aussage, dass z.B. eine Malerwerkstatt nur über ein Farbenlager als Fass- und Gebindelager verfügt, ist ausreichend.

Die Abgrenzung muss nach Absatz 2 so erfolgen, wie dies die Funktion der Anlage sowie der verfahrenstechnische Zusammenhang erfordert. Damit soll verhindert werden, dass Prozesse, die in mehreren Schritten erfolgen, auseinander genommen werden. Bei der Abgrenzung von Anlagen, die aus mehreren Teilen bestehen, in denen sich wassergefährdende Stoffe bestimmungsgemäß befinden, soll deshalb die Funktion der Anlage im Vordergrund stehen bleiben und zusammenhängende Behandlungsschritte nicht verschiedenen Anlagen zugeordnet werden. Allerdings ist es nicht angebracht, aus parallelen „Produktionsstraßen" eine Anlage zu machen. Satz 2 konkretisiert Satz 1. Danach sind Anlagenteile, zwischen denen wassergefährdende Stoffe ausgetauscht werden oder für die ein unmittelbarer sicherheitstechnischer Zusammenhang besteht, zu einer Anlage zusammenzufassen. Damit werden z.B. wie bisher kommunizierende Behälter genauso zu einer Anlage wie Abfüllflächen mit mehreren Abfülleinrichtungen. Eine Rohrleitung, die insbesondere an großen Chemiestandorten viele einzelne Anlagen verbindet, macht aus diesen jedoch keine gemeinsame Anlage.

Absatz 3 übernimmt eine bewährte Regelung aus der Muster-VAwS (§ 2 Nummer 8). Bei Flächen, auf denen regelmäßig Behälter oder Verpackungen mit wassergefährdenden Stoffen abgestellt werden, entsteht ein vergleichbares Risiko wie bei anderen Anlagen, so dass die so genutzten Flächen als Teile von Anlagen anzusehen sind. Damit sind jedoch nicht die Flächen gemeint, auf denen kurzzeitig – aber nicht regelmäßig - wassergefährdende Stoffe in Behältern oder Verpackungen bereitgestellt werden (§ 63 Absatz 2 Nummer 2 Buchstabe a WHG).

Nach Absatz 4 Satz 1 sind die Flächen, auf denen Transportmittel mit wassergefährdenden Stoffen abgestellt werden, keine Lageranlagen. Zu solchen Transportmitteln zählen insbesondere Tankfahrzeuge mit Straßenzulassung, die in der Regel auf Parkplätzen oder dafür vorgesehenen Parkflächen abgestellt werden. Diese Regelung bezieht jedoch nicht den Tankwagen ein, mit dem z.B. ein Behälter einer Tankstelle befüllt wird. Hier liegt ein Abfüllen vor, das durch die Verordnung erfasst wird. Satz 2 übernimmt die Begriffsbestimmung von § 2 Absatz 23 Satz 2 auch für die Abgrenzung von Umschlaganlagen zu Lageranlagen.

Absatz 5 ordnet eine Fläche, von der aus eine Anlage befüllt wird, oder auf der Behälter oder Verpackungen mit wassergefährdenden Stoffen aus einer Anlage herausgeholt oder in eine Anlage gestellt werden, dieser Anlage zu. Wenn beispielsweise die Flüssigkeit von Behandlungsbädern nachgefüllt werden muss, ist es zweckmäßig, die Fläche, von der aus dies geschieht und auf der ggf. auch ein Nachfüllbehälter kurzfristig abgestellt wird, dieser Behandlungsanlage zuzuordnen. Dies gilt auch für das Hinein- oder Herausnehmen von Behältern oder Verpackungen in ein Lager, da in vielen Fällen hierfür keine eigene Umschlaganlage errichtet wird, sondern dieser Vorgang auf einer vorhandenen, der eigentlichen Lageranlage zugeordneten Fläche vorgenommen wird.

Absatz 6 präzisiert den Anlagenbegriff für HBV-Anlagen. Ziel ist, eine zu große Zersplitterung von Anlagen zu verhindern und damit einen Beitrag zur Vereinfachung und zur Verbesserung der Übersichtlichkeit zu leisten. Die Regelung entstammt § 2 Absatz 6 der Muster- VAwS. Nach Satz 1 werden Behälter, in denen wassergefährdende Stoffe weder hergestellt noch behandelt oder verwendet werden, die jedoch im engen funktionalen Zusammenhang mit einer HBV-Anlage stehen, dieser zugeordnet. Dies gilt beispielsweise für einen Vorlagebehälter. Insbesondere in komplexen Industrieparks kommt es regelmäßig zu Diskussionen, ob bestimmte Behälter einer HBV- oder einer Lageranlage zuzuordnen sind. Nach Absatz 6 Satz 2 hat in diesen Fällen die Einordnung als Lageranlage Vorrang. In diesem Sinne werden Behälter, die in Verbindung zu mehreren HBV-Anlagen stehen als Lageranlage bestimmt, ebenso wie Behälter, in denen ein größeres Volumen wassergefährdender Stoffe vorgehalten wird, als für eine Tagesproduktion oder für die Herstellung einer Charge erforderlich ist.

Absatz 7 knüpft an die Bestimmungen des § 62 Absatz 1 Satz 2 Nummer 2 und 3 des Wasserhaushaltsgesetzes zu Rohrleitungsanlagen an. Hierunter fallen nicht Rohrleitungsanlagen zum Befördern wassergefährdender Stoffe nach Anlage 1 Nummer 19.3 des Gesetzes über die Umweltverträglichkeitsprüfung und zwar unabhängig davon, ob sie die dort genannten Schwellen- oder Prüfwerte überschreiten. Für solche Rohrleitungsanlagen gelten nicht die Vorschriften des Kapitels 3, sondern allein die §§ 20 ff des Gesetzes über die Umweltverträglichkeitsprüfung sowie die Rohrfernleitungsverordnung. Zur Vereinfachung sind nach Absatz 7 Rohrleitungsanlagen, soweit sie Zubehör einer Anlage zum Umgang mit wassergefährdenden Stoffen sind oder Anlagen verbinden, die in engem räumlichen und betrieblichen Zusammenhang miteinander stehen, einer dieser Anlagen zuzuordnen. Damit soll beispielsweise verhindert werden, dass eine Rohrleitung, die von einem Heizölbehälter zum Brenner führt, als eigenständige Anlage behandelt werden muss.

Zu § 15 (Technische Regeln)

Nach § 62 Absatz 2 WHG dürfen Anlagen nur entsprechend den allgemein anerkannten Regeln der Technik beschaffen sein sowie errichtet, unterhalten, betrieben und stillgelegt werden. Unter den allgemein anerkannten Regeln der Technik (a.a.R.d.T.) sind insbesondere die in technischen Normen und Vorschriften festgeschriebenen Prinzipien und Lösungen zu verstehen, die in der Praxis erprobt und bewährt sind und bei der Mehrheit der auf diesem Gebiet tätigen Fachleute anerkannt sind. § 15 Absatz 1 stellt klar, dass technische Regeln, die den allgemein anerkannten Regeln der Technik entsprechen, insbesondere diejenigen sind, die von den auf diesem Gebiet tätigen technisch-wissenschaftlichen Vereinigungen (z.B. der Deutschen Vereinigung für Wasserwirtschaft, Abwasser und Abfall e.V. - DWA) erstellt worden sind. In der Regel unterliegen sie einem förmlichen, öffentlichen Anerkennungsverfahren, in dem die Fachkreise ihre Meinung und Expertise einbringen können und werden üblicherweise veröffentlicht. Die Vorgehensweise hierbei entspricht z.B. dem DWAArbeitsblatt A 400 „Grundsätze für die Erarbeitung des DWA-Regelwerkes" oder vergleichbaren Regelsetzungen.

Technische Regeln sind insbesondere die im Folgenden aufgeführten. Die Aufzählung stellt keine Wertung dar, so dass alle genannten technischen Regeln grundsätzlich die gleiche Gewichtung haben.

1. Technische Regeln für bestimmte Anlagen

Zu den allgemein anerkannten Regeln der Technik zählen die für bestimmte Anlagen (z.B. Heizölverbraucheranlagen) und Bauweisen (z.B. Ausführung von Dichtflächen) veröffentlichten Technischen Regeln wassergefährdende Stoffe (TRwS) der DWA. Im Hinblick auf die unmittelbare Anlagensicherheit können insbesondere auch die folgenden Regelwerke als allgemein anerkannte Regeln der Technik angesehen werden:

a) Technische Regeln für brennbare Flüssigkeiten (TRbF), soweit diese nicht schon in der Bauregelliste A aufgeführt sind,
b) Technische Regeln für Druckbehälter (TRD) und
c) Technische Regeln für Rohrleitungen (TRR)

Diese Regeln werden durch die Technischen Regeln für Betriebssicherheit TRBS abgelöst, die vom Ausschuss für Betriebssicherheit erarbeitet und vom Bundesministerium für Arbeit und Soziales im Bundesarbeitsblatt bekanntgemacht werden. Allerdings verlieren diese Regeln zunehmend an Bedeutung für den Gewässerschutz.

2. Technische Regeln für Bauprodukte, soweit sie den Gewässerschutz betreffen

Technische Regeln für nationale Bauprodukte sind in der Bauregelliste A Teil 1 aufgeführt (geregelte Bauprodukte). Als allgemein anerkannte Regeln der Technik im Hinblick auf den Gewässerschutz gelten die in der Bauregelliste A Teil 1 unter der Gliederungsnummer 15 (Bauprodukte für ortsfest verwendete Anlagen zum Lagern, Abfüllen und Umschlagen wassergefährdender Stoffe) aufgeführten technischen Regeln für die dort aufgeführten Bauprodukte. Gleiches gilt für Prüfverfahren, nach denen Bauprodukte beurteilt werden, die beim Umgang mit wassergefährdenden Stoffen verwendet werden und die in der Bauregelliste A Teil 2 genannt sind.

3. Deutsche und Europäische Normen

Soweit sich Normen nicht auf Bauprodukte beziehen und demnach nicht unter 2) fallen, können auch sie als Technische Regeln angesehen werden. Dazu zählen z.B. Kraftstoff- oder Prüfnormen.

Das Bundesministerium für Umwelt, Naturschutz, Bau und Reaktorsicherheit kann, wenn es dies für sinnvoll erachtet, technische Regeln im Bundesanzeiger bekannt machen.

Absatz 2 dient der Umsetzung von europäischem Recht zur Verhinderung von Wirtschaftshindernissen. Demnach stehen technische Anforderungen anderer Mitgliedstaaten der EU und anderer Vertragsstaaten des Abkommens über den Europäischen Wirtschaftsraum den nationalen technischen Regeln nach Absatz 1 gleich, wenn mit diesen Anforderungen das gleiche Schutzniveau auf Dauer erreicht wird.

Zu § 16 (Behördliche Anordnungen)

§ 16 eröffnet der zuständigen Behörde die Möglichkeit, insbesondere von den Vorgaben der Verordnung abweichende Anforderungen festzulegen (Absatz 1 und 3) und dem Betreiber Beobachtungsmaßnahmen aufzuerlegen (Absatz 2). Die Absätze 1 und 3 gewährleisten, dass im Einzelfall dem jeweils zu betrachtenden Standort und der Gewässergefährdung einerseits oder den Besonderheiten der Anlage andererseits Rechnung getragen werden kann. § 16 ergänzt die unberührt bleibenden Vorschriften über Aufgaben und Befugnisse der Gewässeraufsicht in den §§ 100 und 101 WHG.

Absatz 1 Satz 1 räumt der zuständigen Behörde die Möglichkeit ein, z.B. bei besonderer Gewässergefährdung und wenn anders die Anforderungen nach § 62 Absatz 1 WHG nicht einzuhalten sind, auch Anforderungen zu stellen, die über die allgemein anerkannten Regeln der Technik, die Anforderungen nach Kapitel 3 oder über die durch Eignungsfeststellung festgelegten Anforderungen hinausgehen. Dies kann nach Satz 2 im Einzelfall auch zur Untersagung des Errichtens einer Anlage führen.

Nach Absatz 2 kann die zuständige Behörde dem Betreiber im Einzelfall die Durchführung von Maßnahmen zur Beobachtung der Gewässer und des Bodens auferlegen. Dies entspricht dem § 19 i Absatz 3 WHG a.F. und ist besonders dann angebracht, wenn die Anlage so betrieben werden muss, dass es unvermeidbar zu kleinen Verlusten kommt, die nicht sicher in einer Rückhalteeinrichtung zurückgehalten werden können. Dies gilt beispielsweise bei Anlagen an oder über Gewässern, wie etwa Hydraulikaggregaten von Schleusen, bei denen eine entsprechende Sicherheitseinrichtung nicht möglich ist. Damit soll erreicht werden, dass durch austretende Stoffe verursachte Gewässerverunreinigungen schnell erkannt werden und Gegenmaßnahmen durchgeführt werden können, um größeren Schaden zu verhindern. Von diesem Instrument wurde jedoch in der Vergangenheit kaum Gebrauch gemacht. In der Begründung zum WHG (BT-Drucksache 16/12275 vom 17.03.2009 S. 70) wurde ausgeführt, dass die §§ 19 i bis 19 l in der vom Bund zu erlassenden Verordnung fortgeführt werden sollen (siehe auch § 23 Absatz 1 und § 45 in Verbindung mit § 46 Absatz 1 bis 3 und 6, § 62 Absatz 2).

Absatz 3 eröffnet den zuständigen Behörden die Möglichkeit, Ausnahmen von den Anforderungen des Kapitels 3 dieser Verordnung zuzulassen, wenn die besonderen Umstände des Einzelfalls dies nahelegen und gleichwohl die Anforderungen nach § 62 Absatz 1 WHG erfüllt werden. Eine Ausnahme kann beispielsweise in Betracht kommen, wenn eine Anlage mit festen allgemein wassergefährdenden Stoffen an einem Standort errichtet wird, der sich durch mächtige, das Grundwasser schützende Deckschichten (z.B. Tone) auszeichnet. Sofern eine ausreichende Rückhaltung in diesen Schichten während der gesamten Betriebsdauer dieser Anlage gesichert ist und insbesondere bodenschutzrechtliche Belange dem nicht entgegenstehen, können die Anforderungen an die Befestigung der Flächen reduziert werden.

Zu Abschnitt 2 (Allgemeine Anforderungen an Anlagen)

Abschnitt 2 regelt die technischen Anforderungen, die grundsätzlich von allen Anlagen zu erfüllen sind (§§ 17 bis 22) sowie die Pflichten beim Befüllen und Entleeren von Anlagen (§ 23) und bei Betriebsstörungen (§ 24).

Zu § 17 (Grundsatzanforderungen)

§ 17 legt die Grundsatzanforderungen fest, die von allen Anlagen unabhängig von ihrer Größe und der Wassergefährdung der eingesetzten Stoffe einzuhalten sind, sofern in den weiteren Paragrafen keine abweichenden Anforderungen festgelegt sind. Diese Anforderungen entsprechen weitgehend denen nach § 3 der Muster-VAwS, die von den Ländern seit Jahren ohne wesentliche Abweichung umgesetzt wurden.

Absatz 1 verlangt, dass alle Anlagen so geplant und errichtet werden, beschaffen sind und betrieben werden, dass wassergefährdende Stoffe während ihrer Betriebsdauer nicht austreten können, eine auftretende Undichtigkeit schnell und zuverlässig erkannt und im Schadensfall anfallende Stoffe zurückgehalten und schadlos entsorgt oder beseitigt werden. Der Begriff Entsorgung in Nummer 4 ist dabei dem Abfallrecht zuzuordnen, während der der Beseitigung dem Wasserrecht und der dort gebotenen ordnungsgemäßen Abwasserbeseitigung entstammt. Diese Grundsatzanforderungen stellen das zentrale Element der technischen anlagenbezogenen Regelungen dar und wurden aus den Landesverordnungen übernommen. Neu ist, dass eine Anlage künftig auch schon so geplant werden muss, dass diese Anforderungen eingehalten werden. Diese Betonung der qualifizierten Planung einer Anlage ist erforderlich, da sich im Vollzug herausgestellt hat, dass den Planern oft die einzuhaltenden technischen Regeln nicht ausreichend bekannt sind. Sowohl in Anzeige- als auch in Eignungsfeststellungsverfahren kommt es deshalb zu unnötigen Umplanungen oder Verzögerungen, die noch schwerwiegender sind, wenn die Anlagen keiner behördlichen Vorkontrolle unterliegen. Es kann dann sein, dass die fehlerhafte Planung und Ausführung erst bei einer Inbetriebnahmeprüfung auffällt, wobei die Beseitigung der Planungsfehler für den Betreiber mit erheblichen Nachteilen verbunden ist. Eine festgelegte Berufsbezeichnung oder ein Gütesiegel gibt es für die Planer nicht und kann auch nicht eingeführt werden. Die technische Regel TRwS 779 soll jedoch Hinweise geben, wie sich ein Planer, beispielsweise durch Nachweis von Fortbildungsveranstaltungen, für die Aufgabe als qualifiziert ausweisen kann. Eine abgeschlossene Ausbildung, z.B. als Architekt oder Bauingenieur muss nicht unbedingt ausreichend sein, da die besonderen technischen Konstruktionen, die beim Umgang mit wassergefährdenden Stoffen beachtet werden müssen (z.B. im Betonbau) in der üblichen Ausbildung nicht thematisiert werden.

Nach Absatz 2 muss die Anlage dicht, standsicher und so ausgelegt sein, dass insbesondere diese Eigenschaften unter den zu erwartenden Betriebsbedingungen und den dabei herrschenden physikalischen, thermischen und chemischen Einflüssen erhalten bleiben. Dies beinhaltet auch einen Schutz gegen mechanische Beschädigungen einschließlich derjenigen, die durch den Verkehr oder in Erdbebengebieten entstehen können. Die Regelung übernimmt § 3 Nummer 1 Muster-VAwS.

Nach Absatz 3 Satz 1 dürfen unterirdische Behälter für flüssige wassergefährdende Stoffe nicht einwandig sein. Diese auch bisher schon im Landesrecht vorhandene Regelung leitet sich aus dem besonderen Risikopotenzial unterirdischer Anlagen ab. Bei diesen Anlagen kann in der Regel eine Leckage nur mit deutlichem Zeitverzug erkannt werden. Das auslaufende Volumen wassergefährdender Stoffe und die daraus entstehenden Gewässerschäden sind damit gegenüber einer oberirdischen Anlage deutlich größer. Dies kann nur verhindert werden, wenn zwei Barrieren die wassergefährdenden Stoffe zurückhalten und schon bei der Leckage einer Barriere Alarm ausgelöst wird (vgl. § 2 Absatz 17).
Das Verbot einwandiger unterirdischer Behälter für flüssige wassergefährdende Stoffe wird mit Satz 2 um ein Verbot für die Lagerung bestimmter gasförmiger Stoffe ergänzt. Zum einen können gemäß § 2 Absatz 5 als gasförmig definierte Stoffe in der betrieblichen Praxis auch flüssig auftreten; zum anderen würden gasförmige Stoffe, die schwerer sind als Luft, ohne eine zweite

Barriere im Schadensfall auch zu Grundwasserverunreinigungen führen können.

Absatz 4 Satz 1 fordert, dass bei der Stilllegung einer Anlage die darin enthaltenen wassergefährdenden Stoffe entfernt werden, damit von der stillgelegten und in der Regel nicht weiter überwachten Anlage keine Gewässergefährdung ausgehen kann. Zu entfernen sind auch möglicherweise enthaltene Leckanzeigeflüssigkeiten, soweit dies technisch möglich ist. Zur Entfernung der Leckanzeigeflüssigkeit kann es z.b. notwendig werden, am Tiefpunkt ein Loch in die innere Behälterwand zu bohren, um die Leckanzeigeflüssigkeit zu entfernen. Eine missbräuchliche Benutzung der Anlage ist nach Satz 2 auszuschließen, indem beispielsweise Armaturen entfernt oder gesichert werden. Es ist jedoch nicht erforderlich, die Anlage zu entfernen. Nach einer ordnungsgemäßen Stilllegung stellen die gegebenenfalls verbleibenden Einrichtungen keine Anlage zum Umgang mit wassergefährdenden Stoffen mehr dar.

Zu § 18 (Anforderungen an die Rückhaltung wassergefährdender Stoffe)

§ 18 regelt Anforderungen an die Rückhaltung wassergefährdender Stoffe.

Ein wesentliches Element der Verhütung von Verschmutzungen der Gewässer ist eine zweite Sicherheitsbarriere, mit der bei einer Betriebsstörung ausgetretene wassergefährdende Stoffe auf geeignete Weise aufgefangen werden können (vgl. § 17 Absatz 1 Nummer 3). Hierzu müssen die Anlagen nach Absatz 1 Satz 2 über eine Rückhalteeinrichtung verfügen. Eine solche Rückhaltung ist nicht erforderlich, wenn die Anlage doppelwandig mit Leckanzeigesystem ausgeführt wird. Durch diese Konstruktionsweise wird sichergestellt, dass bei Versagen der inneren Behälterwand wegen der intakten äußeren Behälterwand keine wassergefährdenden Stoffe in die Umwelt gelangen können, demnach also ein vollständiges Rückhaltevolumen gewährleistet ist. Eine Anlage kann auch unterschiedliche Rückhalteeinrichtungen für einzelne Anlagenteile besitzen (Satz 3). Wenn aber eine doppelwandige Anlage auch über Anlagenteile verfügt, die einwandig sind, z.B. Rohrverbindungen, Flansche oder Armaturen, müssen diese eigene Rückhalteeinrichtungen besitzen (Satz 4).

Nach Absatz 2 Satz 1 müssen alle Rückhalteeinrichtungen immer flüssigkeitsundurchlässig ausgeführt werden und dürfen über keine Abläufe verfügen. Ist nicht vermeidbar, dass in eine Rückhalteeinrichtung Niederschlagswasser gelangt, kann von dem Verbot nach den Vorgaben des § 19 Absatz 1 bis 5 abgewichen werden.
Der in der Verordnung häufig benutzte Begriff flüssigkeitsundurchlässig entstammt den Technischen Regeln wassergefährdende Stoffe und ersetzt die bisher üblichen Begriffe wie dicht und beständig. Entscheidend ist hierbei nach Satz 2, dass die Dicht- und Tragfunktion der Bauausführungen während der Beanspruchungsdauer nicht verloren geht. So kann beispielsweise die Dichtfunktion von Betonflächen verloren gehen, die mit chlorierten Kohlenwasserstoffen (CKW) beaufschlagt werden, da der Beton nur eine eingeschränkte Dichtfunktion gegenüber CKW besitzt. Die Tragfunktion ist hingegen nicht beeinträchtigt. Bei Bitumen würde hingegen die Tragfunktion in Frage gestellt, wenn er mit Lösungsmitteln beaufschlagt wird, da die Lösungsmittel den Bitumen auflösen und damit den Zusammenhalt der Bauausführung zerstören. Nur wenn beide Funktionen durch eine auf die Anforderungen der Anlage ausgerichtete Bauweise aufrechterhalten werden, kann die Bauausführung als flüssigkeitsundurchlässig bezeichnet werden. Ausschlaggebend bei der Bauweise ist, dass die wassergefährdenden Stoffe die der Beaufschlagung entgegengesetzte Seite unter Einhaltung eines Sicherheitsabstandes nicht erreichen. Der Begriff „flüssigkeitsundurchlässig" ist zwar ein feststehender Begriff, er bedeutet jedoch nicht, dass eine flüssigkeitsundurchlässige Fläche für alle Anlagen immer gleich aussehen muss. Die Anforderung ist an die jeweilige Anlage und hier insbesondere daran anzupassen, mit welchen Stoffen ei-

ne entsprechende Fläche überhaupt beaufschlagt werden soll. Eine bedeutende Rolle können aber auch betriebstechnische Anforderungen spielen, wenn z.B. Dichtflächen von Schwerlasttransportern befahren werden müssen. Die daraus folgenden betrieblichen Anforderungen können so hoch sein, dass die Anforderungen an die Flüssigkeitsundurchlässigkeit grundsätzlich miterfüllt werden. Ausführungen, die auch undurchlässig für Stoffe sind, mit denen in der Anlage gar nicht umgegangen wird, werden also nicht gefordert, insofern bedeutet eine flüssigkeitsundurchlässige Fläche nicht, dass die jeweils aufwändigste Bauweise gewählt werden muss. Anlagenteile, die dauerhaft mit wassergefährdenden Stoffen beaufschlagt werden, müssen höherwertiger ausgebildet sein, als diejenigen, in denen die wassergefährdenden Stoffe bei einer Betriebsstörung nur für wenige Stunden oder Tage zurückgehalten werden müssen. Dementsprechend definiert die Technische Regel TRwS DWA-A 786: „Ausführung von Dichtflächen" auch drei unterschiedliche Beanspruchungsdauern, nach denen sich die Ausführung der Dichtflächen richtet.

Das Volumen der Rückhalteeinrichtung muss nach Absatz 3 grundsätzlich so groß sein, dass die im Schadensfall austretenden wassergefährdenden Stoffe vollständig zurückgehalten werden. Dies entspricht den bestehenden Regelungen fast aller Länder. Das Volumen der Rückhalteeinrichtung kann bei L- und HBV-Anlagen (Nummer 1) dann kleiner als das des zugehörigen Behälters sein, wenn auch unter ungünstigen Bedingungen der Behälter nicht vollständig ausläuft. Dazu muss durch organisatorische Maßnahmen unter allen Betriebsbedingungen sichergestellt sein, dass die Leckage vor Überschreitung des Volumens der Rückhalteeinrichtung abgedichtet ist oder die wassergefährdenden Stoffe in anderen Behältern aufgefangen werden können. Ungünstig sind die Bedingungen z.B. während der Wochenenden oder Feiertage, wenn kein Betriebspersonal anwesend ist, das Gegenmaßnahmen ergreifen kann. Bei dieser Konstruktionsweise bleibt gegenüber einer Rückhaltung des Gesamtvolumens an wassergefährdenden Stoffen immer ein Restrisiko. Der Kostenvorteil einer solchen Teilrückhaltung ist in der Regel gering, da die Einsparungen bei der Bauweise gegenüber den dauerhaft anfallenden organisatorischen Maßnahmen oft nicht ins Gewicht fallen. Bei Anlagen zum Abfüllen flüssiger wassergefährdender Stoffe muss das zurückzuhaltende Volumen dem entsprechen, das beim größtmöglichen Volumenstrom bis zum Wirksamwerden geeigneter Sicherheitsvorkehrungen austreten kann (Nummer 2). Nummer 3 regelt das Volumen für Umschlaganlagen. Alle drei Regelungen entsprechen denjenigen aus der Muster-VAwS der Länder.

Satz 2 enthält eine Sonderregelung für Anlagen mit Stoffen der WGK 1 mit einem Volumen bis 1.000 Liter. Nach der Muster-VAwS bedurften diese Anlagen über die betrieblichen Anforderungen hinaus keines Rückhaltevermögens. Da auch in diesen Fällen Leckagen er- kannt und Gegenmaßnahmen getroffen werden mussten, haben viele Betreiber diese Anlagen über Auffangwannen aufgestellt, um sich weitere Kontrollmaßnahmen zu ersparen. Diese bewährte Praxis wird in die Verordnung übernommen, so dass der Betreiber nun die Möglichkeit hat, die Anlage entweder auf einer Fläche aufzustellen, die den betrieblichen Anforderungen genügt und entsprechende technische oder organisatorische Infrastrukturmaßnahmen zur Leckerkennung vorzusehen, die auch bei Betriebsstörungen eine Gewässerverunreinigung verhindern. Alternativ kann er die Anlage über einer flüssigkeitsundurchlässigen Fläche aufstellen, die eine inhärente Sicherheit gewährleistet. Die in Absatz 3 aufgeführten Regelungen zur Rückhaltung müssen grundsätzlich von allen Anlagen eingehalten werden. Allerdings gibt es eine ganze Reihe von Anlagen, bei denen diese Anforderungen insbesondere aus konstruktiven oder funktionalen Gründen nicht erfüllt werden können. So können z.B. Wärmetauscher nicht doppelwandig aufgestellt werden, da sonst ihre Funktion nicht mehr gewährleistet wäre. Aus diesem Grund ist es notwendig, für diese Fälle besondere Regelungen zu schaffen, die für bestimmte Anlagen definieren, wie ein Sicherheitsniveau erreicht wird, das dem beschriebenen entspricht. Diese besonderen Regelungen finden sich in Abschnitt 3 wieder. Die Regelungen des Abschnitts 3 haben Vorrang vor denen in § 18 Absatz 3.

Absatz 4 fordert für HBV- und Lageranlagen der Gefährdungsstufe D ein Rückhaltevolumen für das gesamte Volumen, das aus der größten abgesperrten Betriebseinheit bei Betriebsstörungen freigesetzt werden kann. Maßnahmen, mit denen bei Betriebsstörungen die Freisetzung wassergefährdender Stoffe begrenzt werden könnten, wie z.B. das Abdichten eines Lecks oder das Absperren undichter Anlagenteile dürfen nicht berücksichtigt werden. Wenn die Anlage allerdings über abgesperrte Betriebseinheiten verfügt, die so gut getrennt sind, dass wassergefährdende Stoffe aus dem einen Anlagenteil nicht in den anderen gelangen können und damit die wassergefährdenden Stoffe aus dem Betriebsteil, das keine Betriebsstörung hat, über das Leck des anderen nicht freigesetzt werden können, ist es ausreichend, die größte abgesperrte Betriebseinheit für die Volumenermittlung heranzuziehen. Diese Regelung führt bestehende Vorschriften der meisten Länder fort und entspricht dem besonderen Gefährdungspotenzial oder der besonderen Gefährlichkeit des wassergefährdenden Stoffes dieser Anlagen, bei denen das große bei einem Schadensfall austretende Volumen zu erheblichen nachteiligen Folgen in der Umwelt führen kann.

Absatz 5 stellt Anforderungen an die Aufstellung einzelner einwandiger Behälter, Rohrleitungen und sonstiger Anlagenteile. Diese muss so erfolgen, dass eine direkte Inaugenscheinnahme möglich ist. Deshalb müssen die Behälter, Rohrleitungen und sonstigen Anlagenteile jeweils so weit von anderen Behältern, dem Boden oder Wänden von Rückhalteeinrichtungen entfernt sein, dass beispielsweise der Sachverständige bei einer Begutachtung Leckagen oder sich abzeichnende Materialveränderungen, die zu Leckagen führen können, erkennen kann. Konkrete Anforderungen werden in den technischen Regeln gestellt.

Absatz 6 betrifft oberirdische Behälter mit Leckanzeigeflüssigkeiten der WGK 1, bei denen keine Rückhaltung der Leckanzeigeflüssigkeit gefordert wird, wenn dessen Volumen weniger als 1.000 Liter beträgt. Unterirdische Behälter (siehe hierzu § 17 Absatz 3) und oberirdische Behälter mit einem Volumen der Leckanzeigeflüssigkeit über 1.000 Liter müssen demnach über ein Leckanzeigesystem z.B. auf Unterdruckbasis verfügen.

Sofern im Schadensfall austretende wassergefährdende Stoffe so miteinander reagieren können, dass dadurch die Funktionsfähigkeit der Rückhalteeinrichtung in Frage gestellt wird, müssen nach Absatz 7 die miteinander reagierenden Stoffe getrennt voneinander zurückgehalten werden.

Zu § 19 (Anforderungen an die Entwässerung)

§ 19 regelt die Anforderungen an die Entwässerung von Anlagen, bei denen der Anfall von Niederschlagswasser unvermeidlich ist. Dies gilt z.B. für die offenen Auffangräume großer Tankläger, für Abfüllanlagen, auch wenn sie wie z.B. Tankstellen in der Regel überdacht sind, oder für Umschlaganlagen. Diese Anforderungen dienen in erster Linie dazu, dass freigesetzte wassergefährdende Stoffe trotzdem zurückgehalten werden. Die abwasserrechtlichen Anforderungen der §§ 54 ff. WHG und z.B. der Abwasserverordnung bleiben davon unberührt. Auch nach den daraus abgeleiteten Anforderungen ist es z.B. in einem Hafen notwendig, bei einer Havarie oder im Brandfall Maßnahmen vorzusehen, mit denen verhindert werden kann, dass verunreinigtes Wasser in ein Gewässer eingeleitet wird.

Die Absätze 1 bis 3 regeln die zusätzlichen Anforderungen, die sich aus dem Umgang mit wassergefährdenden Stoffen ergeben. Die Vorschriften zur Abwasserbeseitigung, hier insbesondere die §§ 54 ff. WHG bleiben unberührt.

Nach § 18 Absatz 2 Satz 1 dürfen Rückhalteeinrichtungen keine Abläufe besitzen, da sie sonst ihre Aufgabe nicht sicher erfüllen können. Von dieser Regelung gibt es nach Absatz 1 nur dann eine Ausnahme, wenn nicht zu vermeiden ist, dass sich in einer Rückhalteeinrichtung Niederschlagswasser ansammeln kann. Dies ist insbesondere bei Anlagen im Freien der Fall, die nicht oder nur teilweise überdacht werden können. In diesem Fall darf ein Ablauf vorgesehen werden, der allerdings im Normalbetrieb geschlossen sein muss und erst dann geöffnet werden darf, wenn durch eine Kontrolle sichergestellt ist, dass das Niederschlagswasser nicht durch wassergefährdende Stoffe verunreinigt ist. Ist dies der Fall, kann es mit anderem unbelasteten Niederschlagswasser abgeleitet werden. Anderenfalls muss es einer geeigneten Abwasserbeseitigung oder Abfallentsorgung zugeführt werden.

Bei Abfüll- oder Umschlaganlagen ist eine solche Kontrolle vor Ableitung in der Regel nicht realisierbar. Absatz 2 regelt deshalb für diesen Fall, dass Niederschlagswasser, das ggf. mit wassergefährdenden Stoffen verunreinigt ist, die entsprechenden Anforderungen zur Einleitung in einen Abwasserkanal oder ein Gewässer erfüllen muss. Aus diesen Anforderungen kann sich dann auch – allerdings nicht aufgrund der vorliegenden Verordnung - die Forderung nach einer betrieblichen Abwasserbehandlungsanlage ergeben. Bei einer Tankstelle ist z.B. eine Einleitung nur zulässig, wenn das verunreinigte Niederschlagswasser über einen Leichtflüssigkeitsabscheider geleitet wird. Der Leichtflüssigkeitsabscheider muss so konstruiert sein, dass er im Normalbetrieb der Tankstelle die Kohlenwasserstoffe so weit zurückhält, dass die wasserrechtlichen Anforderungen und die Vorgaben der (kommunalen) Abwassersatzung erfüllt werden. Diese werden auch beim Abfüllen von ethanolhaltigen Kraftstoffen erfüllt, da die Beimengung geringer Ethanolgehalte im Abwasser, das im Übrigen ordnungsgemäß vorbehandelt wird, nicht schädlich und deshalb begrenzt ist. Für E85-Kraftstoffe gilt das vorhandene technische Regelwerk fort, da hier neben den abwasserrechtlichen Vorschriften auch der Explosionsschutz zu beachten ist. Die Anforderung an die Rückhaltung bei Betriebsstörungen nach § 18 Absatz 3 Satz 1 Nummer 2 sind zusätzlich zu erfüllen. Bei einer Betriebsstörung muss also z.B. der Leichtflüssigkeitsabscheider den Ablauf in den Abwasserkanal automatisch verschließen.

Satz 2 regelt Transformatoren und Schaltanlagen der Elektrizitätsversorgung. Soweit es die kommunalen Abwassersatzungen zulassen, kann das Niederschlagswasser in einen Abwasserkanal eingeleitet werden, wenn die bei einer Betriebsstörung freigesetzten wassergefährdenden Stoffe zurückgehalten werden. Ein Leichtflüssigkeitsabscheider hat in diesem Fall primär die Aufgabe, den Ablauf bei einer Betriebsstörung zu schließen und so die ausgetretenen Mineralöle zurückzuhalten.

Absatz 3 regelt die besonderen Anforderungen an die Entwässerung von Eigenverbrauchstankstellen. Nach dem erwähnten Arbeitsblatt DWA-A 781 kann für diese Anlagen sowohl die Art und Größe der Rückhalteinrichtung als auch die Beseitigung des Niederschlagswassers abweichend erfolgen. Das Regelwerk legt dabei die dann einzuhaltenden Randbedingungen fest, unter denen die Abweichungen möglich sind. Eine solche Abmilderung des Anforderungsniveaus ist für diese Anlagen angemessen, da sie in der Regel außerhalb der Siedlungsstrukturen, z.B. auf landwirtschaftlichen Höfen, eingebaut werden, bei denen eine Anschlussmöglichkeit an das Kanalnetz fehlt.

Absatz 4 regelt die Entwässerung von im Freien aufgestellten Kühlaggregaten. Ein Schutz vor Niederschlagswasser ist bei diesen Anlagen aufgrund des erforderlichen Luftaustauschs nicht möglich, so dass bei einer Leckage der Anlagen die wassergefährdenden Stoffe zusammen mit dem Niederschlagswasser abfließen. Um zu verhindern, dass es dabei zu Gewässerverunreinigungen kommt, muss die Anlage auf einer befestigten Fläche aufgestellt werden (vgl. § 35 Absatz 3 Nummer 3) und nach Absatz 4 das von dort abfließende Niederschlagwasser in den Schmutz- oder Mischwasserkanal abgeleitet werden. Die Verordnung enthält keine weiteren Ausführungen zur Trennung der Flächen, auf denen Kühlaggregate aufgestellt werden, zu anderen Flächen, auf denen ebenfalls Niederschlagswasser anfällt. In der Regel wird dies aber erforderlich sein, da die

Abwasserkanalnetze nur eine begrenzte Kapazität haben und demnach nicht das gesamte Niederschlagswasser aufnehmen können. Entsprechende bauliche Maßnahmen fallen jedoch nicht unter den Regelungsbereich des § 62 WHG.

Bei Biogasanlagen ist nach Absatz 5 insbesondere das auf Abfüllflächen und auf offenen Lagerflächen von Gärsubstraten anfallende Niederschlagswasser, das mit Gärsubstraten oder Gärresten belastet sein kann, aufzufangen und ordnungsgemäß als Abwasser zu beseitigen. Alternativ kommt eine Verwertung als Abfall in Frage. Diese Abwasserbeseitigung oder Abfallverwertung ist jedoch teilweise nicht zu verwirklichen, da hochbelastetes Niederschlagswasser von den Abwasserbeseitigungspflichtigen nicht angenommen wird oder bei einer Abfallentsorgung sehr hohe Kosten anfallen. Das mit wassergefährdenden Stoffen verunreinigte Niederschlagswasser von Biogasanlagen mit Gärsubstraten landwirtschaftlicher Herkunft kann auch unter Beachtung der düngerechtlichen Vorschriften auf landwirtschaftlichen Flächen ausgebracht werden. Bis zur Ausbringung unterliegt das verunreinigte Niederschlagswasser dann aber dem Regelungsregime der AwSV. Das innerhalb der Umwallung anfallende Niederschlagswasser ist nach Satz 3 ordnungsgemäß zu beseitigen oder zu verwerten. Unter die Verwertung kann in diesem Fall auch die Rückführung in einen Behälter der Biogasanlage oder die Ausbringung auf einer landwirtschaftlich genutzten Fläche fallen. Es kann auch möglich sein, dass die Behörde einer Versickerung des Niederschlagswassers innerhalb der Umwallung zustimmt, wenn sichergestellt ist, dass die Funktionsfähigkeit der Umwallung bei Betriebsstörungen nicht in Frage gestellt wird und der Boden der Umwallung so dicht ist, dass die Gärsubstrate oder Gärreste nicht in das Grundwasser gelangen können.

Absatz 6 regelt den besonderen Fall, dass für eine Rückhalteeinrichtung ein Zutritt von Niederschlagswasser unvermeidlich ist, aber vor Ort kein Betriebspersonal zur Verfügung steht, um zu kontrollieren, ob es zu einem Austritt wassergefährdender Stoffe gekommen ist. Dies betrifft Anlagen, die in der freien Landschaft weit ab von Siedlungen und Kanalnetzen betrieben werden und bei denen das Niederschlagswasser in der Regel in ein Oberflächengewässer oder das Grundwasser eingeleitet wird. In diesen Fällen muss die zuständige Behörde über die Art der Rückhaltung in Rahmen der ordnungsgemäßen Entwässerung der Anlage entscheiden.

Bei nicht überdachten Rückhalteeinrichtungen, in denen sich deshalb Niederschlagswasser ansammeln kann, ist nach Absatz 7 zu beachten, dass sie nicht nur das geforderte Volumen an freigesetzten wassergefährdenden Stoffen aufnehmen können müssen, sondern zusätzlich auch das Niederschlagswasser, das während eines gleichzeitig sich ereignenden Niederschlagsereignisses anfällt. Die bei der Berechnung zugrunde zu legende Regenspende wird im Technischen Regelwerk DWA-A 779 Allgemeine technische Regelungen konkretisiert.

Zu § 20 (Rückhaltung bei Brandereignissen)

§ 20 regelt das Erfordernis, dass bereits bei der Planung, der Errichtung und dem Betrieb von Anlagen zum Umgang mit wassergefährdenden Stoffen sicherzustellen ist, dass auch im Brandfall keine wassergefährdenden Stoffe austreten dürfen und dass insbesondere mit wassergefährdenden Stoffen verunreinigtes Lösch-, Berieselungs- und Kühlwasser zurückgehalten werden muss. Die bei Bränden entstehenden Reaktionsprodukte weisen häufig toxische Eigenschaften auf, so dass es bei ihrem Eintritt in Gewässer zu bedeutenden Schäden kommen kann. § 20 lässt anderweitige Brandschutzbestimmungen in den Bauordnungen der Länder unberührt, bei denen es vorrangig um den Schutz von Leben und Gesundheit, den Schutz der Umwelt und der öffentlichen Sicherheit sowie um die Gewährleistung einer wirksamen Brandbekämpfung geht. Diese bestehenden bauordnungsrechtlichen Regelungen werden durch § 20 im Hinblick auf den vorbeugenden Schutz der Gewässer vor kontaminiertem Löschwasser und vor dem Austritt von wassergefährdenden Stoffen im Brandfall ergänzt. Dem § 20 entsprechende Regelungen enthält auch schon die Technische Regel wassergefährdende Stoffe der DWA, Arbeitsblatt DWA-A 779: Allgemeine Technische Regelungen, Ausgabe 4/2006. Es ist vorgesehen diese Regelung zu ergänzen und mit der bestehenden Löschwasserrückhalterichtlinie zusammenzuführen. Insofern wird in Satz 1 ausdrücklich auf die allgemein anerkannten Regeln der Technik Bezug genommen, nach denen die Rückhaltung gefordert und bemessen wird, da es sich nicht allein um eine wasserrechtliche Regelung handelt, sondern um ein gemeinsames Regelwerk, an dem neben Vertretern der Wirtschaft Vertreter der Bauaufsicht, des Wasserrechts und der Feuerwehr mitgearbeitet haben.

Satz 2 legt fest, dass Satz 1 für bestimmte Anlagen nicht gilt. Dies betrifft die Anlagen, bei denen eine Brandentstehung nicht zu erwarten ist, bei denen also der wassergefährdende Stoff und die Anlage selbst nicht brennbar sind. Außerdem werden auch Heizölverbraucheranlagen von einer Löschwasserrückhaltung befreit, da hier grundsätzlich davon auszugehen ist, dass ein Brand so schnell gelöscht werden kann, dass Maßnahmen zur Löschwasserrückhaltung nicht angemessen wären oder das anfallende Löschwasser im Vergleich zu dem, das bei der Brandbekämpfung des Hauses anfällt, gering ist.

Zu § 21 (Besondere Anforderungen an die Rückhaltung bei Rohrleitungen)

§ 21 regelt die technische Ausführung von ober- und unterirdischen Rohrleitungen. Zu Rohrleitungen zum Befördern wassergefährdender Stoffe nach Anlage 1 Nummer 19.3 des Gesetzes über die Umweltverträglichkeitsprüfung wird auf die Ausführungen zu § 14 Absatz 7 verwiesen.

Nach Absatz 1 Satz 1 und 2 bedürfen oberirdische Rohrleitungen zum Befördern flüssiger wassergefährdender Stoffe einer Rückhalteeinrichtung, die die bei einer Betriebsstörung austretenden wassergefährdenden Stoffe zurückhält. Diese Anforderung ist jedoch in der Praxis häufig nicht zu realisieren, da die Rohrleitungen über anderweitig genutzte Flächen oder auch Verkehrswege führen, die nicht als Rückhalteeinrichtungen zur Verfügung stehen. Um hier einen Ausweg zu schaffen, gibt Satz 3 die Möglichkeit, anhand einer spezifischen Gefährdungsabschätzung angemessene sicherheitstechnische oder organisatorische Maßnahmen festzulegen, mit denen ein vergleichbares Sicherheitsniveau zu Rückhalteeinrichtungen erreicht wird. Entsprechende technische Vorschläge finden sich in der TRwS DWA-A 780 Oberirdische Rohrleitungen.

Nach Absatz 1 Satz 3 kann bei oberirdischen Rohrleitungen dann auf eine Rückhalteeinrichtung verzichtet werden, wenn auf der Grundlage einer Gefährdungsabschätzung durch Maßnahmen technischer oder organisatorischer Art sichergestellt ist, dass ein gleichwertiges Sicherheitsniveau erreicht wird. Entsprechende Anforderungen an die Gefährdungsabschätzung für Rohrleitungen finden sich derzeit in der TRwS 780. Diese TRwS findet auf Heizölverbraucheranlagen bis einschließlich Gefährdungsstufe B keine Anwendung. Insofern fehlt es bei diesen Anlagen an konkreten Vorgaben für eine Gefährdungsabschätzung. Da bei Heizölverbraucheranlagen, die den allgemein anerkannten Regeln der Technik entsprechen (und damit soweit erforderlich über eine Hebersicherung verfügen), aus einer Rohrleitung nur in sehr geringer Menge wassergefährdende Stoffe austreten können, ist für die betreffenden Rohrleitungen mit Satz 4 eine generelle Ausnahme von den Anforderungen des Satzes 1 sachgerecht.

Für Rohrleitungen, in denen wassergefährdende Stoffe der WGK 1 transportiert werden, kann nicht nur dann von einer Rückhalteeinrichtung abgesehen werden, wenn sich dies aus der Gefährdungsabschätzung nach Satz 3 ergibt, sondern nach Satz 5 auch dann, wenn diese Rohrleitungen nicht über Flächen führen, die auf Grund ihrer hydrogeologischen Eigenschaften eines besonderen Schutzes bedürfen.

Absatz 2 regelt unterirdische Rohrleitungen mit flüssigen oder gasförmigen wassergefährdenden Stoffen, die gegenüber oberirdischen Anlagen ein besonderes Gefahrenpotenzial aufweisen und deshalb technisch aufwändiger gestaltet sein müssen und grundsätzlich nur Verwendung finden sollten, wenn oberirdische Leitungen nicht in Frage kommen. Die Regelung entspricht weitgehend der in § 12 Absatz 2 Muster-VAwS. Müssen Rohrleitungen beispielsweise aufgrund sicherheitstechnischer Vorgaben unterirdisch verlegt werden, z.b. auf Flughäfen, müssen sie nach Satz 2 doppelwandig, als Saugleitung ausgebildet oder im Schutzrohr oder in einem Kanal verlegt sein. Bei Rohrleitungen im Schutzrohr muss der Flammpunkt der Flüssigkeit über 55°C liegen. Damit wird die Ausnahmeregelung der GHS-Verordnung in Tabelle 2.6.1 übernommen, die diesen Wert und nicht die sonst üblichen 60°C für Gasöle, Diesel und leichte Heizöle vorsieht. Jede der drei alternativen Regelungen soll sicherstellen, dass eine Leckage schnell erkannt wird und keine wassergefährdenden Stoffe in die Umwelt gelangen können.

Absatz 3 enthält eine Sonderregelung für die Rohrleitungen, die sinnvollerweise nicht über eine Rückhalteeinrichtung verfügen können und in denen nur Gemische aus Wasser und Glycolen enthalten sind.

Absatz 4 bestimmt, dass bei Ammoniakanlagen Rohrleitungen in dem Anlagenteil, in dem die Kälteleistung erbracht werden soll – also z.b. der Eisfläche – einwandig verlegt werden dürfen, da hier eine Doppelwandigkeit den eigentlichen Sinn der Anlage in Frage stellen würde. Weitergehende Anforderungen an Ammoniakanlagen ergeben sich aus anderen Rechtsvorschriften (z.B. nach 10.25 des Anhangs zur 4. BImSchV).

Absatz 5 bestimmt für Rohrleitungen mit festen wassergefährdenden Stoffen, dass an sie über die betriebstechnischen Erfordernisse hinaus keine Anforderungen gestellt werden. Unter die betriebstechnischen Erfordernisse fällt insbesondere auch die besondere Werkstoffbeanspruchung, die sich aus möglichen Schmirgeleffekten der festen wassergefährdenden Stoffe an der Materialwandung ergeben.

Zu § 22 (Anforderungen bei der Nutzung von Abwasseranlagen als Auffangvorrichtung)

§ 22 regelt die ausnahmsweise zulässige Nutzung von Abwasseranlagen als Auffangvorrichtung für wassergefährdende Stoffe, die aus Anlagen austreten.
Grundsätzlich müssen Anlagen zum Umgang mit wassergefährdenden Stoffen so beschaffen sein und betrieben werden, dass austretende Stoffe vollständig zurückgehalten werden (§ 17 Absatz 1 Nummer 3). Eine Einleitung von wassergefährdenden Stoffen in eine Abwasseranlage ist auszuschließen, da die Abwasserbehandlungsanlagen im Allgemeinen nicht dafür ausgelegt sind, die wassergefährdenden Stoffe zu entfernen und es einfacher und kostengünstiger ist, ausgetretene wassergefährdende Stoffe in konzentrierter Form zu entsorgen. Es gibt jedoch Fälle, in denen dieses Prinzip nicht zu verwirklichen ist. Dies gilt insbesondere für große Industrieparks, die auf engem Raum mehrere Anlagen betreiben und über ein spezielles Kanalisationssystem für stark belastete Abwässer aus der Produktion verfügen. Für diese Fälle eröffnet § 22 Absatz 1 und 2 zwei Möglichkeiten der Einbeziehung von Abwasseranlagen in das Sicherheitskonzept einer Anlage zum Umgang mit wassergefährdenden Stoffen.

Unter den Voraussetzungen des Absatzes 1 ist eine Ableitung von bei ungestörtem Betrieb in unerheblichen Mengen in die betriebliche Kanalisation gelangenden wassergefährdenden Stoffen in eine geeignete betriebliche Abwasserbehandlungsanlage möglich. Dies kann z.B. bei einer Verlustschmierung von Geräten und Maschinen der Fall sein. Es muss allerdings sichergestellt sein, dass die wassergefährdenden Stoffe in der betrieblichen Abwasserbehandlungsanlage bis auf ein unschädliches Niveau entfernt werden und die Anforderungen der Direkt- oder Indirekteinleitung auch unter diesen besonderen Betriebsbedingungen eingehalten werden. Geeignet sind diese Anlagen immer dann, wenn sie den Normen und Regeln der Abwassertechnik genügen und außerdem nachgewiesen werden kann, dass sie gegenüber den anfallenden wassergefährdenden Stoffen oder Gemischen für die Dauer der Beanspruchung flüssigkeitsundurchlässig sind. Die öffentliche Kanalisation oder die öffentliche Kläranlage sind nicht einzubeziehen.

Nach Absatz 2 dürfen die aus betriebstechnischen Gründen bei Leckagen oder Betriebsstörungen unvermeidbar aus der Anlage austretenden wassergefährdenden Stoffe in einer geeigneten Auffangvorrichtung in der betrieblichen Kanalisation zurückgehalten werden. Eine Auffangvorrichtung in der betrieblichen Kanalisation ist dann geeignet, wenn sie den Normen und Regeln der Abwassertechnik genügt und außerdem nachgewiesen werden kann, dass sie gegenüber den im Schadensfall anfallenden wassergefährdenden Stoffen oder Gemischen für die Dauer der Beanspruchung flüssigkeitsundurchlässig ist. Ziel dieser Regelungen des Absatzes 2 ist es, sicherzustellen, dass die betriebliche Kanalisation, soweit sie in das Sicherheitskonzept für Anlagen zum Umgang mit wassergefährdenden Stoffen einbezogen wird, den wassergefährdenden Stoffen standhält und wassergefährdende Stoffe oder Abwasser nicht austreten können und dass Anlagen der öffentlichen Abwasserbeseitigung und die Gewässer nicht in Mitleidenschaft gezogen werden.

Absatz 3 legt fest, dass dann, wenn von einer der beiden Möglichkeiten in Absatz 1 oder 2 Gebrauch gemacht werden soll, eine Bewertung möglicher Betriebsstörungen, der Anlage, der dabei freigesetzten wassergefährdenden Stoffe und der Folgen für die Abwasseranlage und die Gewässer erfolgen muss. Aufgrund dieser Erkenntnisse ist in der Betriebsanweisung nach § 44 zu regeln, wie die Ableitung der wassergefährdenden Stoffe in der Abwasseranlage erkannt und kontrolliert werden kann, wie schnell und bei welchen Konzentrationen dies erfolgen muss und ob die Stoffe getrennt vom Abwasser zurückzuhalten sind oder in eine Abwasseranlage eingeleitet werden dürfen.

Absatz 4 bestimmt, dass die Teile von Abwasseranlagen, die im Sinne von Absatz 2 oder nach § 19 Absatz 2 Satz 1 zur Rückhaltung wassergefährdender Stoffe genutzt werden, flüssigkeitsundurchlässig sein müssen. Hier finden also neben dem Abwasserrecht auch die Regelungen dieser Verordnung Anwendung. Die als Rückhalteeinrichtung genutzten Anlagenteile werden damit auch von der Fachbetriebs- und Prüfpflicht (§§ 45 und 46) erfasst. Diese Klarstellung ist im Hinblick auf vielfältige Diskussionen im Vollzug erforderlich. Nach Berichten von Sachverständigen, die nach landesrechtlichen Vorschriften Leichtflüssigkeitsabscheider geprüft haben, weisen diese teilweise selbst beim Neubau erhebliche Mängel auf, die eine Inbetriebnahme der Tankstelle in Frage stellen. Diese Einrichtungen werden demnach offensichtlich häufig von Betrieben eingebaut, die mit der Materie nicht vertraut sind. Die Leichtflüssigkeitsabscheider sind teilweise nicht funktionsfähig, so dass ausgesprochen teure und zeitaufwändige Maßnahmen erforderlich werden, um zu einem ordnungsgemäßen Zustand zu gelangen. Die Verhinderung solcher Zustände ist sowohl im Interesse der Betreiber als auch der Hersteller dieser Einrichtungen. Soweit eine Abwasseranlage auch als Rückhalteeinrichtung für wassergefährdende Stoffe genutzt wird, muss diese im Rahmen einer Sachverständigenprüfung nicht erneut geprüft werden, wenn eine entsprechende Prüfung nach abwasserrechtlichen Vorschriften im gleichen Zeitraum durchgeführt wurde.

Zu § 23 (Anforderungen an das Befüllen und Entleeren)

Wie die Erfahrung zeigt, treten beim Befüllen und Entleeren von Anlagen besonders häufig Schadensfälle auf. Für diese Vorgänge werden daher in § 23 besondere Anforderungen gestellt, die überwiegend denen des § 19 k WHG a.F. und des § 20 der Muster-VAwS entsprechen.

Absatz 1 entspricht § 19 k WHG a.F. Die Pflichten nach Satz 1 gelten allerdings nicht wie bisher nur für Lageranlagen, sondern für alle Anlagen zum Umgang mit wassergefährdenden Stoffen. Die bisherige Beschränkung der Regelung auf Lageranlagen war sachlich nicht zu rechtfertigen.

Absatz 2 Satz 1 verlangt, dass Behälter nur mit festen Leitungsanschlüssen und unter Verwendung einer Überfüllsicherung befüllt und nur mit festen Leitungsanschlüssen entleert werden dürfen. Bei HBV-Anlagen und bei nicht miteinander verbundenen oberirdischen Behältern mit einem Rauminhalt bis 1.250 Litern sind nach Satz 2 auch andere Maßnahmen, die zu einem gleichwertigen Sicherheitsniveau führen, zulässig. Dazu können beispielsweise selbsttätig schließende Zapfpistolen oder Wägeeinrichtungen zählen, die bei Erreichen des Volumens des Behälters und des vorgegebenen Gewichts des eingefüllten wassergefährdenden Stoffes automatisch den Befüllvorgang beenden. Satz 3 erlaubt es, bei der Befüllung ortsbeweglicher Behälter über 1.250 Liter auf Überfüllsicherungen zugunsten einer volumen- oder gewichtsabhängigen Steuerung zu verzichten. Diese Regelung ist in erster Linie für die Befüllung von Kesselwagen gedacht.

Für Anlagen zum Lagern von Brennstoffen, wie sie in der Begriffsbestimmung von § 2 Absatz 11 Nummer 2 definiert sind, Dieselkraftstoff, Ottokraftstoffen oder Kraftstoffen, die aus Biomasse hergestellte Stoffe unabhängig von ihrem Anteil enthalten, gelten besondere Vorschriften zu Befüllung. Diese Anlagen werden meist aus beweglichen Tankfahrzeugen befüllt, die nach § 32 während des Befüllvorgangs nicht auf flüssigkeitsundurchlässig ausgebildeten Flächen abgestellt werden müssen. Nach Absatz 3 dürfen die Anlagen deshalb nur mit selbsttätig schließenden Abfüllsicherungen befüllt werden. Kraftstoffe werden in Kraftfahrzeugen oder mobilen Maschinen oder Geräten verwendet, deren Motoren für die Verwendung dieser Kraftstoffe vorgesehen sind. Zu den Kraftstoffen, die aus Biomasse hergestellte Stoffe enthalten, zählen Biodiesel (Fettsäuremethylester), die aus pflanzlichen oder tierischen Fetten oder Ölen hergestellt werden, Ethanol und anteilig aus diesen Stoffen hergestellte Kraftstoffe sowie Pflanzenölkraftstoffe, deren Eigenschaften zumindest den Anforderungen der DIN 51606 entsprechen. Für Heizölverbraucheranlagen bis 1.250 Liter ist nach Satz 2 eine Befüllung mit selbsttätig schließenden Zapfventilen zulässig, da die sonst übliche Sicherheitstechnik für diese kleinen Anlagen nicht vorhanden und nicht verhältnismäßig ist.

Zu § 24 (Pflichten bei Betriebsstörungen; Instandsetzung)

§ 24 regelt Pflichten des Betreibers im Falle von Betriebsstörungen (Absatz 1), Pflichten des Betreibers und Dritter im Falle des Austretens wassergefährdender Stoffe bzw. eines entsprechenden Verdachts (Absatz 2) sowie die Instandsetzung von Anlagen (Absatz 3).

Nach Absatz 1 hat der Anlagenbetreiber, wenn bei einer Betriebsstörung nicht auszuschließen ist, dass wassergefährdende Stoffe austreten, unverzüglich Maßnahmen zur Schadensbegrenzung zu ergreifen (Satz 1) und ggf. die Anlage außer Betrieb zu nehmen, wenn dies die einzige Möglichkeit ist, eine Gewässergefährdung oder -schädigung zu verhindern (Satz 2). Soweit es erforderlich ist, hat er die Anlage zu entleeren. Eine Festlegung auf ein bestimmtes Volumen, das aus der

Anlage austreten muss, um Maßnahmen zur Schadensbegrenzung auszulösen, erfolgt nicht. Dies bedeutet, dass jeder Austritt wassergefährdender Stoffe zu Gegenmaßnahmen verpflichtet. Die einzuleitenden Maßnahmen richten sich nach den Folgen des Austrittes und müssen besonders schnell und wirkungsvoll erfolgen, wenn es zu einer nachteiligen Veränderung der Eigenschaften von Gewässern kommen kann.

Treten nicht nur unerhebliche Mengen an wassergefährdenden Stoffen aus der Anlage in die Umwelt aus, haben der Anlagenbetreiber sowie die in Absatz 2 Satz 1 genannten Dritten nach dieser Vorschrift unverzüglich die zuständige Behörde – in der Regel die örtlich zuständige Wasserbehörde - oder eine Polizeidienststelle zu unterrichten. Auch wenn lediglich der Verdacht besteht, dass eine Gewässergefährdung nicht auszuschließen ist, ist die zuständige Behörde zu unterrichten (Satz 2). Hat ein Dritter den Austritt verursacht oder Maßnahmen zur Ermittlung oder Beseitigung wassergefährdender Stoffe durchgeführt, die aus einer Anlage ausgetreten sind, hat nach Satz 3 auch er den Austritt zu melden. Die Anzeigepflicht Dritter ist insbesondere dann von Bedeutung, wenn ein Anlagenbetreiber im Schadensfall seiner Anzeigepflicht nicht nachkommt. Im Hinblick auf einen ordnungsgemäßen Betrieb z.B. von Abwasseranlagen oder von Anlagen der Wasserversorgung sind nach Satz 4 zusätzlich auch die Betreiber dieser Anlagen oder sonstige betroffene Dritte im Rahmen der Anzeigepflichten nach den Sätzen 1 bis 3 über den Austritt zu informieren, um so reagieren zu können, dass nachteilige Auswirkungen auf die Umwelt oder die Trinkwasserversorgung verhindert werden. Allerdings beschränkt sich die Verpflichtung auf den Betreiber, da nur bei ihm erwartet werden kann, dass ihm die entsprechenden Adressen vorliegen. Mit dieser neuen umfassenden Regelung in Absatz 2 soll erreicht werden, dass die Zahl der gemeldeten Betriebsstörungen mit Austritt wassergefährdender Stoffe den realen Verhältnissen näher kommt. Heute ist es oft so, dass die zuständigen Behörden die Schadensmeldung eher aus der Presse als auf dem direkten Weg erfahren.

Absatz 3 regelt die Instandsetzung von Anlagen. Ihr kommt heute eine besondere Bedeutung zu, da viel häufiger vorhandene Anlagen ertüchtigt als neue gebaut werden. Nach Ermittlungen des DIBt sind schon bei Neuanlagen mehr als 60 % aller Schäden auf fehlerhafte Planungen zurückzuführen. Bei der Instandsetzung schätzt das DIBt den Anteil fehlerhafter Planungen noch größer ein. Dies unterstreicht die Notwendigkeit qualifizierter Planungen. Für eine Instandsetzung muss deshalb zunächst ermittelt werden, worauf die Störung beruht und welche Teile in die Behebung der Störung einbezogen werden müssen. Die Instandsetzung ist deshalb unter Berücksichtigung einer Zustandsbegutachtung zu planen und darauf aufbauend ein Instandsetzungskonzept zu erarbeiten. Für die Instandsetzung können oft nicht die Bauprodukte oder Systeme verwendet werden, die bei dem Neubau einer Anlage eingesetzt werden. Meist wird nämlich bei einer Instandsetzung nicht ein ganzes Bauteil ersetzt, sondern durch spezielle geeignete Maßnahmen das noch vorhandene ergänzt. Dabei kann jedoch beispielsweise nicht jeder Fugendichtstoff durch einen beliebigen anderen Dichtstoff ersetzt werden. Eine zusätzliche Regelung, dass auch für solche Fälle nur Bauprodukte oder Systeme verwendet werden, die über einen bauaufsichtlichen Verwendbarkeitsnachweis verfügen, ist nicht erforderlich, da für Anlagen zum Lagern, Abfüllen und Umschlagen sowieso entsprechende Verwendbarkeitsnachweise vorliegen müssen.

Zu Abschnitt 3 (Besondere Anforderungen an die Rückhaltung bei bestimmten Anlagen)

Abschnitt 3 definiert für bestimmte, im Folgenden näher aufgeführte Anlagen besondere Anforderungen an die Rückhaltung, die von denen des § 18 Absatz 1 bis 3 abweichen.

Zu § 25 (Vorrang der Regelungen des Abschnitts 3)

§ 25 soll klarstellen, dass für bestimmte Anlagen die Anforderungen des Abschnitts 3 an die Notwendigkeit einer Rückhaltung, an das erforderliche zurückzuhaltende Volumen wassergefährdender Stoffe sowie an die Flüssigkeitsundurchlässigkeit der Rückhalteeinrichtung Vorrang haben vor den in § 18 Absatz 1 bis 3 genannten Anforderungen, die grundsätzlich für alle Anlagen gelten. Sofern eine bestimmte Anlage in Abschnitt 3 nicht aufgeführt ist, verbleibt es bei der Geltung der Anforderungen des § 18 Absatz 1 bis 3.

Zu § 26 (Besondere Anforderungen an Anlagen zum Lagern, Abfüllen, Herstellen, Behandeln oder Verwenden fester wassergefährdender Stoffe)

§ 26 regelt die besonderen Anforderungen an Anlagen zum Lagern, Abfüllen, Herstellen, Behandeln oder Verwenden fester wassergefährdender Stoffe.

Bei festen wassergefährdenden Stoffen ist es angemessen, davon auszugehen, dass der Besorgnisgrundsatz auch dann eingehalten werden kann, wenn nur eine Sicherheitsbarriere vorhanden ist, da feste Stoffe bei der Leckage eines Behälters zwar – in der Regel wohl nur in geringen Mengen - austreten, nicht aber wegfließen können. Insofern sieht § 26 Absatz 1 vor, dass dann, wenn die festen wassergefährdenden Stoffe in Behältern oder Verpackungen oder in Räumen aufbewahrt werden, keine Rückhaltemaßnahmen erforderlich sind. Die Fläche, auf der mit den festen wassergefährdenden Stoffen umgegangen wird, muss zwar den betriebstechnischen Anforderungen genügen, also z.B. gewährleisten, dass die Behälter oder Verpackungen sicher stehen und nicht in den Boden einsinken. An die Flächen werden aber keine wasserrechtlichen Anforderungen gestellt. Diese Regelung folgt weitgehend § 15 der Muster-VAwS, in der Anlagen einfacher und herkömmlicher Art zum Lagern, Abfüllen und Umschlagen fester Stoffe geregelt wurden. Der Begriff „einfacher oder herkömmlicher Art" entstammt § 19 h Abs. 1 Satz 2 Nummer 1 WHG a.F., nach dem es für diese Anlagen bei Einhaltung bestimmter Anforderungen keine Eignungsfeststellung gab. Der Gesetzgeber hat die Regelung zu Anlagen einfacher oder herkömmlicher Art im WHG von 2009 nicht mehr übernommen.

Absatz 2 regelt den abweichenden Fall, dass mit den festen wassergefährdenden Stoffen nicht in Behältern oder Räumen, sondern offen in Haufwerken umgegangen wird und ein Zutritt von Niederschlagswasser nicht immer zu verhindern ist. In diesen Fällen muss dafür gesorgt werden, dass eine nachteilige Veränderung der Gewässereigenschaften durch Verwehen, Abschwemmen, Auswaschen oder sonstiges Austreten wassergefährdender Stoffe verhindert wird. Diese Forderung ist auch schon nach den bundesimmissionsschutzrechtlichen Regelungen (TA Luft) zu erfüllen, wird hier jedoch im Hinblick auf den Gewässerschutz übernommen. Als zentrale Maßnahme des Gewässerschutzes ist zumindest eine Barriere zur Verhinderung von Verunreinigungen erforderlich, nämlich eine Bodenfläche, bei der das Niederschlagswasser nicht aus der Unterseite des Bauwerks austritt und die über eine geordnete Entwässerung verfügt. Mit dieser Vorgabe werden gepflasterte oder wasserdurchlässige Konstruktionen ausgeschlossen, die Anforderung ist jedoch nicht identisch zu einer flüssigkeitsundurchlässigen Befestigung, da bei dieser die wassergefährdenden Stoffe das Bauwerk nur teilweise durchdringen dürfen. Eine gegenüber der flüssigkeitsundurchlässigen Befestigung verringerte Anforderung ist gerechtfertigt, da es sich in § 26 Absatz 2 nicht darum handelt, dass wassergefährdende Stoffe freigesetzt und in ein Bauwerk eindringen können, sondern darum, dass Niederschlagswasser wassergefährdende Stoffe aus dem festen Material eluiert und damit eine stark wässrige Lösung mit wassergefährdenden Eigenschaften vorliegt. Auch aus betrieblichen Gründen, insbesondere der erforderlichen

Sicherstellung des Schwerlastverkehrs beim offenen Umgang mit wassergefährdenden Stoffen müssen die Flächen in der Regel mit entsprechendem Aufwand gestaltet werden. Die Regelung entspricht im Übrigen weitgehend der bisher von vielen Ländern geforderten Straßenbauweise, wurde allerdings bezüglich des bisher offen gebliebenen Anforderungsniveaus in der gebotenen Form präzisiert. Diese Regelung gilt nur für feste wassergefährdende Stoffe, die nicht leichtlöslich sind. Als leichtlöslich werden grundsätzlich Stoffe angesehen, die eine Löslichkeit über 10 g/l haben. Bei höheren Löslichkeiten ist in der Regel eine geordnete Entwässerung aufgrund der hohen Gehalte wassergefährdender Stoffe im abfließenden Niederschlagswasser und fehlender Aufbereitungsmöglichkeiten nicht mehr möglich – abgesehen davon, dass die Verluste an wassergefährdenden Stoffen für den Betreiber zu groß werden. Feste wassergefährdende Stoffe, bei denen Schadstoffe eluiert werden, ohne jedoch die Struktur des festen wassergefährdenden Stoffes anzugreifen, fallen regelmäßig nicht unter leichtlösliche Stoffe.

Zu § 27 (Besondere Anforderungen an Anlagen zum Lagern oder Abfüllen fester Stoffe, denen flüssige wassergefährdende Stoffe anhaften)

Bei der Lagerung fester Stoffe, denen flüssige wassergefährdende Stoffe anhaften - also z.B. Bohrspänen, denen noch Bohremulsionen anhaften - ist nur eine Rückhaltung des Volumens an flüssigen wassergefährdenden Stoffen erforderlich, das sich unter dem Lagergut auf der Bodenfläche ansammeln kann. Der Anteil der Feststoffe muss in die Bemessung der Rückhalteeinrichtung nicht eingehen. Mit Satz 2 wird eine vereinfachte Regelung eingeführt, die sich in einigen Ländern bewährt hat und von einer konkreten Berechnung der anfallenden flüssigen Stoffe befreit, da das Volumen häufig nicht bekannt und auch nicht sinnvoll ermittelt werden kann.

Zu § 28 (Besondere Anforderungen an Umschlagflächen für wassergefährdende Stoffe)

Absatz 1 Satz 1 regelt die Umschlaganlagen, bei denen flüssige wassergefährdende Stoffe umgeschlagen werden. Da bei diesen Anlagen flüssige wassergefährdende Stoffe aus undichten Behältern und Verpackungen auslaufen können und dann auf die Umschlagfläche gelangen, müssen diese Umschlagflächen flüssigkeitsundurchlässig sein. Ein bestimmtes Rückhaltevolumen ist jedoch nicht gefordert. Sofern das dort anfallende Niederschlagswasser, das bei Betriebsstörungen mit wassergefährdenden Stoffen verunreinigt sein kann, nicht als Abfall entsorgt wird, richtet sich die erforderliche Entwässerung dieser Flächen nach § 19 Absatz 2 Satz 1. Bei Flächen, auf denen feste wassergefährdende Stoffe umgeschlagen werden, gilt nach Satz 3 § 26 Absatz 1 entsprechend. Eine Regelung zum offenen Umschlag mit wassergefährdenden Stoffen muss entfallen, da die Begriffsdefinition in § 2 Absatz 23 neben dem Laden und Löschen von Schiffen, das in § 30 Absatz 1 geregelt ist, nur das Umladen von wassergefährdenden Stoffen in Behältern und Verpackungen einbezieht.

Mit Absatz 2 soll eine im Vollzug vielfach kontrovers geführte Diskussion beendet werden, ob auch das Rangieren und die Gleise, auf denen dabei regelmäßig entsprechende Waggons mit wassergefährdender Ladung stehen, unter die Verordnung fallen. In diesem Falle ist jedoch allein das Transportrecht anzuwenden, da das Rangieren kein Umschlagen mit den entsprechenden Be- und Entladevorgängen darstellt.

Zu § 29 (Besondere Anforderungen an Umschlaganlagen des intermodalen Verkehrs)

Zur Verbesserung der Rechtsklarheit und der Vermeidung von Wettbewerbsverzerrungen sollten auch für Umschlaganlagen des intermodalen Verkehrs bundeseinheitliche Regelungen getroffen werden.

Umschlaganlagen unterfallen nicht dem allgemeinen Besorgnisgrundsatz des § 62 Absatz 1 WHG. Hier ist es ausreichend, wenn der bestmögliche Schutz der Gewässer vor nachteiligen Auswirkungen auf ihre Eigenschaften erreicht wird. Unter Berücksichtigung der geringen realen Unfallzahlen im intermodalen Verkehr ist ebenfalls kein besonderes Gefährdungsrisiko abzuleiten. Da technische und organisatorische Sicherheitsmaßnahmen in Verbindung mit dem Gefahrgutrecht schon einen hinreichenden Schutz sicherstellen, ist der bestmögliche Schutz des Gewässers durch Beton- oder Asphaltbauweise gewährleistet, wenn im Schadenfall flüssigkeitsundurchlässige Havarieflächen oder -einrichtungen zur Verfügung stehen. So können beschädigte Ladeeinheiten oder Straßenfahrzeuge sicher verwahrt und Gewässergefährdungen angemessen ausgeschlossen werden.

Mit den vorgeschlagenen Änderungen wird den Besonderheiten der Anlagen des intermodalen Verkehrs Rechnung getragen und ein spezifisches und verhältnismäßiges Anforderungsniveau geschaffen, um einen bundeseinheitlichen Schutz der Gewässer zu gewährleisten.

Zu § 30 (Besondere Anforderungen an Anlagen zum Laden und Löschen von Schiffen sowie an Anlagen zur Betankung von Wasserfahrzeugen)

Beim Laden und Löschen von Schiffen mit flüssigen wassergefährdenden Stoffen sowie bei der Betankung von Wasserfahrzeugen ist es unvermeidlich, dass der Schlauch oder das Rohr zwischen Schiff und Land über das oberirdische Gewässer führt. Die Errichtung einer Rückhalteeinrichtung ist mit verhältnismäßigen Mitteln nicht zu erreichen, insbesondere auch deshalb, weil sich das Schiff im gewissen Umfang bewegt und eine starre Verbindung nicht möglich ist. Anlagenteile, die fest an Land installiert sind, können jedoch die auch sonst üblichen Rückhaltemaßnahmen treffen.

Absatz 1 regelt zunächst die generelle Befreiung von der schiffsseitigen Rückhaltung. Dieser Grundsatz gilt unabhängig davon, ob die Stoffe in verpackter oder unverpackter Form vorliegen. Die besonderen Anforderungen an das Laden und Löschen unverpackter flüssiger wassergefährdender Stoffe sowie das Betanken, werden gesondert in Absatz 2 geregelt. Absatz 3 sieht besondere Anforderungen für das Laden und Löschen von Schüttgut vor.

Zu § 31 (Besondere Anforderungen an Fass- und Gebindelager)

Bei Fass- und Gebindelagern, zu denen auch Kleingebindelager zu rechnen sind, ist die Wahrscheinlichkeit, dass bei einem Schadensereignis alle Behälter oder Verpackungen gleichzeitig zerstört werden und ihre Inhalte auslaufen, gering. Entsprechend kleine Volumina sind auch bei restentleerten Behältern zu erwarten, die nach anderen Rechtsvorschriften ein maximal zulässiges Restvolumen von 0,5 % des Gesamtvolumens eines Behälters aufweisen dürfen. Aus diesem Grunde ist es gerechtfertigt, bei der Dimensionierung der Rückhalteeinrichtungen nicht auf das gesamte Anlagenvolumen abzuheben. Da eine Voraussage, welche Flüssigkeitsvolumina in einem Schadensfall auslaufen können, nicht möglich ist, wird das nach dieser Überlegung erforderliche Rückhaltevolumen festgelegt. Bei besonders großen Bau- oder Vertriebslägern können im Rahmen einer ggf. erforderlich werdenden Eignungsfeststellung höhere Anforderungen gestellt werden, wenn von größeren Volumina in Schadensfällen ausgegangen werden muss. Voraussetzung für den Ansatz eines verringerten Rückhaltevolumens ist, dass die Behälter und Verpackungen dicht verschlossen und gefahrgutrechtlich zugelassen (Nummer 1) oder gegen die Flüssigkeiten beständig und gegen Beschädigung und im Freien auch gegen Witterungseinflüsse geschützt (Nummer 2) und damit zu Nummer 1 vergleichbar sicher sind (Absatz 1).

Absatz 2 regelt dann das erforderliche Rückhaltevolumen. Diese Anforderung entspricht derjenigen der Nummer 2.1.3 des Anhangs der Muster-VAwS. Als maßgebendes Volumen ist die Summe der Rauminhalte aller Behälter und Verpackungen anzusetzen, für die das Fassoder Gebindelager ausgelegt ist. Dabei ist jeweils von den größten Volumina der Behälter und Verpackungen auszugehen. Beim Rauminhalt des größten Behältnisses (Zeile 2, Spalte 2) ist entweder vom größten Behälter oder von der größten Verpackung auszugehen. Die Rückhalteeinrichtung muss flüssigkeitsundurchlässig sein (§ 18 Absatz 2).

Nach Absatz 3 ist bei Lageranlagen mit Behältern bis 20 Liter sowie mit restentleerten Behältern, bei denen nach der noch bestehenden TRbF von einem Restvolumen an wassergefährdenen Stoffen von maximal 0,5 % auszugehen ist, nur eine flüssigkeitsundurchlässige Fläche erforderlich, der kein konkretes Volumen zuzuordnen ist. Selbst dann, wenn mehrere der Behälter oder Verpackungen, die maximal 20 Liter enthalten dürfen, auslaufen, ist das freigesetzte Volumen so gering, dass es in der Regel auf der Fläche bleibt. Voraussetzung ist allerdings, dass ausgelaufene wassergefährdende Stoffe mit einfachen betrieblichen Mitteln (z.B. Streumitteln) gefahrlos aufgenommen und beseitigt werden können und die Vorgehensweise in der Betriebsanweisung (§ 44 Absatz 1 Satz 1) festgelegt ist. Dazu gehört auch das Vorhalten entsprechender Betriebsmittel, mit denen die wassergefährdenden Stoffe aufgenommen werden können.

Zu § 32 (Besondere Anforderungen an Abfüllflächen von Heizölverbraucheranlagen)

Die Flächen, auf denen die Tankfahrzeuge während des Befüllvorganges einer Heizolverbraucheranlage abgestellt werden, können nach praktischer Erwägung nicht nach den Vorschriften von § 18 ausgeführt werden, da die Betreiber auf die Gestaltung dieser Flächen, in der Regel Straßenland, keinen Einfluss haben. Für Heizölverbraucheranlagen wird deshalb mit § 32 auf eine § 18 Absatz 1 bis 3 entsprechende Ausführung dieser Abfüllplätze verzichtet, wenn erhöhte Anforderungen an den Tankwagen und die Schläuche eingehalten werden. Eine vergleichbare Regelung enthielt Nummer 2.2.3 des Anhangs der Muster-VAwS.

Zu § 33 Besondere Anforderungen an Abfüllflächen von bestimmten Anlagen zum Verwenden flüssiger wassergefährdender Stoffe

§ 33 enthält vergleichbar den Anforderungen des § 32 zu Abfüllflächen von Heizölverbraucheranlagen eine vereinfachte Regelung für die Flächen, von denen aus Verwendungsanlagen in der Regel einmalig mit flüssigen wassergefährdenden Stoffen befüllt werden. Dies gilt z.B. für die Befüllung von Hydraulikanlagen, Trafos mit Kühlmitteln oder den Tank eines Notstromaggregats. Der Aufwand einer korrekten Ausgestaltung dieser Abfüllflächen steht in keinem Verhältnis zu dem Risiko eines Schadensereignisses.

Zu § 34 (Besondere Anforderungen an Anlagen zum Verwenden wassergefährdender Stoffe im Bereich der Energieversorgung und in Einrichtungen des Wasserbaus)

Absatz 1 regelt für Anlagen der Energieversorgung und in Einrichtungen des Wasserbaus, in denen Kühl-, Schmier- oder Isoliermittel oder Hydraulikflüssigkeiten der WGK 1 oder 2 bis zu einem Volumen von maximal 10 Kubikmetern verwendet werden, unter Verzicht auf eine Rückhaltung besondere Anforderungen, die sich aus den Absätzen 2 und 3 ergeben.

Nach Absatz 2 wird für Anlagen oder Anlagenteile, die betriebs- oder bauartbedingt nicht über flüssigkeitsundurchlässigen Flächen errichtet werden können, auf entsprechende technische Vorkehrungen verzichtet. Die Voraussetzung dieser Regelung, dass flüssigkeitsundurchlässige Flächen nicht errichtet werden können, bedeutet dabei nicht, dass es völlig unmöglich sein muss, eine solche Fläche zu errichten. Grundsätzlich lässt sich fast überall eine Rückhalteeinrichtung einplanen. Allerdings wird dabei die ganze Technik und Gestaltung einer Anlage abgeändert, so dass hier nur gemeint ist, dass eine flüssigkeitsundurchlässige Rückhalteinrichtung dann nicht errichtet werden kann, wenn ihr Einbau die Gesamtkonstruktion oder -technik in Frage stellen würde. Anlagen der Energiewirtschaft, wie Masttransformatoren oder Schaltanlagen werden oft in der freien Landschaft errichtet, wo eine Rückhalteeinrichtung deshalb nicht möglich ist, weil in diese Rückhalteeinrichtung auch Niederschlagswasser gelangen kann und eine geordnete Entwässerung mit einer Kontrolle aufgrund des fehlenden Personals vor Ort nicht erfolgen kann. Eine Einhausung von Trafos würde hingegen die Kühlung behindern. Auch bei Hydraulikanlagen an Schleusen können verständlicherweise keine Rückhalteeinrichtungen vorgesehen werden. Auf der anderen Seite fällt eine Betriebsstörung unmittelbar sofort auf, so dass unverzüglich Maßnahmen eingeleitet werden können, die eine Gewässerverunreinigung verhindern. Voraussetzung für die abweichende Regelung ist deshalb, dass durch technische und organisatorische Maßnahmen sichergestellt wird, dass Störungen gemeldet und wirksame Maßnahmen ergriffen werden.

Absatz 3 regelt Kühler, bei denen das Kühlwasser direkt vorbeigeleitet wird. Dort gibt es zwar in einzelnen Fällen alternative technische Lösungen – wie z.B. Doppelrohr- oder Zweikreiskühler. Falls diese aber nicht eingesetzt werden können, sind auch Kühlsysteme auf vergleichbarem Sicherheitsniveau zulässig. Diese sollen in der TRwS 779 beschrieben werden.

Zu § 35 (Besondere Anforderungen an Erdwärmesonden und –kollektoren, Solarkollektoren und Kälteanlagen)

Absatz 1 sieht eine Sonderregelung für die dort erwähnten Anlagen nach näherer Maßgabe der Absätze 2 bis 4 vor. Unterirdische Anlagen und Rohrleitungen müssen nach § 17 Absatz 3 bzw. § 21 Absatz 2 doppelwandig sein, als Saugleitung ausgeführt, mit einem Schutzrohr versehen oder in einem Kanal verlegt sein. Eine doppelwandige Verlegung würde dem Zweck von Erdwärmesonden und -kollektoren widersprechen, da damit der Wärmeübergang behindert würde. Zu einer einwandigen Verlegung gibt es deshalb keine Alternative. Diese ist nach Absatz 2 aber nur zulässig, wenn die Anlage ständig überwacht wird und sich bei einem Leck automatisch abschaltet (Satz 1 Nummer 2). Durch Abschalten der Umwälzpumpe wird das Austreten wassergefährdender Stoffe weitgehend verhindert, da die Sonden damit drucklos sind und ein Übertritt wassergefährdender Stoffe ins Grundwasser gegen den dort herrschenden Druck nicht in nennenswerten Mengen erfolgt.

Durch die Beschränkung der zulässigen Wärmeträgermedien nach Absatz 2 Satz 1 Nummer 3 auf nicht wassergefährdende Stoffe und Gemische der WGK 1, die überwiegend aus Ethylen- oder Propylenglycol bestehen, wird das Risiko von Grundwasserverunreinigungen zusätzlich minimiert. Eine Erweiterung auf andere Stoffe oder Gemische der WGK 1 wäre zu weitgehend, da sich unter diesen auch Stoffe und Gemische befinden, die von ihrem Verhalten in der Umwelt, insbesondere ihrer Ökotoxikologie oder ihrem Abbauverhalten, kritischer zu bewerten sind, als die Alkohole. Dies gilt zumindest für die bisher vorgeschlagenen Wärmeträgermedien.

Solarkollektoren und Kälteanlagen für die Klimatisierung von Gebäuden werden sehr häufig im Freien auf den Dächern der Gebäude angeordnet. Nach Absatz 3 Nummer 1 sind diese Anlagen so zu sichern, dass im Fall einer Leckage die Umwälzpumpe abgeschaltet und Alarm ausgelöst wird, so dass geeignete Gegenmaßnahmen getroffen werden können. Zur Minimierung möglicher Gewässergefährdungen sind als Wärmeträgermedien nach Nummer 2 nur nicht wassergefährdende Stoffe oder Gemische der WGK 1, deren Hauptbestandteil Ethylen- oder Propylenglycol sind, zu verwenden. Nummer 3 fordert die Aufstellung der entsprechenden Aggregate auf einer befestigten Fläche, die eine geordnete Niederschlagsentwässerung ermöglicht (vgl. § 19 Absatz 4).

Absatz 4 regelt Kälteanlagen mit gasförmigen wassergefährdenden Stoffen der WGK 1. Bei ihnen wird auf jegliche Rückhaltung verzichtet, da die gasförmigen Stoffe in die Atmosphäre entweichen und Bekämpfungsmaßnahmen, wie ein Niederschlagen mit Wasser, bei denen eine Rückhaltung sinnvoll sein kann, nicht erforderlich sind. Weitergehende Anforderungen an die Dichtheit von Anlagen, die Kältemittel enthalten, ergeben sich aus den Artikeln 3 bis 5 der Verordnung (EU) Nr. 517/2014 des Europäischen Parlaments und des Rates vom 16. April 2014 über fluorierte Treibhausgase zur Aufhebung der Verordnung (EG) Nr. 842/2006 (ABl. L 150 vom 20.5.2014, S. 195) und aus § 3 Absatz 1 Chemikalien-Klimaschutzverordnung sowie aus Artikel 23 der Verordnung (EG) Nr. 1005/2009 (ABl. L 286, S. 1) und § 4 Chemikalien-Ozonschichtverordnung.

Zu § 36 (Besondere Anforderungen an unterirdische Ölkabel- und Massekabelanlagen)

Bei unterirdischen Massekabelanlagen kann nach Satz 1 auf eine Rückhaltung verzichtet werden, da entsprechende Behälter, mit denen freigesetztes Öl bei Ölkabelanlagen nachgeliefert wird, nicht vorhanden sind. Unterirdische Ölkabel haben keine flüssigkeitsundurchlässigen Umhüllungen. Damit kann das als Isoliermittel genutzte Öl in die Umwelt gelangen. Ölkabel dieser Bauweise werden zwar heute nicht mehr verlegt, die vorhandenen können aber – abgesehen von den entstehenden Kosten - oft kaum noch ausgetauscht werden, da sie beispielsweise aufgrund zwischenzeitlicher Überbauung nicht mehr erreichbar sind. Solange auf diese Anlagen nicht verzichtet werden kann, müssen sie nach Satz 2 deshalb so gut überwacht werden, dass ein Versagen rechtzeitig erkannt wird und Gegenmaßnahmen getroffen werden können. Die Ölkabelregelung hat sich im Stadtgebiet von Berlin bewährt und wird nun bundesweit übernommen.

Zu § 37 (Besondere Anforderungen an Biogasanlagen mit Gärsubstraten landwirtschaftlicher Herkunft)

§ 37 regelt in den Absätzen 2 bis 5 die besonderen Anforderungen an Biogasanlagen, die ausschließlich mit Gärsubstraten landwirtschaftlicher Herkunft betrieben werden. Diese hier gemeinten Gärsubstrate, die der Begriffsbestimmung in § 2 Absatz 8 entsprechen müssen, sind von ihren stofflichen Eigenschaften ähnlich zu bewerten, wie die Stoffe, mit denen in JGS-Anlagen umgegangen wird. Auf dieser Einschätzung aufbauend kann die Vollzugspraxis der Länder, die an diese Anlagen vergleichbare Anforderungen gestellt haben wie für JGS-Anlagen, fortgesetzt werden. Anlagen, in denen auch andere vergärbare Ausgangsmaterialien, beispielsweise Abfälle aus Fettabscheidern oder aus hygienischen Gründen nicht verwertbare Tierkörper oder Teile von ihnen, verwendet werden sollen, haben ein höheres Gefährdungspotenzial und sind nach den allgemeinen Anforderungen des Kapitels 3 zu errichten, ohne dass hier Sonderregelungen wie für Biogasanlagen mit Gärsubstraten landwirtschaftlicher Herkunft angewendet werden dürfen.

Nach Absatz 2 Satz 1 müssen (einwandige) Biogasanlagen mit flüssigen allgemein wassergefährdenden Stoffen mit einem Leckageerkennungssystem ausgerüstet sein. Das Leckageerkennungssystem soll dafür sorgen, dass die Freisetzung der Gärsubstrate oder Gärreste rechtzeitig erkannt wird, so dass der Betreiber die notwendigen Maßnahmen ergreifen kann, um eine Verunreinigung der Gewässer zu verhindern. Bei festen allgemein wassergefährdenden Stoffen kann auf diese Leckageerkennung verzichtet werden, da die Gefährdung, die von diesen Anlagen ausgeht, geringer ist. Deshalb ist hier nach Satz 2 eine flüssigkeitsundurchlässige Fläche einschließlich des Übergangs zu einer Aufkantung ausreichend.

Absatz 3 fordert, dass mit Ausnahme des Lagers für feste Gärsubstrate oder feste Gärreste alle Anlagen innerhalb einer Umwallung liegen müssen, die so gestaltet werden muss, dass das Volumen zurückgehalten werden kann, das bei Betriebsstörungen bis zum Wirksamwerden geeigneter Sicherheitsvorkehrungen freigesetzt werden kann, mindestens aber das Volumen des größten Behälters. Mit der Forderung einer Umwallung wird ein abgemildertes Sicherheitsniveau beschrieben, das dem Gefährdungspotenzial dieser Anlagen entspricht und vergleichbar ist zu dem, das auch von den meisten Ländern bisher gefordert wurde. Aus bestimmten Landkreisen wird berichtet, dass es innerhalb von 8 Jahren zu 48 Unfällen mit Biogasanlagen gekommen ist. Dies ist ein deutlicher Hinweis darauf, dass die bisher vorhandene Anlagentechnik nicht ausreichend ist, um Unfälle und in Flüssen und Bächen über Kilometer reichende Fischsterben zu verhindern. Konkrete Ausführungen zur Gestaltung dieser Umwallung werden in der Verordnung nicht getroffen, eine Flüssigkeitsundurchlässigkeit im Sinne von § 18 Absatz 2 ist nicht gefordert. Näheres wird in den Technischen Regeln bestimmt. Nach Satz 2 kann die Umwallung auch um mehrere Anlagen nach § 2 Absatz 14 führen, wenn dies z.B. aus betrieblicher Sicht eine Vereinfachung darstellt. Ein abseits stehender Güllebehälter muss aber nicht in eine gemeinsame Umwallung einbezogen werden.

Absatz 4 erweitert die Regelung nach Absatz 1 zur Leckageerkennung und bezieht sie auch auf unterirdische Anlagen und Anlagenteile, die sonst doppelwandig ausgeführt werden müssten. Im Hinblick auf die abgemilderten Anforderungen an oberirdische Anlagenteile, ist eine entsprechende Verfahrensweise auch für unterirdische angemessen.

Absatz 5 betrifft Behälter, bei denen der tiefste Punkt unterhalb des Grundwasserspiegels liegt. Diese Behälter müssen doppelwandig gebaut werden. Allerdings ist fraglich, ob Biogasbehälter überhaupt unterhalb des Grundwasserspiegels errichtet werden. In den Fällen, in denen das Grundwasser bis an die Geländeunterkante reichen kann, muss der Behälterboden auf dem Gelände sein. Im überfluteten Bereich sollten hingegen keine Biogasanlagen errichtet werden.

Bezugspunkt ist nicht der höchste gemessene Grundwasserstand, sondern der höchste zu erwartende Grundwasserstand, bei dem Extremereignisse nicht berücksichtigt werden. Die Forderung nach einer Doppelwandigkeit von unterirdischen Behältern gilt generell für unterirdische Behälter in Wasserschutzgebieten.

Absatz 6 regelt Erdbecken. Das Deutsche Institut für Bautechnik (DIBt) hat für Erdbecken zur Lagerung von Jauche, Gülle und Silagesickersaft (JGS) mehreren Antragstellern für deren Systeme eine allgemeine bauaufsichtliche Zulassung erteilt. Mit diesen Zulassungen gilt die Verwendbarkeit des Systems im Sinne der Landesbauordnungen als nachgewiesen. Von den Wasserbehörden werden im Baugenehmigungsverfahren wasserrechtliche Anforderungen formuliert, die nach Wasserrecht den bestmöglichen Schutz der Gewässer gewährleisten sollen. In der Praxis haben sich diese Systeme nicht bewährt. Nach Mitteilung der Landwirtschaftskammern vor Ort und nach den Prüfberichten der Sachverständigen sind in nicht seltenen Fällen bei der Überprüfung erhebliche Mängel festgestellt worden. Beschädigungen der Folien im Boden und Böschungsbereich, insbesondere im Bereich der Rührwerke, und das Nichtfunktionieren der mechanischen Leckageerkennung waren hierbei die am häufigsten festgestellten Mängel.
Aus diesen Gründen ist das Verbot für die Lagerung von Gärresten aus dem Betrieb von Biogasanlagen in Erdbecken gerechtfertigt, zumal für die Lagerung dieser Stoffe ein noch höheres Schutzniveau als für die Lagerung von JGS zu fordern ist.

Zu § 38 (Besondere Anforderungen an Anlagen zum Umgang mit gasförmigen wassergefährdenden Stoffen)

§ 38 regelt die besonderen Anforderungen an Anlagen zum Umgang mit gasförmigen wassergefährdenden Stoffen.

Grundsätzlich ist bei gasförmigen Stoffen davon auszugehen, dass sie im Falle eines Lecks direkt in die Atmosphäre entweichen und eine Rückhalteeinrichtung für diesen Fall technisch nicht erfolgversprechend ist. Absatz 1 befreit insofern bei oberirdischen Anlagen von der Notwendigkeit einer Rückhaltung. Bei einigen Gasen kann es jedoch insbesondere aus Gründen der Betriebssicherheit zum Anfall von wassergefährdenden Stoffen oder verunreinigten Flüssigkeiten kommen. Diese Fälle werden in den folgenden Absätzen geregelt.

Absatz 2 regelt die Fälle, bei denen aufgrund einer Gefährdungsabschätzung Maßnahmen zur Schadenserkennung, Rückhaltung und Verwertung erforderlich werden:

- bei druckverflüssigten gasförmigen wassergefährdenden Stoffen, die aufgrund ihrer Verdampfungseigenschaften (Verdampfungsenthalpie) dazu geeignet sind, teilweise flüssig mit Lachenbildung auszutreten (Nummer 1). Das Volumen richtet sich hierbei nach der möglichen flüssigen Austrittsmenge, bei deren Berechnung auch tiefe Außentemperaturen zu berücksichtigen sind. Beispiele: Ammoniak (NH_3), Vinylchlorid (C_2H_3Cl), Dimethylether (C_2H_6O),
- bei gasförmigen wassergefährdenden Stoffe, die aufgrund ihrer Löslichkeit in Wasser wassergefährdende Flüssigkeiten bilden, wenn diese im Falle einer Leckage austreten (auch im Brandfall) und mit Wasser niedergeschlagen werden (Nummer 2). Beispiele: Ammoniak (NH_3), Chlorwasserstoff (HCl), Chlor (Cl_2).

Absatz 3 regelt eine Ausnahme von der Verpflichtung nach Absatz 2. Bei diesen relativ kleinen Anlagen ist im Sinne einer Bagatellregelung davon auszugehen, dass schon durch die Maßnah-

men der Betriebssicherheit ein adäquater Gewässerschutz erreicht wird und unter den genannten
Voraussetzungen auf eine Gefährdungsabschätzung sowie auf Maßnahmen zur Rückhaltung verzichtet werden kann.

Zu Abschnitt 4 (Anforderungen an Anlagen in Abhängigkeit von ihren Ge-
fährdungsstufen)

Zu § 39 (Gefährdungsstufen von Anlagen)

§ 39 legt die Gefährdungsstufen von Anlagen fest, die sich nach dem Volumen bzw. der Masse
und der Wassergefährdungsklasse der Stoffe ergeben und die die Grundlage für eine Staffelung
der Anforderungen sind.

Die Tabelle in Absatz 1 entspricht weitgehend derjenigen in § 6 Absatz 3 der Muster-VAwS,
wurde aber im Hinblick auf die Bagatellregelung des § 1 Absatz 3 abgewandelt.

Absatz 2 regelt, wie die jeweils für die Anlage maßgebenden Volumina und Massen zu bestimmen sind. Zunächst ist das maßgebende Volumen das Nennvolumen der Anlage einschließlich
aller Anlagenteile, aus denen gleichzeitig wassergefährdende Stoffe austreten können. In der betrieblichen Praxis kommt es jedoch regelmäßig vor, dass die Anlage durch technische Einbauten
oder andere betriebliche Maßnahmen für ein kleineres Volumen ausgelegt ist, das aus diesem
Grunde im Betrieb tatsächlich nicht überschritten wird. Wenn das verbleibende, nicht nutzbare
Volumen in die Betriebsabläufe nicht einbezogen ist, ist es auch nicht angemessen, es zu berücksichtigen. Das maßgebende Volumen entspricht dann nur noch demjenigen, für das die Anlage
ausgelegt ist und das technisch nutzbar ist. Allerdings muss das Volumen, für das die Anlage nun
ausgerüstet ist, auch in nicht veränderbarer Art und Weise auf dem Behälter angegeben sein, um
Manipulationen zu vermeiden. Betriebliche Absperreinrichtungen werden bei der Bestimmung
des maßgebenden Volumens einer Anlage nach Satz 2 nicht berücksichtigt. Damit soll auf jeden Fall sichergestellt werden, dass das gesamte Volumen wassergefährdender Stoffe, das bei
einer Leckage oder einem Bruch austreten kann, für die Gefährdungsstufe berücksichtigt wird.
Maßgebend bleibt die vom Betreiber erstellte Abgrenzung der Anlage, die durch betriebliche
Absperreinrichtungen innerhalb der Anlage nicht aufgehoben wird.

Absatz 3 regelt das maßgebende Volumen von Lageranlagen, bei denen ggf. die nutzbaren Volumina aller Behälter dieser Anlage zusammengefasst werden.

Da bei Abfüllanlagen die Berücksichtigung des Behältervolumens nicht sinnvoll herangezogen
werde kann, bestimmt Absatz 4, dass sich das Volumen aus dem Volumenstrom über 10 Minuten
bei maximaler Pumpleistung oder aus dem mittleren Tagesdurchsatz ergibt. Dabei ist das größere
Volumen als maßgebendes Volumen anzusetzen.

Absatz 5 legt fest, dass bei Anlagen, bei denen Behälter und Verpackungen umgeladen werden,
das Volumen des größten Behälters oder der größten Verpackung für die Bestimmung des maßgebenden Volumens heranzuziehen ist. Bei Anlagen zum Laden und Löschen von Stückgut oder
von losen Schüttungen entspricht das Volumen der größten Umladeeinheit, also z.B. dem Volumen des größten zu erwartenden Stückguts oder dem, das von einem Greifer maximal erfasst
werden kann.

Absatz 6 enthält eine Regelung zur Bestimmung des maßgebenden Volumens für HBV-Anlagen. Entscheidend ist auch hier das Volumen, das bei bestimmungsgemäßen Betrieb maximal in der Anlage vorhanden ist. Dabei ist die verfahrenstechnische Auslegung zu berücksichtigen. So kann z.B. das maßgebende Volumen einer Destillierkolonne größer sein als das Nennvolumen der Destillierkolonne selbst, da in diese Einrichtungen ständig wassergefährdende Stoffe nachgeliefert und dann ebenfalls freigesetzt werden können.

Absatz 7 regelt das Volumen von Rohrleitungsanlagen, die sich insbesondere an großen Chemiestandorten finden. Auf Grund der Größe des Werksgeländes führen die Rohrleitungen über große Entfernungen, so dass neben dem Volumenstrom das Volumen an wassergefährdenden Stoffen, das in den Leitungen vorhanden ist, nicht mehr vernachlässigt werden kann und deshalb zu dem Volumen, das sich aus dem Volumenstrom ergibt, addiert werden muss.

Absatz 8 regelt den besonderen Fall, dass festen Stoffen flüssige wassergefährdende Stoffe anhaften. Eine Bestimmung des Volumens der Anlage auf der Grundlage des Volumens der festen Stoffe wäre übertrieben, da allein die flüssigen wassergefährdenden Stoffe, z.B. die Bohremulsionen bei Metallspänen, maßgebend sind. § 27 Satz 2 legt ein erforderliches Rückhaltevolumen auch für den Fall fest, dass ein Volumen für die wassergefährdenden Stoffe nicht bestimmt werden kann.

Absatz 9 regelt das maßgebende Volumen einer Biogasanlage, das sich aus den Volumina aller Anlagen (also z.B. Gärsubstratlager, Fermenter und Gärrestelager) ergibt. Diese Spezifizierung entspricht dem Wunsch, unter einer Biogasanlage alle Anlagen dieser Biogasanlage zu verstehen und keine Differenzierung nach Lager- oder HBV-Anlagen zu treffen (vgl. auch § 2 Absatz 14).

Wenn in einer Anlage mit Stoffen unterschiedlicher Wassergefährdungsklassen umgegangen wird, regelt Absatz 10, wie hier die für die Einstufung in eine Gefährdungsstufe maßgebliche Wassergefährdungsklasse bestimmt wird. Dabei bleiben die Volumina von Stoffen einer Wassergefährdungsklasse, die am gesamten in der Anlage gelagerten Volumen weniger als 3 % ausmachen unberücksichtigt (Satz 1). Machen allerdings die wassergefährdenden Stoffe mit der höchsten Wassergefährdungsklasse weniger als 3 % des Gesamtvolumens aus, ist nach Satz 2 die nächstniedrigere Wassergefährdungsklasse heranzuziehen. Wenn also in einer Anlage das Volumen von Stoffen der Wassergefährdungsklasse 3 weniger als 3 % ausmacht, gilt für die Anlage die Wassergefährdungsklasse 2, unabhängig davon, wie groß der Anteil der Stoffe dieser Wassergefährdungsklasse ist.

Absatz 11 regelt, dass für Anlagen zum Umgang mit allgemein wassergefährdenden Stoffen auch keine Zuordnung zu einer Gefährdungsstufe erfolgen muss, da es durch die fehlende WGK keine Grundlage einer Zuordnung gibt. Die sonst nach Gefährdungsstufen gestaffelten Anforderungen werden für diese Anlagen an den entsprechenden Stellen der Verordnung konkretisiert.

Zu § 40 (Anzeigepflicht)

§ 40 regelt Anzeigepflichten im Zusammenhang mit bestimmten Anlagen zum Umgang mit wassergefährdenden Stoffen.

Absatz 1 gibt vor, dass die Errichtung, die wesentliche Änderung und Maßnahmen, die zur Änderung der Gefährdungsstufe von prüfpflichtigen Anlagen führen, der zuständigen Behörde schriftlich anzuzeigen sind. Dies gibt der zuständigen Behörde die Möglichkeit, festzustellen, ob die Anforderungen der Verordnung erfüllt und die technischen Regeln eingehalten werden und ob andere standortbezogene Vorschriften, z. B. aus Wasserschutzgebietsverordnungen eingehalten werden. Wie die bisherigen Vollzugserfahrungen zeigen, sind sich häufig kleine Betriebe und Privatpersonen nicht darüber im Klaren, was bei der Errichtung einer Anlage zu beachten ist, so dass immer wieder aufwändige und teure Nachbesserungen erforderlich werden. Außerdem kann die Verzögerung der Inbetriebnahme zu erheblichen Einschränkungen im betrieblichen Ablauf oder zu Einnahmeausfällen führen. Es liegt deshalb im besonderen Interesse der Betreiber, wenn rechtzeitig festgestellt wird, ob die Anlage in dieser Form richtig geplant ist und den Anforderungen genügt. Nach Eingang der Anzeige haben die zuständigen Behörden sechs Wochen Zeit, eine Plausibilitätsprüfung vorzunehmen und den Betreiber auf bestimmte zusätzliche Maßnahmen oder Anforderungen hinzuweisen. Eine solche Information ist dabei für die Betreiber von großem Nutzen, vereinfacht aber auch die Arbeit der zuständigen Behörden, da später keine Anordnungen getroffen werden müssen, die z.B. die Inbetriebnahme einer Anlage verzögern.

Absatz 2 regelt den inhaltlichen Mindestumfang einer Anzeige, damit sich die Behörde ein ausreichendes Bild davon machen kann, wer der Betreiber ist und um welche Anlage an welchem Standort mit welchen Sicherheitseinrichtungen es sich handelt. Von präzisierenden Festlegungen wurde abgesehen, da die in den Ländern in Anzeigeverfahren gewünschten Informationen voneinander abweichen und z. T. auch von den entsprechenden behördlichen Überwachungsprogrammen abhängen. Die Festlegung eines Mindestumfangs erspart der Behörde aber notwendige Nachfragen und versetzt sie in die Lage, ohne weiteren Aufwand Plausibilitätskontrollen durchzuführen.

Eine Anzeige ist nach Absatz 3 nicht notwendig, wenn für die Anlage eine Eignungsfeststellung nach § 63 Absatz 1 WHG oder eine Zulassung nach anderen Rechtsvorschriften, wie dem Bundesimmissionsschutz- oder dem Baurecht, erforderlich ist und im Rahmen dieser Zulassung die Einhaltung der Anforderungen dieser Verordnung sichergestellt wird. Bei diesen Verfahren kann behördenintern die Beteiligung der zuständigen Behörde sichergestellt werden.

Anzeigepflichtig ist nach Absatz 4 auch der Wechsel des Betreibers einer prüfpflichtigen Anlage, da dies die Voraussetzung dafür ist, dass die zuständige Behörde bei diesen Anlagen auf die Einhaltung der Prüfpflichten achten kann. Auf eine solche Anzeige wird bei Heizölverbraucheranlagen verzichtet, da eine entsprechende Verpflichtung in der breiten Bevölkerung nur schwer ins Bewusstsein gelangt und damit wirkungslos bliebe.

Zu § 41 (Ausnahmen vom Erfordernis der Eignungsfeststellung)

§ 41 regelt Ausnahmen vom Erfordernis der Eignungsfeststellung.

Nach § 63 Absatz 1 WHG bedürfen Anlagen zum Lagern, Abfüllen oder Umschlagen wassergefährdender Stoffe einer Eignungsfeststellung durch die zuständige Behörde. Über die bereits in § 63 Absatz 2 Satz 1 und Absatz 3 Satz 1 WHG enthaltenen Ausnahmen hinaus werden entsprechend der in § 63 Absatz 2 Satz 2 WHG vorgesehenen Möglichkeit in Absatz 1 und 2 weitere Ausnahmen von der Verpflichtung zur Eignungsfeststellung geregelt, die damit die Regelung der Anlagen einfacher oder herkömmlicher Art, die das Wasserhaushaltsgesetz alter Fassung kannte, grundsätzlich fortführen. Grundlage für diese weiteren Ausnahmen in Absatz 1 ist die Einschätzung eines geringeren Risikos dieser Anlagen, bei dem auf eine behördliche Vorprüfung verzichtet werden kann. Wie bereits in einigen Länderverordnungen geregelt, werden Anlagen zum Lagern, Abfüllen oder Umschlagen gasförmiger Stoffe sowie flüssiger und fester Stoffe der Gefährdungsstufe A ausgenommen (Absatz 1 Nummer 1). Auch Anlagen zum Umgang mit aufschwimmenden flüssigen Stoffen (Nummer 2) sowie Anlagen mit allgemein wassergefährdenden

Stoffen, die keiner Prüfpflicht unterliegen (Nummer 3) bedürfen keiner Eignungsfeststellung. Zum Abbau bürokratischer Regelungen wird unter Nummer 4 auch auf eine Eignungsfeststellung für Heizölverbraucheranlagen verzichtet. Diese Anlagen sollen von Fachbetrieben errichtet werden. Es kann davon ausgegangen werden, dass die Fachbetriebe, die häufig solche Anlagen errichten und warten, die dabei zu erfüllenden technischen Regeln kennen und einhalten. Eine zusätzliche behördliche Kontrolle ist deshalb entbehrlich. Die Feststellung, dass alle Anforderungen eingehalten werden, erfolgt im Anschluss an die Errichtung durch den Fachbetrieb nach dem Vier- Augenprinzip durch den Sachverständigen. Nummer 5 führt die Regelung von Anlagen einfacher oder herkömmlicher Art fort. Sofern diese Anlagen nicht über ein Volumen von mehr als einem Kubikmeter verfügen und doppelwandig sind oder eine Rückhalteeinrichtung besitzen, die das gesamte Volumen wassergefährdender Stoffe in der Anlage auffangen kann, ist eine Eignungsfeststellung nicht erforderlich. Unter diesen Voraussetzungen ist die der Anlage innewohnende Sicherheit so groß, dass ein Umweltschaden unwahrscheinlich ist und deshalb eine behördliche Kontrolle, ob alle Sicherheitsmaßnahmen getroffen wurden, entbehrlich ist. Der Betreiber bleibt jedoch daran gebunden, alle Maßnahmen, die die Verordnung für diese Anlagen fordert, eigenverantwortlich umzusetzen.

Nach Absatz 2 Satz 1 bedürfen Anlagen der Gefährdungsstufe B und C sowie prüfpflichtige Anlagen mit allgemein wassergefährdenden Stoffen, denen keine Gefährdungsstufe zugeordnet werden kann, keiner Eignungsfeststellung, wenn für alle Teile einer Anlage Zulassungen nach anderen Vorschriften – z.B. dem Baurecht - vorliegen, die den Gewässerschutz berücksichtigen und ein Sachverständigengutachten bestätigt, dass im Zusammenspiel aller dieser Anlagenteile eine Anlage betrieben werden kann, die allen Anforderungen genügt. Nach Satz 2 hat die zuständige Behörde nach Eingang dieser Unterlagen 6 Wochen Zeit, die beschriebene Errichtung zu untersagen oder Anforderungen festzulegen, mit denen ein ordnungsgemäßer Betrieb sichergestellt werden kann. Diese Regelung ist ein Kompromiss zwischen den einzelnen Regelungen, die bisher in den Ländern bestanden und erlaubt ein behördliches Eingreifen, ohne die Behörde zu verpflichten, Eignungsfeststellungsverfahren durchzuführen. Insgesamt wird mit dieser Regelung in den meisten Bundesländern eine Erleichterung erreicht. Satz 3 stellt klar, dass Anforderungen nach anderen Rechtsbereichen unberührt bleiben. Bedürfen Anlagen einer Zulassung nach anderen Rechtsvorschriften, kann im Falle behördlicher Untätigkeit innerhalb der Sechswochenfrist nach Satz 2 somit nicht mit Errichtung und Betrieb der Anlage begonnen werden.

Nach Absatz 3 kann die zuständige Behörde auch von einer Eignungsfeststellung für Anlagen der Gefährdungsstufe D absehen, wenn diese die Anforderungen nach Absatz 2 Satz 1 erfüllen. Hierzu gehört auch, dass von einem Sachverständigen bestätigt wird, dass die aus den verwendeten einzeln zugelassenen Anlagenteilen zusammengesetzte Anlage als Ganzes die wasserrechtlichen Anforderungen erfüllt. Damit soll dem Wunsch nach Verfahrensvereinfachungen auch für diese Anlagen Rechnung getragen werden. Allerdings besteht für die Anlagen der Gefährdungsstufe D kein Anspruch auf den Verzicht auf eine Eignungsfeststellung.

Zu § 42 (Antragsunterlagen für die Eignungsfeststellung)

§ 42 beschreibt, welche Unterlagen für eine Eignungsfeststellung eingereicht werden müssen. Abweichend von den meisten bisher geltenden Landesregelungen ist nach Satz 2 die Abgabe eines Gutachtens eines Sachverständigen nur noch dann notwendig, wenn die zuständige Behörde dies fordert. Dies ist insbesondere dann zu erwarten, wenn sie den technischen Aufbau und die vorgesehenen Sicherheitseinrichtungen der Anlage nicht selbst abschließend beurteilen kann und die Verfahrenserleichterungen von § 41 Absatz 2 und 3 vom Betreiber nicht in Anspruch genommen werden.

Zu § 43 (Anlagendokumentation)

§ 43 regelt die Anlagendokumentation sowie die Bereithaltung der Unterlagen, die Sachverständige oder Fachbetriebe als Grundlage für ihre Arbeit nach § 47 oder nach § 45 benötigen.

Absatz 1 sieht vor, dass jeder Betreiber einer Anlage über eine Anlagendokumentation verfügen muss, die die wichtigsten Informationen zu der Anlage enthält. Eine solche Dokumentation ist für einen verantwortungsvollen Betreiber selbstverständlich und entspricht auch derjenigen, die seit Jahren in der TRwS 779 Allgemeine technische Regelungen unter Punkt 6.2 aufgeführt war. Der Umfang einer solchen Dokumentation richtet sich dabei nach der Komplexität der Anlage. Nicht mehr vorhandene Unterlagen müssen jedoch nicht neu beschafft werden (siehe § 68 Absatz 1 Satz 2).

Ein wesentliches Element bei Sachverständigenprüfungen und bei Arbeiten an einer Anlage ist die ausreichende Kenntnis der Anlagendetails einschließlich des Vorliegens von Zulassungen und von Ergebnissen vergangener Kontrollen. Aus den Berichten der Sachverständigenorganisationen der letzten Jahre zu den durchgeführten Prüfungen ergibt sich, dass die Prüfungen dadurch erheblich erschwert werden, dass die Betreiber gerade zu diesen Punkten nicht im erforderlichen Umfang Auskunft über ihre Anlage geben können. Absatz 2 fordert deshalb, dass der Betreiber die Unterlagen, die für die genannten Zwecke erforderlich sind, bereit zu halten hat. Dazu zählen nach Absatz 2 Satz 2 insbesondere die Eignungsfeststellung, bauaufsichtliche Verwendbarkeitsnachweise sowie der letzte Prüfbericht. Ziel dieser Regelung ist es, dass keine Zweifel daran bestehen dürfen, welche Regelungen für eine Anlage getroffen wurden und dass z.B. auch kontrolliert werden kann, ob festgestellte Mängel an einer Anlage behoben worden sind. Die Trennung der Dokumentation nach Absatz 1 und der Unterlagen nach Absatz 2 liegt zum einen daran, dass Absatz 1 alle Anlagen, Absatz 2 nur die prüfpflichtigen betrifft. Außerdem soll sichergestellt werden, dass bei einer Prüfung die entscheidenden Unterlagen nach Absatz 2 griffbereit vorliegen und nicht unter anderen Unterlagen gesucht werden müssen. Es spricht nichts dagegen, dass der Betreiber die jeweils geforderten Unterlagen zusammen aufbewahrt.

Absatz 3 regelt, dass die unter Absatz 2 genannten Unterlagen der zuständigen Behörde z.B. bei Vor-Ort-Kontrollen, den Sachverständigen vor einer Prüfung und den Fachbetrieben vor entsprechenden Tätigkeiten an der Anlage auf Verlangen vorzulegen sind.

Absatz 4 eröffnet für EMAS-Standorte im Sinne von § 3 Nummer 12 WHG die Möglichkeit, statt der geforderten Anlagendokumentation die erforderlichen Angaben in einer Umwelterklärung oder einem Umweltbetriebsprüfungsbericht festzuhalten. Diese Möglichkeit verlangt eine besondere Ergänzung dieser Unterlagen im Hinblick auf die sicherheitsrelevanten Merkmale der Anlage.

Zu § 44 (Betriebsanweisung; Merkblatt)

§ 44 regelt die Betriebsanweisung (Absätze 1 bis 3) sowie für bestimmte Anlagen das Merkblatt (Absatz 4), anhand derer das Betriebspersonal einen sicheren Betrieb der Anlage gewährleisten soll.

Neben den technischen Anforderungen und den detaillierten Kenntnissen über die Anlage und ihre Sicherheitseinrichtungen ist die rechtzeitige Überlegung von besonderer Bedeutung, welche Maßnahmen im Schadensfall zu ergreifen und welche technischen und organisatorischen Betriebsmittel hierfür vorzuhalten sind. Absatz 1 Satz 1 verlangt daher, dass Betreiber von Anlagen einen Überwachungs-, Instandhaltungs- und Notfallplan mit einer Anweisung für Sofortmaßnahmen zur Gefahrenabwehr aufstellen müssen. Dieses Dokument kann z.b. nach der TRwS 779 erstellt werden und dementsprechend die vergangenen und die anstehenden Sachverständigenprüfungen, erforderliche Beauftragungen von Fachbetrieben, spezielle Standortinformationen und Sicherheitseinrichtungen, die im Schadensfall von Bedeutung sein können, enthalten. Insbesondere sind darin direkte Ansprechpartner mit Telefonnummer, die auch an Sonn- und Feiertagen erreichbar sind, festzuhalten und im Schadensfall kurzfristig umsetzbare und vorbereitete Maßnahmen festzulegen. Der Plan ist nach Satz 2 mit den Stellen abzustimmen, die an Maßnahmen im Schadensfall beteiligt sind, damit im Ereignisfall auch jeder weiß, was zu tun ist, wo entsprechende Geräte oder andere Hilfsmittel untergebracht sind und wie die Zugänglichkeit gewährleistet ist. Nach Satz 3 hat der Betreiber dafür zu sorgen, dass die Betriebsanweisung eingehalten wird. Außerdem sind die Informationen aktuell zu halten.

Absatz 2 schreibt vor, dass das Betriebspersonal regelmäßig, mindestens einmal im Jahr darin zu unterweisen ist, wie es sich laut Betriebsanweisung im Umgang mit der Anlage zu verhalten hat (Satz 1) und dass diese Durchführung der Unterweisung zu dokumentieren ist (Satz 2).
Absatz 3 sieht vor, dass die Betriebsanweisung jederzeit für das Betriebspersonal zugänglich sein muss. Mit den Regelungen in Absatz 2 und 3 soll sichergestellt werden, dass das Betriebspersonal im Gefahrenfall eingreifen kann, ohne erst die entsprechenden Anweisungen suchen zu müssen und zu überlegen, was zu tun ist.

Nach Absatz 4 Satz 1 wird zur Erleichterung des Aufwandes für Betreiber die Einhaltung der Anforderungen nach Absatz 1 bis 3 für Anlagen mit geringerem Risiko (Gefährdungsstufe A, Eigenverbrauchstankstellen, Heizölverbraucheranlagen, Anlagen zum Umgang mit aufschwimmenden flüssigen Stoffen mit einem Volumen bis 100 m^3 und Anlagen mit festen wassergefährdenden Stoffen bis 1.000 Tonnen) ausgesetzt.
Anstelle der Betriebsanweisung ist nach Satz 2 ein Merkblatt mit den erforderlichen Betriebs- und Verhaltensvorschriften gut sichtbar an der Anlage anzubringen. Es ist davon auszugehen, dass das Gefährdungspotenzial bei diesen Anlagen relativ gering ist und keine besonderen Alarmierungswege erforderlich sind, so dass auf eine vereinfachte Form der Betriebsanweisung zurückgegriffen werden kann. Bei diesen Anlagen gibt es in der Regel auch keine ständig besetzten Betriebswarten, zuschaltbare Sicherheitseinrichtungen oder besonderen Katastrophenpläne, so dass hierfür keine Regelungen getroffen werden müssen. Die erforderlichen Informationen in dem Merkblatt können sich damit insbesondere auf solche zu der Anlage selbst, und auf Angaben zu den Sachverständigenprüfungen, zu Fachbetriebspflichten und bei Betrieben zu betrieblichen Ansprechpartnern für den Schadensfall und den Notrufnummern, unter denen sie auch an Sonn- und Feiertagen zu erreichen sind, beschränken und insofern generalisiert werden. Dieses Merkblatt für Heizölverbraucheranlagen und für andere Anlagen findet sich in Anlage 3 und 4. Das Merkblatt muss in der Nähe der Anlage aufgehängt werden, so dass Merkblatt und Anlage einander zugeordnet werden können. Sollten mehrere Anlagen zusammen aufgestellt sein, können die Merkblätter, insbesondere z.B. zu den Alarmierungswegen und Notrufnummern zusammengefasst werden.
Satz 3 führt zu diesen Regelungen eine weitere Vereinfachung für den Fall ein, dass die Angaben nach Anlage 4 auf andere Weise in der Nähe der Anlage dokumentiert sind. Damit soll eine doppelte oder mehrfache Beschriftung verhindert werden.
Nach Satz 4 ist bei Verwendungsanlagen der Gefährdungsstufe A im Freien außerhalb von Ortschaften die gut sichtbare Anbringung einer Telefonnummer ausreichend, unter der eine Betriebsstörung gemeldet werden kann. Damit soll ermöglicht werden, dass auch aufmerksame Bürgerinnen und Bürger Schäden melden können.

Zu § 45 (Fachbetriebspflicht; Ausnahmen)

In § 45 werden die sicherheitsrelevanten Arbeiten an Anlagen zum Umgang mit wassergefährdenden Stoffen, die von Fachbetrieben nach § 62 durchgeführt werden müssen, näher bestimmt (Absatz 1) sowie Ausnahmen von der sog. Fachbetriebspflicht geregelt (Absatz 2).

Absatz 1 schreibt vor, dass bestimmte Anlagen zum Umgang mit wassergefährdenden Stoffen nur von Fachbetrieben errichtet, von innen gereinigt, instandgesetzt oder stillgelegt werden dürfen. Damit soll sichergestellt werden, dass die Anlagen, die ein besonderes Risikopotenzial besitzen, so errichtet und betrieben werden, wie es die Anforderungen der Verordnung und die technischen Regeln vorsehen und Produkte nur so verwendet werden, wie sie vom Anbieter gedacht sind. Außerdem soll damit eine Qualitätssicherung vorgenommen werden. Die Erfahrungen zeigen, dass viele Betreiber, insbesondere in mittelständischen Betrieben nicht unbedingt selbst über die entsprechenden Kenntnisse verfügen, aber trotzdem eigenständig tätig werden. Neben sicherheitsbedeutsamen Abweichungen vom Sollzustand der Anlagen kommt es dadurch oft auch zu frühzeitigen Alterungserscheinungen, die eine Nachrüstung erfordern. Die Fachbetriebspflicht liegt also auch im Interesse der Betreiber. Gegenüber der Muster-VAwS wurde jedoch der Umfang der Tätigkeiten reduziert und einerseits die Instandhaltung herausgenommen, andererseits die Reinigung durch die Innenreinigung ersetzt. Maßnahmen an frei zugänglichen Stellen der Anlage können damit auch vom eigenen Personal durchgeführt werden.
In Nummer 5 müssen die Biogasanlagen ausdrücklich erwähnt werden, da sie – jedenfalls soweit Gärsubstrate landwirtschaftlicher Herkunft zur Gewinnung von Biogas verwendet werden - über die Gefährdungsstufen nicht erfasst werden. Für Biogasanlagen mit anderen Gärsubstraten ist eine gesonderte Regelung überflüssig, diese sind den Gefährdungsstufen zuzuordnen und unterliegen damit den Regelungen in Nummer 2 und 3. Nach Nummer 6 und 7 sind auch die Umschlaganlagen im intermodalen Verkehr sowie die Anlagen zum Umgang mit aufschwimmenden flüssigen Stoffen fachbetriebspflichtig. Diese Anlagen müssen hier gesondert aufgeführt werden, da sie ebenfalls keinen Gefährdungsstufen zugeordnet werden und deshalb nicht unter Nummer 2 oder 3 fallen.

Absatz 2 erlaubt es, Tätigkeiten, die keine unmittelbare Sicherheitsrelevanz haben, auch von Nichtfachbetrieben im Sinne von § 62 (z.B. nicht anerkannte Installationsbetriebe) durchführen zu lassen. Gegenüber den bisher geltenden landesrechtlichen Vorschriften stellt dies eine Vereinfachung dar. Eine Konkretisierung der Tätigkeiten, die keine unmittelbare Bedeutung für die Anlagensicherheit haben, ist in der TRwS 779 vorgesehen.

Zu § 46 (Überwachungs- und Prüfpflichten des Betreibers)

§ 46 regelt die Überwachung und Überprüfung von Anlagen durch den Betreiber selbst sowie durch externe Sachverständige nach § 2 Absatz 33.

Nach Absatz 1 Satz 1 hat der Betreiber die Dichtheit der Anlage und die Funktionsfähigkeit der Sicherheitseinrichtungen regelmäßig zu überwachen. Auf eine nähere Konkretisierung der Häufigkeit der Überwachung wird verzichtet, da sich die Häufigkeit nach dem Zusammenwirken der wassergefährdenden Stoffe mit den eingesetzten Materialien, dem Risiko, das von der Anlage ausgeht, und speziellen Standorteigenschaften richtet. Die Überwachung muss jedoch in regelmäßigen Abständen und so häufig geschehen, dass Schäden an der Anlage rechtzeitig erkannt und Gegenmaßnahmen getroffen werden können, bevor es zu einer Verunreinigung der Gewässer kommt. Diese Überwachung setzt eine gewisse Sachkunde voraus. Da diese nicht in jedem

Fall beim Betreiber gegeben ist, wird die zuständige Behörde in Absatz 1 Satz 2 ermächtigt, den Betreiber zu verpflichten, mit der regelmäßigen Überwachung einen Fachbetrieb zu beauftragen. Die Regelung in Absatz 1 Satz 1 entspricht im Wesentlichen der in § 19 i Absatz 2 Satz 1 WHG a.F., die Regelung in Absatz 1 Satz 2 entspricht vollständig der in § 19 i Absatz 2 Satz 2 WHG a.F. Abweichend von Absatz 1 Satz 1 forderte § 19 i Absatz 2 Satz 1 WHG a.F., dass die Anlage ständig zu überwachen ist. Da eine ständige Überwachung manchmal so interpretiert wurde, dass die Anlage durchgehend im Blickfeld des Betreibers liegen muss, wird nun eine regelmäßige Überwachung gefordert, in der es auch angemessene Zeiträume geben kann, in denen keine Überwachung stattfindet.

Nach Absatz 2 und 3 muss ein Betreiber nach Vorgabe der Überprüfungszeitpunkte und -intervalle in den Anlagen 5 und 6 Sachverständige beauftragen, Anlagen außerhalb und innerhalb von Schutzgebieten und festgesetzten oder vorläufig gesicherten Überschwemmungsgebieten zu prüfen. Der Betreiber kann bei der Beauftragung zwischen den anerkannten Sachverständigenorganisationen frei wählen und - wenn es für ihn z.b. aus betriebstechnischen Gründen günstiger ist - auch Prüfungen in Einzelprüfungen unterteilen. Dies kann beispielweise bei großen Lagerflächen von festen Gemischen sinnvoll sein, damit die gelagerten Gemische nicht umgeschichtet werden müssen und dann geprüft wird, wenn die Lagerfläche frei zugänglich ist. Im Prüfbericht ist dann aber der Abschluss der Prüfung einer Anlage mit allen Teilprüfungen nach § 47 Absatz 3 Satz 3 Nummer 9 festzuhalten. Prüfpflichten aufgrund von anderen Rechtsvorschriften (z.B. Dichtheitsprüfungen nach Artikel 4 der Verordnung (EG) Nr. 517/2014 oder Artikel 23 Absatz 2 der Verordnung (EG) Nr. 1005/2009) bleiben unberührt.

Absatz 4 gibt der zuständigen Behörde die Möglichkeit, bei allen Anlagen unabhängig von vorgegebenen Überprüfungszeitpunkten und -intervallen insbesondere dann eine Sachverständigenprüfung anzuordnen, wenn die Besorgnis einer nachteiligen Veränderung von Gewässereigenschaften besteht. In strittigen Fällen soll die zuständige Behörde damit auf eine neutrale, externe Begutachtung zurückgreifen können, bevor sie weitere Schritte einleitet.

Absatz 5 verpflichtet den Betreiber, Anlagen, bei denen bei einer Sachverständigenprüfung ein erheblicher oder gefährlicher Mangel festgestellt wurde, der inzwischen beseitigt worden ist, erneut durch einen Sachverständigen prüfen zu lassen. Diese Nachprüfung soll sicherstellen, dass der Mangel ordnungsgemäß behoben worden ist und die Anlagen ohne Einschränkung betrieben werden können.

Absatz 6 stellt bestimmte Anlagen, die für Zwecke der Forschung, Entwicklung oder Erprobung betrieben werden, von der Überprüfung durch Sachverständige frei. Die Regelung entspricht § 23 Absatz 3 der Muster-VAwS.

Absatz 7 stellt klar, dass spezielle Regelungen zur Überwachung oder zur Überprüfung von Anlagen in einer Eignungsfeststellung unberührt bleiben. Gleiches gilt für weitergehende Regelungen etwa in einer immissionsschutzrechtlichen Genehmigung.

Zu § 47 (Prüfung durch Sachverständige)

§ 47 regelt, wer Prüfungen durchführen darf und was dabei zu beachten ist.

Absatz 1 bestimmt, dass Prüfungen nach § 46 Absatz 2, 3, 4 und 5 nur von Sachverständigen durchgeführt werden dürfen.

Absatz 2 bestimmt, dass der Sachverständige im Ergebnis seiner Prüfung die Anlage als män-
gelfrei oder als Anlage mit geringen, erheblichen oder gefährlichen Mängeln einzustufen hat.
Diese Klassifizierung und ihre Definitionen stammen aus den Festlegungen der Länder bei der
Anerkennung von Sachverständigenorganisationen und haben sich in der Praxis bewährt.
Eine mängelfreie Anlage entspricht allen Anforderungen des Wasserrechts. Bei einer Anlage mit
geringfügigen Mängeln ist die Anlagensicherheit nicht erheblich beeinträchtigt, d.h. ein Austreten wassergefährdender Stoffe aus einem Anlagenteil oder ein Versagen der Sicherheitseinrichtungen bis zur nächsten wiederkehrenden Prüfung ist nicht absehbar. Erhebliche Mängel be-
einträchtigen die Anlagensicherheit insoweit, als die Besorgnis besteht, dass bis zur nächsten
wiederkehrenden Prüfung eine akute Gewässergefährdung eintreten könnte. Die Wirksamkeit
der Anlagenteile, die wassergefährdende Stoffe umschließen, oder der Rückhalteeinrichtungen
einschließlich der dazu gehörenden Sicherheitseinrichtungen ist nicht gegeben. Bei gefährlichen
Mängeln ist eine akute Gewässergefährdung bis zu einer möglichen Mängelbeseitigung zu besorgen.

Die zuständige Behörde ist nach Absatz 3 vom Sachverständigen innerhalb von vier Wochen über
die jeweiligen Ergebnisse seiner Prüfungen zu unterrichten. Bei gefährlichen Mängeln ist die zuständige Behörde nach Satz 2 unverzüglich, also ohne schuldhaftes Zögern, in der Regel am selben oder folgenden Tag, zu benachrichtigen. Mit diesen Regelungen soll die Behörde in die Lage
versetzt werden, die Einhaltung der Prüfpflichten zu überwachen und ggf. weitere Anordnungen
gegenüber dem Betreiber zu treffen. Satz 3 regelt den Mindestinhalt des Prüfberichts. Wichtig
ist, dass für die Behörde kein Zweifel daran besteht, welche Anlage geprüft worden ist, ob die
Prüfung vollständig erfolgte oder Teilprüfungen noch nachgeholt werden müssen, wie das Prüfergebnis ausgefallen ist, ob bei einer Nachprüfung alle festgestellten Mängel beseitigt wurden
und wie das Prüfergebnis insbesondere im Hinblick auf notwendige Instandsetzungsmaßnahmen
zu bewerten ist. Ein Instandsetzungskonzept kann jedoch im Rahmen einer Sachverständigenprüfung nicht erwartet werden. Zur schnelleren Orientierung des behördlichen Personals und zur
vereinfachten Übernahme in eine Überwachungsdatei schreibt Satz 4 vor, dass bestimmte Angaben auf der ersten Seite des Prüfberichts optisch hervorgehoben dargestellt werden müssen.
Grundsätzlich ist zur Arbeitserleichterung eine Übermittlung auf elektronischem Weg anzustre-
ben. Derzeit sind jedoch entsprechende Wege bei den Sachverständigenorganisationen bzw. den
zuständigen Behörden noch nicht vorgesehen.

Absatz 4 verpflichtet den Sachverständigen, bei Prüfungen einer Heizölverbraucheranlage, die
ohne oder mit geringfügigen Mängeln abgeschlossen wurden, an der Anlage an gut sichtbarer
Stelle eine Plakette anzubringen, aus der das Datum der Prüfung und die nächste planmäßige
Prüfung ersichtlich sind. Diese Regelung soll den Lieferanten des Heizöls eine gewisse Sicherheit geben, dass die Anlage, die sie befüllen wollen, zumindest zum Zeitpunkt der Prüfung den
technischen Anforderungen genügte. Die Verpflichtung nach § 23 Absatz 1 Satz 1, sich von dem
ordnungsgemäßen Zustand der Sicherheitseinrichtungen zu überzeugen, wird damit erleichtert.

Absatz 5 verpflichtet Sachverständige, den Betreibern von Heizölverbraucheranlagen bei der Prüfung das Merkblatt nach Anlage 3 auszuhändigen. Der private Betreiber ist häufig über Änderungen in Gesetzen und Verordnungen nicht hinreichend informiert, so dass ihm nicht auffallen
wird, dass das Merkblatt, das derzeit an seiner Anlage hängt, nicht mehr aktuell ist und auf außer
Kraft getretene Rechtsvorschriften hinweist. Um hier einen gesetzeskonformen Zustand herzustellen, sollen die Sachverständige den privaten Betreibern die Merkblätter aushändigen, wenn
dort noch ein altes Merkblatt oder gar kein Merkblatt vorhanden ist, da das Landesrecht eine
entsprechende Verpflichtung nicht vorsah.

Zu § 48 (Beseitigung von Mängeln)

§ 48 regelt die Beseitigung der bei einer Sachverständigenprüfung festgestellten Mängel.

Absatz 1 fordert, dass der Anlagenbetreiber die Behebung der im Rahmen der Sachverständigenprüfungen festgestellten Mängel zu veranlassen oder selbst vorzunehmen hat, wenn er die entsprechenden Anforderungen erfüllt. Er hat dafür bei geringfügigen Mängeln 6 Monate Zeit, bei erheblichen und gefährlichen Mängeln muss er unverzüglich tätig werden. Einer Anordnung durch die Behörde bedarf es demnach nicht. Diese Regelung stellt eine erhebliche Vereinfachung für Betreiber und Behörden dar, da nach Erlass der Verordnung festgestellte Mängel in Eigeninitiative des Betreibers behoben werden können und nicht erst auf eine in der Regel kostenpflichtige Anordnung gewartet werden muss.

Bei gefährlichen Mängeln ist die Anlage nach Absatz 2 Satz 1 vom Betreiber sofort außer Betrieb zu nehmen und - sofern der Sachverständige dies für erforderlich hält, da sonst mit Gewässerschäden zu rechnen ist - zu entleeren. Die Anlage darf in diesem Fall nach Satz 2 erst wieder in Betrieb genommen werden, wenn der Sachverständige den ordnungsgemäßen Zustand der Anlage bestätigt hat und die Prüfbescheinigung bei der zuständigen Behörde vorliegt. Mit Absatz 2 soll sichergestellt werden, dass bei gefährlichen Mängeln jedes weitere Risiko, das durch den Betrieb der Anlage entsteht, ausgeschlossen und die Anlage in einen Zustand gebracht wird, in dem ein Austreten wassergefährdender Stoffe in die Umwelt verhindert wird. Aufgrund der unmittelbaren Gefahr ist es gerechtfertigt, dass die erforderlichen Maßnahmen nicht erst durch Anordnung der Behörde getroffen werden, sondern vom Betreiber unmittelbar zu ergreifen sind.

Zu Abschnitt 5 (Anforderungen an Anlagen in Schutzgebieten und Überschwemmungsgebieten)

Zu § 49 (Anforderungen an Anlagen in Schutzgebieten)

Für Anlagen in wasserwirtschaftlich besonders schutzwürdigen Gebieten werden in § 49 besondere Anforderungen gestellt, die das Risiko von Verunreinigungen von Gewässern, insbesondere aber von Beeinträchtigungen der öffentlichen Trinkwassergewinnung verringern sollen. Die Regelungen entsprechen weitgehend denen in § 10 der Muster-VAwS.

Nach Absatz 1 sind im Fassungsbereich und in der engeren Schutzzone von Wasser- und Heilquellenschutzgebieten Errichtung und Betrieb aller Anlagen zum Umgang mit wassergefährdenden Stoffen unzulässig. Da in diesen Schutzzonen nach den Schutzgebietsverordnungen in der Regel ein Bauverbot herrscht und diese Regelung auch den bisherigen Anlagenverordnungen der Länder entspricht, ergibt sich aus dem Verbot keine Veränderung.

Nach Absatz 2 sind in der weiteren Zone Errichtung und Betrieb der dort bezeichneten Anlagen, die ein besonderes Risiko für das Rohwasser der Wasserwerke darstellen, unzulässig. Diese Verbote entsprechen in den Nummern 1 und 3 dem § 10 Absatz 2 der Muster-VAwS.
Nummer 2 verbietet Biogasanlagen mit einem maßgebenden Volumen von über 3.000 Kubikmetern. Das genannte Volumen bezieht sich auf das Gesamtvolumen der Biogasanlage, das sich insbesondere aus dem Volumen der Anlagen zur Lagerung der Gärsubstrate, zur Herstellung von Biogas und zur Lagerung der Gärreste zusammensetzt. Diese Anlagen verfügen nach § 37 über keine Rückhalteeinrichtungen, sondern nur über eine Umwallung, so dass grundsätzlich nicht

auszuschließen ist, dass ein Teil der allgemein wassergefährdenden Stoffe bei Betriebsstörungen versickert. Im Hinblick auf möglicherweise in der Gülle enthaltene Rückstände von Tierarzneimitteln und Krankheitskeimen, die für die öffentliche Trinkwasserversorgung bedenkliche Stoffe darstellen, müssen deshalb zumindest die großen Anlagen aus den Schutzgebieten ferngehalten werden. Für Biogasanlagen, in denen auch noch andere – wasserwirtschaftlich kritischer zu betrachtende - Gärsubstrate vergoren werden, gilt die Volumenbegrenzung ebenfalls.

Nummer 4 verbietet auch Erdwärmesondenanlagen in Schutzgebieten. Dieses Verbot gilt nicht für private Anlagen, da § 62 Absatz 1 WHG nur die HBV-Anlagen im Gewerbe und in öffentlichen Einrichtungen einbezieht. Die bestehenden Regelungen in den Schutzgebietsverordnungen der Länder zu diesen Anlagen sind sehr unterschiedlich, wobei die getroffene Regelung einen Kompromiss aus den landesrechtlich vorhandenen Verboten darstellt. Das Verbot der Erdwärmesonden ist in erster Linie dadurch begründet, dass diese unterirdischen Sonden nach § 35 Absatz 2 einwandig errichtet werden dürfen und insofern bei einer Leckage keine Rückhalteeinrichtung vorhanden ist und auch keine Gegenmaßnahmen möglich sind. Unabhängig vom Umgang mit wassergefährdenden Stoffen reichen diese Anlagen tief in den Boden und können in entsprechenden Tiefen vorhandene grundwasserschützende Deckschichten durchstoßen. Die Bohrungen sowie die Hinterfüllung des Bohrlochs führen zu weiteren Risiken, so dass ein Ausschluss dieser Anlage in Schutzgebieten im Sinne der Risikominimierung für die öffentliche Wasserversorgung angezeigt ist.

Nach Satz 2 dürfen vorhandene Anlagen nicht so geändert werden, dass sie die in Satz 1 genannten Schwellen überschreiten. Damit wird für diese Anlagen zwar der Bestand gesichert, eine Erweiterung über die vorgesehenen Grenzen hinaus aber ausgeschlossen. Da es um den Schutz der öffentlichen Wasserversorgung geht, muss hier für alle Anlagenbetreiber dasselbe Anforderungsniveau gelten. Satz 3 soll sicherstellen, dass die in der weiteren Zone von Schutzgebieten ansässigen tierhaltenden Landwirte das energetische Potenzial des in ihren Tierhaltungen anfallenden Wirtschaftsdüngers weiterhin auch für die Biogaserzeugung nutzen können. Durch die vorgesehene Volumenbeschränkung könnte ansonsten insbesondere bei mittleren und größeren Tierhaltungen die vollumfängliche Vergärung der ohnehin anfallenden Gülle (einschließlich Festmist) ausgeschlossen sein. Auf Grund der Tatsache, dass durch die anaerobe Vergärung der hygienische Status von tierischen Ausscheidungen nachweislich verbessert wird, ist hier ein erhöhtes Hygienerisiko im Vergleich zum Status Quo nicht zu befürchten.

Unabhängig von den Verboten der Anlagen nach Absatz 2 müssen nach Absatz 3 Satz 1 alle zulässigen Lager- sowie HBV-Anlagen so errichtet werden, dass das maximal in der Anlage vorhandene Volumen wassergefährdender Stoffe vollständig aufgefangen werden kann. Sie sind deshalb entweder mit einer Rückhalteeinrichtung zu errichten, deren Volumen dem der Anlage entspricht (Nummer 1) oder müssen doppelwandig sein und über eine Leckerkennung verfügen (Nummer 2). Für Abfüll- und Umschlaganlagen gilt diese Regelung nicht, da hier die Forderung nach einer vollständigen Rückhaltung keinen Sinn macht. Sie würde z.B. bei einer Tankstelle dazu führen, dass das gesamte im Lagerbehälter enthaltene Volumen oder bei Umschlaganlagen das Volumen aller dort vorhandenen Behälter und Verpackungen zurückgehalten werden müsste. Satz 2 erster Halbsatz nimmt in Abschnitt 3 genannte Anlagen von den Anforderungen des Absatzes 3 Satz 1 aus. Diese Ausnahmeregelung gilt mit Blick auf das besondere Schutzbedürfnis der Trinkwassergewinnung in Wasserschutzgebieten nach dem zweiten Halbsatz des Satzes 2 allerdings nicht für die dort genannten Anlagen.

Über die in Abschnitt 3 genannten Anforderungen hinaus ist vor allem bei Fass- und Gebindelagern (§ 31) in Schutzgebieten ein weiter gehendes Rückhaltevolumen notwendig. Die Vorgaben des § 31 Absatz 2 und 3 reichen in Schutzgebieten nicht aus.

Bei Anlagen zum Umgang mit gasförmigen wassergefährdenden Stoffen (§ 38) ist auch bei Anlagen unterhalb der Bagatellschwelle nach § 38 Absatz 2 eine Gefährdungsabschätzung durchzuführen, in deren Rahmen die besondere Schutzbedürftigkeit des Aufstellungsortes für die Festlegung der im Einzelfall notwendigen Maßnahmen berücksichtigt werden muss.

Des Weiteren ist eine generelle Ausnahme für Anlagen zum Verwenden wassergefährdender Stoffe im Bereich der Energieversorgung, die nach § 34 Absatz 1 von Maßnahmen zur Rückhaltung gänzlich freigestellt sein können, in Schutzgebieten wegen der besonderen Gefahren für die Trinkwassergewinnung nicht akzeptabel. Für derartige Anlagen ergibt sich bei Rauminhalt von bis zu 10 Kubikmetern wassergefährdender Stoffe der Wassergefährdungsklasse 2 nach § 39 Absatz 1 die Gefährdungsstufe B. Derartige Anlagen sind z. B. nach der geltenden bayerischen VAwS sowie der bayerischen Musterverordnung für Wasserschutzgebiete nicht ohne Auffangräume zulässig, die über ein Rückhaltevolumen von 100 Prozent des Anlagenvolumens verfügen. Für Masttransformatoren an Gewässern und in Schutzgebieten setzen Energieversorger in Bayern beispielsweise eingehauste Bauweisen ein, um bei Leckagen eine Boden- und Gewässerverunreinigung zu vermeiden.

Unberührt bleibt die Möglichkeit, bei diesen Anlagen im Einzelfall zu prüfen, ob und in welchem Umfang Erleichterungen möglich sind. Eine Befreiung im Einzelfall ist nach § 49 Absatz 4 unter den dort genannten Voraussetzungen jederzeit möglich.

In besonderen Fällen kann es erforderlich sein, Befreiungen von den strengen Anforderungen in Schutzgebieten zuzulassen. Wenn das Wohl der Allgemeinheit es erfordert oder die Anforderung eine unzumutbare Härte für den Anlagenbetreiber darstellen würde, kann die zuständige Behörde nach Absatz 4 Befreiungen erteilen. Dies ist beispielsweise vorstellbar im Hinblick auf das auch für ein Wasserwerk geltende Verbot, im Fassungsbereich und der engeren Schutzzone eine Chlordosierungsanlage zu errichten. Befreiungen sind allerdings nur zulässig, wenn der Schutzzweck der jeweiligen Schutzgebietsverordnung nicht beeinträchtigt wird (vgl. § 52 Absatz 1 Satz 2 WHG).

Nach Absatz 5 gelten die Anforderungen nach Absatz 2 und 3 nicht, wenn in landesrechtlichen Schutzgebietsverordnungen weiter gehende Regelungen getroffen sind. Die Ausweisung der Schutzzonen und die dort einzuhaltenden Vorschriften richten sich insbesondere nach den besonderen hydrogeologischen Verhältnissen vor Ort und weichen zwischen den Ländern bzw. den Schutzgebietsverordnungen teilweise recht deutlich ab. Absatz 5 stellt für alle Wasserschutzgebiete in Übereinstimmung mit § 62 Absatz 5 WHG ein einheitliches Mindestschutzniveau nach den Absätzen 2 und 3 sicher. Dies ist insbesondere für alte Wasserschutzgebiete notwendig, in deren Schutzgebietsverordnungen keine ausreichenden Regelungen zu Anlagen zum Umgang mit wassergefährdenden Stoffen enthalten sind.

Zu § 50 (Anforderungen an Anlagen in festgesetzten und vorläufig gesicherten Überschwemmungsgebieten)

§ 50 verlangt besondere Vorkehrungen für Anlagen, die in festgesetzten oder vorläufig gesicherten Überschwemmungsgebieten nach § 76 Absatz 2 und 3 WHG liegen, mit denen eine Freisetzung und ein Abschwemmen wassergefährdender Stoffe verhindert werden soll.

Absatz 1 regelt generell, dass alle Anlagen in festgesetzten oder vorläufig gesicherten Überschwemmungsgebieten so errichtet und betrieben werden müssen, dass wassergefährdende Stoffe selbst bei Hochwasser nicht abgeschwemmt oder freigesetzt werden und auch nicht auf andere Weise in ein Gewässer oder eine Abwasserbehandlungsanlage gelangen können. Auf nähere technische Regelungen wurde in der Verordnung verzichtet, da diese aufgrund ihrer Komplexität besser in den Technischen Regeln aufgehoben sind.

Absatz 2 ermächtigt die zuständige Behörde wie nach § 49 Absatz 4, in besonderen Fällen auch in Überschwemmungsgebieten Befreiungen von den Anforderungen des Absatzes 1 zu erteilen.

In Absatz 3 wird es den Ländern u.a. ermöglicht, nach § 78 Absatz 3 WHG bauliche Anlagen zu genehmigen. Außerdem bleiben weitergehende landesrechtlichen Vorschriften für Überschwemmungsgebiete unberührt.

Zu § 51 (Abstand zu Trinkwasserbrunnen, Quellen und oberirdischen Gewässern)

§ 51 regelt für Biogasanlagen mit landwirtschaftlichen Gärsubstraten einen Mindestabstand zu Trinkwasserbrunnen, Quellen und oberirdischen Gewässern. Diese besondere Forderung liegt zum einen daran, dass diese Anlagen nicht über die sonst üblichen Rückhalteeinrichtungen verfügen. Zum anderen kommt es in der Landwirtschaft häufig vor, dass die Betriebshöfe eigene Hausbrunnen haben. Auch für diese muss ausgeschlossen werden, dass ggf. Fäkalkeime und endokrin wirksame Stoffe in das Trinkwasser gelangen. Der geforderte Abstand von 50 m zu den Trinkwasserbrunnen entspricht nicht den nach dem DVGW-Regelwerk W 101 sonst üblichen und fachlich gebotenen 100 m. Die Durchsetzung von diesem Abstand ist nach übereinstimmender Auffassung jedoch regelmäßig nicht möglich, da die Brunnen meist in der Nähe der Höfe gebaut wurden und eine Verlegung oft nicht möglich ist. Eine Ausnahme vom vorgegebenen Abstand ist nach Satz 2 zulässig, wenn der Betreiber auf andere Weise einen entsprechenden Schutz gewährleistet. Dies ist beispielsweise dann der Fall, wenn der Brunnen oder die Gewässer in Fließrichtung des Grundwassers oberhalb der Anlagen liegen und es deshalb auch bei einer Freisetzung nicht möglich ist, dass ausgelaufene allgemein wassergefährdende Stoffe in die Brunnen gelangen.

Kapitel 4 Sachverständigenorganisationen und Sachverständige; Güte- und Überwachungsgemeinschaften und Fachprüfer; Fachbetriebe

Kapitel 4 enthält Reglungen zu Sachverständigenorganisationen und Sachverständigen, Güte- und Überwachungsgemeinschaften und Fachprüfern sowie Fachbetrieben.

Zu § 52 (Anerkennung von Sachverständigenorganisationen)

Zur Entlastung von Anlagenbetreibern und der Verwaltung sollen Sachverständige auch künftig Anlagen überwachen (siehe § 47) und damit sicherstellen, dass die Anlagen ordnungsgemäß errichtet und betrieben werden. Es ist daher notwendig, Anforderungen an die handelnden Personen und deren Organisationen festzulegen. Die Regelungen in § 52 führen die im Landesrecht auf der Grundlage des § 22 der Muster-VAwS bereits verankerte Konzeption der behördlichen Anerkennung von Sachverständigenorganisationen (SVO), die Sachverständige für Anlagenprüfungen bestellen, weiter und entwickeln sie unter Beachtung von Vorgaben insbesondere der Richtlinie 2006/123/EG des Europäischen Parlaments und des Rates vom 12. Dezember 2006 über Dienstleistungen im Binnenmarkt (Dienstleistungsrichtlinie) fort.

Absatz 1 beschreibt die Aufgaben von Sachverständigenorganisationen und erweitert gegenüber der entsprechenden Regelung in § 2 Absatz 1 Satz 1 Muster-VAwS den Tätigkeitsbereich von

Sachverständigenorganisationen ausdrücklich um die Zertifizierung und Überwachung von Fachbetrieben (Nummer 2). Gegenüber der derzeitigen Vollzugspraxis ist hiermit keine Änderung verbunden, da Sachverständigenorganisationen auf der Grundlage von § 19 l Absatz 2 Satz 1 Nummer 2 WHG a.F. auch bislang schon Fachbetriebe überwacht haben. Sachverständigenorganisationen sind jedoch nur dann zur Überwachung von Fachbetrieben berechtigt, wenn sich die Anerkennung nach Nummer 2 auch hierauf erstreckt. Andernfalls ist die Sachverständigenorganisation lediglich zur Durchführung von Prüfungen nach § 46 (Nummer 1 Buchstabe a) oder zur Erstellung von Gutachten (Nummer 1, Buchstabe b) berechtigt. Eine Beschränkung des Tätigkeitsbereichs von Sachverständigenorganisationen allein auf die Überwachung von Fachbetrieben wird demgegenüber nicht vorgesehen. Das Erfordernis einer Anerkennung der Sachverständigenorganisation entspricht § 22 Absatz 1 Satz 2 Muster-VAwS.

Absatz 2 regelt die Gleichstellung gleichwertiger Anerkennungen aus anderen Mitgliedstaaten der Europäischen Union oder anderen Vertragsstaaten des Abkommens über den Europäischen Wirtschaftsraum einschließlich zugehöriger Nachweisregelungen. Bei dem Erfordernis der Anerkennung von Sachverständigenorganisationen handelt es sich um eine Genehmigungsregelung bzw. Genehmigungspflicht, die nach Artikel 9 Absatz 1 Buchstabe a bzw. nach Artikel 16 Absatz 3 in Verbindung mit Absatz 1 Buchstabe a der Dienstleistungsrichtlinie nur zulässig ist, wenn sie keine Diskriminierung der Dienstleistungserbringer auf Grund ihrer Staatsangehörigkeit oder des Ortes ihrer Niederlassung bewirkt. Absatz 2 Satz 1 schließt eine derartige Diskriminierung aus, indem er gleichwertige Anerkennungen anderer Mitgliedstaaten der Europäischen Union oder anderer Vertragsstaaten des Abkommens über den Europäischen Wirtschaftsraum inländischen Anerkennungen gleichstellt. Die Regelungen in Satz 2 und 3 machen von der in Artikel 5 Absatz 3 der Dienstleistungsrichtlinie vorgesehenen Möglichkeit Gebrauch, die Vorlage von Kopien oder Übersetzungen von Dokumenten zu verlangen. Die zuständige Behörde kann hierbei auch eine Beglaubigung verlangen; der von Artikel 5 Absatz 3 Satz 2 der Dienstleistungsrichtlinie vorgesehene Ausnahmetatbestand der zwingenden Gründe des Allgemeininteresses ist hier erfüllt (insbesondere öffentliche Sicherheit, Umweltschutz).

Absatz 3 Satz 1 regelt die Anerkennungsvoraussetzungen für Sachverständigenorganisationen in Anlehnung an § 22 Absatz 3 Muster-VAwS und vergleichbare Regelungen in anderen Rechtsbereichen (vgl. etwa § 6 Absatz 2 der Rohrfernleitungsverordnung) und greift auch auf das Merkblatt der Länderarbeitsgemeinschaft Wasser zu Grundsätzen für die Anerkennung von Sachverständigenorganisationen nach § 22 Muster-VAwS und über Fachbetriebe (Stand: März 2005) zurück.
Nummer 1 bekräftigt ausdrücklich, dass eine anzuerkennende Sachverständigenorganisation eine natürliche Person benennen muss, die berechtigt ist, die Organisation zu vertreten. Eine solche Regelung ist erforderlich, da es für die Anerkennungsbehörde entscheidend wichtig ist, einen Ansprechpartner zu haben, der verbindlich alle Anerkennungsfragen beantworten kann, zur Rechenschaft gezogen werden kann und auch verantwortlich für die Begleichung von Gebühren ist. Die Organisation hat anhand entsprechender Unterlagen, wie z.B. ihrer Vereinssatzung nachzuweisen, dass dem Ansprechpartner die Vertretungsbefugnis rechtsverbindlich übertragen worden ist. Damit soll auch sichergestellt werden, dass eine anzuerkennende Organisation nicht aus Personen besteht, die sich zwar zusammengeschlossen haben, aber keinerlei Verbindlichkeiten eingegangen sind und sich insofern auch schnell wieder trennen können.
Nummern 2, 4 und 6 entsprechen den Regelungen in § 22 der Muster-VAwS.
Nummer 3 zielt darauf ab, dass eine Organisation immer aus einer größeren Anzahl von Sachverständigen besteht. Die in dem Merkblatt der LAWA aufgeführte Mindestzahl von 5 Sachverständigen hat sich grundsätzlich bewährt und soll insofern fortgeführt werden. Eine verbindliche Regelung ist jedoch aus europarechtlichen Gründen nicht möglich. Wichtig ist jedoch die Ergänzung im zweiten Halbsatz, nach der die bestellten Sachverständigen an die fachliche Weisung der technischen Leitung gebunden sind. Bei den heute bestehenden Sachverständigenorganisationen

hat es sich eingebürgert, dass viele Sachverständige nicht fest von der Organisation eingestellt sind, sondern als freie Mitarbeiter beschäftigt oder auch über Kooperationsverträge mit anderen Organisationen eingebunden werden. Die Frage der Beschäftigung ist aus wasserrechtlicher Sicht nicht bedeutsam. Wichtig ist aber die Klarstellung, dass bestellte Sachverständige an die Vorgaben der technischen Leitung der Organisation gebunden sind. Sie können zwar einen Auftrag ablehnen, nicht aber einen Auftrag inhaltlich abweichend von den Vorgaben der Organisation durchführen. Für die Einhaltung dieses fachlichen Abhängigkeitsverhältnisses ist die Organisation verantwortlich und kann hierfür auch zur Rechenschaft gezogen werden (vgl. § 54 Abs. 1 Nummer 2).

Das in Nummer 5 neu eingefügte betriebliche Qualitätssicherungssystem leitet sich aus der Überwachungsordnung für Sachverständige des LAWA-Merkblattes her. Es bildet die Grundlage für eine ordnungsgemäße Vorbereitung, Durchführung und Dokumentation der Prüfungen und die organisationseigene Überwachung der zur Anlagenprüfung bestellten Sachverständigen. Es soll nach Satz 2 sicherstellen, dass Prüfungen auf einheitlichem Niveau und in vergleichbarer Form erfolgen und dass die gesamte Abwicklung der Prüfungen von der Beauftragung bis zur Registratur in geordneten und nachvollziehbaren Bahnen erfolgt. Dazu ist es auch erforderlich, dass Prüfberichte korrekt ausgefüllt werden und berechtigte Beanstandungen insbesondere auch von den Behörden behoben werden. Außerdem muss nach Satz 3 dafür Sorge getragen werden, dass die Sachverständigen in einen stetigen Informationsfluss eingebunden sind und anhand von Prüfungen an Referenzanlagen ihre Fähigkeiten nachweisen.

Voraussetzung für die Anerkennung von Sachverständigenorganisationen war bislang u.a. eine Haftungsfreistellungserklärung zu Gunsten der Länder, in denen Sachverständige Prüfungen vornehmen (vgl. § 22 Absatz 3 Nummer 6 Muster-VAwS; § 18 Absatz 3 Satz 1 Nummer 6 VAwS Bayern). Da von einer hoheitlichen Tätigkeit der VAwS-Sachverständigen im amtshaftungsrechtlichen Sinne auszugehen ist und in der Konsequenz Amtshaftungsansprüche drohen können, übernimmt Nummer 7 die Haftungsfreistellungsregelung aus der Muster-VAwS.

Die Aufnahme dieser weiteren Voraussetzung steht auch nicht im Widerspruch zur Dienstleistungsrichtlinie, da sie nicht diskriminierend und aus Gründen des Umweltschutzes erforderlich ist.

Da die Sachverständigen hoheitlich tätig werden, kann es keinen Rechtsanspruch auf Anerkennung geben. Die Anerkennung liegt vielmehr im Ermessen der zuständigen Behörden, die dieses pflichtgemäß ausüben. Die Ablehnung einer Sachverständigenorganisation, die alle Anforderungen erfüllt, wird bei pflichtgemäßer Ermessensausübung nur im Ausnahmefall bei Vorliegen besonderer Gründe in Betracht kommen.

Umfasst der Antrag auf Anerkennung die Berechtigung, Zertifizierungen von Betrieben nach § 62 Absatz 1 Satz 1 durchzuführen, müssen nach Satz 4 darüber hinaus die für die Anerkennung von Güte- und Überwachungsgemeinschaften maßgeblichen Anforderungen nach § 57 Absatz 3 Satz 1 Nummer 3 und 4 erfüllt sein. Damit gelten für alle Stellen, die Fachbetriebe zertifizieren und überwachen, einheitliche Anforderungen.

Absatz 4 Satz 1 kommt zum Tragen, wenn zwar keine gleichwertige Anerkennung im Sinne von Absatz 2 erteilt worden ist, jedoch Nachweise über die Erfüllung bestimmter Anforderungen nach Absatz 3 Satz 1 vorliegen, die in einem anderen Mitgliedstaat der Europäischen Union oder in einem anderen Vertragsstaat des Abkommens über den Europäischen Wirtschaftsraum ausgestellt worden sind. Die Vorschrift dient der Umsetzung von Artikel 5 Absatz 3 (Anerkennung von Nachweisen) und Artikel 10 Absatz 3 (Verbot doppelter Kontrollen) der Dienstleistungsrichtlinie. Sie stellt sicher, dass Nachweise aus einem anderen Mitgliedstaat der Europäischen Union oder einem anderen Vertragsstaat des Abkommens über den Europäischen Wirtschaftsraum, die gegenüber inländischen Nachweisen gleichwertig sind, diesen gleichstehen. Zu Satz 2 wird auf die Ausführungen zu Absatz 2 Satz 2 und 3 verwiesen.

Absatz 5 regelt die Nebenbestimmungen, mit denen die Anerkennung versehen werden kann. Die klarstellende Regelung in Satz 2 dient der Umsetzung von Artikel 10 Absatz 4 der Dienstleistungsrichtlinie; die Vorschrift entspricht der derzeitigen Rechtslage nach Landesrecht (siehe § 22 Absatz 2 Satz 1 Muster-VAwS).

Absatz 6 Satz 1 dient der Umsetzung von Artikel 13 Absatz 3 der Dienstleistungsrichtlinie. Die Vorschriften des § 42a des Verwaltungsverfahrensgesetzes über die Genehmigungsfiktion sind im Einklang mit Artikel 13 Absatz 4 der Dienstleistungsrichtlinie im Anerkennungsverfahren nicht anwendbar, da dies aus zwingenden Gründen des Allgemeininteresses (insbesondere öffentliche Sicherheit, Umweltschutz) geboten ist. Satz 2 dient in Verbindung mit den Vorschriften des Teils V Abschnitt 1a des Verwaltungsverfahrensgesetzes der Umsetzung von Artikel 6 bis 8 der Dienstleistungsrichtlinie.

Absatz 7 übernimmt § 22 Absatz 4 Muster-VAwS unverändert. Die Vorschrift eröffnet insbesondere für größere Betriebe mit dem notwendigen eigenen Sachverstand die Möglichkeit, eigenständig Prüftätigkeiten durchzuführen und hierfür die erforderliche Organisationsstruktur zu schaffen. Voraussetzung ist neben der Erfüllung der Anerkennungsvoraussetzungen nach Absatz 3, dass die Organisation eine selbstständige, von Weisungen für ihre Prüftätigkeit ungebundene Einheit darstellt. Sie muss jedoch keine völlig unabhängige Einheit außerhalb jeglicher Organisationsstruktur des Betriebes sein.

Zu § 53 (Bestellung von Sachverständigen)

§ 53 regelt, welche Voraussetzungen die Sachverständigen erfüllen müssen, um von den Organisationen bestellt zu werden.

Die Nummern 1, 2, 4 und 5 in Absatz 1 Satz 1 übernehmen § 22 Absatz 3 Satz 1 Nummer 1 Muster-VAwS. Dabei können die erforderlichen Kenntnisse der maßgebenden Rechtsvorschriften (Nummer 5) insbesondere durch die erfolgreiche Teilnahme an entsprechenden Lehrgängen nachgewiesen werden. Neu ist das Erfordernis der gesundheitlichen Befähigung zur ordnungsgemäßen Durchführung der Prüfungen (Nummer 3). Dieses wurde aufgenommen, da Prüfungen beispielsweise im Inneren eines Behälters, die häufig nur mit einer Arbeitsschutzausrüstung erfolgen dürfen, auch körperlich sehr anstrengend sind und deshalb hierzu eine gesundheitliche Befähigung vorliegen muss.
Mit Nummer 6 wird verhindert, dass ein Sachverständiger von mehreren Sachverständigenorganisationen bestellt wird und damit gleichzeitig mehreren Vorgaben oder Weisungen nachkommen muss. Dies bedeutet jedoch nicht, dass keine Kooperation zwischen zwei Organisationen möglich ist. Ein Sachverständiger bleibt jedoch auch in diesem Fall einer Kooperation an die Weisungen der Organisation gebunden, von der er bestellt worden ist. Nicht ausgeschlossen werden soll jedoch die Möglichkeit, dass ein Sachverständiger, der in einer ausländischen Organisation bestellt worden ist, auch noch von einer deutschen Sachverständigenorganisation bestellt werden kann. Dies dient in erster Linie einer verbesserten Kommunikationsmöglichkeit, da für die deutsche Behörde ein direkter Ansprechpartner zur Verfügung steht.
Um der zuständigen Behörde die Überprüfung der Anforderungen nach Nummer 1 bis 6 zu erleichtern, verpflichtet Satz 3 die Sachverständigenorganisation, die Erfüllung der Anforderungen in einer Bestellungsakte für jeden einzelnen Sachverständigen zu dokumentieren.

Die Absätze 2 bis 4 sind weitgehend aus § 6 der Einundvierzigsten Verordnung zur Durchführung des Bundes-Immissionsschutzgesetzes (Bekanntgabeverordnung – 41. BImSchV) vom 2. Mai 2013, BGBl I S. 973) entnommen. Sie konkretisieren, dass die Zuverlässigkeit nach Absatz 1 Satz 1 Nummer 1 nicht gegeben ist, wenn Vorschriften einschlägiger Rechtsbereiche nicht eingehalten worden sind und der Sachverständige deshalb rechtskräftig zu einer Strafe verurteilt oder mit einer Geldbuße in Höhe von mehr als 500 € belegt worden ist. Gleiches gilt, wenn ein gravierend pflichtwidriges Verhalten des Sachverständigen vorliegt.

Die Neuregelungen in Absatz 5 konkretisieren die Anforderungen an die in Absatz 1 Nummer 4 geforderte Fachkunde und Erfahrung und greifen dabei auf das Merkblatt der Länderarbeitsgemeinschaft Wasser zu Grundsätzen für die Anerkennung von Sachverständigenorganisationen nach § 22 Muster-VAwS und über Fachbetriebe (Stand: März 2005) zurück. Entscheidend für die qualifizierte Prüftätigkeit eines Sachverständigen ist, dass er die technischen Zusammenhänge der Anlage versteht und die fachlichen Hintergründe für die gewählte Anlagentechnik kennt. Anlagen zum Umgang mit wassergefährdenden Stoffen bestehen aus einer Vielzahl von Bauteilen, die technisch höchst unterschiedlich und zum Teil sehr komplex aufgebaut sind. Dazu zählen z. B. Einrichtungen der Prozessleittechnik/Mess- und Regeltechnik, des Stahlbaus, des Korrosionsschutzes, der Kunststofftechnik und des Betonbaus. Für alle diese Bauteile und für deren Zusammenwirken muss der Sachverständige unter Berücksichtigung des Ist-Zustands bei der Prüfung eine Prognose darüber treffen, ob bis zur nächsten wiederkehrenden Prüfung Mängel auftreten könnten. Eine entsprechende Prognose ist z.B. nach der TRwS 789 bei der Lebensdauerabschätzung von noch zulässigen, einwandigen unterirdischen Rohrleitungen durchzuführen, die eine sichere Aussage zum störungsfreien Betrieb bis zur übernächsten Prüfung in 10 Jahren machen muss. Entsprechende Aussagen können nur mit der ausreichenden Sicherheit getroffen werden, wenn das entsprechende theoretische Hintergrundwissen durch einen erfolgreichen Studienabschluss in einem ingenieur- oder naturwissenschaftlichen Fach nachgewiesen wurde. Dieses Hintergrundwissen ist insbesondere auch für die Gutachtertätigkeit bei der Neuerrichtung einer Anlage oder bei der Begutachtung einer bestehenden Anlage nötig, um mögliche Schwächen in der Anlage zu erkennen, die zu einem Versagen einzelner Teile führen können. Berufsqualifikationen gelten dann als gleichwertig, wenn sie nach gewerberechtlichen Vorschriften zur Errichtung, Instandhaltung und Wartung einer unter die Vorschriften dieser Verordnung fallenden Anlage berechtigen. Dies ist insbesondere auch dann gegeben, wenn eine öffentliche Bestellung und Vereidigung zum Sachverständigen für ein einschlägiges Sachgebiet nachgewiesen werden kann. Die Hochschulausbildung muss ergänzt werden durch praktische Tätigkeiten sowohl auf dem Gebiet der Planung, Errichtung oder des Betriebs einer Anlage, als auch dem der Anlagenprüfung (Satz 2). Diese Erfahrung ist insbesondere nötig, um nachvollziehen zu können, warum eine bestimmte technische Lösung in einer Anlage gewählt wurde und um dann auch eine Möglichkeit zu finden, diese Anlage auf Mängel zu prüfen. Insbesondere bei Anlagen zur Verwendung wassergefährdender Stoffe muss im Einzelfall vom Sachverständigen entschieden werden, was genau zu prüfen ist und welche Prüfmethoden anzuwenden sind.
Die Anforderungen nach Absatz 5 sind auch erfüllt, wenn das Studium nach Satz 1 im Ausland erfolgreich abgeschlossen oder die Erfahrung nach Satz 2 im Ausland erworben worden ist.
Dem Sachverständigen kommt im Vollzug der Verordnung eine große Bedeutung zu. Fachkunde und praktische Erfahrung sind ausschlaggebend für die qualifizierte Wahrnehmung der ihm zugewiesenen Aufgaben. Auch zur Absicherung der ihn bestellenden Sachverständigenorganisation ist es deshalb erforderlich, sich davon vor der Bestellung des Sachverständigen zu überzeugen. Dies kann nur mittels einer Prüfung erfolgen, die in Satz 3 gefordert wird. Konkrete Vorgaben für die Prüfung werden jedoch nicht gemacht. Nach Satz 4 ist das Ergebnis der Prüfung zu dokumentieren.

Absatz 6 übernimmt aus Gleichbehandlungsgründen die Regelung in § 58 Absatz 2 Satz 1, in der für Fachprüfer der Güte- und Überwachungsgemeinschaften die Möglichkeit eröffnet wird, im Einzelfall auch dann bestellt zu werden, wenn die Anforderungen an die Fachkunde und die Erfahrung nicht vollständig erfüllt werden.

Absatz 7 bestimmt, dass nach erfolgter Bestellung dem Sachverständigen ein Bestellungsschreiben auszuhändigen ist. Damit soll erreicht werden, dass er sich gegenüber Dritten, insbesondere Anlagenbetreibern, als Sachverständiger ausweisen kann. Auf eine nähere Konkretisierung des Bestellungsschreibens wurde bewusst verzichtet.

Zu § 54 (Widerruf und Erlöschen der Anerkennung; Erlöschen der Bestellung von Sachverständigen)

§ 54 regelt den Widerruf und das Erlöschen einer Anerkennung sowie das Erlöschen der Bestellung eines Sachverständigen.

Absatz 1 regelt die Voraussetzungen, unter denen die Anerkennung widerrufen werden kann. Die in den Nummern 1 bis 4 genannten Widerrufsgründe bestehen neben den Widerrufsgründen nach § 49 Absatz 2 Satz 1 Nummer 2 bis 5 des Verwaltungsverfahrensgesetzes. Sie geben der zuständigen Behörde die Möglichkeit, in den Fällen, in denen an der Durchführung ordnungsgemäßer Prüfungen aus fachlichen, organisatorischen oder persönlichen Gründen Zweifel bestehen, einzugreifen und das Entstehen möglicher Schäden, die durch nicht ordnungsgemäße Prüfungen und damit fehlende Instandsetzungsarbeiten entstehen können, zu verhindern. Ein direkter Rückgriff auf einzelne bestellte Sachverständige durch die Behörde ist nicht vorgesehen, sondern erfolgt immer über die Organisation.

Absatz 2 Satz 1 stellt klar, dass in den dort genannten Fällen auch die Anerkennung der Sachverständigenorganisation erlischt. Satz 2 gibt der zuständigen Behörde die Möglichkeit, eine Organisation erneut, allerdings nur befristet, anzuerkennen.
Das Erlöschen der Bestellung der Sachverständigen bei Auflösung der Organisation oder bei der Entscheidung über die Eröffnung eines Insolvenzverfahrens soll bewirken, dass Einzelpersonen keine Prüfungen von Anlagen oder Überwachungen von Fachbetrieben durchführen ohne in einen organisatorischen Rahmen und fachlichen Austausch eingebunden zu sein. Im Fall von Mängeln, die bei der Prüfung einer Anlage oder Überwachung eines Fachbetriebes nicht festgestellt wurden und die Schäden zur Folge hatten, soll verhindert werden, dass Schadenersatzforderungen erfolglos bleiben.
Bei der Eröffnung eines Insolvenzverfahrens besteht grundsätzlich die Befürchtung, dass die Organisation nicht zuverlässig war. Es ist jedoch z.B. vorstellbar, dass zwar ein Unternehmen insolvent ist, die als SVO arbeitende selbständige organisatorische Einheit jedoch mit den aufgetretenen Problemen nichts zu tun hat. Für solche Fälle wird in Absatz 2 Satz 2 die Möglichkeit eingeräumt, dass die Anerkennung einer SVO auf Antrag für einen befristeten Zeitraum aufrechterhalten wird. Damit soll das Insolvenzverfahren nicht zusätzlich belastet werden.

Absatz 3 regelt die Fälle, in denen die Bestellung der Sachverständigen erlischt.

Zu § 55 (Pflichten von Sachverständigenorganisationen)

§ 55 regelt die Pflichten der Sachverständigenorganisationen.

Absatz 1 Satz 1 Nummer 1 regelt die Pflicht der Organisation, die Bestellung eines Sachverständigen unter bestimmten Voraussetzungen aufzuheben. Damit soll eine neutrale und pflichtgemäße Prüfung sichergestellt werden. Nach Nummer 2 ist die Bestellung oder das Erlöschen der

Bestellung eines Sachverständigen sowie die Änderung ihrer Tätigkeitsbereiche der zuständigen Behörde innerhalb von vier Woche anzuzeigen. Zur ordnungsgemäßen Arbeit einer Sachverständigenorganisation gehört es außerdem, stichprobenweise zu kontrollieren, dass die Sachverständigen die Prüfungen ordnungsgemäß durchführen (Nummer 3), und an einem einmal im Jahr stattfindenden Erfahrungsaustausch der technischen Leitungen aller Sachverständigenorganisationen teilnehmen (Nummer 5). Der interne Erfahrungsaustausch (Nummer 4) setzt nicht unbedingt eine persönliche Teilnahme aller Sachverständigen voraus, der Austausch kann auch über den Einsatz entsprechender Medien (Telefon-/Videokonferenz) erfolgen. Zu den weiteren Verpflichtungen einer Sachverständigenorganisation gehört es außerdem, die bei den Prüfungen gewonnenen Ergebnisse zu sammeln und auszuwerten (Nummer 4) und darüber der zuständigen Behörde zu berichten (Nummer 6 Buchstabe c). Der Bericht muss bis zum 31. März des Folgejahres bei der zuständigen Behörde vorliegen, damit diese aus den Erfahrungen notwendige Schritte ableiten kann. Außerdem kann der Bericht dazu genutzt werden, bei einer Evaluierung der Verordnung auf die bei den Prüfungen gewonnenen Erkenntnisse aufzubauen. Der Bericht muss nach Nummer 6 außerdem Änderungen der Organisationsstruktur, der Prüfgrundsätze, eine Übersicht über die von Sachverständigen durchgeführten Prüfungen sowie die bei Prüfungen gewonnenen Erkenntnisse enthalten. Mit dieser Regelung soll die Behörde insbesondere in die Lage versetzt werden, wesentliche Änderungen bei der Sachverständigenorganisation zu erkennen, die Qualität der Arbeit zu beurteilen und in Zweifelsfällen auch eingreifen zu können. Nummer 7 und Nummer 10 stellen sicher, dass die Behörde über einen Wechsel der vertretungsberechtigten Person sowie die Auflösung der Sachverständigenorganisation informiert wird. Damit wird erreicht, dass im Fall von personellen Veränderungen des Ansprechpartners eine Kontinuität gewahrt wird und dass die Behörde erkennen kann, wenn Sachverständige, deren Organisation aufgelöst wurde, eigenständig weiterprüfen. Nach Nummer 8 müssen sowohl die technische Leitung als auch die bestellten Sachverständigen regelmäßig an Fortbildungsveranstaltungen teilnehmen. Bei Anlagenprüfungen müssen die Einführung technischer Regeln und die Fortentwicklung des zu beachtenden Rechts, der Bauprodukte und Bauweisen sowie der Sicherheitstechnik bekannt sein, um zu einem den jeweils aktuellen Anforderungen entsprechenden Ergebnis zu kommen. Dies erfordert die Teilnahme an Fortbildungsveranstaltungen, in denen vorgestellte Regeln auch hinterfragt werden können. Nummer 9 regelt die Wahrung von Betriebs- und Geschäftsgeheimnissen durch die Organisation, Nummer 10 die Mitteilungspflicht bei Auflösung der Sachverständigenorganisation.

Für Sachverständigenorganisationen, die berechtigt sind, Fachbetriebe zu zertifizieren und zu überwachen, gilt ergänzend ebenso wie für Güte- und Überwachungsgemeinschaften § 61.

Zu § 56 (Pflichten der bestellten Sachverständigen)

Absatz 1 verpflichtet die Sachverständigen, die von ihnen durchgeführten Prüfungen in einem Tagebuch zu dokumentieren und dabei Art, Umfang und Ergebnisse der Prüfungen zu beschreiben. Diese Angaben sollen Aussagen über die Erfahrung der Sachverständigen und ihren Spezialisierungsgrad ermöglichen. Das Tagebuch kann dabei auch elektronisch geführt werden, wenn Änderungen in den Dokumenten und in der Datenbank nachvollziehbar bleiben.

Absatz 2 unterstreicht die Verpflichtung des Sachverständigen, Betriebs- und Geschäftsgeheimnisse zu wahren.

Zu § 57 (Anerkennung von Güte- und Überwachungsgemeinschaften)

§ 57 überführt die bis Mitte der 1990er Jahre in den Landesbauordnungen enthaltenen Regelungen zu baurechtlich anerkannten Güte- und Überwachungsgemeinschaften (GÜG) in das Wasserrecht. Seit Wegfall der baurechtlichen Regelungen besteht keine rechtliche Grundlage mehr für die Anerkennung und Überwachung dieser GÜG. Andererseits besteht nach wie vor ein praktisches Bedürfnis für die Wahrnehmung von Überprüfungs- und Überwachungsaufgaben im Hinblick auf Fachbetriebe durch Güte- und Überwachungsgemeinschaften. Vor diesem Hintergrund wird die in § 19 l Absatz 2 Satz 1 Nummer 2 WHG a.F. eingeführte Struktur, nach der die Fachbetriebseigenschaft entweder den Abschluss eines Überwachungsvertrages mit einer Technischen Überwachungsorganisation oder die Berechtigung zur Führung eines Gütezeichens einer anerkannten GÜG voraussetzte, grundsätzlich fortgeführt (siehe § 62). Allerdings soll es unbedeutend sein, ob ein Fachbetrieb von einer SVO oder einer GÜG zertifiziert worden ist, damit sich kein unterschiedliches Qualitätsniveau einbürgern kann. Die Anforderungen an die GÜG sind insofern gleich zu denen der SVO.

Absatz 1 Satz 1 legt fest, dass GÜG, die Fachprüfer zur Zertifizierung und Überwachung von Fachbetrieben bestellen, einer Anerkennung durch die zuständige Behörde bedürfen.

Absatz 2 entspricht der Regelung bei Sachverständigenorganisationen. Insofern wird auf die Begründung zu § 52 Absatz 2 verwiesen.

In Absatz 3 Satz 1 wird in enger Anlehnung an die Voraussetzungen für die Anerkennung von Sachverständigenorganisationen nach § 52 Absatz 3 Satz 1 Nummer 1 bis 3 und 5 festgelegt, welche Anforderungen die GÜG erfüllen müssen, um anerkannt zu werden. Diese Anforderungen beziehen sich insbesondere auf die vertretungsberechtigte Person (Nummer 1), die Geeignetheit der technischen Leitung (Nummer 2) sowie der von der GÜG als Fachprüfer eingesetzten Personen (Nummer 3), das fachliche Weisungsrecht der technischen Leitung (Nummer 3) sowie auf das betriebliche Qualitätssicherungssystem (Nummer 5). Nummer 4 fordert Grundsätze, die bei der Zertifizierung und der Überwachung der Fachbetriebe zu beachten sind. Bezüglich der Begründung wird auf § 52 Absatz 3 verwiesen.

Absatz 4 enthält Regelungen zur Gleichstellung gleichwertiger Nachweise aus anderen Mitgliedstaaten der Europäischen Union oder anderen Vertragsstaaten des Abkommens über den Europäischen Wirtschaftsraum. Auf die Begründung zu § 52 Absatz 4 wird verwiesen.

Absatz 5 Satz 1 ermöglicht es, dass sich die GÜG auf bestimmte Fachgebiete spezialisieren. Dies entspricht der derzeitigen Struktur dieser GÜG, die sich auf bestimmte Bereiche, wie die Kälte- und Klimatechnik oder Chemieanlagen, spezialisiert haben und im ganzen Bundesgebiet tätig sind. Damit wird vermieden, dass das Personal für Tätigkeiten geschult werden muss, die gar nicht zur Anwendung gelangen. Satz 2 regelt die Nebenbestimmungen, mit denen die Anerkennung versehen werden kann. Die klarstellende Regelung in Satz 3 dient der Umsetzung von Artikel 10 Absatz 4 der Dienstleistungsrichtlinie.

Absatz 6 regelt das Anerkennungsverfahren. Auf die Begründung zu § 52 Absatz 6 wird verwiesen.

Zu § 58 (Bestellung von Fachprüfern)

Absatz 1 regelt in enger Anlehnung an § 53 Absatz 1 Satz 1 Nummer 1, 2, 4 und 5 die Anforderungen an die Personen, die die Zertifizierung und die Überwachung von Fachbetrieben durchführen. Sie müssen zuverlässig, unabhängig, fachkundig und hinreichend erfahren sein und nicht gleichzeitig von mehreren GÜG bestellt sein. Diese Anforderungen sollen gewährleisten, dass die Zertifizierung und Überwachung fachlich qualifiziert und neutral erfolgt. Wie bei den Sachverständigenorganisationen wird für die Fachkunde ein erfolgreich abgeschlossenes ingenieur- oder naturwissenschaftliches Studium einer für die ausgeübte Tätigkeit einschlägigen Fachrichtung gefordert. Berufsqualifikationen gelten dann als gleichwertig, wenn sie nach gewerberechtlichen Vorschriften zur Errichtung, Instandhaltung und Wartung einer unter die Vorschriften dieser Verordnung fallenden Anlage berechtigen. Dies ist insbesondere auch dann gegeben, wenn eine öffentliche Bestellung und Vereidigung zum Sachverständigen für ein einschlägiges Sachgebiet nachgewiesen werden kann. Allerdings wird bei der geforderten Erfahrung darauf verzichtet, dass die zu bestellenden Personen Anlagenprüfungen durchgeführt haben müssen, da dies für Fachprüfer nicht relevant ist. Um der zuständigen Behörde die Überprüfung der Anforderungen nach Absatz 1 zu erleichtern, muss deren Erfüllung nach Satz 5 in einer Bestellungsakte dokumentiert werden.
Spezielle Sachkundeanforderungen aufgrund von anderen Rechtsakten (z.B. § 5 Chemikalien-Klimaschutzverordnung, § 5 ChemikalienOzonSchichtV) bleiben unberührt.
Dem Fachprüfer kommt im Vollzug der Verordnung eine große Bedeutung zu. Fachkunde und praktische Erfahrung sind ausschlaggebend für die qualifizierte Wahrnehmung der ihm zugewiesenen Aufgaben. Auch zur Absicherung der ihn bestellenden Güte- und Überwachungsgemeinschaft ist es deshalb erforderlich, sich davon vor der Bestellung des Fachprüfers zu überzeugen. Dies kann nur mittels einer Prüfung erfolgen, die in Satz 5 gefordert wird. Konkrete Vorgaben für die Prüfung werden nicht gemacht. Nach Satz 6 ist das Ergebnis der Prüfung zu dokumentieren.

Absatz 2 räumt die Möglichkeit ein, mit Zustimmung der zuständigen Behörde von den Anforderungen an die erforderliche Fachkunde nach Absatz 1 Satz 1 Nummer 3 und Satz 3 abzuweichen. Dies kommt der besonderen Struktur der GÜG entgegen, bei denen diese Anforderungen für Fachprüfer, die nur einen bestimmten Fachbereich – also z.B. den Heizungsbau - abdecken, nicht immer in vollem Umfang erfüllt sein müssen. Hier kann es sinnvoll sein, auch bei Vorliegen anderer Voraussetzungen eine Möglichkeit zu schaffen, einen Fachprüfer zu bestellen. Hierfür kommen insbesondere Personen in Betracht, die über eine berufliche Qualifikation zum staatlich geprüften Techniker in einer einschlägigen Fachrichtung verfügen oder eine einschlägige Meisterausbildung abgeschlossen haben. Dies ist insbesondere auch dann gegeben, wenn eine öffentliche Bestellung und Vereidigung zum Sachverständigen für ein einschlägiges Sachgebiet nachgewiesen werden kann. Für die technische Leitung gilt diese Abweichungsmöglichkeit allerdings nicht.

Absatz 3 sieht – vergleichbar der Regelung für Sachverständige in § 53 Absatz 7 - die Aushändigung eines Bestellungsschreibens an den Fachprüfer vor, nachdem dieser bestellt wurde, damit er sich gegenüber einem Fachbetrieb ausweisen kann.

Absatz 4 räumt den GÜG die Möglichkeit ein, Kooperationsverträge mit anderen GÜG oder SVO zu schließen und damit auf Fachprüfer dieser Organisationen zurückzugreifen. Insbesondere bei den bundesweit tätigen GÜG ist der Aufwand zu groß, einen eigenen Fachprüfer zu einem Fachbetrieb zu schicken, der weit entfernt vom Sitz der GÜG seinen Fachbetriebsstandort hat, um die Ergebnisse der praktischen Arbeit der Fachbetriebe zu kontrollieren. In diesem Fall kann es angemessen sein, wenn eine entsprechende Prüfung von einem Fachprüfer einer ortsnah ansässigen GÜG oder SVO durchgeführt wird. Diese Prüfung muss dann allerdings nach den fachlichen

Vorgaben zur Zertifizierung und Überwachung der Fachbetriebe der GÜG erfolgen, für die er tätig wird. Insbesondere muss sich der Fachprüfer nach den Grundsätzen der GÜG richten, für die er tätig wird und er muss auch in deren Qualitätssicherungssystem eingebunden sein. Damit wird erreicht, dass die gesamte Verantwortung doch bei der zertifizierenden GÜG verbleibt.

Zu § 59 (Widerruf und Erlöschen der Anerkennung; Erlöschen der Bestellung von Fachprüfern)

§ 59 regelt in enger Anlehnung an die entsprechende Regelung für SVO in § 54 die Voraussetzungen des Widerrufs und des Erlöschens der Anerkennung von GÜG. Damit soll verhindert werden, dass das Qualitätsniveau der Güte- und Überwachungsgemeinschaft sinkt, die Aufgaben nicht mehr ausreichend wahrgenommen werden und damit die wirksame Kontrolle der Fachbetriebe nicht mehr gewährleistet ist. Auf die Ausführungen zu § 54 wird verwiesen.

Zu § 60 (Pflichten von Güte- und Überwachungsgemeinschaften und Fachprüfern)

§ 60 regelt, welche Pflichten eine Güte- und Überwachungsgemeinschaft innerhalb ihrer Organisation erfüllen muss, damit sie ihren Aufgaben ordnungsgemäß nachkommen kann.

Absatz 1 Nummer 1 regelt die Pflicht der GÜG, unter bestimmten Voraussetzungen die Bestellung eines Fachprüfers aufzuheben. Außerdem muss sie die Bestellung oder das Erlöschen der Bestellung eines Fachprüfers der zuständigen Behörde innerhalb von vier Wochen anzeigen (Nummer 2).
Außerdem hat die GÜG die Pflicht, der zuständigen Behörde bis zum 31. März des Folgejahres über mögliche organisatorische Änderungen zu berichten (Nummer 3) und sie muss nach Nummer 4 einen Wechsel der vertretungsberechtigten Person der zuständigen Behörde mitteilen. Nach Nummer 5 muss die GÜG sicherstellen, dass die technische Leitung, ihre Stellvertretung und die bestellten Personen mindestens alle zwei Jahre an Fortbildungsveranstaltungen teilnehmen. Nummer 6 fordert, mindestens viermal im Jahr einen internen Informationsaustausch vorzusehen. Bei diesem internen Informationsaustausch müssen nicht unbedingt immer alle Fachprüfer gleichzeitig teilnehmen, es kann aus organisatorischen Gründen auch sinnvoll sein, diesen Austausch regional oder mit Hilfe des Einsatzes moderner Medien zu organisieren. Ein Austausch der Erkenntnisse ist jedoch für jeden Fachprüfer insbesondere im Hinblick darauf erforderlich, dass diese Fachprüfer nicht in eine Struktur eingebunden sind, bei der man sich ständig trifft und Informationen austauschen kann. Die Vorgabe dient damit einem schnellen und organisatorisch gesicherten Austausch von Informationen und Erkenntnissen unter den Mitarbeiter/innen einer GÜG. Nummer 7 sieht wie bei den SVO einen einmal im Jahr stattfindenden Erfahrungsaustausch aller GÜG vor. Dieser kann zusammen mit den Sachverständigenorganisationen stattfinden. Dieser externe Austausch dient der Abstimmung fachlicher Positionen, dem Austausch neuer Erkenntnisse und einer vergleichbaren Vorgehensweise in ähnlich gelagerten Fällen. Eine bestimmte Organisationsform ist nicht vorgegeben. Nummer 8 regelt, dass die GÜG Betriebs- und Geschäftsgeheimnisse wahren muss und Nummer 9, dass die Auflösung der GÜG der zuständigen Behörde mitzuteilen ist.

Absatz 2 regelt die Wahrung von Betriebs- und Geschäftsgeheimnissen durch die Fachprüfer.

Zu § 61 (Gemeinsame Pflichten der Sachverständigenorganisationen und der Güte- und Überwachungsgemeinschaften)

§ 61 regelt die Pflichten, die sowohl von den Sachverständigenorganisationen als auch den Güte- und Überwachungsgemeinschaften bei der Zertifizierung und Überwachung der Fachbetriebe eingehalten werden müssen.

Nach Absatz 1 Nummer 1 ist mindestens alle 2 Jahre und bei gegebenem Anlass zu kontrollieren, ob der Fachbetrieb die in § 62 Absatz 2 genannten personellen, gerätetechnischen und organisatorischen Anforderungen erfüllt. Die Ergebnisse der Kontrollen sind dabei zu dokumentieren. Nach Nummer 2 sind die bei den Kontrollen der Fachbetriebe gewonnenen Erkenntnisse zu sammeln, auszuwerten und der zuständigen Behörde nach Nummer 3 bis zum 31. März des Folgejahres zu übermitteln. Zu den Kontrollen, die die SVO und GÜG durchführen, gehört nach Satz 2 zumindest die Kontrolle der Ergebnisse und der Qualität der praktischen Tätigkeit des Fachbetriebs, die Kontrolle, ob das Personal regelmäßig an internen oder externen Schulungen oder Fortbildungsveranstaltungen teilnimmt und ob der Betrieb weiterhin über geeignete Geräte, Hilfsmittel und Prüfeinrichtungen verfügt, um seine Tätigkeiten ordnungsgemäß und sicher durchführen zu können. Diese Pflichten sollen zu einer Qualitätssicherung der Tätigkeit der Fachbetriebe und zu einer fachlichen Weiterentwicklung führen und Transparenz schaffen. Auf die Kontrolle der praktischen Tätigkeit eines Fachbetriebes kann dabei nicht verzichtet werden, da die Fachbetriebe gerade wegen der besonderen Anforderungen an die praktische Tätigkeit zertifiziert werden und sich der Sachverständige bzw. Fachprüfer ein realitätsnahes Bild machen soll, wie der Fachbetrieb arbeitet. Durch die Berichtspflicht soll die zuständige Behörde in die Lage versetzt werden, besondere Entwicklungen bei den Arbeiten der Fachbetriebe zu erkennen und bei Bedarf einzuschreiten.

Absatz 2 verpflichtet die SVO und GÜG, Schulungen der betrieblich verantwortlichen Person und des eingesetzten Personals auf den Gebieten, in denen der Fachbetrieb tätig wird, durchzuführen. Diese Schulungen müssen nach § 62 Absatz 2 Satz 2 zum Aufbau und zur Funktionsweise der Anlagen, ihrem Gefährdungspotenzial, den Eigenschaften der wassergefährdenden Stoffe, den rechtlichen Vorgaben sowie zur Verarbeitung von Bauprodukten und Bauteilen angeboten werden. Hierbei ist besonderer Wert darauf zu legen, dass in den Schulungen nicht nur der Fachbetriebsinhaber, sondern auch das verantwortliche und das eingesetzte Personal angeleitet werden, wie die Bauprodukte oder Bauteile einzubauen oder zu verarbeiten sind, also welche Anforderungen an die Aufstellung, den Untergrund, die Umgebungsbedingungen bei der Verarbeitung, erforderliche Wartezeiten oder erforderliche Werkzeuge und technische Geräte einzuhalten sind, damit diese Produkte oder Bauteile die optimale sicherheitstechnische Wirkung entfalten können.

Nach Absatz 3 Satz 1 muss die SVO ebenso wie die GÜG die von ihr überwachten Fachbetriebe, die für Dritte tätig werden, im Internet in geeigneter Weise bekannt geben. Diese Art der Veröffentlichung ist für die Organisationen mit relativ geringem Aufwand verbunden, kann leicht aktuell gehalten werden und soll den Betreibern eine einfache Möglichkeit geben, sich einen geeigneten Fachbetrieb auszusuchen. Die Fachbetriebseigenschaft kann nach Satz 2 entsprechend dem jeweiligen Tätigkeitsbereich des Betriebes wie Metallbearbeitung, Installationen, Maler- und Beschichtungsarbeiten auf bestimmte Tätigkeiten beschränkt werden. Diese Spezialisierung ist nach Satz 3 in der Bekanntmachung mit anzugeben.

Absatz 4 verpflichtet die SVO sowie die GÜG, einem Fachbetrieb die Zertifizierung unverzüglich zu entziehen, wenn er wiederholt fachbetriebspflichtige Arbeiten fehlerhaft durchgeführt hat, die Anforderungen an die personelle, gerätetechnische und organisatorische Ausstattung nach § 62

Absatz 2 nicht mehr erfüllt, den Schulungsverpflichtungen nach § 63 Absatz 1 nicht nachkommt oder die Pflicht nach § 63 Absatz 2 nicht erfüllt.

Zu § 62 (Fachbetriebe, Zertifizierung von Fachbetrieben)

§ 62 regelt das Erfordernis der Zertifizierung als Fachbetrieb (Absatz 1), die Voraussetzungen, die ein Fachbetrieb für eine Zertifizierung erfüllen muss (Absatz 2) und die Ausstellung einer Urkunde nach der Zertifizierung (Absatz 3).

Absatz 1 Satz 1 legt fest, dass ein Fachbetrieb einer Zertifizierung durch eine SVO oder einer GÜG bedarf. Fachbetriebe tragen eine besondere Verantwortung für die Sicherheit einer Anlage zum Umgang mit wassergefährdenden Stoffen und müssen deshalb auch über besondere Kenntnisse verfügen, die im Rahmen einer Zertifizierung nachgewiesen werden müssen. Seit vielen Jahren gab es immer wieder Kritik an der Qualität der Arbeit von Fachbetrieben, die auch darauf zurückzuführen ist, dass ein nicht nur unerheblicher Teil der neu errichteten Anlagen bei der Inbetriebnahmeprüfung Mängel aufweist. Die Verordnung legt deshalb besonderen Wert auf die Qualitätssicherung der Fachbetriebe, indem bei der Zertifizierung nicht nur die Ausrüstung der Betriebe begutachtet wird, sondern auch die ständige Fortbildung der Mitarbeiter sowie deren praktische Tätigkeit. Satz 2 gibt die Möglichkeit, die Zertifizierung auf bestimmte Tätigkeiten zu beschränken. Dies ist für einige Fachbetriebe von besonderem Interesse, da sie sich damit z.B. auf die Errichtung von Heizölverbraucheranlagen oder die Tankreinigung spezialisieren können und andere Fähigkeiten nicht nachweisen müssen. Nach Satz 3 ist eine Zertifizierung auf zwei Jahre zu befristen. Das ist der Zeitraum, in dem die SVO oder die GÜG eine erneute Überprüfung nach § 61 Absatz 1 Satz 1 Nummer 1 durchführen und damit kontrollieren, dass ein Fachbetrieb organisatorisch und fachlich auf dem aktuellen Stand ist. Eine erneute Zertifizierung von Fachbetrieben ist möglich.

Absatz 2 legt fest, dass ein Betrieb nur zertifiziert werden kann, wenn er die folgenden technischen, personellen und organisatorischen Voraussetzungen erfüllt: Nach Nummer 1 muss er über die erforderlichen technischen Geräte und Ausrüstungsteile verfügen. Nummer 2 regelt, dass zumindest eine betrieblich verantwortliche Person zu bestellen ist, die über eine erfolgreich abgeschlossene Ausbildung, eine einschlägige zweijährige Erfahrung sowie ausreichende fachliche und rechtliche Kenntnisse verfügt und diese in einer Prüfung unter Beweis gestellt hat. In diesen Prüfungen müssen zumindest ausreichende Kenntnisse zum Aufbau und zur Funktionsweise von Anlagen, ihrem Gefährdungspotenzial, den Eigenschaften der wassergefährdenden Stoffe, den rechtlichen Vorgaben sowie zur Verarbeitung von Bauprodukten und Bauteilen nachgewiesen werden. Eine bestimmte Form der Prüfungen ist nicht vorgegeben, diese unterliegen in ihrer Ausgestaltung der prüfenden Organisation.

Aufgrund der Vielfalt der Aufgaben von Fachbetrieben ist es nicht möglich, generell bestimmte Ausbildungsgänge vorzuschreiben, zumal für manche Tätigkeiten – wie die Reinigung von Anlagen – keine speziellen Ausbildungen angeboten werden. Das vor Ort tätige Personal muss nach Nummer 3 über die erforderlichen Fähigkeiten für die vorgesehenen Tätigkeiten verfügen. Hierzu gehört, dass es in die speziellen Bedingungen eingewiesen worden ist, unter denen einzelne Bauteile oder Bauprodukte eingebaut werden müssen. Dies kann auch durch qualifizierte Schulungen der Hersteller erfolgen, die damit sicherstellen können, dass ihre Produkte so eingesetzt werden, wie es von ihnen vorgesehen ist. Nach Nummer 4 müssen die Fachbetriebe Arbeitsbedingungen schaffen, unter denen eine ordnungsgemäße Ausführung der Tätigkeiten gewährleistet ist. Von Bedeutung ist dies beispielsweise für den Fall, dass ein Produkt einer längeren Aushärtezeit bedarf und deshalb die Fortsetzung der Arbeiten erst nach einer bestimmten

Wartezeit erfolgen kann.

Absatz 3 verpflichtet die SVO oder GÜG nach erfolgter Zertifizierung dem Fachbetrieb eine Urkunde auszustellen, aus der sich insbesondere Name und Anschrift des Fachbetriebs, Name und Anschrift der Sachverständigenorganisation oder der Güte- und Überwachungsgemeinschaft, der Tätigkeitsbereich des Fachbetriebs und die Geltungsdauer der Zertifizierung hervorgeht. Diese Urkunde dient als Nachweis gegenüber dem Betreiber einer Anlage oder ggf. gegenüber der zuständigen Behörde, tatsächlich Fachbetrieb zu sein (vgl. § 64).

Bei den Anforderungen an Fachbetriebe nach Absatz 2 handelt es sich um zu prüfende Anforderungen im Sinne von Artikel 15 Absatz 2 Buchstabe d der Dienstleistungsrichtlinie. Zur Vermeidung unzulässiger Diskriminierungen im Sinne von Artikel 15 Absatz 3 Buchstabe a der Dienstleistungsrichtlinie stellt Absatz 4 Betriebe, die die Anforderungen nach Absatz 2 erfüllen und berechtigt sind, in einem anderen Mitgliedstaat der Europäischen Union oder in einem anderen Vertragsstaat des Abkommens über den Europäischen Wirtschaftsraum Tätigkeiten durchzuführen, die nach deutschem Recht fachbetriebspflichtig sind, Fachbetrieben gleich, sofern die Überwachung in dem anderen Staat gleichwertig ist.

Zu § 63 (Pflichten der Fachbetriebe)

§ 63 regelt die Pflichten von Fachbetrieben.

Absatz 1 regelt, dass die betrieblich verantwortliche Person mindestens alle zwei Jahre und das eingesetzte Personal regelmäßig an Fortbildungsveranstaltungen teilnehmen müssen, damit diese Personen über aktuelle Entwicklungen auf dem Laufenden bleiben. Die Anforderungen an die betrieblich verantwortliche Person sind dabei höher als an das eingesetzte Personal, da die betrieblich verantwortliche Person den Überblick über Entwicklungen in angrenzenden Rechtsbereichen und über technische Neuentwicklungen, die nicht unbedingt auch für jede einzelne Person des Fachbetriebs bedeutsam sind, behalten muss.

Absatz 2 verpflichtet die Fachbetriebe, die sie überwachende Sachverständigenorganisation oder Güte- und Überwachungsgemeinschaft über Änderungen der Organisationsstruktur, zu der z.B. auch ein Wechsel der betrieblich verantwortlichen Person gehört, auf dem Laufenden zu halten. Unabhängig von den Kontrollen der Fachbetriebe nach § 61 Absatz 1 Satz 1 Nummer 1 sollen diese Organisationen damit in die Lage versetzt werden, auf Veränderungen bei den Fachbetrieben reagieren zu können und so die Einhaltung der Anforderungen sicherzustellen.

Absatz 3 bestimmt, dass ein Betrieb, dem die Zertifizierung entzogen wurde, die Urkunde zurückzugeben hat und sie nicht mehr verwenden darf. Dies soll eine missbräuchliche Nutzung der Urkunde verhindern.

Zu § 64 (Nachweis der Fachbetriebseigenschaft)

§ 64 verlangt, dass die Fachbetriebseigenschaft gegenüber dem Anlagenbetreiber unaufgefordert (Satz 1) und auf Verlangen der zuständigen Behörde (Satz 2) nachzuweisen ist. Als Nachweis gilt nach Satz 3 die Vorlage der Zertifizierungsurkunde bzw. eine beglaubigte Kopie von ihr. Ähnliche Nachweispflichten gelten nach dem ersten Halbsatz von Satz 4 für den deutschen Fachbetrieben vergleichbare Betriebe aus anderen Mitgliedstaaten der Europäischen Union. Sie haben der zuständigen Behörde vor Aufnahme der fachbetriebspflichtigen Tätigkeiten die Nachweise über die Berechtigung und die gleichwertige Kontrolle nach § 62 Absatz 4 und auf Verlangen der Behörde auch eine beglaubigte deutsche Übersetzung dieser Nachweise vorzulegen.

Kapitel 5 (Ordnungswidrigkeiten, Schlussvorschriften)

Kapitel 5 regelt die Ordnungswidrigkeiten und Übergangsbestimmungen sowie das Inkrafttreten.

Zu § 65 (Ordnungswidrigkeiten)

§ 65 enthält Bußgeldtatbestände im Hinblick auf Verstöße gegen Pflichten nach dieser Verordnung. Die in Nummer 17, 18, 25 und 27 aufgeführten Tatbestände führen die entsprechenden Bußgeldtatbestände nach § 41 Absatz 1 Nummer 6 Buchstabe c, d und e WHG a.F. fort. Die übrigen Tatbestände entsprechen weitgehend bestehenden landesrechtlichen Bußgeldvorschriften (vgl. auch § 27 Muster-VAwS). Ergänzend gelten die in § 103 Absatz 1 Nummer 7 und 12 WHG geregelten Bußgeldtatbestände.

Zu § 66 (Bestehende Einstufungen von Stoffen und Gemischen)

§ 66 bestimmt, dass bereits bestehende Einstufungen von Stoffen und Gemischen weiter gelten. Zur Herstellung einer eindeutigen Dokumentation aller eingestuften wassergefährdenden Stoffe und zur Verbesserung der Anwenderfreundlichkeit werden diese bestehenden Einstufungen erneut im Bundesanzeiger bekannt gemacht werden. Außerdem steht im Internet eine Suchfunktion zur Verfügung, mit der die Einstufung von einzelnen Stoffen, Stoffgruppen und Gemischen abgefragt werden kann. Die Einstufung von Gemischen kann dabei weiterhin nur dann veröffentlicht werden, wenn die Zusammensetzung der einzelnen im Gemisch vorhandenen Stoffe mit dokumentiert wird. Eine Veröffentlichung der Einstufung von Produkten ohne Angabe der vorhandenen Stoffe ist demnach nicht möglich.

Zu § 67 (Änderung der Einstufung wassergefährdender Stoffe)

Nach § 67 muss der Betreiber einer Anlage, die mit einem wassergefährdenden Stoff umgeht, der in eine abweichende Wassergefährdungsklasse eingestuft worden ist, nicht von sich aus die daraus folgenden neuen Anforderungen erfüllen. Es ist nicht davon auszugehen, dass Betreiber regelmäßig ermitteln, ob und welche wassergefährdenden Stoffe neu eingestuft worden sind. Die Anforderungen, die sich aus der Änderung der Einstufung wassergefährdender Stoffe ergeben, gelten deshalb erst auf Grund einer Anordnung der zuständigen Behörde. Diese Regelung gilt sowohl für Anlagen, die beim Inkrafttreten dieser Verordnung schon errichtet waren (bestehende Anlagen), als auch für diejenigen, die nach dem Inkrafttreten errichtet worden sind, die Umstufung aber zu einem noch späteren Zeitpunkt erfolgte.

Zu § 68 (Bestehende wiederkehrend prüfpflichtige Anlagen)

§ 68 enthält eine Übergangsregelung für bestehende Anlagen, die beim Inkrafttreten dieser Verordnung auf der Grundlage des WHG und der ergänzenden Länderregelungen bereits errichtet sind und einer wiederkehrenden Prüfpflicht unterliegen.

Anforderungen dieser Verordnung, die lediglich organisatorische und administrative Regelungen darstellen wie das Überwachen des Befüllens und Entleerens, Pflichten bei Betriebsstörungen, Anzeigepflichten oder Pflichten zu Dokumentationen und Betriebsanweisungen gelten nach Absatz 1 Satz 1 Nummer 1 unmittelbar mit Inkrafttreten der Verordnung. Gleiches gilt nach Nummer 2 für alle übrigen Anforderungen der Verordnung, soweit sie den Anforderungen entsprechen, die bereits nach den jeweiligen landesrechtlichen Vorschriften zu beachten waren. Soweit eine bestandskräftige Zulassung einer Anlage vorliegt, gilt diese nach Nummer 2, 2. Halbsatz als landesrechtliche Vorschrift. In diesen Fällen erfordert der Fortbestand der Altanlagen keine Übergangsregelung. Durch Satz 2 wird bestimmt, dass bei bestehenden Anlagen die Dokumentation nur so weit vervollständigt werden muss, wie dies mit verhältnismäßigen Mitteln möglich ist. Bescheide, Bauartzulassungen oder Standsicherheitsnachweise, die nicht mehr vorhanden sind, müssen also nicht nachträglich beschafft werden. Im Falle der Bescheide wäre dies nur durch Suche in Archiven möglich, bei Gutachten o.ä. dürfte in der Regel auch diese Möglichkeit ausscheiden, da es nicht sicher ist, ob diese Gutachten archiviert wurden und bekannt ist, in welchem Archiv sie sich ggf. befinden könnten.

Absatz 2 verpflichtet den Sachverständigen bei der Prüfung einer bestehenden Anlage, ggf. vorhandene Mängel, die in Bezug auf den rechtmäßigen Zustand einer bestehenden Anlage festgestellt werden, im Prüfbericht darzustellen. Bei der Prüfung hat er den für die Anlage bestandskräftigen Bescheid bzw. die landesrechtlichen Vorschriften zugrunde zu legen. An der Sachverständigenprüfung ändert sich insofern beim Übergang vom Landes- zum Bundesrecht nichts.

Absatz 3 Satz 1 bestimmt, dass der Sachverständige bei der ersten Prüfung einer bestehenden Anlagen nach der Bundesverordnung festzustellen hat, ob und inwieweit für die Anlage neue Anforderungen dieser Verordnung gelten, die über die bisherigen landesrechtlichen hinausgehen. Es erfolgt also ein Abgleich zwischen dem ehemaligen Landesrecht und dem neuen Bundesrecht als reine Rechtsprüfung. Diese Dokumentation der Abweichungen ist nur einmal erforderlich, deshalb wird der Sachverständige verpflichtet, diese bei der ersten Prüfung nach Inkrafttreten der Verordnung vorzunehmen. Eine direkte Folgewirkung entfaltet die Feststellung einer Abweichung in der Dokumentation nicht. Sie soll aber den Betreiber einer Anlage über ggf. erforderliche auf ihn zukommende Anpassungsmaßnahmen rechtzeitig informieren, damit dieser sich mögliche Nachrüstungsmaßnahmen überlegen kann. Gleichzeitig wird mit dem Prüfbericht auch die zuständige Behörde über weitergehende Anforderungen nach der neuen Verordnung informiert (Satz 2) und damit in die Lage versetzt, über mögliche Maßnahmen mit dem Betreiber zu reden. Die Dokumentation der Abweichung ist nach Satz 2 der zuständigen Behörde zusammen mit dem Prüfbericht vorzulegen, sie ist jedoch kein Bestandteil des Prüfberichts.

Nach Absatz 4 Satz 1 kann die zuständige Behörde technische oder organisatorische Maßnahmen anordnen, mit denen der Betreiber die festgestellten Abweichungen vollständig zu beheben hat (Nummer 1), die denjenigen entsprechen, die nach den technischen Regelwerken für diese Fälle als angemessen angesehen werden (Nummer 2) oder mit denen eine Gleichwertigkeit zu den weitergehenden Vorschriften der Verordnung erreicht wird (Nummer 3). Bei Anordnungen nach Nummer 2 und 3 sind nach Satz 2 die Vorgaben des WHG zum Schutzniveau zu beachten.

Nach Absatz 5 darf die Behörde nicht anordnen, Anlagen stillzulegen oder zu beseitigen oder Anpassungsmaßnahmen vorzunehmen, die einer Neuerrichtung der Anlage gleichkommen oder den ursprünglichen Zweck der Anlage verändern. Nicht möglich ist deshalb die Neuinstallation einer Auffangwanne unter einer bestehenden Anlage, wenn dafür die bisher bestehende Anlage abgerissen und dann in der Auffangwanne wieder neu errichtet werden muss, sofern dies überhaupt möglich ist. Nicht möglich ist ebenfalls der Austausch eines Gleises im Schotterbett gegen ein solches in der Auffangwanne bei laufendem Betrieb einer Umschlaganlage. Nicht möglich ist es auch, eine Umschlaganlage, in der vorher Gefahrgüter und Nichtgefahrgüter umgeschlagen wurden, auf den Umschlag von Nichtgefahrgütern zu beschränken. In diesem Zusammenhang ist nach § 105 Absatz 3 Satz 1 WHG der Bestandsschutz der Eignungsfeststellung für Altanlagen, deren Eignungsfeststellung nach § 105 Absatz 3 Satz 1 WHG übergeleitet worden ist, zu beachten. Das bedeutet insbesondere, dass keine neue Eignungsfeststellung erforderlich ist. Anforderungen, die in einer alten Eignungsfeststellung geregelt sind, sind dann nach wie vor maßgeblich, wenn eine Erfüllung der neuen Anforderungen nach dieser Verordnung technisch nicht möglich ist, d.h. eine Stilllegung der Anlage erforderlich würde. In diesem Fall würde ansonsten die Rechtswirkung der alten Eignungsfeststellung (Zulassung der Anlage) unterlaufen. Hierin erschöpft sich allerdings der Bestandsschutz. Nachrüstverpflichtungen bei zugelassenen Altvorhaben bestehen im Übrigen auch im Hinblick auf andere wasserwirtschaftliche Vorhaben (siehe etwa § 57 Absatz 4 und 5, § 58 Absatz 3, § 60 Absatz 2, § 34 Absatz 2 und § 35 Absatz 2 WHG).

Absatz 6 verpflichtet den Betreiber, bei der Behebung von erheblichen und gefährlichen Mängeln an Behältern oder Rückhalteeinrichtungen die Anforderungen der Verordnung zu beachten. Insbesondere beim Austausch von Behältern oder dem Neubau von Rückhalteeinrichtungen, also den für den Gewässerschutz bedeutsamsten Teilen einer Anlage, ist eine Anpassung an die aktuellen Anforderungen in der Regel ohne größeren finanziellen oder technischen Aufwand möglich.

Für bestehende Anlagen gelten nach Absatz 7 die weitergehenden technischen Anforderungen dieser Verordnung sofort, wenn wesentliche bauliche Teile oder Sicherheitseinrichtungen geändert werden. In diesen Fällen ist eine Nachrüstung der Anlage und ihrer Technik in der Regel ohne größere Schwierigkeiten realisierbar und verhältnismäßig, wenn die genannten Teile einer Anlage erneuert oder ausgetauscht werden. Eine Änderung wesentlicher baulicher Teile oder von Sicherheitseinrichtungen liegt z.B. nicht vor, wenn eine Beschichtung ausgebessert wird oder wenn ein Stück einer Rohrleitung ausgetauscht wird.

Absatz 8 bestimmt, dass Anlagen, die nach den jeweiligen landesrechtlichen Vorschriften als einfach oder herkömmlich galten und damit ohne Eignungsfeststellung rechtmäßig errichtet und betrieben werden (siehe § 19 h Absatz 1 Satz 2 Nummer 1 WHG a.F.), auch weiterhin keiner Eignungsfeststellung bedürfen. Bei einer wesentlichen Änderung einer solchen Anlage sind allerdings die Anzeigepflichten nach § 40 zu beachten.

Nach Absatz 9 müssen bestehende Gleise in Umschlaganlagen, die z.B. im Schotterbett verlegt sind, nicht flüssigkeitsundurchlässig nachgerüstet werden. Grundsätzlich ergibt sich dies schon aus den Absätzen 3 und 5, wird aufgrund der Bedeutung für die Branche aber nochmals festgehalten.

Absatz 10 führt zu einer speziellen Übergangsregelung für Biogasanlagen. Der Standard, der in den einzelnen Ländern in den letzten Jahren für diese Anlagen gefordert wurde, ist sehr unterschiedlich. Bei einer Reihe von Anlagen führte die unzureichende Sicherheitstechnik dazu, dass bei Betriebsstörungen Gärsubstrate oder -reste austreten und zu Gewässerverunreinigungen mit Fischsterben führen. Um diese akute Gewässergefährdung zukünftig einzudämmen, fordert

Absatz 10, dass bestehende Biogasanlagen in den nächsten fünf Jahren nach Inkrafttreten der Verordnung mit einer Umwallung versehen werden müssen, soweit dies räumlich zu verwirklichen ist. Mit dieser Maßnahme kann zwar noch nicht die Betriebsstörung selbst, aber immerhin die Freisetzung der allgemein wassergefährdenden Stoffe in die Umwelt und ein Fischsterben verhindert werden. Weitere Maßnahmen sind erst auf Anordnung der Behörde im Anschluss daran durchzuführen (Satz 3).

Zu § 69 (Bestehende nicht wiederkehrend prüfpflichtige Anlagen)

§ 69 regelt die Anpassung der bestehenden Anlagen, die nach Inkrafttreten der Verordnung nicht planmäßig geprüft werden müssen.

Nach Absatz 1 müssen die nicht wiederkehrend prüfpflichtigen bestehenden Anlagen, sofern sie den technischen Vorschriften dieser Verordnung nicht entsprechen, vom Betreiber nur dann nachgerüstet werden, wenn dies die zuständige Behörde anordnet. Die Verantwortung eines Betreibers für einen ordnungsgemäßen Betrieb der Anlage ist davon nicht berührt.

Absatz 2 bestimmt, dass § 68 Absatz 5, 7 und 8 auch für die nicht prüfpflichtigen Anlagen gelten. Auch für diese Anlagen gilt, dass die Anordnung nicht zu einer Stilllegung oder Beseitigung der Anlage führen darf (vgl. § 68 Absatz 5) und dass bei der Änderung wesentlicher baulicher Teile oder wesentlicher Sicherheitseinrichtungen (vgl. § 68 Absatz 7) die Anforderungen der Verordnung zu beachten sind.

Zu § 70 (Prüffristen für bestehende Anlagen)

Absatz 1 Satz 1 legt fest, dass die Frist, die bei wiederkehrenden Prüfungen von bestehenden Anlagen einzuhalten ist, mit der letzten Prüfung nach landesrechtlichen Vorschriften zu laufen beginnt. Da in einigen Bundesländern bestimmte Prüfungen auch von Fachbetrieben durchgeführt werden konnten, gelten dort die Prüfungen von Fachbetrieben als gleichwertig zu denen der Sachverständigen (Satz 2).

Absatz 2 definiert, wann Anlagen, die bisher nicht geprüft werden mussten, unter die Prüfpflicht fallen. Hierbei ist eine Staffelung der Prüffristen für Anlagen vorgesehen, damit verhindert werden kann, dass alle bestehenden Anlagen, die neu unter die Prüfpflicht fallen, gleichzeitig geprüft werden müssen. Um diesen hohen Anfall von Prüfungen während einer kurzen Zeitspanne bewerkstelligen zu können, müssten sowohl die Sachverständigenorganisationen als auch die Behörden entsprechende Kapazitäten vorhalten. Die Staffelung erfolgt nach dem Alter der Anlagen, da die Vermutung besteht, dass ältere Anlagen eher mangelbehaftet sind.

Zu § 71 (Einbau von Leichtflüssigkeitsabscheidern)

§ 71 sieht eine spezielle Regelung für Leichtflüssigkeitsabscheider vor, die in Abfüllanlagen von Kraftstoffen, hier insbesondere Tankstellen, eingebaut werden. Aufgrund europarechtlicher und nationaler Vorschriften wird den Kraftstoffen ein zunehmender Anteil an Ethanol beigemischt. Eine Aussage darüber, ob durch diese Beimischung die Funktionsfähigkeit des Leichtflüssigkeitsabscheiders sowie die Verträglichkeit des Materials nicht beeinträchtigt werden, war lange

Zeit nicht möglich. Für die hierzu erforderlichen Untersuchungen sowie eine daraus sich ergebende Umstellung der Leichtflüssigkeitsabscheider stand ein ausreichender Zeitraum zur Verfügung, so dass mit Inkrafttreten der Verordnung bei einem Einbau neuer Leichtflüssigkeitsabscheider das geforderte Sicherheitsniveau eingehalten werden kann.

Zu § 72 (Übergangsbestimmungen für Fachbetriebe, Sachverständigenorganisationen und bestellte Personen)

§ 72 regelt die Übergangsbestimmungen für Fachbetriebe, Sachverständigenorganisationen und
bestellte Personen.

Die Fachbetriebseigenschaft konnte bislang durch baurechtlich anerkannte Güte- und Überwachungsgemeinschaften oder auf der Grundlage eines Überwachungsvertrages mit einer Technischen Überwachungsorganisation für zwei Jahre erlangt werden (siehe § 19 l Absatz 2 Satz 1
Nummer 2 WHG a.F. und landesrechtliche Vorschriften). Mit dem Inkrafttreten dieser Verordnung können nur noch wasserrechtlich anerkannte Organisationen Zertifizierungen vornehmen.
Fachbetriebe, die berechtigt sind, Gütezeichen von baurechtlich anerkannten Güte- und Überwachungsgemeinschaften zu führen gelten nach Absatz 1 Satz 1 noch zwei Jahre als Fachbetriebe
nach neuem Recht, um einen reibungslosen Übergang zu ermöglichen. Voraussetzung ist, dass
die Güte- und Überwachungsgemeinschaft die Einhaltung der Fachbetriebskriterien in dieser
Zeit weiterhin überwacht. In dieser Übergangszeit haben die bestehenden Güte- und Überwachungsgemeinschaften die Möglichkeit, sich nach § 57 anerkennen zu lassen. Einer weiteren
Übergangsregelung bedarf es nicht.

Nach Absatz 2 Satz 1 gelten bestehende Anerkennungen für Sachverständigenorganisationen
nach landesrechtlichen Vorschriften als Anerkennungen nach neuem Recht fort. Soweit diese
Verordnung Anforderungen enthält, die über die Anforderungen nach bisherigem Landesrecht
hinausgehen, müssen die Sachverständigenorganisationen diese nach Satz 2 erst nach einem halben Jahr erfüllen. Ihnen soll damit sowie mit der Regelung in Satz 3 eine ausreichende Über-
gangsfrist gewährt werden.

Absatz 3 ermöglicht es bestellten Personen von Sachverständigenorganisationen und von Fachbetrieben, ihre Tätigkeit fortzusetzen, auch wenn die Anforderungen der Verordnung an die Fachkunde und die Erfahrungen nicht erfüllt werden. Bisher war es möglich, dass die zuständigen
Behörden in Einzelfällen einer Bestellung zugestimmt haben, auch wenn bestimmte Anforderungen nicht erfüllt wurden. Dies geschah in der Regel im Hinblick auf die besondere Erfahrung
dieser Personen. Diese Personen sollen aus ihrem Tätigkeitsgebiet nicht verwiesen werden, so
dass eine Sonderregelung für sie erforderlich ist.

Zu § 73 (Inkrafttreten; Außerkrafttreten)

§ 73 regelt das Inkrafttreten der Verordnung und das gleichzeitige Außerkrafttreten der Verordnung über Anlagen zum Umgang mit wassergefährdenden Stoffen vom 31. März 2010 (BGBl. I
S. 377). Um den Güte- und Überwachungsgemeinschaften, die erst anerkannt sein müssen, bevor
sie Fachbetriebe zertifizieren können, keinen Nachteil zu verschaffen, werden zunächst am Tag
nach der Verkündung nur die Regelungen in Kraft gesetzt, die die Anerkennung der Güte- und
Überwachungsgemeinschaften regeln. Vier Monate später – in diesem Zeitraum sollten die Anerkennungen nach § 57 Absatz 6 ausgesprochen sein - tritt dann die gesamte Verordnung in Kraft.

Durch das verzögerte Inkrafttreten haben auch die Betreiber, Behörden und Sachverständigenorganisationen ausreichend Zeit, sich auf die Regelungen der neuen Verordnung vorzubereiten.

Es ist vorgesehen, gleichzeitig die Allgemeine Verwaltungsvorschrift zur Änderung der Verwaltungsvorschrift wassergefährdende Stoffe vom 27. Juli 2005 (VwVwS, BAnz. Nr. 142a vom 30. Juli 2005), aufzuheben, um keine Rechtsunsicherheit aufkommen zu lassen. Dies bleibt jedoch einem eigenen Verfahren vorbehalten.

Zu Anlage 1
Einstufung von Stoffen und Gemischen als nicht wassergefährdend oder in Wassergefährdungsklassen (WGK); Bestimmung aufschwimmender flüssiger Stoffe als allgemein wassergefährdend

Anlage 1 gibt dem nach Kapitel 2 zur Einstufung verpflichteten Betreiber vor, wie er auf der Grundlage von im Rahmen des europäischen Stoff- und Chemikalienrechts zu ermittelnden Daten seine Stoffe zu bewerten und einer von drei Wassergefährdungsklassen zuzuordnen oder als nicht wassergefährdend einzustufen hat. Die Erhebung dieser Daten ist durch das europäische Chemikalienrecht vorgegeben. Für die Einstufung werden den aus diesen Daten ermittelten R-Sätzen oder Gefahrenhinweisen Bewertungspunkte zugeordnet, die entsprechend ihrer Relevanz für den Schutz der Gewässer festgelegt wurden. Aus der so ermittelten Gesamtpunktzahl wird die jeweilige Wassergefährdungsklasse abgeleitet.

Die mit der Selbsteinstufung ermittelten Wassergefährdungsklassen sind Grundlage für die endgültige Einstufung von Stoffen durch das Umweltbundesamt. Die Wassergefährdungsklassen sind ein wesentliches Merkmal für die Ermittlung der für eine zu betreibende Anlage geltenden technischen und organisatorischen Anforderungen.

Zu Nummer 1 (Grundsätze)

Nummer 1 enthält aus dem europäischen Gefahrstoffrecht übernommene Begriffsbestimmungen zu den toxische Eigenschaften und Auswirkungen auf die Umwelt (Nummer 1.1), krebserzeugenden Stoffen (Nummer 1.2), aufschwimmenden flüssigen Stoffen (Nummer 1.3) und dem M-Faktor für eine hohe aquatische Toxizität (Nummer 1.4). Die vorgezogenen Erläuterungen sollen den Text der Anlagen verständlicher gestalten und diese Erläuterungen an einem Ort zusammenfassen.

Zu Nummer 2 (Einstufung von Stoffen und Gemischen als nicht wassergefährdend)

In Nummer 2.1 und 2.2 werden die Kriterien für die Einstufung als nicht wassergefährdend näher bestimmt. Die Kriterien entsprechen denen der Allgemeinen Verwaltungsvorschrift wassergefährdende Stoffe vom 17. Mai 1999. Auf Grund der Einstufung als nicht wassergefährdend gelten für die Anlagen, in denen mit den entsprechenden Stoffen und Gemischen umgegangen wird, die anlagenbezogenen Vorschriften der Verordnung und auch die diesbezüglichen Vorgaben des Wasserhaushaltsgesetzes (§§ 62 und 63) nicht. In diesem Fall gelten lediglich die allgemeinen Anforderungen des WHG zum Schutz der Gewässer vor einer nachteiligen Veränderung der Wasserbeschaffenheit (siehe insbesondere § 32 Absatz 2, § 45 Absatz 2 und § 48 Absatz 2 WHG).

Zu Nummer 2.1 (Stoffe)

In Nummer 2.1 werden die Voraussetzungen bestimmt, nach denen Stoffe als nicht wassergefährdend eingestuft werden. Um einen Stoff als nicht wassergefährdend einzustufen, müssen neben dem Ausschluss gefahrstoffrechtlicher Einstufungen gemäß Nummer 4 weitere Bedingungen zur Wasserlöslichkeit, Ökotoxizität im Bereich der Löslichkeit, zum Bioabbauverhalten und Bioakkumulationspotenzial erfüllt werden, die sich im Einzelnen aus Nummer 2.1 ergeben. Nur bei Einhaltung dieser Kriterien kann ausgeschlossen werden, dass der Stoff nachteilige Veränderungen der Wasserbeschaffenheit herbeiführt.

Zu Nummer 2.2 (Gemische)

In Nummer 2.2 werden die Voraussetzungen für die Einstufung von Gemischen als nicht wassergefährdend bestimmt. Die Voraussetzungen leiten sich im Wesentlichen aus den stofflichen Bestandteilen der Gemische und der nach Nummer 4 ermittelten Wassergefährdungsklassen der Stoffe ab. Die Kriterien selbst entsprechen denen der Allgemeinen Verwaltungsvorschrift wassergefährdende Stoffe vom 17. Mai 1999.

Zu Nummer 3 (Bestimmung aufschwimmender flüssiger Stoffe und Gemische als allgemein wassergefährdend)

Nummer 3.1 regelt für die aufschwimmenden flüssigen Stoffe, dass sie, auch wenn sie alle unter Nummer 2.1 genannten Kriterien für nicht wassergefährdende Stoffe erfüllen, dennoch als allgemein wassergefährdend gelten. Sie können durch das Aufschwimmen auf der Gewässeroberfläche Wasserorganismen, Insekten und Vögel schädigen, indem sie beispielsweise ihre Sauerstoffaufnahme oder ihre Mobilität unterbinden. Sie werden allerdings keiner Wassergefährdungsklasse zugeordnet, sondern gelten als allgemein wassergefährdend (§ 3 Absatz 2 Satz 1 Nummer 7). Nach § 13 Absatz 1 gelten für diese Stoffe und aufschwimmenden Gemische nach Nummer 3.3 die Anforderungen des Kapitels 3 nur, wenn nicht ausgeschlossen werden kann, dass sie in ein oberirdisches Gewässer gelangen.

Nummer 3.2 ergänzt die Verpflichtung für das Umweltbundesamt, die Liste der aufschwimmenden flüssigen Stoffe zu veröffentlichen, damit für die Betreiber Rechtssicherheit geschaffen wird. Nummer

3.3 enthält eine Regelung für Gemische, die aus aufschwimmenden flüssigen Stoffen nach Nummer 3.1 und nicht wassergefährdenden Stoffen bestehen. Soweit dieses Gemisch immer noch aufschwimmt, gilt es als allgemein wassergefährdend.

Zu Nummer 4 (Einstufung von Stoffen in Wassergefährdungsklassen)

Nummer 4 ist die zentrale Regelung für die Kriterien zur Einstufung von Stoffen in die drei Wassergefährdungsklassen. Die Ergebnisse der Einstufung nach Nummer 4 bilden auch die wesentliche Grundlage für die Einstufung von Gemischen gemäß Nummer 5.

Nummer 4.1 beschreibt grundsätzlich das Vorgehen bei der Ermittlung der Wassergefährdungsklassen. Aus wissenschaftlichen Prüfergebnissen gemäß Verordnung (EG) Nr. 440/2008 (ABl. L 142, S. 1 vom 30.05.2008) werden für die Stoffe R-Sätze oder Gefahrenhinweise abgeleitet, denen dann Bewertungspunkte zugeordnet werden. Bei auftretenden Datendefiziten werden Vorsorgepunkte zugeordnet. Aus der Summe der Bewertungs- und Vorsorgepunkte wird die Wassergefährdungsklasse bestimmt.

Die Tabellen zu Nummer 4.2 listen alle R-Sätze und Gefahrenhinweise mit ihren Bewertungspunkten auf. Es wurden nur R-Sätze und Gefahrenhinweise berücksichtigt, die Stoffeigenschaften abbilden, die im Zusammenhang mit Wasser oder Gewässern eine Gefahr für Mensch sowie Gewässerfauna und -flora bedeuten. Die Gefahrenhinweise sollen nach Maßgabe der Verordnung (EG) Nr. 1272/2008 (CLP-Verordnung, ABl. L 353, S. 1 vom 31.12.2008) die R-Sätze vollständig ablösen.

Nummer 4.3 bestimmt, wie das Fehlen der Bewertung bestimmter toxischer Eigenschaften oder sonstiger Auswirkungen auf die Umwelt bei der Ableitung der Wassergefährdungsklassen zu berücksichtigen ist. In Abhängigkeit von fehlenden Daten werden Vorgabewerte vergeben, um dem Besorgnisgrundsatz ausreichend Rechnung tragen zu können.

Nummer 4.4 bestimmt die letztlich vorzunehmende rechnerische Auswertung der Bewertungsergebnisse und die Zuordnung zu einer der drei in Betracht kommenden Wassergefährdungsklassen.

Zu Nummer 5 (Einstufung von Gemischen in Wassergefährdungsklassen)

Die Wassergefährdung von Gemischen ist vorzugsweise auf der Grundlage der Zusammensetzung und der nach Nummer 4 bestimmten Wassergefährdung der einzelnen im Gemisch enthaltenen Stoffe zu ermitteln. Dies entspricht der bisherigen Vorgehensweise nach der Allgemeinen Verwaltungsvorschrift wassergefährdende Stoffe vom 17. Mai 1999.

Nummer 5.1 regelt neben den Grundsätzen der Übernahme europarechtlicher Vorschriften insbesondere die Berücksichtigungsgrenzen von im Gemisch enthaltenen Stoffen in Abhängigkeit von ihrem Gefährdungspotenzial. Werden nach Nummer 5.1 Buchstabe e) aus der Summe der Bewertungs- und Vorsorgepunkte unterschiedliche Wassergefährdungsklassen ermittelt, so ist die aus den am Gemisch bestimmten Prüfdaten ermittelte Wassergefährdungsklasse maßgeblich, da vorhandene additive, synergistische oder antagonistische Wechselwirkungen realistischer abgebildet werden.

Nummer 5.2 bestimmt den Regelfall der Ermittlung der Wassergefährdungsklasse eines Gemisches. Diese wird in Abhängigkeit der Gehalte der Stoffe und deren WGK ermittelt.

Nummer 5.3 eröffnet die Möglichkeit, auch bei Gemischen die Wassergefährdungsklasse wie bei Stoffen auf der Grundlage von Toxizitätsdaten des Gemisches unmittelbar zu bestimmen. Dies ist notwendig, da die Ableitung nach Nummer 5.2 nicht in jedem Fall sachgerecht sein muss, z.B. wenn die Zusammensetzung des Gemisches nicht vollständig bekannt ist oder aufgrund von Wechselwirkungen (additiver, synergistischer oder antagonistischer Art) zwischen den einzelnen Stoffen die rechnerisch ermittelte Wassergefährdungsklasse die tatsächliche Wassergefährdung des Gemisches möglicherweise nicht richtig abbildet.

Zu Anlage 2
Dokumentation der Selbsteinstufung von Stoffen und Gemischen

Anlage 2 bestimmt Form und Inhalt der Dokumentationsformblätter zur Einstufung von Stoffen und Gemischen. Die Formblätter geben dem Betreiber eine Orientierung zu den anzugebenden Daten und erleichtern dem Umweltbundesamt oder der zuständigen Behörde die Kontrolle der Einstufung. Die Formblätter können dabei in schriftlicher oder elektronischer Form ausgefüllt werden, dies regelt die Verordnung nicht.

Form und Inhalt der Dokumentation entsprechen unter Berücksichtigung zwischenzeitlicher Erfahrungen mit dem Vollzug den bislang vorzulegenden Unterlagen nach der Allgemeinen Verwaltungsvorschrift wassergefährdende Stoffe vom 17. Mai 1999.

Nummer 1.2 bestimmt Inhalt und Form der dem Umweltbundesamt vorzulegenden Dokumentation über die Einstufung von Stoffen. Es werden die Informationen verlangt, die der Betreiber für die Selbsteinstufung nach Nummer 4 von Anlage 1 zur Verfügung haben muss. Die Informationen ergeben sich aus dem europäischen Gefahrstoffrecht. Nummer 1.2.1 enthält die verpflichtend anzugebenden Daten, Nummer 1.2.2 diejenigen, die angegeben werden sollen, sofern sie der Betreiber zur Verfügung hat. Soll ein Stoff allerdings als nicht wassergefährdend eingestuft werden, müssen die Angaben gemäß Nummer 1.2.2 Satz 1 vorgelegt werden, um mit Sicherheit eine Gewässergefährdung ausschließen zu können. Polymere werden wie Stoffe eingestuft. Um die eindeutige Identität der eingestuften Polymere zu definieren, werden gemäß Nummer 1.2.3 nähere Angaben zur qualitativen und quantitativen Zusammensetzung gefordert, die zusätzlich zu bestimmen und anzugeben sind.

Nummer 2 bestimmt das Formblatt für Gemische, das auch auszufüllen ist, wenn ein Betreiber die Möglichkeit nach § 10 Absatz 2 nutzt, ein festes Gemisch in eine Wassergefährdungsklasse einzustufen, Nummer 3 das für feste Gemische, die nach § 10 Absatz 1 als nicht wassergefährdend eingestuft werden.

Zu Anlage 3 und 4
Merkblatt zu Betriebs- und Verhaltensvorschriften beim Betrieb von Heizölverbraucheranlagen und Merkblatt zu Betriebs- und Verhaltensvorschriften beim Umgang mit wassergefährdenden Stoffen

Wie zu § 44 Absatz 4 schon ausgeführt, stellen die Merkblätter nach Anlage 3 und 4 eine vereinfachte und standardisierte Form einer Betriebsanweisung dar. Aus den Merkblättern soll hervorgehen, um welche Anlage es sich handelt, mit welchen wassergefährdenden Stoffen dort umgegangen wird, ob es sich um einen besonderen Standort – z.B. in einem Schutzgebiet - handelt, ob und wann die Anlage einer Prüfung durch Sachverständige bedarf, ob die Anlage fachbetriebspflichtig ist und wer im Schadensfall zu alarmieren ist. Weitergehende Angaben sind für Anlagen, für die nach § 44 Absatz 4 ein Merkblatt verwendet werden darf, nicht erforderlich. Die vorgegebenen Merkblätter für Heizölverbraucheranlagen (Anlage 3) oder für andere Anlagen (Anlage 4) stellen für die Betreiber eine wesentliche Erleichterung dar, da mit ihnen konkret

vorgegeben ist, welche Informationen enthalten sein müssen. Angesichts der überregionalen Anbieter von Anlagen und der überregionalen Tätigkeit von Sachverständigen ist es auch angemessen, ein bundesweit einheitliches Merkblatt vorzugeben. Für diesen Personenkreis wird damit
auch ein Rationalisierungseffekt erreicht.

Zu Anlage 5
Prüfzeitpunkte und -intervalle für Anlagen außerhalb von Schutzgebieten und festgesetzten oder vorläufig gesicherten Überschwemmungsgebieten

Anlage 5 regelt, welche Anlagen außerhalb von Schutzgebieten und festgesetzten und vorläufig
gesicherten Überschwemmungsgebieten ein Betreiber in welchen Intervallen von einem externen Sachverständigen prüfen zu lassen hat. Prüfpflichtig sind alle unterirdischen Anlagen und
oberirdische Anlagen abgestuft nach der Gefährdungsstufe, der Stoff- bzw. der Anlagenart. Die
Prüfverpflichtung besteht vor Inbetriebnahme, nach einer wesentlichen Änderung der Anlage,
bei der Stilllegung sowie bei bestimmten Anlagen in wiederkehrenden Abständen. Das Erfordernis einer Sachverständigenprüfung ergibt sich nach dem Grad der Gewässergefährdung und
entspricht weitgehend § 23 Absatz 1 der Muster-VAwS. Allerdings mussten Anforderungen für
Anlagen mit festen wassergefährdenden Stoffen (Zeile 4), aufschwimmenden flüssigen Stoffen
(Zeile 6) sowie zu Biogasanlagen (Zeile 7) neu aufgenommen werden, da diese mit allgemein
wassergefährdenden Stoffen umgehen und deshalb nicht in Gefährdungsstufen eingestuft werden
können. Auch die Regelung für Umschlaganlagen im intermodalen Verkehr in Zeile 5 ist ergänzt,
da den Anlagenbetreibern insbesondere beim Umschlagen von Containern in der Regel nur die
Gefahrguteinstufung, nicht aber eine Einstufung in Wassergefährdungsklassen gelingt und damit Gefährdungsstufen nicht abgeleitet werden können. Zur genauen Einstufung in Wassergefährdungsklassen müssten die Betreiber die Container teilweise öffnen, was jedoch aus anderen
Gründen häufig nicht statthaft ist oder nähere Daten aus den Frachtpapieren bzw. über den Ab-
sender ermitteln. Die Regelung dieser Prüfpflichten erfolgt jeweils in vergleichbarer Form wie
bei den Anlagen, die einer Gefährdungsstufe zugeordnet werden können.
Neu ist außerdem, dass Abfüll- und Umschlaganlagen der Gefährdungsstufe B regelmäßig geprüft werden müssen (siehe Zeile 8). Die Prüfung dieser Anlagen der Gefährdungsstufe C und D
im Abstand von 5 Jahren entspricht derjenigen für andere Anlagen zum Umgang mit flüssigen
oder gasförmigen wassergefährdenden Stoffen und wird in der Tabelle nur deshalb gesondert
ausgewiesen, damit Anforderungen an die Anlagen zusammen aufgeführt werden können. Bei
Abfüllflächen kann es insbesondere durch die dynamischen Verkehrsbelastungen sowie durch
direkte Beschädigungen der Dichtflächen durch den Verkehr, herabfallende Gegenstände oder
Schmirgeleffekte im laufenden Betrieb zu Funktionsverlusten der Dichtflächen kommen. Umschlaganlagen sind entsprechend einzuordnen, wobei insbesondere bei Anlagen zum Laden und
Löschen von Schiffen ein besonderes Risikopotenzial zu beachten ist, das sich aus der Lage direkt an Oberflächengewässern ergibt.

Fußnote 1 dient der Erläuterung der in der Tabelle genannten Buchstaben.

Fußnote 2 dient der Erläuterung der in der Tabelle genannten Volumen- und Masseangabe.

Fußnote 3 erweitert die Inbetriebnahmeprüfung von Abfüll- oder Umschlaganlagen um eine
Nachprüfung der Abfüll- und Umschlagsflächen nach einem Jahr. Bei diesen Flächen kann es
insbesondere in den ersten Betriebsmonaten zu Setzungen kommen, die zu Rissen führen oder es
können sich Dichtmittel aus Fugen lösen. Nach den Erkenntnissen der Sachverständigenprüfungen ist deshalb eine solche Nachprüfung ein wichtiges Element, um sicherstellen zu können, dass
die Flächen den Anforderungen der Verordnung auch nach einer gewissen Betriebszeit genügen.

Fußnote 4 bestimmt den Fristbeginn der wiederkehrenden Prüfungen. Ausschlaggebend für diese Prüfung ist dabei der Abschluss der Prüfung vor Inbetriebnahme oder nach einer wesentlichen Änderung. Dies bedeutet, dass eine verspätete wiederkehrende Prüfung nicht dazu führt, dass sich der Zeitpunkt für die folgende wiederkehrende Prüfung nach der verspäteten Prüfung richtet, sondern weiterhin nach dem planmäßigen Termin.

Fußnote 5 regelt, wann eine Frist für eine wiederkehrende Prüfung als eingehalten gilt. Im Vollzug ist es regelmäßig zu Diskussionen gekommen, ob die Prüfungen taggenau durchgeführt werden müssen. Mit der Fußnote soll diese Diskussion beendet werden, da die Frist auch dann noch als eingehalten gilt, wenn die Prüfung zumindest in dem Monat erfolgt, in dem der Tag der Fälligkeit liegt.

Fußnote 6 verweist darauf, dass in der Tabelle das Gesamtvolumen der Biogasanlage angegeben ist.

Zu Anlage 6
Prüfzeitpunkte und -intervalle für Anlagen in Schutzgebieten und festgesetzten oder vorläufig gesicherten Überschwemmungsgebieten

Anlage 6 regelt die Prüfpflichten für Anlagen innerhalb von Schutzgebieten und festgesetzten und vorläufig gesicherten Überschwemmungsgebieten. Diese entsprechen grundsätzlich denen von Anlagen außerhalb dieser Gebiete, die in Anlage 5 näher geregelt sind. Aufgrund der besonderen Schutzwürdigkeit der erwähnten Gebiete müssen jedoch weitergehend unterirdische Anlagen mit flüssigen oder gasförmigen wassergefährdenden Stoffen wiederkehrend alle 30 Monate, oberirdische Anlagen mit flüssigen oder gasförmigen Stoffen der Gefährdungsstufe B wiederkehrend alle 5 Jahre geprüft werden. Damit wird dem besonderen Schutzbedürfnis in diesen Gebieten Rechnung getragen. Eine Erhöhung der Prüfintervalle bei Anlagen, die keiner Gefährdungsstufe zugeordnet werden können, wurde nicht vorgenommen, da eine Differenzierung aus Vollzugssicht als nicht notwendig erachtet wurde.

Zu Anlage 7
Anforderungen an JGS-Anlagen

Anlage 7 regelt die Anforderungen an JGS-Anlagen.

Die Anlage 7 ist insbesondere erforderlich, um bei der Umsetzung der Nitratrichtlinie alle landwirtschaftlichen Betriebe im Hinblick auf technische Anforderungen an JGS-Anlagen im Wettbewerb bundesweit gleichzustellen.

Würden in der Verordnung keine Regelungen zu den JGS-Anlagen getroffen, müssten insoweit die bisherigen landesrechtlichen Bestimmungen mit ihren unterschiedlichen Ausprägungen weitergelten. Außerdem würde dadurch sowohl für die Vollzugsbehörden als auch die Landwirtschaft erheblicher zusätzlicher Aufwand entstehen, der durch eine umfassende bundesrechtliche Regelung vermieden werden könnte.

Die Anlage 7 ist im Zusammenhang mit der Entschließung des Bundesrats vom 23. Mai 2014 (BR-Drs. 77/14) zu sehen, das Fassungsvermögen von JGS-Anlagen in der Düngeverordnung zu regeln, um den Anforderungen des EU-Rechts vollumfänglich gerecht zu werden. Mit der neuen Düngeverordnung soll auch insoweit eine bundeseinheitliche Regelung geschaffen werden. Auf diesem Weg soll die Kompetenz der Wasserbehörden in Bezug auf die Anlagentechnik und Anordnungen erforderlicher Maßnahmen sowie die der Landwirtschaftsbehörden bzgl. der Mindestbemessung der Anlagen genutzt werden.

Mit Anlage 7 wird eine in sich konsistente Regelung geschaffen, die den nach § 62 Absatz 1 Satz 3 WHG geforderten bestmöglichen Schutz der Gewässer vor nachteiligen Veränderungen ihrer Eigenschaften gewährleistet

Zu Nummer 1 (Begriffsbestimmungen)

Nummer 1.1 enthält eine beispielhafte Aufzählung von JGS-Anlagen, in denen nur Stoffe nach § 2 Nummer 13 eingesetzt werden.

Nummer 1.2 definiert den Begriff Sammeleinrichtungen und stellt das Ergebnis der Abstimmung in dem Fachausschuss der DWA zur Erarbeitung einer technischen Regel für JGS-Anlagen dar.

Zu Nummer 2 (Allgemeine Anforderungen)

Die Nummern 2.1 und 2.3 übernehmen die auch bei anderen Anlagen zum Umgang mit wassergefährdenden Stoffen geltenden baurechtlichen Regelungen, dass nämlich die Anlagen und Anlagenteile gegenüber den zu erwartenden Einflüssen hinreichend widerstandsfähig sowie flüssigkeitsundurchlässig und standsicher sein sowie über einen baurechtlichen Verwendbarkeitsnachweis verfügen müssen, der die wasserrechtlichen Anforderungen berücksichtigt. Diese Regelung zur Erfordernis von bauaufsichtlichen Verwendbarkeitsnachweisen führt zu einer wesentlichen Vollzugserleichterung, da nicht mehr im Einzelfall geprüft werden muss, ob alle Anforderungen erfüllt werden und die Betreiber gleichzeitig die Sicherheit haben, dass sie diese Anlagen langfristig betreiben können, ohne nachträgliche Auflagen befürchten zu müssen.

Nummer 2.2 definiert abweichend von den sonst geltenden Grundsatzanforderungen in § 17 die Anforderungen, die den bestmöglichen Schutz der Gewässer für JGS-Anlagen gewährleisten und folgt damit dem in § 62 Absatz 1 Satz 3 WHG geforderten abweichenden Schutzniveau. Im Unterschied zu den Anforderungen nach § 17 entfällt für diese Anlagen das Erfordernis von Rückhalteeinrichtungen. Da bei einer Freisetzung größerer Mengen dieser Stoffe trotzdem Schäden des Grundwassers und der oberirdischen Gewässer eintreten, ist es erforderlich, dass die Freisetzung rechtzeitig erkannt wird, so dass der Landwirt die notwendigen Maßnahmen ergreifen kann. Bei einem Verzicht auf die Rückhaltung ist diese Forderung nach schneller und zuverlässiger Erkennbarkeit von austretenden wassergefährdenden Stoffen unabdinglich. Das bei anderen Anlagen sonst geforderte inhärente Sicherheitssystem, das auch ohne menschliches Zutun funktioniert, wird hier also durch einen Sicherheitsstandard ersetzt, bei dem der Landwirt rechtzeitig über eine Freisetzung informiert wird und dann in der Lage sein muss, Gegenmaßnahmen zu ergreifen. Für die JGS-Anlagen wird mit dieser Regelung erstmals konkret ausgeführt, welche abweichenden Anforderungen für sie gelten. Der Verzicht auf die Rückhalteeinrichtung stellt dabei aus Sicht des Gewässerschutzes ein weitgehendes, aber unter den geschilderten Bedingungen vertretbares Zugeständnis an die Landwirtschaft dar. Weitere Abstriche sind mit dem bestmöglichen Schutz nicht vereinbar, da die austretenden Flüssigkeiten unstrittig zu einer Beeinträchtigung der Gewässerqualität bis hin zu Fischsterben führen und deshalb auf die Erkennung und Einleitung von Gegenmaßnahmen bei Schadensfällen nicht verzichtet werden kann.

Nummer 2.4 regelt die Qualifikation des Personals, das die Anlagen errichtet oder instand setzt (vgl. hierzu die Begründung zu § 45). Satz 2 enthält eine Bagatellregelungen, wonach die Anforderungen für bestimmte Anlagen nicht gelten.

Nach Nummer 2.5 ist das Errichten von Behältern aus Holz unzulässig, da sie nach den Erfahrungen nicht dauerhaft dicht sind und demnach auch die auf den bestmöglichen Schutz der Gewässer ausgerichteten Grundsatzanforderungen nicht erfüllen.

Zu Nummer 3 (Anlagen zum Lagern von flüssigen allgemein wassergefährdenden Stoffen)

Nummer 3.1 konkretisiert die Grundsatzanforderung und schreibt für Lageranlagen vor, dass sie einwandig errichtet werden dürfen, wenn sie über eine Leckageerkennung verfügen. Auch Rohrleitungen können einwandig ausgeführt werden, müssen dabei allerdings die technischen Regeln für solche Anlagenteile einhalten. Als technische Regel kommt dabei insbesondere die TRwS DWA-A 792 in Frage, die im Gelbdruck vorliegt.

Nach Nummer 3.2 sind Sammel- und Lagereinrichtungen in das Leckageerkennungssystem nach Nummer 3.1 einzubeziehen. Bei den Sammel- und Lagereinrichtungen unter Ställen (sog. Güllekeller) wird nach Satz 2 auf die Forderung nach einem Leckageerkennungssystem verzichtet, da dies nur noch mit sehr hohem Aufwand eingebaut werden kann und letztlich doch so fehleranfällig ist, dass sichere und qualifizierte Aussagen über die Dichtheit der Anlage nicht möglich sind. Allerdings müssen gewisse Mindestanforderungen erfüllt werden. Um zu verhindern, dass diese Güllekeller zu den eigentlichen Lageranlagen werden, wird die Aufstauhöhe auf die für die Entmistung erforderlich Höhe begrenzt. Außerdem sind Rohrleitungen und andere Einrichtungen mit Dichtungen oder mit Fugen vor Inbetriebnahme auf ihren ordnungsgemäßen Zustand, insbesondere eine dichte Verlegung, zu prüfen. Für Sammel- und Lagereinrichtungen, die nicht unter Ställen angeordnet sind, gilt Satz 1.

Zu Nummer 4 (Anlagen zum Lagern von Festmist und Siliergut)

Anlagen zur Lagerung von Festmist und Pflanzenmaterial sind nach Nummer 4.1 seitlich einzufassen, das Eindringen von Niederschlagswasser aus dem umliegenden Gelände ist zu verhindern. Die Fläche selbst muss nach Nummer 2.3 flüssigkeitsundurchlässig sein. Ohne diese Maßnahmen käme es zu einem Eintrag dieser Stoffe in Boden und Grundwasser, die bei längerer Einwirkungszeit zu einer nicht mehr geringfügigen Grund- oder Oberflächenwasserbelastung führen würde. An die Flächen von Foliensilos mit Rund- und Quaderballen werden nach Satz 2 keine Anforderungen gestellt, wenn auf ihnen keine Entnahme der Silage erfolgt. Die in diesen Ballen üblicherweise anfallenden Silagesickersaftmengen sind so gering, dass sie aus den Ballen nicht austreten, sofern dieser nicht geöffnet werden. Außerdem befinden sich diese Ballen oft in der freien Feldflur, in der die Herstellung einer flüssigkeitsundurchlässigen Fläche nicht angemessen wäre.

Während der Lagerung freigesetzte Stoffe, insbesondere Sickersäfte, sowie das mit ihnen verunreinigte Niederschlagswasser müssen vollständig aufgefangen und ordnungsgemäß beseitigt
oder verwertet werden, soweit die Stoffe nicht zur Düngung unter Einhaltung der düngerechtlichen Vorschriften – z.B. keine Aufbringung in der vegetationslosen Zeit oder auf Schnee -
verwendet werden können. (Nummer 4.2). Erst zusammen mit dieser Ergänzung wird sichergestellt, dass diese allgemein wassergefährdenden Flüssigkeiten nicht in die Umgebung oder ein
Gewässer gelangen.

Zu Nummer 5 (Abfülleinrichtungen)

Vergleichbar den Anforderungen in § 23 für andere Anlagen werden in Nummer 5.1 die Anforderungen an das Befüllen und Entleeren von Anlagen definiert. Nummer 5.2 enthält die Anforderungen des vollständigen Auffangens sowie des ordnungsgemäßen Verwertens und Entsorgens
des Niederschlagswassers, das beim Befüllen und Entleeren durch die allgemein wassergefährdenden Stoffe verunreinigt sein kann. Es entspricht aufgrund des vergleichbaren Gefährdungspotenzials den an die Lageranlagen nach Nummer 4.2 gestellten Anforderungen.

Zu Nummer 6 (Pflichten des Betreibers zur Anzeige und Überwachung)

Nummer 6.1 übernimmt die Anzeigepflicht, die für andere Anlagen gilt (§ 40 Absatz 1), grundsätzlich auch für JGS-Anlagen, verzichtet auf sie jedoch aufgrund des geringeren Gefährdungspotenzials bei kleinen Anlagen. Als kleine Anlagen werden vor allem die von Nebenerwerbs-
landwirten angesehen. Nach Angaben des bayerischen Bauernverbandes zählen zu den Neben-
erwerbslandwirten diejenigen, die bis zu 25 Rinder und 15 Kälber haben. Daraus errechnet sich
ein erforderliches Anlagenvolumen von maximal 500 Kubikmetern pro Betrieb.

Nummer 6.2 begründet die Verpflichtung einer regelmäßigen Überwachung der JGS-Anlagen,
die auch für andere Anlagen gilt.

Nummer 6.3 fordert, dass der Betreiber bei Schadensfällen unverzüglich einschreitet und Instandsetzungsmaßnahmen durch einen Fachbetrieb einleitet.

Nummer 6.4 fordert für anzeigepflichtige JGS-Anlagen Sachverständigenprüfungen bei Inbetriebnahme und auf Anordnung der Behörde. Nur für Erdbecken wird aufgrund ihrer für äußere
Einflüsse besonders empfindlichen Bauweise und negativer Erfahrungen bei bisher bestehenden
Erdbecken eine wiederkehrende Prüfpflicht vorgesehen, die in Wasserschutzgebieten wie bei anderen Anlagen verkürzt ist. Da die Jauche, Gülle und die Silagesickesäfte oft chemisch aggressiv
reagieren und damit die Behälterwerkstoffe und Dichtungen angreifen, ist wie bei anderen Anlagen, nicht auszuschließen, dass es während der Betriebszeit zu Mängeln und Undichtheiten
kommt. Die Prüfung durch externe Sachverständige soll gewährleisten, dass dadurch und durch
äußere Einflüsse entstehende Mängel rechtzeitig erkannt und behoben werden. Dabei müssen
diese Prüfungen im laufenden Betrieb erfolgen können, da der Anfall der Gülle nicht unterbro-
chen werden kann und es höchstens möglich ist, für einen kurzen Zeitraum während der Prüfung einen Zufluss zu verhindern. Insofern sind Prüfungen zu bevorzugen, mit denen eine relativ
schnelle Aussage über den Zustand gemacht werden kann. Die Sachverständigenprüfung wird
regelmäßig als Ordnungsprüfung durchgeführt, bei der die Prüfung auf Dichtheit und Funktionsfähigkeit auf Grund der vorhandenen Unterlagen, wie z. B. Baupläne und Nachweise über
die Betongüte, erfolgt. Weitergehende Prüfungen sollen sich am Ergebnis der Ordnungsprüfung

und dem technischen Zustand der Anlage orientieren und in angemessenem Umfang erfolgen, insbesondere bei Anlagen mit geringer erwarteter Restlaufzeit.

Nummer 6.5 und 6.6 übernehmen die Regelungen zur Anlagenprüfung, zum Prüfbericht und zur Übermittlung der Prüfergebnisse, die für sonstige Anlagen gelten, auch für JGS-Anlagen (§ 47 Absatz 2 und 3).

Nummer 6.7 regelt die Beseitigung festgestellter Mängel und entspricht den Regelungen für andere Anlagen in § 48.

Zu Nummer 7 (Bestehende Anlagen)

Nummer 7 enthält gegenüber den §§ 68, 69 speziellere Übergangsbestimmungen für JGS-Anlagen, die bei Inkrafttreten dieser Verordnung bereits errichtet sind. Diese bestehenden Anlagen unterliegen einem weitgehenden Bestandsschutz.

Nach Nummer 7.1 gelten für JGS-Anlagen, die bei Inkrafttreten dieser Verordnung bereits errichtet sind, abweichend von § 68 Absatz 1 nur § 24 Absatz 1 und 2 sowie die Nummern 5.1 und 6.1 bis 6.3 der Anlage 7. Die Nummern 6.4 bis 6.7 der Anlage 7 gelten mit der Maßgabe, dass die zuständige Behörde die Prüfung der dort genannten Anlagen und Erdbecken durch einen Sachverständigen nur dann anordnen kann, wenn der Verdacht erheblicher oder gefährlicher Mängel vorliegt. Die Nummern 1 bis 4 und 5.2 der Anlage 7 gelten nur, soweit sie Anforderungen enthalten, die nach den jeweiligen landesrechtlichen Vorschriften bis zum Inkrafttreten dieser Verordnung zu beachten waren. Damit entfällt für Bestandsanlagen mit Ausnahme des Verdachts erheblicher oder gefährlicher Mängel grundsätzlich die Sachverständigenprüfpflicht. In Satz 2 wird aber geregelt, dass bereits nach den landesrechtlichen Vorschriften geltende Prüfpflichten für bestehende JGS-Anlagen fortgelten.

Nummer 7.2 übernimmt die Regelungen des § 68 Absatz 4 mit der Einschränkung, dass Anpassungsmaßnahmen nur für bestehende JGS-Anlagen mit einem Volumen von mehr als 1.500 Kubikmetern angeordnet werden können. Anlagen mit einem Volumen von weniger als 1.500 Kubikmetern erhalten demgegenüber Bestandsschutz. Satz 3 stellt klar, dass für alle bestehenden JGS-Anlagen nichtsdestotrotz die allgemeine wasserrechtliche Anordnungsbefugnis nach § 100 Absatz 1 Satz 2 des Wasserhaushaltsgesetzes zur Sicherstellung eines ordnungsgemäßen Zustands, insbesondere der Einhaltung der Anforderungen nach Nummer 7.1 Buchstaben a und c besteht.

Nummer 7.3 enthält eine besondere Regelung für bestehende Anlagen mit einem Volumen von mehr als 1.500 Kubikmetern, bei denen es aus technischen Gründen oder aus Gründen der Verhältnismäßigkeit nicht möglich ist, nachträglich ein Leckageerkennungssystem einzubauen. In diesen Fällen wird der bestmögliche Schutz auch eingehalten, wenn auf andere Weise die Dichtheit der Anlage nachgewiesen wird. Dazu zählen beispielsweise regelmäßige Messungen der Stauhöhe, Kontrollschächte, die die Fuge Boden/Wand freilegen, Messstellen im oberflächennahen Grundwasser oder das Aufbringen von Beschichtungen und Dichtungsbahnen.

Nummer 7.4 übernimmt die Regelungen von § 68 Absatz 5 bis 7.

In Nummer 7.5 werden für bestehende Anlagen mit einem Volumen von mehr als 1.500 Kubikmetern Dokumentationspflichten geregelt.

Zu Nummer 8 (Anforderungen in besonderen Gebieten)

Aufgrund des besonderen Gefährdungspotenzials im Fassungsbereich und der engeren Schutzzone von Wasserschutzgebieten sowie in Überschwemmungsgebieten werden die dort geltenden Regelungen (§ 49 Absatz 1 und § 50 Absatz 1) auch für JGS-Anlagen in den Nummern 8.1 und 8.2. weitgehend übernommen. In Nummer 8.3 wird der zuständigen Behörde wie bei den Wasserschutz- und Überschwemmungsgebieten die Möglichkeit eingeräumt, unter bestimmten Bedingungen Befreiungen zu erteilen. Nach Nummer 8.4 bleiben weitergehende Vorschriften nach landesrechtlichen Schutzgebietsverordnungen auch bei JGS-Anlagen unberührt.

Teil III
Synopse AwSV und Muster-VAwS

Kapitel 1
Einführung

Der Anlagenbegriff taucht in verschiedenen gesetzlichen Regelungen auf. Im Folgenden ist der Text der neuen AwSV der alten Muster-VAwS vom 22./ 23. März 2001, gegenübergestellt. Links der Text der AwSV [1], rechts der der Muster-VAwS [2]. Der besseren Lesbarkeit halber wurden die Texte nicht wörtlich verglichen, wie es für Synopsen üblich ist. Vielmehr sind die entsprechenden Abschnitte so gegenübergestellt, dass sie inhaltlich einander entsprechen. Die neue AwSV hat viele Textpassagen der alten Muster-VAwS zwar übernommen, die Sätze jedoch umgestellt, geteilt oder umformuliert, was bei einer wörtlichen Synopse zu Unübersichtlichkeit bis hin zur völligen Unlesbarkeit geführt hätte, wie folgendes Beispiel belegen soll.

(1) Diese Verordnung dient dem Schutz der Gewässer vor nachteiligen Veränderungen ihrer Eigenschaften durch Freisetzungen von wassergefährdenden Stoffen aus Anlagen zum Umgang mit diesen Stoffen.	Diese Verordnung gilt für Anlagen zum Umgang mit wassergefährdenden Stoffen nach §19 g Abs. 1 und 2 Wasserhaushaltsgesetz -WHG-.

Es gibt dagegen auch Passagen, an denen diese wörtliche Synopse große Vorteile geboten hätte, da man die Änderungen und Ergänzungen im neuen Verordnungstext deutlich erkannt hätte. Diese Passagen sind aber in der Minderheit.

(11) „Heizölverbraucheranlagen" sind Lageranlagen und im Bereich der gewerblichen Wirtschaft und öffentlicher Einrichtungen auch Verwendungsanlagen,	(13) Heizölverbraucheranlagen sind Anlagen,
1. die dem Beheizen oder Kühlen von Wohnräumen, Geschäfts- und sonstigen Arbeitsräumen oder dem Erwärmen von Wasser dienen,	die dem Beheizen von Wohn-, Geschäfts- und sonstigen Arbeitsräumen dienen,
2. deren Jahresverbrauch an Heizöl leicht (Heizöl EL) nach DIN 51603-1, Ausgabe August 2008, die bei der Beuth Verlag GmbH, Berlin, zu beziehen und bei der Deutschen Nationalbibliothek archivmäßig gesichert niedergelegt ist, an anderen leichten Heizölen mit gleichwertiger Qualität, an flüssigen Triglyceriden oder an flüssigen Fettsäuremethylestern 100 Kubikmeter nicht übersteigt und	deren Jahresverbrauch 100 m³ nicht übersteigt und

3. deren Behälter jährlich höchstens viermal befüllt werden.

Notstromanlagen stehen Heizölverbraucheranlagen gleich.

deren Behälter höchstens 4 mal je Jahr befüllt werden.

Zu Heizölverbraucheranlagen zählen auch Anlagen zum Verwenden von Heizöl, wenn sie nach Menge und Häufigkeit der Befüllung vergleichbar sind.

Als Heizölverbraucheranlagen gelten auch Notstromanlagen.

Der Textvergleich ist so aufgebaut, dass die neue AwSV chronologisch ist. Die ihr gegenüber gestellten Vergleichstexte der Muster-VAwS können daher nicht in der chronologischen Reihenfolge geordnet sein. Gibt es keine entsprechenden Textpassagen, bleibt die gegenüberliegende Spalte frei. Wenn in der AwSV neuer Text enthalten ist, bleibt die entsprechende Spalte in der Muster-VAwS frei, wenn Text der Muster-VAwS nicht übernommen wurde, bleibt die entsprechende Spalte in der AwSV frei.

Zusätzlich sind in der rechten Spalte Textpassagen aus anderen Dokumenten aufgenommen worden (WHG [3], VwVwS [4], 41. BImSchV [5] und Merkblatt LAWA: Grundsätze für die Anerkennung von Sachverständigen-Organisationen nach § 22 Muster-VAwS [6]), wenn dies zum Verständnis beigetragen hat. Diese Textpassagen sind kursiv gedruckt mit Angabe der Quelle in Klammern.

Bei der Darstellung von Tabellen kann es vorkommen, dass die Spaltenbreite nicht ausreicht um eine sinnvolle Darstellung zu gewährleisten. In diesem Fall wurden die Tabellen entsprechend der Zugehörigkeit seitenbündig angeordnet (AwSV = linksbündig; Muster-VAwS = rechtsbündig).

Kapitel 2
Synopse

AwSV 2017	Muster-VAwS *und Weitere*

Kapitel 1
Zweck; Anwendungsbereich; Begriffsbestimmungen

§ 1 Zweck; Anwendungsbereich

(1) Diese Verordnung dient dem Schutz der Gewässer vor nachteiligen Veränderungen ihrer Eigenschaften durch Freisetzungen von wassergefährdenden Stoffen aus Anlagen zum Umgang mit diesen Stoffen.

(2) Diese Verordnung findet keine Anwendung auf

1. den Umgang mit im Bundesanzeiger veröffentlichten nicht wassergefährdenden Stoffen,
2. nicht ortsfeste und nicht ortsfest benutzte Anlagen, in denen mit wassergefährdenden Stoffen umgegangen wird, sowie
3. Untergrundspeicher nach § 4 Absatz 9 des Bundesberggesetzes.

(3) Diese Verordnung findet auch keine Anwendung auf oberirdische Anlagen mit einem Volumen von nicht mehr als 0,22 Kubikmetern bei flüssigen Stoffen oder mit einer Masse von nicht mehr als 0,2 Tonnen bei gasförmigen und festen Stoffen, wenn sich diese Anlagen außerhalb von Schutzgebieten und festgesetzten oder vorläufig gesicherten Überschwemmungsgebieten befinden. § 62 Absatz 1 und 2 des Wasserhaushaltsgesetzes bleibt unberührt. Anlagen nach Satz 1 bedürfen keiner Eignungsfeststellung nach

§ 1 Anwendungsbereich

Diese Verordnung gilt für Anlagen zum Umgang mit wassergefährdenden Stoffen nach §19g Abs. 1 und 2 Wasserhaushaltsgesetz -WHG-.

§ 63 Absatz 1 des Wasserhaushaltsgesetzes.

(4) Diese Verordnung findet zudem keine Anwendung, wenn der Umfang der wassergefährdenden Stoffe, sofern mit ihnen neben anderen Sachen in einer Anlage umgegangen wird, während der gesamten Betriebsdauer der Anlage unerheblich ist. Auf Antrag des Betreibers, stellt die zuständige Behörde fest, ob die Voraussetzung nach Satz 1 erfüllt ist.

§ 2 Begriffsbestimmungen

(1) Für diese Verordnung gelten die Begriffsbestimmungen der Absätze 2 bis 33.

(2) „Wassergefährdende Stoffe" sind feste, flüssige und gasförmige Stoffe und Gemische, die geeignet sind, dauernd oder in einem nicht nur unerheblichen Ausmaß nachteilige Veränderungen der Wasserbeschaffenheit herbeizuführen, und die nach Maßgabe von Kapitel 2 als wassergefährdend eingestuft sind oder als wassergefährdend gelten.

(3) Ein „Stoff" ist ein chemisches Element und seine Verbindungen in natürlicher Form oder gewonnen durch ein Herstellungsverfahren, einschließlich der zur Wahrung seiner Stabilität notwendigen Zusatzstoffe und der durch das angewandte Verfahren bedingten Verunreinigungen, aber mit Ausnahme von Lösungsmitteln, die von dem Stoff ohne Beeinträchtigung seiner Stabilität und ohne Änderung seiner Zusammensetzung abgetrennt werden können.

(4) Ein „Gemisch" besteht aus zwei oder mehreren Stoffen.

(5) „Gasförmig" sind Stoffe und Gemische, die

§ 2 Begriffsbestimmungen

Diese Verwaltungsvorschrift bestimmt nach § 19 g Abs. 5 Satz 2 WHG die Stoffe näher, die geeignet sind, nachhaltig die physikalische, chemische oder biologische Beschaffenheit des Wassers nachteilig zu verändern (wassergefährdende Stoffe), und stuft sie entsprechend ihrer Gefährlichkeit aufgrund der physikalischen, chemischen und biologischen Stoffeigenschaften in Wassergefährdungsklassen (WGK) ein. (vgl. VwVwS, Abs. 1.1)

Stoffe im Sinne dieser Verwaltungsvorschrift sind auch Stoffgruppen und Gemische. (vgl. VwVwS, Abs. 1.1)

Stoffgruppen sind zu Gruppen zusammengefasste Stoffe mit gemeinsamen Funktions-, Wirk- oder Strukturmerkmalen. (vgl. VwVwS, Abs. 1.1)

Gemische sind aus zwei oder mehreren Stoffen bestehende Gemenge, Mischungen und Zubereitungen sowie Lösungen in Wasser. (vgl. VwVwS, Abs. 1.1)

(2) Gasförmig sind Stoffe,
deren kritische Temperatur unter 50°C liegt oder die bei 50°C einen Dampfdruck größer als 3 bar haben.

1. bei einer Temperatur von 50 Grad Celsius einen Dampfdruck von mehr als 300 Kilopascal (3 bar) haben oder

a) bei 50°C einen Dampfdruck von mehr als 300 kPa (3 bar) hat oder (vgl. VwVwS, Abs.1.1)

2. bei einer Temperatur von 20 Grad Celsius und dem Standarddruck von 101,3 Kilopascal vollständig gasförmig sind.

b) bei 20°C und dem Standarddruck von 101,3 kPa vollständig gasförmig ist. (vgl. VwVwS, Abs.1.1)

(6) „Flüssig" sind Stoffe und Gemische, die

(2) Flüssig sind Stoffe, die weder gasförmig nach Satz 1 noch fest nach Satz 2 sind.

1. bei einer Temperatur von 50 Grad Celsius einen Dampfdruck von weniger als 300 Kilopascal (3 bar) haben,

bei 50 °C einen Dampfdruck von höchstens 300 kPa (3 bar) hat und (vgl. VwVwS, Abs. 1.1)

2. bei einer Temperatur von 20 Grad Celsius und einem Standarddruck von 101,3 Kilopascal nicht vollständig gasförmig sind und

bei 20°C und einem Durck von 101,3 kPa nicht vollständig gasförmig und der (vgl. VwVwS, Abs. 1.1)

3. einen Schmelzpunkt oder Schmelzbeginn bei einer Temperatur von 20 Grad Celsius oder weniger bei einem Standarddruck von 101,3 Kilopascal haben.

a) bei einem Druck von 101,3 kPa einen Schmelzpunkt oder Schmelzbeginn von 20°C oder darunter hat oder (vgl. VwVwS, Abs. 1.1)

b) nach dem Prüfverfahren ASTM D 4359-90 flüssig ist oder

c) der nach den Kriterien des Penetrometerverfahrens (gemäß ADR, Teil 2, Abschnitt 2.3.4) nicht dickflüssig ist. (vgl. VwVwS, Abs. 1.1)

(7) „Fest" sind Stoffe und Gemische, die nicht gasförmig oder flüssig sind.

(2) Feste Stoffe sind Stoffe, die nach dem Verfahren zur Abgrenzung brennbarer Flüssigkeiten gegen brennbare feste oder salbenförmige Stoffe in Nr. 3 der Technischen Regeln für brennbare Flüssigkeiten (TRbF) 003 als fest oder salbenförmig gelten.

Fest ist ein Stoff mit

a) einem Schmelzpunkt oder Schmelzbeginn über 20 Grad Celsius bei einem Druck von 101,3 kPa oder

b) ein Stoff, der nach dem Prüfverfahren ASTM D 4359-90 nicht flüssig ist oder der nach den Kriterien des Penetrometerverfahrens (gemäß ADR, Teil 2, Abschnitt 2.3.4) dickflüssig ist. (vgl. VwVwS, Abs.1.1)

(8) „Gärsubstrate landwirtschaftlicher Herkunft zur Gewinnung von Biogas" sind

1. pflanzliche Biomassen aus landwirtschaftlicher Grundproduktion,
2. Pflanzen oder Pflanzenbestandteile, die in landwirtschaftlichen, forstwirtschaftlichen oder gartenbaulichen Betrieben oder im Rahmen der Landschaftspflege anfallen, sofern sie zwischenzeitlich nicht anders genutzt worden sind,
3. pflanzliche Rückstände aus der Herstellung von Getränken, sowie Rückstände aus der Be- und Verarbeitung landwirtschaftlicher Produkte, wie Obst-, Getreide- und Kartoffelschlempen, soweit bei der Be- und Verarbeitung keine wassergefährdenden Stoffe zugesetzt werden und sich die Gefährlichkeit bei der Be- und Verarbeitung nicht erhöht,
4. Silagesickersaft sowie
5. tierische Ausscheidungen wie Jauche, Gülle, Festmist und Geflügelkot.

(9) „Anlagen zum Umgang mit wassergefährdenden Stoffen" (Anlagen) sind

(1) Anlagen sind

1. selbständige und ortsfeste oder ortsfest benutzte Einheiten, in denen wassergefährdende Stoffe gelagert, abgefüllt, umgeschlagen, hergestellt, behandelt oder im Bereich der gewerblichen Wirtschaft oder im Bereich öffentlicher Einrichtungen verwendet werden, sowie

selbständige und ortsfeste oder ortsfest benutzte Funktionseinheiten. Betriebliche verbundene unselbständige Funktionseinheiten bilden eine Anlage.

2. Rohrleitungsanlagen nach § 62 Absatz 1 Satz 2 des Wasserhaushaltsgesetzes.

Als ortsfest oder ortsfest benutzt gelten Einheiten, wenn sie länger als ein halbes Jahr an einem Ort zu einem bestimmten betrieblichen Zweck betrieben werden; Anlagen können aus mehreren Anlagenteilen bestehen.

(10) „Fass- und Gebindelager" sind Lageranlagen für ortsbewegliche Behälter und Verpackungen, deren Einzelvolumen 1,25 Kubikmeter nicht überschreitet.

(11) „Heizölverbraucheranlagen" sind Lageranlagen und im Bereich der gewerblichen Wirtschaft und öffentlicher Einrichtungen auch Verwendungsanlagen,

(13) Heizölverbraucheranlagen sind Anlagen,

1. die dem Beheizen oder Kühlen von Wohnräumen, Geschäfts- und sonstigen Arbeitsräumen oder dem Erwärmen von Wasser dienen,

die dem Beheizen von Wohn-, Geschäfts- und sonstigen Arbeitsräumen dienen,

2. deren Jahresverbrauch an Heizöl leicht (Heizöl EL) nach DIN 51603-1, Ausgabe August 2008, die bei der Beuth Verlag GmbH, Berlin, zu beziehen und bei der Deutschen Nationalbibliothek archivmäßig gesichert niedergelegt ist, an anderen leichten Heizölen mit gleichwertiger Qualität, an flüssigen Triglyceriden oder an flüssigen Fettsäuremethylestern 100 Kubikmeter nicht übersteigt und

deren Jahresverbrauch 100 m^3 nicht übersteigt und

3. deren Behälter jährlich höchstens viermal befüllt werden.

deren Behälter höchstens 4 mal je Jahr befüllt werden.

Zu Heizölverbraucheranlagen zählen auch Anlagen zum Verwenden von Heizöl, wenn sie nach Menge und Häufigkeit der Befüllung vergleichbar sind.

Notstromanlagen stehen Heizölverbraucheranlagen gleich.

Als Heizölverbraucheranlagen gelten auch Notstromanlagen.

(12) „Eigenverbrauchstankstellen" sind Lager- und Abfüllanlagen,

1. die für die Öffentlichkeit nicht zugänglich sind,
2. die dafür bestimmt sind, Fahrzeuge und Geräte, die für den zugehörigen Betrieb genutzt werden, mit Kraftstoffen zu versorgen,
3. deren Jahresabgabe 100 Kubikmeter nicht übersteigt und
4. die nur vom Betreiber oder den von ihm bestimmten und unterwiesenen Personen bedient werden.

13) „Jauche-, Gülle- und Silagesickersaftanlagen (JGS-Anlagen)" sind Anlagen zum Lagern oder Abfüllen ausschließlich von

1. Wirtschaftsdünger, insbesondere Gülle oder Festmist, im Sinne des § 2 Satz 1 Nummer 2 bis 4 des Düngegesetzes,
2. Jauche im Sinne des § 2 Satz 1 Nummer 5 des Düngegesetzes,
3. tierischen Ausscheidungen nicht landwirtschaftlicher Herkunft, auch in Mischung mit Einstreu oder in verarbeiteter Form,

4. Flüssigkeiten, die während der Herstellung oder Lagerung von Gärfutter durch Zellaufschluss oder Pressdruck anfallen und die überwiegend aus einem Gemisch aus Wasser, Zellsaft, organischen Säuren und Mikroorganismen sowie etwaigem Niederschlagswasser bestehen (Silagesickersaft), oder

5. Silage oder Siliergut, soweit hierbei Silagesickersaft anfallen kann.

(14) „Biogasanlagen" sind

1. Anlagen zum Herstellen von Biogas, insbesondere Vorlagebehälter, Fermenter, Kondensatbehälter und Nachgärer,

2. Anlagen zum Lagern von Gärresten oder Gärsubstraten, wenn sie in einem engen räumlichen und funktionalen Zusammenhang mit Anlagen nach Nummer 1 stehen, und

3. zu den Anlagen nach den Nummern 1 und 2 gehörige Abfüllanlagen.

(15) „Unterirdische Anlagen" sind Anlagen, bei denen zumindest ein Anlagenteil unterirdisch ist; unterirdisch sind Anlagenteile,
1. die vollständig oder teilweise im Erdreich eingebettet sind oder
2. die nicht vollständig einsehbar in Bauteilen, die unmittelbar mit dem Erdreich in Berührung stehen, eingebettet sind.

Alle anderen Anlagen sind oberirdisch; oberirdisch sind insbesondere auch Anlagen, deren Rückhalteeinrichtungen teilweise im Erdreich eingebettet sind, sowie Behälter, die mit ihren flachen Böden vollflächig oder mit Stützkonstruktionen auf dem Untergrund aufgestellt sind.

(16) „Rückhalteeinrichtungen" sind Anlagenteile zur Rückhaltung von wassergefährdenden Stoffen, die aus undicht gewordenen Anlagenteilen, die bestimmungsgemäß wassergefährdende Stoffe umschließen, austreten; dazu zählen insbesondere Auffangräume, Auffangwannen, Auffangtassen, Auffangvorrichtungen, Rohrleitungen, Schutzrohre, Behälter oder Flächen, in oder auf denen Stoffe zurückgehalten oder in oder auf denen Stoffe abgeleitet werden.

(3) Unterirdisch sind Anlagen oder Anlagenteile,

die vollständig oder teilweise im Erdreich

oder vollständig in Bauteilen, die unmittelbar mit dem Erdreich in Berührung stehen, eingebettet sind.

Alle anderen Anlagen oder Anlagenteile gelten als oberirdisch.

(17) „Doppelwandige Anlagen" sind Anlagen, die aus zwei unabhängigen Wänden bestehen, deren Zwischenraum als Überwachungsraum ausgestaltet ist, der mit einem Leckanzeigesystem ausgestattet ist, das ein Undichtwerden der inneren und der äußeren Wand anzeigt.

(18) „Abfüll- oder Umschlagflächen" sind Anlagenteile, die beim Abfüllen oder Umschlagen im Fall einer Betriebsstörung mit wassergefährdenden Stoffen beaufschlagt werden können, zuzüglich der Ablauf- und Stauflächen sowie der Abtrennung von anderen Flächen.

(19) „Rohrleitungen" sind feste oder flexible Leitungen zum Befördern wassergefährdender Stoffe, einschließlich ihrer Formstücke, Armaturen, Förderaggregate, Flansche und Dichtmittel.

(7) Rohrleitungen sind feste oder flexible Leitungen zum Befördern wassergefährdender Stoffe.

(20) „Lagern" ist das Vorhalten von wassergefährdenden Stoffen zur weiteren Nutzung, Abgabe oder Entsorgung.

(4) Lagern ist das Vorhalten von wassergefährdenden Stoffen zur weiteren Nutzung, Abgabe oder Entsorgung.

(21) „Erdbecken" sind ins Erdreich gebaute oder durch Dämme errichtete Becken zum Lagern von Jauche, Gülle und Silagesickersäften, die im Sohlen- und Böschungsberich aus Erdreich bestehen und gegenüber dem Boden mit Dichtungsbahnen abgedichtet sind.

(22) „Abfüllen" ist das Befüllen von Behältern oder Verpackungen mit wassergefährdenden Stoffen.

(4) Abfüllen ist das Befüllen von Behältern oder Verpackungen mit wassergefährdenden Stoffen.

(23) „Umschlagen" ist das Laden und Löschen von Schiffen, soweit es unverpackte wassergefährdende Stoffe betrifft, sowie das Umladen von wassergefährdenden Stoffen in Behältern oder Verpackungen von einem Transportmittel auf ein anderes. Zum Umschlagen gehört auch das vorübergehende Abstellen von Behältern oder Verpackungen mit wassergefährdenden Stoffen in einer Umschlaganlage im Zusammenhang mit dem Transport.

(4) Umschlagen ist das Laden und Löschen von Schiffen sowie das Umladen von wassergefährdenden Stoffen in Behältern oder Verpackungen von einem Transportmittel auf ein anderes.

(24) „Intermodaler Verkehr" umfasst den Transport von Gütern in ein und derselben Ladeeinheit oder demselben Straßenfahrzeug mit zwei oder mehr Verkehrsträgern, wobei ein Wechsel der Verkehrsträger, aber kein Umschlag der

transportierten Güter selbst erfolgt.

(25) „Herstellen" ist das Erzeugen und Gewinnen von wassergefährdenden Stoffen.

(5) Herstellen ist das Erzeugen, Gewinnen und Schaffen von wassergefährdenden Stoffen.

(26) „Behandeln" ist das Einwirken auf wassergefährdende Stoffe, um deren Eigenschaften zu verändern.

(5) Behandeln ist das Einwirken auf wassergefährdende Stoffe, um deren Eigenschaften zu verändern.

(27) „Verwenden" ist das Anwenden, Gebrauchen und Verbrauchen von wassergefährdenden Stoffen unter Ausnutzung ihrer Eigenschaften im Bereich der gewerblichen Wirtschaft und im Bereich öffentlicher Einrichtungen.

(5) Verwenden ist das Anwenden, Gebrauchen und Verbrauchen von wassergefährdenden Stoffen unter Ausnutzung ihrer Eigenschaften. Wenn wassergefährdende Stoffe hergestellt, behandelt oder verwendet werden, befinden sie sich im Arbeitsgang.

(28) „Errichten" ist das Aufstellen, Einbauen oder Einfügen von Anlagen und Anlagenteilen.

(10) Aufstellen und Einbauen ist das Errichten oder Einfügen von vorgefertigten Anlagen und Anlagenteilen.

(29) „Instandhalten" ist das Aufrechterhalten des ordnungsgemäßen Zustands einer Anlage, „Instandsetzen" ist das Wiederherstellen dieses Zustands.

(10) Instandhalten ist das Aufrechterhalten, Instandsetzen das Wiederherstellen des ordnungsgemäßen Zustands einer Anlage. Reinigen ist das Entfernen von Verunreinigungen und Reststoffen von und aus Anlagen.

(30) „Stilllegen" ist die dauerhafte Außerbetriebnahme einer Anlage.

(9) Stilllegen ist das Außerbetriebnehmen einer Anlage; dazu gehört nicht die bestimmungsgemäße Betriebsunterbrechung.

(31) „Wesentliche Änderungen" einer Anlage sind Maßnahmen, die die baulichen oder sicherheitstechnischen Merkmale der Anlage verändern.

(32) „Schutzgebiete" sind

(11) Schutzgebiete sind

1. Wasserschutzgebiete nach § 51 Absatz 1 Satz 1 Nummer 1 und 2 des Wasserhaushaltsgesetzes,

1. Wasserschutzgebiete nach § 19 Abs. 1 Nr. 1 und 2 WHG;

2. Gebiete, für die eine vorläufige Anordnung nach § 52 Absatz 2 in Verbindung mit § 51 Absatz 1 Satz 1 Nummer 1 oder Nummer 2 des Wasserhaushaltsgesetzes erlassen worden ist, und

3. Gebiete, für die eine vorläufige Anordnung nach (Landesrecht) oder eine Veränderungssperre zur Sicherung von Planungen für Vorhaben der Wassergewinnung nach § 36a Abs. 1 WHG erlassen ist.

3. Heilquellenschutzgebiete nach § 53 Absatz 4 des Wasserhaushaltsgesetzes.

2. Heilquellenschutzgebiete nach (Landesrecht),

Ist die weitere Zone eines Schutzgebietes unterteilt, so gilt als Schutzgebiet nur deren innerer Bereich; sind Zonen zum Schutz gegen qua-

1. ist die weitere Zone unterteilt, so gilt als Schutzgebiet nur deren innerer Bereich.

litative und quantitative Beeinträchtigungen unterschiedlich abgegrenzt, gelten die Abgrenzungen zum Schutz gegen qualitative Beeinträchtigungen.

(33) „Sachverständige" sind von nach § 52 anerkannten Sachverständigenorganisationen bestellte Personen, die berechtigt sind, Anlagen zu prüfen und zu begutachten.
Anmerkung: NEU Ausführliche Unterteilung in „ortsfeste Einheiten" und „oberirdische Anlagen"

(12) Betriebsstörung ist eine Störung des bestimmungsgemäßen Betriebs einer Anlage, sofern wassergefährdende Stoffe aus Anlagenteilen austreten können.

Abschnitt 1 Grundsätze

§ 3 Grundsätze

(1) Nach Maßgabe der Bestimmungen dieses Kapitels werden Stoffe und Gemische, mit denen in Anlagen umgegangen wird, entsprechend ihrer Gefährlichkeit als nicht wassergefährdend oder in eine der folgenden Wassergefährdungsklassen eingestuft:

Wassergefährdend sind alle in Anhang 2 genannten Stoffe. Wassergefährdend sind ferner alle Stoffe, die aufgrund ihrer physikalischen, chemischen oder biologischen Eigenschaften nicht die in Anhang 3 Nr. 5 genannten Voraussetzungen für nicht wassergefährdende Stoffe erfüllen.
Die wassergefährdenden Stoffe werden entsprechend ihrer Gefährlichkeit in eine der folgenden Wassergefährdungsklassen eingestuft:

WGK 1 schwach wassergefährdend,
WGK 2 deutlich wassergefährdend,
WGK 3 stark wassergefährdend.

WGK 3: stark wassergefährdend,
WGK 2: wassergefährdend,
WGK 1: schwach wassergefährdend.

(vgl. VwVwS, Abs. 2.1.1 und 2.1.2)

Die Absätze 2 bis 4 bleiben unberührt.

(2) Folgende Stoffe und Gemische gelten als allgemein wassergefährdend und werden nicht in Wassergefährdungsklassen eingestuft:

1. Wirtschaftsdünger, insbesondere Gülle oder Festmist, im Sinne des § 2 Satz 1 Nummer 2 bis 4 des Düngegesetzes,
2. Jauche im Sinne des § 2 Satz 1 Nummer 5 des Düngegesetzes,

3. tierische Ausscheidungen nicht landwirtschaftlicher Herkunft, auch in Mischung mit Einstreu oder in verarbeiteter Form,

4. Silagesickersaft,

5. Silage oder Siliergut, bei denen Silagesickersaft anfallen kann,

6. Gärsubstrate landwirtschaftlicher Herkunft zur Gewinnung von Biogas sowie die bei der Vergärung anfallenden flüssigen und festen Gärreste,

7. aufschwimmende flüssige Stoffe, die nach Anlage 1 Nummer 3.2 vom Umweltbundesamt im Bundesanzeiger veröffentlicht worden sind, und Gemische, die nur aus derartigen Stoffen bestehen, sowie

8. feste Gemische, vorbehaltlich einer abweichenden Einstufung gemäß § 10.

Abweichend von Satz 1 Nummer 8 ist ein festes Gemisch nicht wassergefährdend, wenn das Gemisch oder die darin enthaltenen Stoffe vom Umweltbundesamt nach § 6 Absatz 4 oder nach § 66 als nicht wassergefährdend im Bundesanzeiger veröffentlicht wurden. Als nicht wassergefährdend gelten auch feste Gemische, bei denen insbesondere auf Grund ihrer Herkunft oder ihrer Zusammensetzung eine nachteilige Veränderung der Gewässereigenschaften nicht zu besorgen ist.

(3) Als nicht wassergefährdend gelten:

Als nicht wassergefährdend im Sinne des § 19 g, Abs. 5 WHG werden bestimmt:

a) Stoffe, die in Anhang 1 aufgeführt sind,

b) Stoffe, die die in Anhang 3 Nr. 5 genannten Voraussetzungen erfüllen und nicht in Anhang 2 aufgeführt sind,

c) Gemische, die die Voraussetzugnen der Nummer 2.2.2 erfüllen und nicht in Anhang 2 aufgeführt sind,

1. Stoffe und Gemische, die dazu bestimmt sind oder von denen erwartet werden kann, dass sie als Lebensmittel aufgenommen werden, und

d) Lebensmittel im Sinne des Lebensmittel- und Bedarfsgegenständegesetzes, soweit sie nicht in Anhang 2 aufgeführt sind,

2. Stoffe und Gemische, die zur Tierfütterung bestimmt sind, mit Ausnahme von Siliergut und Silage, soweit bei diesen Silagesickersaft anfallen kann.

e) Futtermittel im Sinne des Futtermittelgesetzes, soweit sie nicht in Anhang 2 aufgeführt sind. (vgl. VwVwS, Abs. 1.2)

(4) Solange Stoffe und Gemische nicht nach Maßgabe dieses Kapitels oder nach § 66 eingestuft sind, gelten sie als stark wassergefährdend. Dies gilt nicht für Stoffe und Gemische, die unter Absatz 2 oder Absatz 3 fallen.

Soweit ein Stoff nicht in Anhang 2 in eine der Wassergefährdungsklassen eingestuft ist, ergibt sich die Einstufung aus den nach den Maßgaben des Anhangs 3 ermittelten Eigenschaften. (vgl. VwVwS, Abs. 2.1.3)

Soweit Stoffe zu Stoffgruppen zusammengefasst sind, werden sie in Anhang 2 näher bestimmt und eingestuft. (vgl. VwVwS, Abs. 2.1.4)

Abschnitt 2 Einstufung von Stoffen und Dokumentation; Entscheidung über die Einstufung

§ 4 Selbsteinstufung von Stoffen; Ausnahmen; Dokumentation

(1) Beabsichtigt ein Betreiber, in einer Anlage mit einem Stoff umzugehen, hat er diesen nach Maßgabe der Kriterien von Anlage 1 als nicht wassergefährdend oder in eine Wassergefährdungsklasse nach § 3 Absatz 1 einzustufen.

Auf Grund der in den §§ 19 g ff. WHG genannten unmittelbaren Pflichten der Betreiber von Anlagen zum Umgang mit wassergefährdenden Stoffen ist es auch ihre Aufgabe, die Wassergefährdung von eingesetzten Stoffen nach Nummer 2.1 in Verbindung mit Anhang 3 sowie von Gemischen nach Anhang 4 zu ermitteln und zu dokumentieren,

(2) Die Verpflichtung zur Selbsteinstufung nach Absatz 1 gilt nicht für

1. Stoffe nach § 3 Absatz 2 und 3,
2. Stoffe, deren Einstufung bereits nach § 6 Absatz 4 oder § 66 im Bundesanzeiger veröffentlicht worden ist,
3. Stoffe, die zu einer Stoffgruppe gehören, deren Einstufung nach § 6 Absatz 4 oder § 66 im Bundesanzeiger veröffentlicht worden ist,
4. Stoffe, die der Betreiber unabhängig von ihren Eigenschaften als stark wassergefährdend betrachtet, sowie
5. Stoffe, die während der Durchführung einer Beförderung in Behältern oder Verpackungen umgeschlagen werden.

soweit diese Verwaltungsvorschrift nicht bereits eine verbindliche Einstufung in den Anhängen 1 und 2 enthält oder der Stoffhersteller oder -inverkehrbringer nicht bereits die Einstufung und Dokumentation durchgeführt hat. (vgl. VwVwS, Abs. 3a)

(3) Der Betreiber hat die Selbsteinstufung eines Stoffes nach Maßgabe von Anlage 2 Nummer 1 zu dokumentieren und diese Dokumentation dem Umweltbundesamt vorzulegen.

Ist der Betreiber der Auffassung, dass die Einstufung eines Stoffes nach Maßgabe der Anlage 1 die Wassergefährdung unzureichend abbildet, kann er dem Umweltbundesamt eine abweichende Einstufung vorschlagen. Dem Vorschlag sind zusätzlich zu der Dokumentation nach Absatz 3 alle für die Beurteilung der abweichenden Einstufung erforderlichen Unterlagen beizufügen.

§ 5 Kontrolle und Überprüfung der Dokumentation; Stoffgruppen

(1) Das Umweltbundesamt kontrolliert die Dokumentationen zur Selbsteinstufung von Stoffen auf ihre Vollständigkeit und Plausibilität. Das Umweltbundesamt kann den Betreiber verpflichten, fehlende oder nicht plausible Angaben zu ergänzen oder zu berichtigen.

(2) Darüber hinaus überprüft das Umweltbundesamt stichprobenartig die Qualität der Dokumentation der Selbsteinstufungen von Stoffen. Hierbei wird die ausgewählte Dokumentation anhand von Prüfberichten, Literatur und anderen geeigneten Unterlagen überprüft. Zum Zweck der Überprüfung kann das Umweltbundesamt den Betreiber verpflichten, die nach § 4 Absatz 3 und 4 dokumentierten Angaben anhand vorhandener und ihm zugänglicher Unterlagen zu belegen.

(3) Das Umweltbundesamt kann Stoffe zu Stoffgruppen zusammenfassen und die Stoffgruppen einstufen.

§ 6 Entscheidung über die Einstufung; Veröffentlichung im Bundesanzeiger

(1) Das Umweltbundesamt entscheidet auf Grund der Ergebnisse der Kontrollen und Überprüfungen nach § 5 Absatz 1 und 2 über die Einstufung von Stoffen und Stoffgruppen. Bei der Entscheidung kann auch Folgendes berücksichtigt werden:
1. vorliegende eigene Erkenntnisse oder Bewertungen insbesondere zur Toxizität, zur Mobilität eines Stoffes im Boden, zur Grundwassergängigkeit oder zur Anreicherung im Sediment sowie
2. vorliegende Stellungnahmen der Kommission zur Bewertung wassergefährdender Stoffe nach § 12 Absatz 1.

(2) Das Umweltbundesamt kann nach Maßgabe von Absatz 1 Satz 2 auch unabhängig von einer Selbsteinstufung des Betreibers ei-

ne Entscheidung zur Einstufung von Stoffen und Stoffgruppen treffen.

(3) Das Umweltbundesamt gibt die Entscheidung nach Absatz 1 Satz 1 dem Betreiber in schriftlicher Form bekannt; Absatz 4 bleibt hiervon unberührt.

(4) Das Umweltbundesamt gibt die Entscheidungen nach Absatz 1 Satz 1 und Absatz 2 im Bundesanzeiger öffentlich bekannt. Es stellt zudem im Internet eine Suchfunktion bereit, mit der die bestehenden Einstufungen wassergefährdender Stoffe und Stoffgruppen ermittelt werden können.

§ 7 Änderung bestehender Einstufungen; Mitteilungspflicht

(1) Liegen dem Umweltbundesamt Erkenntnisse vor, die die Änderung einer Einstufung nach § 6 Absatz 1 oder Absatz 2 notwendig machen können, nimmt es eine Neubewertung und erforderlichenfalls eine Änderung der Einstufung vor. § 6 Absatz 3 und 4 gilt entsprechend.

Stoffe sind nach Nummer 2.1 in Verbindung mit Anhang 3 näher bestimmt und in eine der Wassergefährdungsklassen eingestuft, wenn sie vom Bundesministerium für Umwelt, Naturschutz und Reaktorsicherheit oder einer von ihm beauftragten Stelle veröffentlicht sind. (vgl. VwVwS, Abs. 3)

Werden dem Bundesministerium für Umwelt, Naturschutz und Reaktorsicherheit oder der von ihm genannten Stelle unterschiedliche Einstufungen, die nicht auf der Anwendung von Vorgaberwerten nach Anhang 3 Nummer 2 beruhen, für denselben Stoff gemeldet, erfolgt eine verbindliche Einstufung des Stoffes durch Aufnahme des Stoffes in Anhang 2, falls kein unmittelbarer Abgleich zwischen den Einstufern möglich ist. Falls die hierfür erfoderliche fachliche Prüfung kurzfristig nicht abgeschlossen werden kann, veröffentlicht das Bundesministerium für Umwelt, Naturschutz und Reaktorsicherheit oder die von ihm genannte Stelle zunächst nur die Angabe der höheren Wassergefährdungsklasse.
Voraussetzung für die Veröffentlichung ist die Dokumentation folgender Angaben:

– chemisch eindeutige Stoffbezeichnung,
– CAS-Nummer sowie gegebenenfalls EG-Nummer,
– Wassergefährdungsklasse,
– eingestufte R-Sätze,
– zugeordnete Vorgabewerte bei nicht untersuchten Eigenschaften,
– Gesamtpunktzahl nach Anhang 3 Nr. 4.1,
– Name und Anschrift des Einstufers, Datum.

Bei nicht wassergefährdenden Stoffen nach Nummer 1.2 Buchstabe b werden zusätzlich folgende Angaben dokumentiert:
– Aggregatzustand, - Wasserlöslichkeit,

– *akute Toxizität gegenüber einer Nagetierart*
sowie Toxizität gegenüber zwei aquatischen
Organismen,
– *biologische Abbaubarkeit (bei organischen*
Flüssigkeiten).
(vgl. VwVwS, Abs. 3)

(2) Liegen dem Betreiber Erkenntnisse vor, die zu einer Änderung der veröffentlichten Einstufung eines Stoffes oder einer Stoffgruppe führen können, muss er diese Erkenntnisse unverzüglich schriftlich dem Umweltbundesamt mitteilen.

Abschnitt 3 Einstufung von Gemischen und Dokumentation; Überprüfung der Einstufung

§ 8 Selbsteinstufung von flüssigen oder gasförmigen Gemischen; Dokumentation

(1) Beabsichtigt ein Betreiber, in einer Anlage mit einem flüssigen oder gasförmigen Gemisch umzugehen, hat er dieses nach Maßgabe der Kriterien von Anlage 1 als nicht wassergefährdend oder in eine Wassergefährdungsklasse nach § 3 Absatz 1 einzustufen.

(2) Die Verpflichtung zur Selbsteinstufung nach Absatz 1 gilt nicht für
1. Gemische nach § 3 Absatz 2 und 3,
2. Gemische, deren Einstufung nach § 66 im Bundesanzeiger veröffentlicht worden ist,
3. Gemische, für die bereits eine Dokumentation nach Absatz 3 erstellt worden ist,
4. Gemische, die der Betreiber unabhängig von ihren Eigenschaften als stark wassergefährdend betrachtet,
5. Gemische, die im intermodalen Verkehr umgeschlagen werden, sowie
6. Gemische, die vom Umweltbundesamt nach § 11 eingestuft sind und deren Einstufung im Bundesanzeiger veröffentlicht worden ist.

(3) Der Betreiber hat die Selbsteinstufung eines Gemisches nach Absatz 1 nach Maßgabe von Anlage 2 Nummer 2 zu dokumentieren und diese Dokumentation der zuständigen Behörde im Rahmen der Zulassung der Anlage sowie auf Verlangen der Behörde im Rahmen der Überwachung der Anlage vorzulegen. Der Betreiber hat die Dokumentation und die Selbsteinstu-

fung des Gemisches auf dem aktuellen Stand zu halten.

(4) Sofern die Dokumentation Betriebsgeheimnisse zur Rezeptur eines Gemisches enthält, kann der Betreiber die Vorlage der Dokumentation nach Absatz 3 verweigern. In diesem Fall hat er der zuständigen Behörde mitzuteilen, wie groß jeweils der Anteil aller Stoffe der jeweiligen Wassergefährdungsklassen ist. Die zuständige Behörde dokumentiert die Nachvollziehbarkeit der Einstufung.

§ 9 Überprüfung der Selbsteinstufung von flüssigen oder gasförmigen Gemischen; Änderung der Selbsteinstufung

(1) Die zuständige Behörde kann die Dokumentation nach § 8 Absatz 3 überprüfen. Die zuständige Behörde kann den Betreiber verpflichten, fehlende oder nicht plausible Angaben zu ergänzen oder zu berichtigen. Sie kann die Gemische abweichend von der Selbsteinstufung nach § 8 Absatz 1 einstufen. Die Entscheidung nach Satz 3 ist dem Betreiber schriftlich bekannt zu geben.

(2) Das Umweltbundesamt berät die zuständige Behörde auf deren Ersuchen in Fragen, die die Einstufung von flüssigen oder gasförmigen Gemischen betreffen.

§ 10 Einstufung fester Gemische

(1) Der Betreiber kann ein festes Gemisch abweichend von § 3 Absatz 2 Satz 1 Nummer 8 als nicht wassergefährdend einstufen, wenn
1. das Gemisch nach Anlage 1 Nummer 2.2 als nicht wassergefährdend eingestuft werden kann,
2. das Gemisch nach anderen Rechtsvorschriften selbst an hydrogeologisch ungünstigen Standorten und ohne technische Sicherungsmaßnahmen offen eingebaut werden darf oder
3. das Gemisch der Einbauklasse Z 0 oder Z 1.1 der Mitteilung 20 der Länderarbeitsgemeinschaft Abfall (LAGA) „Anforderungen an die stoffliche Verwertung von mineralischen Reststoffen/Abfällen – Technische Regeln", Erich Schmidt-Verlag, Berlin, 2004, die bei der Deutschen Nationalbi-

bliothek archivmäßig gesichert niedergelegt ist und in der Bibliothek des Bundesministeriums für Umwelt, Naturschutz, Bau und Reaktorsicherheit eingesehen werden kann, entspricht.

(2) Der Betreiber kann ein festes Gemisch abweichend von § 3 Absatz 2 Satz 1 Nummer 8 nach Maßgabe von Anlage 1 Nummer 5 in eine Wassergefährdungsklasse einstufen.

(3) Der Betreiber hat die Selbsteinstufung eines festen Gemisches als nicht wassergefährdend oder in eine Wassergefährdungsklasse nach Maßgabe von Anlage 2 Nummer 2 oder Nummer 3 zu dokumentieren und die Dokumentation der zuständigen Behörde im Rahmen der Zulassung der Anlage sowie auf Verlangen der Behörde im Rahmen der Überwachung der Anlage vorzulegen. Der Betreiber hat die Dokumentation und die Selbsteinstufung des Gemisches auf dem aktuellen Stand zu halten. Die zuständige Behörde kann die Dokumentation überprüfen. Sie kann den Betreiber verpflichten, fehlende oder nicht plausible Angaben zu ergänzen oder zu berichtigen.

(4) Die zuständige Behörde kann auf Grund der Überprüfung nach Absatz 3 Satz 3 der Selbsteinstufung nach Absatz 1 oder Absatz 2 widersprechen; im Fall des Absatzes 2 kann sie das Gemisch auch in eine abweichende Wassergefährdungsklasse einstufen. Sie kann sich dabei vom Umweltbundesamt beraten lassen. Die Entscheidung ist dem Betreiber schriftlich bekannt zu geben.

§ 11 Einstufung von Gemischen durch das Umweltbundesamt

Das Umweltbundesamt kann Gemische nach Maßgabe von Anlage 1 als nicht wassergefährdend oder in eine Wassergefährdungsklasse einstufen. § 6 Absatz 4 gilt entsprechend.

Abschnitt 4 Kommission zur Bewertung wassergefährdender Stoffe

§ 12 Kommission zur Bewertung wassergefährdender Stoffe

(1) Beim Bundesministerium für Umwelt, Naturschutz, Bau und Reaktorsicherheit wird als Beirat eine Kommission zur Bewertung wassergefährdender Stoffe eingerichtet. Sie berät das Bundesministerium für Umwelt, Naturschutz, Bau und Reaktorsicherheit und das Umweltbundesamt in Fragen, die die Einstufung betreffen.

(2) In die Kommission zur Bewertung wassergefährdender Stoffe sind Vertreterinnen und Vertreter aus den betroffenen Bundes- und Landesbehörden, aus der Wissenschaft sowie von Betreibern von Anlagen zu berufen. Die Kommission soll nicht mehr als zwölf Mitglieder umfassen. Die Mitgliedschaft ist ehrenamtlich. Die Mitglieder der Kommission sind zur Wahrung von Betriebs- und Geschäftsgeheimnissen verpflichtet, die ihnen im Rahmen ihrer Tätigkeit in der Kommission bekannt werden. Die Vertreterinnen und Vertreter von Betreibern in der Kommission sind darüber hinaus verpflichtet, Betriebs- und Geschäftsgeheimnisse, die ihnen im Rahmen ihrer Tätigkeit in der Kommission bekannt werden, nicht für eigene Zwecke, insbesondere für Geschäftszwecke, zu nutzen.

(3) Das Bundesministerium für Umwelt, Naturschutz, Bau und Reaktorsicherheit beruft die Mitglieder der Kommission zur Bewertung wassergefährdender Stoffe. Die Kommission gibt sich eine Geschäftsordnung und wählt aus ihrer Mitte eine Vorsitzende oder einen Vorsitzenden. Die Geschäftsordnung bedarf der Zustimmung des Bundesministeriums für Umwelt, Naturschutz, Bau und Reaktorsicherheit.

Kapitel 3
Technische und organisatorische Anforderungen an Anlagen zum Umgang mit wassergefährdenden Stoffen

Abschnitt 1 Allgemeine Bestimmungen

§ 13 Einschränkungen des Geltungsbereichs dieses Kapitels

(1) Dieses Kapitel gilt für Anlagen, in denen mit aufschwimmenden flüssigen Stoffen gemäß § 3 Absatz 2 Satz 1 Nummer 7 umgegangen wird, nur, sofern nicht ausgeschlossen

werden kann, dass diese Stoffe in ein oberirdisches Gewässer gelangen können. Satz 1 gilt
auch für Gemische, die nur aufschwimmende
flüssige Stoffe gemäß § 3 Absatz 2 Satz 1 Nummer 7 enthalten, sowie für Gemische aus diesen
aufschwimmenden flüssigen Stoffen und nicht
wassergefährdenden Stoffen.

(2) Dieses Kapitel gilt nicht für
1. Anlagen zum Lagern von Haushaltsabfällen
   und vergleichbaren Abfällen insbesondere
   aus Büros, Behörden, Schulen oder Gaststätten, die in oder an den Gebäuden eingerichtet sind, bei denen diese Abfälle anfallen;
2. Anlagen zum Lagern und Behandeln von
   Bioabfällen im Rahmen der Eigenkompostierung im privaten Bereich;
3. Anlagen zum Lagern von festen gewerblichen Abfällen und festen gewerblichen Abfällen, denen wassergefährdende Stoffe anhaften, wenn
   a) das Volumen des Lagerbehälters 1,25
      Kubikmeter nicht übersteigt,
   b) der Lagerbehälter dicht ist,
   c) die Fläche, auf der der Lagerbehälter
      aufgestellt ist, so ausgeführt ist, dass
      bei Betriebsstörungen wassergefährdende Stoffe nicht in ein Gewässer gelangen
      können, und
   d) ein für Betriebsstörungen geeignetes
      Bindemittel vorgehalten wird;
4. Anlagen zum Lagern von festen Gemischen,
   die auf der Baustelle unmittelbar durch die
   Bautätigkeit entstehen.

(3) Für JGS-Anlagen gelten aus diesem Kapitel nur die §§ 16, 24 Absatz 1 und 2 und § 51
sowie Anlage 7.

§ 14 Bestimmung und Abgrenzung von Anlagen

(1) Der Betreiber einer Anlage hat zu dokumentieren, welche Anlagenteile zu der Anlage
gehören und wo die Schnittstellen zu anderen
Anlagen sind.

(2) Zu einer Anlage gehören alle Anlagenteile, die in einem engen funktionalen oder verfahrenstechnischen Zusammenhang miteinander stehen. Dies ist insbesondere dann anzunehmen, wenn zwischen den Anlagenteilen
wassergefährdende Stoffe ausgetauscht werden

oder ein unmittelbarer sicherheitstechnischer Zusammenhang zwischen ihnen besteht.

(3) Zu einer Anlage gehören auch die Flächen einschließlich ihrer Einrichtungen, die dem Lagern oder dem regelmäßigen Abstellen von wassergefährdenden Stoffen in Behältern oder Verpackungen dienen.

(4) Flächen, auf denen Transportmittel mit wassergefährdenden Stoffen abgestellt werden, sind keine Lageranlagen. Bei Umschlaganlagen sind auch solche Flächen, auf denen Behälter oder Verpackungen mit wassergefährdenden Stoffen vorübergehend im Zusammenhang mit dem Transport abgestellt werden, keine Lageranlagen, sondern der Umschlaganlage zuzuordnen.

§ 2 (8) Umschlaganlagen sind auch Flächen einschließlich ihrer Einrichtungen, auf denen wassergefährdende Stoffe in Behältern oder Verpackungen von einem Transportmittel auf ein anderes umgeladen werden.

§ 2 (8) Lageranlagen sind auch Flächen einschließlich ihrer Einrichtungen, die dem Lagern von wassergefährdenden Stoffen in Transportbehältern und Verpackungen dienen. Vorübergehendes Lagern in Transportbehältern oder kurzfristiges Bereitstellen oder Aufbewahren in Verbindung mit dem Transport liegen nicht vor, wenn eine Fläche regelmäßig dem Vorhalten von wassergefährdenden Stoffen dient. Abfüllanlagen sind auch Flächen einschließlich ihrer Einrichtungen, auf denen wassergefährdende Stoffe von einem Transportbehälter in einen anderen gefüllt werden.

(5) Eine Fläche, von der aus eine Anlage mit wassergefährdenden Stoffen befüllt wird oder von der Behälter oder Verpackungen mit wassergefährdenden Stoffen in eine Anlage hineingestellt oder aus ihr genommen werden, ist Teil dieser Anlage.

(6) Ein Behälter, in dem wassergefährdende Stoffe weder hergestellt noch behandelt noch verwendet werden, der jedoch in engem funktionalen Zusammenhang mit einer Herstellungs-, Behandlungs- oder Verwendungsanlage steht, ist Teil dieser Anlage. Ein Behälter ist jedoch dann Teil einer Lageranlage, wenn er mehreren Herstellungs-, Behandlungs- und Verwendungsanlagen zugeordnet ist oder wenn er ein größeres Volumen enthalten kann, als für eine Tagesproduktion oder Charge benötigt wird.

§ 2 (6) Behälter, in denen Herstellungs-, Behandlungs- oder Verwendungstätigkeiten ausgeführt werden, sind Teile einer Herstellungs-, Behandlungs- oder Verwendungsanlage. Auch andere Behälter, die im engen funktionalen Zusammenhang mit Herstellungs-, Behandlungs- oder Verwendungsanlagen stehen, sind grundsätzlich Bestandteil von Herstellungs-, Behandlungs- oder Verwendungsanlagen. Solche Behälter sind jedoch Teil einer Lageranlage, wenn sie mehreren Herstellungs-, Behandlungs- oder Verwendungsanlagen zugeordnet sind oder wenn sie mehr Stoffe enthalten können, als für eine Tagesproduktion oder Charge benötigt werden. Die Zuordnung behält Gültigkeit auch bei Betriebsunterbrechung.

(7) Eine Rohrleitung, die nach § 62 Absatz 1 Satz 2 Nummer 2 des Wasserhaushaltsgesetzes Zubehör einer Anlage zum Umgang mit wassergefährdenden Stoffen ist oder die nach § 62 Absatz 1 Satz 2 Nummer 3 des Wasser-

haushaltsgesetzes Anlagen verbindet, die in einem engen räumlichen und betrieblichen Zusammenhang miteinander stehen, ist der Anlage zuzuordnen, deren Zubehör sie ist oder mit der sie im Zusammenhang steht.

§ 15 Technische Regeln

(1) Den allgemein anerkannten Regeln der Technik nach § 62 Absatz 2 des Wasserhaushaltsgesetzes entsprechende Regeln (technische Regeln) sind insbesondere die folgenden Regeln:

1. Technische Regeln wassergefährdender Stoffe der Deutschen Vereinigung für Wasserwirtschaft, Abwasser und Abfall e.V. (DWA),
2. technische Regeln, die in der Musterliste der technischen Baubestimmungen oder in der Bauregelliste des Deutschen Instituts für Bautechnik (DIBt) aufgeführt sind, soweit sie den Gewässerschutz betreffen, sowie
3. DIN-Normen und EN-Normen, soweit sie den Gewässerschutz betreffen und nicht in der Bauregelliste des Deutschen Instituts für Bautechnik aufgeführt sind.

(2) Normen und sonstige Bestimmungen anderer Mitgliedstaaten der Europäischen Union oder anderer Vertragsstaaten des Abkommens über den Europäischen Wirtschaftsraum stehen technischen Regeln nach Absatz 1 gleich, wenn mit ihnen dauerhaft das gleiche Schutzniveau erreicht wird.

§ 16 Behördliche Anordnungen

(1) Ist auf Grund der besonderen Umstände des Einzelfalls, insbesondere auf Grund der hydrogeologischen Beschaffenheit und der Schutzbedürftigkeit des Aufstellungsortes, nicht gewährleistet, dass die Anforderungen des § 62 Absatz 1 des Wasserhaushaltsgesetzes erfüllt werden, kann die zuständige Behörde Anforderungen stellen, die über die im Folgenden genannten hinausgehen:

1. über die allgemein anerkannten Regeln der Technik,
2. über die Anforderungen nach diesem Kapitel oder
3. über die Anforderungen, die in einer Eignungsfeststellung oder in einer die Eig-

§ 5 Allgemein anerkannte Regeln der Technik (zu § 19 g Abs. 3 WHG).

Als allgemein anerkannte Regeln der Technik im Sinn des § 19 g Abs. 3 WHG gelten insbesondere die technischen Vorschriften und Baubestimmungen, die (die für den Vollzug des Wasserrechts zuständige oder für den Vollzug des Baurechts zuständige oberste Landesbehörde) durch öffentliche Bekanntmachung eingeführt hat; bei der Bekanntmachung kann die Wiedergabe des Inhalts der technischen Vorschriften und Baubestimmungen durch einen Hinweis auf ihre Fundstelle ersetzt werden.

Als allgemein anerkannte Regeln der Technik gelten auch gleichwertige Baubestimmungen und technische Vorschriften anderer Mitgliedstaaten der Europäischen Gemeinschaft (Red. Anmerkung: Zusatz nach der Notifizierung).

nungsfeststellung ersetzenden sonstigen Regelung festgelegt sind.
Unter den Voraussetzungen nach Satz 1 kann die zuständige Behörde auch die Errichtung einer Anlage untersagen.

(2) Die zuständige Behörde kann dem Betreiber Maßnahmen zur Beobachtung der Gewässer und des Bodens auferlegen, soweit dies zur frühzeitigen Erkennung von Verunreinigungen erforderlich ist, die von seiner Anlage ausgehen können.

(3) Die zuständige Behörde kann im Einzelfall Ausnahmen von den Anforderungen dieses Kapitels zulassen, wenn die Anforderungen des § 62 Absatz 1 des Wasserhaushaltsgesetzes dennoch erfüllt werden.

Abschnitt 2 Allgemeine Anforderungen an Anlagen

§ 17 Grundsazuanforderungen

§ 3 Grundsatzanforderungen

Für alle dieser Verordnung unterliegenden Anlagen gelten folgende Anforderungen, soweit in den nachfolgenden Vorschriften nichts anderes bestimmt ist:

(1) Anlagen müssen so geplant und errichtet werden, beschaffen sein und betrieben werden, dass
1. wassergefährdende Stoffe nicht austreten können,

1. Anlagen müssen so beschaffen sein und betrieben werden, dass

wassergefährdende Stoffe nicht austreten können.

2. Undichtheiten aller Anlagenteile, die mit wassergefährdenden Stoffen in Berührung stehen, schnell und zuverlässig erkennbar sind,

2. Undichtheiten aller Anlagenteile, die mit wassergefährdenden Stoffen in Berührung stehen, müssen schnell und zuverlässig erkennbar sein.

3. austretende wassergefährdende Stoffe schnell und zuverlässig erkannt und zurückgehalten sowie ordnungsgemäß entsorgt werden; dies gilt auch für betriebsbedingt auftretende Spritz- und Tropfverluste, und

3. Austretende wassergefährdende Stoffe müssen schnell und zuverlässig erkannt, zurückgehalten sowie ordnungsgemäß und schadlos verwertet oder beseitigt werden. Im Regelfall müssen die Anlagen mit einem dichten und beständigen Auffangraum ausgerüstet werden, sofern sie nicht doppelwandig und mit Leckanzeigegerät versehen sind.

4. bei einer Störung des bestimmungsgemäßen Betriebs der Anlage (Betriebsstörung)

4. Im Schadensfall anfallende Stoffe, die mit ausgetretenen wassergefährdenden Stoffen

anfallende Gemische, die ausgetretene wassergefährdende Stoffe enthalten können, zurückgehalten und ordnungsgemäß als Abfall entsorgt oder als Abwasser beseitigt werden

verunreinigt sein können, müssen zurückgehalten sowie ordnungsgemäß und schadlos verwertet oder beseitigt werden.

(2) Anlagen müssen dicht, standsicher und gegenüber den zu erwartenden mechanischen, thermischen und chemischen Einflüssen hinreichend widerstandsfähig sein.

1. Sie müssen dicht, standsicher und gegen die zu erwartenden mechanischen, thermischen und chemischen Einflüsse hinreichend widerstandsfähig sein.

(3) Einwandige unterirdische Behälter für flüssige wassergefährdende Stoffe sind unzulässig. Einwandige unterirdische Behälter für gasförmige wassergefährdende Stoffe sind unzulässig, wenn die gasförmigen wassergefährdenden Stoffe flüssig austreten, schwerer sind als Luft oder sich nach Austritt im umgebenden Boden in vorhandener Feuchtigkeit lösen.

Einwandige unterirdische Behälter sind unzulässig. Satz 3 gilt nicht für feste Stoffe.

(4) Der Betreiber hat bei der Stilllegung einer Anlage oder von Anlagenteilen alle in der Anlage oder in den Anlagenteilen enthaltenen wassergefährdenden Stoffe, soweit technisch möglich, zu entfernen. Er hat die Anlage gegen missbräuchliche Nutzung zu sichern.

§ 18 Anforderungen an die Rückhaltung wassergefährdender Stoffe

§ 4 Anforderungen an bestimmte Anlagen

(1) Anlagen müssen ausgetretene wassergefährdende Stoffe auf geeignete Weise zurückhalten. Dazu sind sie mit einer Rückhalteeinrichtung im Sinne von § 2 Absatz 16 auszurüsten. Satz 2 gilt nicht, wenn es sich um eine doppelwandige Anlage im Sinne von § 2 Absatz 17 handelt. Einzelne Anlagenteile können über unterschiedliche, jeweils voneinander unabhängige Rückhalteeinrichtungen verfügen. Bei Anlagen, die nur teilweise doppelwandig ausgerüstet sind, sind einwandige Anlagenteile mit einer Rückhalteeinrichtung zu versehen.

(2) Rückhalteeinrichtungen müssen flüssigkeitsundurchlässig sein und dürfen keine Abläufe haben. Flüssigkeitsundurchlässig sind Bauausführungen dann, wenn sie ihre Dicht- und Tragfunktion während der Dauer der Beanspruchung durch die wassergefährdenden Stoffe, mit denen in der Anlage umgegangen wird, nicht verlieren.

§ 3 5. Auffangräume dürfen grundsätzlich keine Abläufe haben

(3) Rückhalteeinrichtungen müssen für folgendes Volumen ausgelegt sein:

1. bei Anlagen zum Lagern, Herstellen, Behandeln oder Verwenden wassergefährdender Stoffe muss das Rückhaltevolumen dem Volumen an wassergefährdenden Stoffen entsprechen, das bei Betriebsstörungen bis zum Wirksamwerden geeigneter Sicherheitsvorkehrungen freigesetzt werden kann;
2. bei Anlagen zum Abfüllen flüssiger wassergefährdender Stoffe muss das Rückhaltevolumen dem Volumen entsprechen, das bei größtmöglichem Volumenstrom bis zum Wirksamwerden geeigneter Sicherheitsvorkehrungen freigesetzt werden kann;
3. bei Anlagen zum Umschlagen wassergefährdender Stoffe muss das Rückhaltevolumen dem Volumen entsprechen, das aus dem größten Behälter, der größten Verpackung oder der größten Umschlagseinheit, in dem oder in der sich wassergefährdende Stoffe befinden und für den oder für die die Anlage ausgelegt ist, freigesetzt werden kann.

Auf ein Rückhaltevolumen kann bei oberirdischen Anlagen zum Umgang mit wassergefährdenden Stoffen der Wassergefährdungsklasse 1 mit einem Volumen bis 1.000 Liter verzichtet werden, sofern sich diese auf einer Fläche befinden, die

1. den betriebstechnischen Anforderungen genügt, und eine Leckerkennung durch infrastrukturelle Maßnahmen gewährleistet ist, oder
2. flüssigkeitsundurchlässig ausgebildet ist.

(4) Bei Anlagen zum Lagern, Herstellen, Behandeln oder Verwenden wassergefährdender Stoffe der Gefährdungsstufe D nach § 39 Absatz 1 muss die Rückhalteeinrichtung abweichend von Absatz 3 Satz 1 Nummer 1 so ausgelegt sein, dass das Volumen flüssiger wassergefährdender Stoffe, das aus der größten abgesperrten Betriebseinheit bei Betriebsstörungen freigesetzt werden kann, ohne dass Gegenmaßnahmen getroffen werden, vollständig zurückgehalten werden kann.

(5) Einwandige Behälter, Rohrleitungen und sonstige Anlagenteile müssen von Wänden, Böden und sonstigen Bauteilen sowie untereinander einen solchen Abstand haben, dass die Erkennung von Leckagen und die Zustands-

kontrolle insbesondere auch der Rückhalteeinrichtungen jederzeit möglich sind.

(6) Bei oberirdischen doppelwandigen Behältern, die über ein Leckanzeigesystem mit Flüssigkeiten der Wassergefährdungsklasse 1 verfügen, ist eine Rückhaltung der Leckanzeigeflüssigkeit nicht erforderlich, wenn das Volumen dieser Flüssigkeit 1 Kubikmeter nicht
übersteigt.

(7) Wassergefährdende Stoffe, die beim Austreten so miteinander reagieren können, dass
die Funktion der Rückhaltung nach Absatz 1
beeinträchtigt wird, müssen getrennt aufgefangen werden.

(1) Anforderungen für bestimmte Anlagen ergeben sich aus dem Anhang.

(2) Soweit Anforderungen nach Abs. 1 nicht
festgelegt sind, kann (die nach Landesrecht zuständige Behörde) für bestimmte Anlagen, die
einem öffentlich-rechtlichen Verfahren unterliegen, Verwaltungsvorschriften erlassen, in denen die für diese Anlagen zu stellenden Anforderungen näher umschrieben werden. Dabei
sind festzulegen
- allgemeine Schutzmaßnahmen
- besondere Schutzmaßnahmen
- Überwachungsmaßnahmen
- Maßnahmen im Schadensfall

**Muster-Anhang zu § 4 Abs.1 der Muster-
VAwS der LAWA**

Anlage 1
**Besondere Anforderungen an oberirdische
Anlagen zum Umgang mit flüssigen wassergefährdenden Stoffen**
Die Anforderungen an oberirdische Anlagen
richten sich nach den folgenden Tabellen. Diese Anforderungen lassen die allgemein anerkannten Regeln der Technik, die die Grundsatzanforderungen der § 3 Nr.1 und 4 der Verordnung technisch ausfüllen, unberührt und gehen
den Grundsatzanforderungen nach § 3 Nr. 2, 3
und 6 der Verordnung vor.

1. Begriffe

1.1 Anforderungen

Befestigung und Abdichtung von Bodenflächen

F0 = keine Anforderung an Befestigung und Abdichtung der Fläche über die betrieblichen Anforderungen hinaus

F1 = stoffundurchlässige Fläche

F2 = wie F1, aber mit Nachweis

Rückhaltevermögen für austretende wassergefährdende Flüssigkeiten

R0 = kein Rückhaltevermögen über die betrieblichen Anforderungen hinaus

R1 = Rückhaltevermögen für das Volumen wassergefährdender Flüssigkeiten, das bis zum Wirksamwerden geeigneter Sicherheitsvorkehrungen auslaufen kann (z.B. Absperren des undichten Anlagenteils oder Abdichten des Lecks)

R2 = Rückhaltevermögen für das Volumen wassergefährdender Flüssigkeiten, das bei Betriebsstörungen freigesetzt werden kann, ohne dass Gegenmaßnahmen berücksichtigt werden.

R3 = Rückhaltevermögen ersetzt durch Doppelwandigkeit mit Leckanzeigegerät. Anlagenteile, bei denen Tropfmengen nicht auszuschließen sind, sind mit gesonderten Auffangtassen zu versehen oder in einem sonstigen Auffangraum anzuordnen.

Infrastrukturelle Maßnahmen organisatorischer oder technischer Art

I0 = keine besonderen Anforderungen an die Infrastruktur über die betrieblichen Anforderungen hinaus; eine beondere Betriebsanweisung nach § 3 Nr. 6 VAwS ist nicht erforderlich

I1 = Überwachung durch selbsttätige Störmeldeeinrichtungen in Verbindung mit ständig besetzter Betriebsstätte (z.B. Messwarte) oder Überwachung mittels regelmäßiger Kontrollgänge; Aufzeichnung der Abweichungen vom bestimmungsgemäßen Betrieb und Veranlssung notwendiger Maßnahmen

I2 = Alarm- und Maßnahmeplan, der wirksame Maßnahmen und Vorkehrungen zur Vermeidung von Gewässerschäden beschreibt und mit den in die Maßnahme einbezogenen Stellen abgestimmt ist.

Alternative:
Es werden nur R-Maßnahmen vorgesehen. R1- und R2-Maßnahmen setzten immer eine stoffundurchlässige Fläche voraus. R1-, R2- und R3-Maßnahmen erfordern grundsätzlich eine konkrete Betriebsanweisung mit Überwachungs-, Instandhaltungs- und abgestimmtem Alarm- und Maßnahmeplan.

1.2 Zugrunde zu legendes Volumen
Das in Abschnitt 2.1 zur Ermittlung der Anlagengröße zu Grunde zu legende Volumen ist das höchstzulässige Stoffvolumen der größten abgesperrten Betriebseinheit. Bei Fass- und Gebindelägern unter Einschluss von Kleingebindelägern ist der Rauminhalt aller Fässer und Geinbde anzurechnen.

2. Anforderungen

2.1 Anforderungen an oberirdische Anlagen zum Lagern, Herstellen, Behandeln und Verwenden wassergefährdender flüssiger Stoffe

2.1.1 Einhaltung der Anforderungen
Soweit die Anforderungen nach der Wassergefährdungsklasse oder dem Volumen abgestuft sind, sind sie auch eingehalten, wenn die jeweiligen Anforderungen einer höheren Wassergefährdungsklasse oder eines höheren Volumenbereichs erfüllt werden.

2.1.2 Allgemeine Regelung

Volumen in m^3	Wassergefährdungsklasse		
	1	2	3
≤ 0,1	F0+R0+I0	F0+R0+I0	F0+R0+I0
> 0,1 ≤ 1	F0+R0+I0	F1+R1+I0/ F1+R0+I1/ F0+R3+I0	F1+R1+I1/ F2+R2+I0/ F0+R3+I0
> 1 ≤ 10	F1+R1+I0/ F1+R0+I1/ F0+R3+I0	F1+R1+I1/ F1+R2+I0/ F0+R3+I0	F1+R1+I1+I2/ F2+R2+I1/ F0+R3+I0
> 10 ≤ 100	F1+R1+I1/ F1+R2+I0/ F0+R3+I0	F1+R1+I1+I2/ F2+R2+I1/ F0+R3+I0	F2+R2+I1+I2/ F0+R3+I1+I2
> 100	F1+R1+I1+I2/ F2+R2+I1/ F0+R3+I0	F2+R2+I1+I2/ F0+R3+I1+I2	F2+R2+I1+I2/ F0+R3+I1+I2

Erläuterungen: +...zusätzlich /...wahlweise

Bei HBV-Anlagen in oder über oberirdischen Gewässern, die funktionsbedingt die F-und R-Anforderungen nicht einhalten können, gilt I1+I2.

Alternative:

Volumen der Anlage in m^3	Wassergefährdungsklasse		
	1	2	3
≤ 0,1	R0	R0	R0
> 0,1 ≤ 1	R0	R1	R2
> 1 ≤ 10	R1	R1	R2
> 10 ≤ 100	R1	R1	R2
> 100	R1	R2	R2

Die Anforderungen sind auch eingehalten, wenn R3 verwirklicht wird.
Bei HBV-Anlagen in oder über oberirdischen Gewässern, die funktionsbedingt die R-Anforderungen nicht einhalten können, genügt eine konkrete Betriebsanweisung mit Überwachungs-, Instandhaltungs- und abgestimmtem Alarm- und Maßnahmeplan.

2.2 Anforderungen an Abfüll- und Umschlaganlagen

2.2.1 Einhaltung der Anforderungen
Soweit die Anforderungen nach der Wassergefährdungsklasse oder dem Volumen abgestuft sind, sind auch eingehalten, wenn die jeweiligen Anforderungen einer höheren Wassergefährdungsklasse erfüllt werden.

2.2.2 Allgemeine Anforderungen

Behälter/Verpackungen	Wassergefährdungsklasse		
	1	2	3
Befüllen und Entleeren von ortsbeweglichen Behältern	F1+R1+I0	F2+R1+I0	F2+R1+I0
Umladen von Flüssigkeiten in Verpackungen, die den gefahrgutrechtlichen Anforderungen nicht genügen ooder nicht gleichwertig sind	F1+R0+I1	F1+R1+I1	F1+R1+I2
Umladen von Flüssigkeiten in Verpackungen, die den gefahrgutrechtlichen Anforderungen genügen oder gleichwertig sind	F0+R0+I0	F1+R0+I2	F1+R0+I2

Alternative:

Behälter/Verpackungen	Wassergefährdungsklasse		
	1	2	3
Befüllen und Entleeren von ortsbeweglichen Behältern	R1	R1	R1
Umladen von Flüssigkeiten in Verpackungen, die den gefahrgutrechtlichen Anforderungen nicht genügen ooder nicht gleichwertig sind	R1	R1	R1
Umladen von Flüssigkeiten in Verpackungen, die den gefahrgutrechtlichen Anforderungen genügen oder gleichwertig sind	R0	R1	R1

§ 19 Anforderungen an die Entwässerung

(1) Bei unvermeidlichem Zutritt von Niederschlagswasser sind abweichend von § 18 Absatz 2 Abläufe zulässig, wenn sie nur nach vorheriger Feststellung, dass keine wassergefährdenden Stoffe im Niederschlagswasser enthalten sind, geöffnet werden. Mit wassergefährdenden Stoffen verunreinigtes Niederschlagswasser ist ordnungsgemäß als Abwasser zu beseitigen oder als Abfall zu entsorgen.

(2) Bei Abfüll- oder Umschlaganlagen, bei denen ein Zutritt von Niederschlagswasser unvermeidlich ist, kann abweichend von Absatz 1 und § 18 Absatz 2 das Niederschlagswasser, das mit wassergefährdenden Stoffen verunreinigt sein kann, in einen Abwasserkanal oder in ein Gewässer eingeleitet werden, wenn
1. die bei einer Betriebsstörung freigesetzten wassergefährdenden Stoffen zurückgehalten werden und
2. die Einleitung des verunreinigten Niederschlagswassers den wasserrechtlichen Anforderungen und örtlichen Einleitungsbedingungen entspricht.

Bei Transformatoren und Schaltanlagen im Bereich der Elektrizitätswirtschaft, bei denen ein Zutritt von Niederschlagswasser unvermeidlich ist, kann dieses abweichend von Absatz 1 und § 18 Absatz 2 in einen Abwasserkanal oder in ein Gewässer eingeleitet werden, wenn die bei einer Betriebsstörung freigesetzten wassergefährdenden Stoffe zurückgehalten werden.

(3) Bei Eigenverbrauchstankstellen gelten die Absätze 1 und 2 und § 18 Absatz 3 nicht, wenn durch Maßnahmen technischer oder organisatorischer Art sichergestellt ist, dass ein gleichwertiges Sicherheitsniveau erreicht wird.

(4) Das Niederschlagswasser von Flächen, auf denen Kühlaggregate von Kälteanlagen mit Ethylen- oder Propylenglycol im Freien aufgestellt werden, ist in einen Schmutz- oder Mischwasserkanal einzuleiten, Wasserrechtliche Anforderungen an die Einleitung sowie örtliche Einleitungsbedingungen bleiben unberührt.

(5) Mit Gärsubstraten oder Gärresten verunreinigtes Niederschlagswasser in Biogasanlagen ist vollständig aufzufangen und ordnungsgemäß als Abwasser zu beseitigen oder als Abfall zu verwerten. Dies gilt für Biogasanlagen mit Gärsubstraten landwirtschaftlicher Herkunft zur Gewinnung von Biogas nicht, soweit das verunreinigte Niederschlagswasser entsprechend der guten fachlichen Praxis der Düngung verwendet wird. Die Umwallung nach § 37 Absatz 3 ist ordnungsgemäß zu entwässern.

(6) Bei Rückhalteeinrichtungen, bei denen
1. der Zutritt von Niederschlagswasser unvermeidlich ist und
2. eine Kontrolle des Ablaufs vor dessen Öffnung nur mit unverhältnismäßigem Aufwand möglich wäre,
entscheidet die zuständige Behörde über die Art der Rückhaltung wassergefährdender Stoffe und die Beseitigung des Niederschlagswassers.

(7) Nicht überdachte Rückhalteeinrichtungen müssen zusätzlich zum Rückhaltevolumen für wassergefährdende Stoffe nach § 18 Absatz 3

ein Rückhaltevolumen für Niederschlagswasser haben.

§ 20 Rückhaltung bei Brandereignissen

Anlagen müssen so geplant, errichtet und betrieben werden, dass die bei Brandereignissen austretenden wassergefährdenden Stoffe, Lösch-, Berieselungs- und Kühlwasser sowie die entstehenden Verbrennungsprodukte mit wassergefährdenden Eigenschaften nach den allgemein anerkannten Regeln der Technik zurückgehalten werden. Satz 1 gilt nicht für Anlagen, bei denen eine Brandentstehung nicht zu erwarten ist, und für Heizölverbraucheranlagen.

§ 21 Besondere Anforderungen an die Rückhaltung bei Rohrleitungen

§ 12 Rohrleitungen

(1) Unterirdische Rohrleitungen sind nur zulässig, wenn eine oberirdische Anordnung aus Sicherheitsgründen nicht möglich ist.

(1) Oberirdische Rohrleitungen zum Befördern flüssiger wassergefährdender Stoffe sind mit Rückhalteeinrichtungen auszurüsten. Das Rückhaltevolumen muss dem Volumen wassergefährdender Stoffe entsprechen, das bei Betriebsstörungen bis zum Wirksamwerden geeigneter Sicherheitsvorkehrungen freigesetzt werden kann.

(3) Oberirdische Rohrleitungen müssen den Anforderungen entsprechen, die sich aus dem Anhang ergeben.

Die Sätze 1 und 2 gelten nicht, wenn auf der Grundlage einer Gefährdungsabschätzung durch Maßnahmen technischer oder organisatorischer Art sichergestellt ist, dass ein gleichwertiges Sicherheitsniveau erreicht wird. Bei Heizölverbraucheranlagen der Gefährdungsstufen A und B gilt die Gefährdungsabschätzung als geführt, wenn die Heizölverbraucheranlage den geltenden allgemein anerkannten Regeln der Technik im Sinne des § 15 entspricht. Für oberirdische Rohrleitungen zum Befördern von flüssigen wassergefährdenden Stoffen der Wassergefährdungsklasse 1 kann ohne eine Gefährdungsabschätzung von Rückhalteeinrichtungen abgesehen werden, wenn die Standorte der Rohrleitungen auf Grund ihrer hydrogeologischen Eigenschaften keines besonderen Schutzes bedürfen.

Die Anforderungen nach Satz 1 an die Befestigung und Abdichtung von Bodenflächen und an das Rückhaltevermögen für austretende wassergefährdende Flüssigkeiten können auf der Grundlage einer Gefährdungsabschätzung durch Anforderungen an infrastrukturelle Maßnahmen organisatorischer oder technischer Art ersetzt werden, wenn sichergestellt ist, dass eine gleichwertige Sicherheit erreicht wird.

(2) Bei unterirdischen Rohrleitungen zum Befördern flüssiger oder gasförmiger wassergefährdender Stoffe sind lösbare Verbindungen und Armaturen in flüssigkeitsundurchlässigen Kontrolleinrichtungen anzuordnen, die regelmäßig zu kontrollieren sind. Diese Rohrleitungen müssen:

1. doppelwandig sein; Undichtheiten der Rohrwände müssen durch ein Leckanzeigegerät selbsttätig angezeigt werden,

2. als Saugleitung ausgeführt sein, in der die Flüssigkeitssäule bei Undichtheiten abreißt, in den Lagerbehälter zurückfließt und eine Hebewirkung ausgeschlossen ist, oder

3. mit einem Schutzrohr versehen oder in einem Kanal verlegt sein; austretende wassergefährdende Stoffe müssen in einer flüssigkeitsundurchlässigen Kontrolleinrichtung sichtbar werden; derartige Rohrleitungen dürfen keine Flüssigkeiten mit einem Flammpunkt bis zu einer Temperatur von 55 Grad Celsius führen.

Kann insbesondere aus Gründen der Betriebssicherheit keine der Anforderungen nach Satz 2 erfüllt werden, ist durch Maßnahmen technischer oder organisatorischer Art sicherzustellen, dass ein gleichwertiges Sicherheitsniveau erreicht wird.

(3) Auf Rohrleitungen von Sprinkleranlagen und von Heizungs- und Kühlanlagen, die in Gebäuden mit einem Gemisch aus Wasser und Glycol betrieben werden, sind Absätze 1 und 2 Satz 2 nicht anzuwenden.

§ 22 Anforderungen bei der Nutzung von Abwasseranlagen als Auffangvorrichtung

(1) Wassergefährdende Stoffe, deren Austreten aus einer Anlage im bestimmungsgemäßen Betrieb unvermeidbar ist und die aus betriebstechnischen Gründen nicht schnell und zuverlässig erkannt, zurückgehalten und ordnungsgemäß entsorgt werden können, dürfen in die betriebliche Kanalisation eingeleitet werden, wenn

1. es sich um unerhebliche Mengen handelt,

(2) Bei zulässigen unterirdischen Rohrleitungen sind lösbare Verbindungen und Armaturen in überwachten dichten Kontrollschächten anzuordnen. Diese Rohrleitungen müssen hinsichtlich ihres technischen Aufbaus einer der folgenden Anforderungen entsprechen:

- Sie müssen doppelwandig sein; Undichtheiten der Rohrwände müssen durch ein zugelassenes Leckanzeigegerät selbsttätig angezeigt werden;

- sie müssen als Saugleitung ausgebildet sein, in der die Flüssigkeitssäule bei Undichtheiten abreißt;

- sie müssen mit einem Schutzrohr versehen oder in einem Kanal verlegt sein; auslaufende Stoffe müssen in einer Kontrolleinrichtung sichtbar werden; in diesem Fall dürfen die Rohrleitungen keine brennbaren Flüssigkeiten im Sinne der Verordnung über brennbare Flüssigkeiten mit einem Flammpunkt bis 55 Grad Celsius führen.

Kann aus Sicherheitsgründen keine dieser Anforderungen erfüllt werden, darf nur ein gleichwertiger technischer Aufbau verwendet werden.

§ 21 Abwasseranlagen als Auffangvorrichtungen

(1) Sind die Grundsatzanforderungen nach § 3 Nr. 3 bis 5 nicht erfüllbar, so entsprechen die Anlagen dennoch dem Besorgnisgrundsatz nach § 19 g Abs. 1 WHG,

(1) 2. wenn die bei ungestörtem Betrieb der Anlage unvermeidbar in unerheblichen Mengen

2. die betriebliche Abwasserbehandlungsanlage dafür geeignet ist und

in die betriebliche Kanalisation gelangenden wassergefährdenden Stoffe in eine geeignete betriebliche Abwasserbehandlungsanlage geleitet werden und nicht zu einer Überschreitung der nach § 7 a WHG an die Abwassereinleitung

3. die Einleitung den wasserrechtlichen Anforderungen und örtlichen Einleitungsbedingungen entspricht.

oder an die Indirekteinleitung zu stellenden oder die im wasserrechtlichen Bescheid festgesetzten Anforderungen führen.

(2) Können bei Leckagen oder Betriebsstörungen austretende wassergefährdende Stoffe oder mit diesen Stoffen verunreinigte andere Stoffe oder Gemische aus betriebstechnischen Gründen nicht in der Anlage selbst zurückgehalten werden, dürfen sie in einer geeigneten Auffangvorrichtung der betrieblichen Kanalisation zurückgehalten werden, wenn sie von dort aus schadlos als Abfall entsorgt oder als Abwasser beseitigt werden können.

(1) 1. wenn die bei Leckagen oder Betriebsstörungen unvermeidbar aus der Anlage austretenden wassergefährdenden Stoffe in einer Auffangvorrichtung in der betrieblichen Kanalisation zurückgehalten werden, von wo aus sie schadlos entsorgt werden können,

(3) In den Fällen der Absätze 1 und 2 ist auf Grund einer Bewertung der Anlage, der möglichen Betriebsstörungen, des Anfalls wassergefährdender Stoffe, der Abwasseranlagen und der Empfindlichkeit der Gewässer in der Betriebsanweisung nach § 44 zu regeln, welche technischen und organisatorischen Maßnahmen zu treffen sind, um den Austritt wassergefährdender Stoffe zu erkennen und zu kontrollieren. Außerdem ist in der Betriebsanweisung zu regeln, ob die wassergefährdenden Stoffe getrennt vom Abwasser aufzufangen sind oder in die Abwasseranlagen eingeleitet werden dürfen.

(2) Auf Grund einer Bewertung der Anlage, der möglichen Betriebsstörungen, des Anfalls wassergefährdender Stoffe, der Abwasseranlagen und der Gewässerbelastungen ist in der Betriebsanweisung nach § 3 Nr. 6 zu regeln, in welchem Umfang die wassergefährdenden Stoffe getrennt erfasst, kontrolliert und eingeleitet werden dürfen.

(4) Die Teile von Abwasseranlagen, die nach Absatz 2 oder § 19 Absatz 2 Satz 1 auch für die Rückhaltung wassergefährdender Stoffe oder nach Absatz 1 genutzt werden dürfen, müssen flüssigkeitsundurchlässig ausgeführt werden und sind von den Sachverständigen in die Prüfungen nach § 46 einzubeziehen, wenn die zugehörige Anlage prüfpflichtig ist.

§ 23 Anforderungen an das Befüllen und Entleeren

§ 20 Befüllen

(1) Wer eine Anlage befüllt oder entleert, hat diesen Vorgang zu überwachen und sich vor Beginn der Arbeiten von dem ordnungsgemä-

ßen Zustand der dafür erforderlichen Sicherheitseinrichtungen zu überzeugen. Die zulässigen Belastungsgrenzen der Anlage und der Sicherheitseinrichtungen sind beim Befüllen oder Entleeren einzuhalten.

(2) Behälter in Anlagen zum Umgang mit flüssigen wassergefährdenden Stoffen dürfen nur mit festen Leitungsanschlüssen unter Verwendung einer Überfüllsicherung befüllt werden.

Bei Anlagen zum Herstellen, Behandeln oder Verwenden flüssiger wassergefährdender Stoffe sowie bei oberirdischen Behältern jeweils mit einem Rauminhalt von bis zu 1,25 Kubikmetern, die nicht miteinander verbunden sind, sind auch andere technische oder organisatorische Sicherungsmaßnahmen, die zu einem gleichwertigen Sicherheitsniveau führen, zulässig.

Bei Anlagen zum Abfüllen nicht ortsfest benutzter Behälter mit einem Volumen von mehr als 1,25 Kubikmetern kann die Überfüllsicherung durch eine volumen- oder gewichtsabhängige Steuerung ersetzt werden.

(3) Behälter in Anlagen zum Lagern von Brennstoffen nach § 2 Absatz 11 Satz 1 Nummer 2, Dieselkraftstoffen, Ottokraftstoffen oder Kraftstoffen, die aus Biomasse hergestellte Stoffe unabhängig von ihrem Anteil enthalten, dürfen aus Straßentankwagen, Aufsetztanks und ortsbeweglichen Tanks nur unter Verwendung einer selbsttätig schließenden Abfüllsicherung befüllt werden. Heizölverbraucheranlagen mit einem Volumen von bis zu 1,25 Kubikmetern dürfen abweichend von Satz 1 auch unter Verwendung selbsttätig schließender Zapfventile befüllt werden.

(1) Behälter in Anlagen zum Lagern und Abfüllen wassergefährdender flüssiger Stoffe dürfen nur mit festen Leitungsanschlüssen und nur unter Verwendung einer Überfüllsicherung, die rechtzeitig vor Erreichen des zulässigen Flüssigkeitsstands den Füllvorgang selbsttätig unterbricht oder akustischen Alarm auslöst, befüllt werden.
Dies gilt nicht für einzeln benutzte oberirdische Behälter mit einem Rauminhalt von nicht mehr als 1.000 l, wenn sie mit einem selbsttätig schließenden Zapfventil befüllt werden.

Gleiches gilt für das Befüllen ortsbeweglicher Behälter in Abfüllanlagen.

(2) Behälter in Anlagen zum Lagern von Heizöl EL, Dieselkraftstoff und Ottokraftstoffen dürfen aus Straßentankwagen und Aufsetztanks nur unter Verwendung einer selbsttätig schließenden Abfüllsicherung befüllt werden.

(3) Abweichend von Abs. 1 Satz 1 kann die (für den Vollzug des Wasserrechts zuständige oberste Landesbehörde) bestimmen, dass auf feste Leitungsanschlüsse und eine Überfüllsicherung verzichtet werden kann, wenn sichergestellt wird, dass auf andere Weise ein Überfüllen ausgeschlossen ist.

(4) Abtropfende Flüssigkeiten sind aufzufangen.

§ 24 Pflichten bei Betriebsstörungen; Instandsetzung

§ 8 Allgemeine Betriebs- und Verhaltensvorschriften - Anzeigepflicht

(1) Kann bei einer Betriebsstörung nicht ausgeschlossen werden, dass wassergefährdende Stoffe aus Anlagenteilen austreten, hat der Betreiber unverzüglich Maßnahmen zur Schadensbegrenzung zu ergreifen. Er hat die Anlage unverzüglich außer Betrieb zu nehmen, wenn er eine Gefährdung oder Schädigung eines Gewässers nicht auf andere Weise verhindern kann; soweit erforderlich, ist die Anlage zu entleeren.

(1) Wer eine Anlage betreibt, hat diese bei Schadensfällen und Betriebsstörungen unverzüglich außer Betrieb zu nehmen, wenn er eine Gefährdung oder Schädigung eines Gewässers nicht auf andere Weise verhindern oder unterbinden kann; soweit erforderlich ist die Anlage zu entleeren.

(2) Wer eine Anlage betreibt, befüllt, entleert, ausbaut, stilllegt, instand hält, instand setzt, reinigt, überwacht oder überprüft, hat das Austreten wassergefährdender Stoffe in einer nicht nur unerheblichen Menge unverzüglich der zuständigen Behörde oder einer Polizeidienststelle anzuzeigen.

(2) Wer eine Anlage betreibt, befüllt oder entleert, instandhält, instandsetzt, reinigt, überwacht oder überprüft, hat das Austreten eines wassergefährdenden Stoffes von einer nicht nur unbedeutenden Menge unverzüglich der zuständigen Behörde oder der nächsten Polizeidienststelle anzuzeigen, sofern die Stoffe in ein oberirdisches Gewässer, eine Abwasseranlage oder in den Boden eingedrungen sind oder aus sonstigen Gründen eine Verunreinigung oder Gefährdung eines Gewässers nicht auszuschließen ist.

Die Verpflichtung besteht auch bei dem Verdacht, dass wassergefährdende Stoffe in einer nicht nur unerheblichen Menge bereits ausgetreten sind, wenn eine Gefährdung eines Gewässers oder von Abwasseranlagen nicht auszuschließen ist.

Die Verpflichtung besteht auch beim Verdacht, dass wassergefährdende Stoffe bereits aus einer Anlage ausgetreten sind und eine solche Gefährdung entstanden ist.

Anzeigepflichtig ist auch, wer das Austreten wassergefährdender Stoffe verursacht hat oder Maßnahmen zur Ermittlung oder Beseitigung wassergefährdender Stoffe durchführt, die aus Anlagen ausgetreten sind.

(3) Anzeigepflichtig nach Abs. 2 ist auch, wer das Austreten wassergefährdender Stoffe aus einer Anlage verursacht hat.

Falls Dritte, insbesondere Betreiber von Abwasseranlagen oder Wasserversorgungsunternehmen, betroffen sein können, hat der Betreiber diese unverzüglich zu unterrichten.

(3) Für die Instandsetzung einer Anlage oder eines Teils einer Anlage ist auf der Grundlage einer Zustandsbegutachtung ein Instandsetzungskonzept zu erarbeiten.

Abschnitt 3 Besondere Anforderungen an die Rückhaltung bei bestimmten Anlagen

§ 25 Vorrang der Regelungen des Abschnitts 3

Soweit dieser Abschnitt für bestimmte Anlagen besondere Anforderungen an die Rückhaltung wassergefährdender Stoffe vorsieht oder nach diesem Abschnitt unter bestimmten Voraussetzungen eine Rückhaltung nicht erforderlich ist, gehen diese Regelungen den jeweiligen Anforderungen nach § 18 Absatz 1 bis 3 vor.

§ 26 Besondere Anforderungen an Anlagen zum Lagern, Abfüllen, Herstellen, Behandeln oder Verwenden fester wassergefährdender Stoffe

(1) Anlagen zum Lagern, Abfüllen, Herstellen, Behandeln oder Verwenden fester wassergefährdender Stoffe bedürfen keiner Rückhaltung, wenn
1. sich diese Stoffe
   a) in dicht verschlossenen Behältern oder Verpackungen befinden, die gegen Beschädigung geschützt und gegen Witterungseinflüsse und die Stoffe beständig sind, oder

   b) in geschlossenen oder vor Witterungseinflüssen geschützten Räumen befinden, die eine Verwehung verhindern, und

2. die Bodenfläche den betriebstechnischen Anforderungen genügt.

(2) Anlagen zum Lagern, Abfüllen, Herstellen, Behandeln oder Verwenden fester wassergefährdender Stoffe, bei denen der Zutritt von Niederschlagswasser oder anderem Wasser zu diesen Stoffen nicht unter allen Betriebsbedingungen verhindert werden kann, bedürfen keiner Rückhaltung, wenn

§ 14 Anlagen einfacher oder herkömmlicher Art zum Lagern, Abfüllen und Umschlagen fester Stoffe (zu § 19 h Abs. 1 Satz 2 Nr. 1 WHG)

(1) Anlagen zum Lagern, Abfüllen und Umschlagen fester Stoffe sind einfach oder herkömmlich, wenn sie der Gefährdungsstufe A gemäß § 6 Abs. 3 entsprechen.

(2) Anlagen zum Lagern, Abfüllen und Umschlagen fester Stoffe sind einfach oder herkömmlich,

1. wenn die Stoffe in dicht verschlossenen gegen Beschädigungen geschützten und gegen Witterungseinflüsse und die Stoffe beständigen Behältern oder Verpackungen oder

2. geschlossenen Räumen gelagert, abgefüllt oder umgeschlagen werden. Geschlossenen Räumen stehen Plätze gleich, die gegen Witterungseinflüsse durch Überdachung und seitlichen Abschluss so geschützt sind, dass die Stoffe nicht austreten können.

wenn die Anlagen eine gegen die Stoffe unter allen Betriebs- und Witterungsbedingungen beständige und undurchlässige Bodenfläche haben

1. die Löslichkeit der wassergefährdenden Stoffe in Wasser unter 10 Gramm pro Liter liegt,
2. mit den festen wassergefährdenden Stoffen so umgegangen wird, dass eine nachteilige Veränderung der Eigenschaften von Gewässern durch ein Verwehen, Abschwemmen, Auswaschen oder sonstiges Austreten dieser Stoffe oder von mit diesen Stoffen verunreinigtem Niederschlagswasser verhindert wird, und
3. die Flächen, auf denen mit den festen wassergefährdenden Stoffen umgegangen wird, so befestigt sind, dass das dort anfallende Niederschlagswasser auf der Unterseite der Befestigung nicht austritt und ordnungsgemäß als Abwasser beseitigt oder ordnungsgemäß als Abfall entsorgt wird.

§ 27 Besondere Anforderungen an Anlagen zum Lagern oder Abfüllen fester Stoffe, denen flüssige wassergefährdende Stoffe anhaften

Bei Anlagen zum Lagern oder Abfüllen fester Stoffe, denen flüssige wassergefährdende Stoffe anhaften, ist abweichend von § 18 Absatz 3 für die Bemessung des Volumens der Rückhalteinrichtungen das Volumen flüssiger wassergefährdender Stoffe maßgeblich, das sich ansammeln kann. Ist dieses nicht bekannt, ist ein Volumen von 5 Prozent des Anlagenvolumens anzusetzen.

§ 28 Besondere Anforderungen an Umschlagflächen für wassergefährdende Stoffe

(1) Die Umschlagflächen von Umschlaganlagen für flüssige wassergefährdende Stoffe müssen flüssigkeitsundurchlässig sein. Das dort anfallende Niederschlagswasser ist ordnungsgemäß als Abfall zu entsorgen oder nach Maßgabe von § 19 Absatz 2 Satz 1 ordnungsgemäß als Abwasser zu beseitigen. Für Umschlagflächen von Umschlaganlagen für feste wassergefährdende Stoffe gilt § 26 Absatz 1 entsprechend.

(2) An Verkehrsflächen, die dem Rangieren von Transportmitteln mit Transportbehältern und Verpackungen mit wassergefährdenden Stoffen dienen, werden über die betrieblichen Anforderungen hinaus keine Anforderungen gestellt.

§ 29 Besondere Anforderungen an Umschlaganlagen des intermodalen Verkehrs

(1) Flächen von Umschlaganlagen des intermodalen Verkehrs sind diejenigen, auf denen wassergefährdende Stoffe in Ladeeinheiten oder Straßenfahrzeugen, die gefahrgutrechtlich gekennzeichnet sind, umgeladen werden. Flächen nach Satz 1 müssen in Beton- oder Asphaltbauweise so befestigt sein, dass das dort anfallende Niederschlagswasser auf der Unterseite nicht austritt und nach Maßgabe von § 19 Absatz 2 Satz 1 ordnungsgemäß als Abwasser beseitigt wird oder ordnungsgemäß als Abfall entsorgt wird.

(2) Umschlaganlagen des intermodalen Verkehrs müssen über eine flüssigkeitsundurchlässige Havariefläche oder -einrichtung verfügen, auf der Ladeeinheiten oder Straßenfahrzeuge, aus denen wassergefährdende Stoffe austreten, abgestellt werden können und auf der wassergefährdende Stoffe zurückgehalten werden. Das auf den Havarieflächen anfallende Niederschlagswasser ist nach Maßgabe von § 19 Absatz 2 Satz 1 ordnungsgemäß als Abwasser zu beseitigen oder ordnungsgemäß als Abfall zu entsorgen.

(3) § 28 Absatz 2 gilt entsprechend.

§ 30 Besondere Anforderungen an Anlagen zum Laden und Löschen von Schiffen sowie an Anlagen zur Betankung von Wasserfahrzeugen

(1) Anlagen zum Laden und Löschen von Schiffen mit wassergefährdenden Stoffen sowie Anlagen zur Betankung von Wasserfahrzeugen bedürfen schiffsseitig keiner Rückhaltung.

(2) Beim Laden und Löschen unverpackter flüssiger wassergefährdender Stoffe und beim Betanken von Wasserfahrzeugen müssen jedoch folgende besondere Anforderungen erfüllt sein:

Muster-Anhang zur § 4 Abs.1 der Muster-VAwS der LAWA

Anlage 1

2.2.4 Laden und Löschen von Schiffen mit Rohrleitungen

Für das Laden und Löschen von Schiffen mit Rohrleitungen gilt:

1. die land- und schiffsseitigen Sicherheitssysteme sind aufeinander abzustimmen;

2. beim Laden und Löschen im Druckbetrieb müssen Abreißkupplungen verwendet werden, die beidseitig selbsttätig schließen;

1. Beim Umschlag im Druckbetrieb muss die Umschlagnanlage mit einem Sicherheitssystem mit Schnellschlusseinrichtungen ausgestattet sein, das selbsttätig land- und schiffsseitig den Förderstrom unterbricht und die Leitungsverbindung dazwischen öffnet, wenn und bevor die Leitungsverbindung infolge Abtreiben des Schiffes zerstört werden kann.

3. beim Saugbetrieb muss sichergestellt sein, dass bei einem Schaden an der Saugleitung die angeschlossenen Behälter durch Heberwirkung nicht leerlaufen können;

2. Beim Saugbetrieb muss sichergestellt sein, dass bei einem Schaden an der Saugleitung das Transportmittel nicht durch Heberwirkung leerlaufen kann.

4. soweit sich Rohrleitungen oder Schläuche über Gewässern befinden, ist durch Maßnahmen technischer oder organisatorischer Art sicherzustellen, dass der bestmögliche Schutz der Gewässer vor nachteiligen Veränderungen ihrer Eigenschaft erreicht wird.

(3) Schüttgüter sind so zu laden und zu löschen, dass der Eintrag von festen wassergefährdenden Stoffen in oberirdische Gewässer durch geeignete Maßnahmen verhindert wird.

§ 31 Besondere Anforderungen an Fass- und Gebindelager

2.1.3 Anforderungen an Fass und Gebindelager

(1) Bei Fass- und Gebindelagern müssen die wassergefährdenden Stoffe in dicht verschlossenen Behältern oder Verpackungen gelagert werden, die

1. gefahrgutrechtlich zugelassen sind oder
2. gegen die Flüssigkeiten beständig und gegen Beschädigung, im Freien auch gegen Witterungseinflüsse, geschützt sind.

(2) Fass- und Gebindelager müssen über eine Rückhalteeinrichtung mit einem Rückhaltevolumen verfügen, das sich abweichend von § 18 Absatz 3 Satz 1 Nummer 1 wie folgt bestimmt:

Maßgebendes Volumen V_{ges} der Anlage in m^3	Rückhaltevolumen
≤ 100	10 % von V_{ges}, wenigstens Rauminhalt des größten Behältnisses
$> 100 \leq 1000$	3 % von V_{ges}, wenigstens 10 m^3
> 1000	2 % von V_{ges}, wenigstens 30 m^3

Die Größe des nach Tabelle 2.1 erforderlichen Auffangraumes R1 oder R2 ist wie folgt zu staffeln:

Gesamtrauminhalt V_{ges} in m³	Rauminhalt des Rückhaltevermögens
≤ 100	10 % von V_{ges}, wenigstens Rauminhalt des größten Behältnisses
$> 100 \leq 1000$	3 % von V_{ges}, wenigstens 10 m³
> 1000	2 % von V_{ges}, wenigstens 30 m³

(3) Bei Fass- und Gebindelagern für ortsbewegliche Behälter und Verpackungen mit einem Einzelvolumen von bis zu 0,02 Kubikmetern oder für restentleerte Behälter und Verpackungen ist abweichend von Absatz 2 eine flüssigkeitsundurchlässige Fläche ohne definiertes Rückhaltevolumen ausreichend, sofern ausgetretene wassergefährdende Stoffe schnell aufgenommen werden können und die Schadenbeseitigung mit einfachen betrieblichen Mitteln gefahrlos möglich ist.

§ 32 Besondere Anforderungen an Abfüllflächen von Heizölverbraucheranlagen

Abfüllflächen von Heizölverbraucheranlagen bedürfen keiner Rückhaltung, wenn die Heizölverbraucheranlage aus hierfür zugelassenen Straßentankwagen im Vollschlauchsystem befüllt wird und hierbei eine zugelassene selbsttätig schließende Abfüllsicherung und ein Grenzwertgeber verwendet werden. Satz 1 gilt auch für Heizölverbraucheranlagen mit einem Volumen von bis zu 1,25 Kubikmetern, die unter Verwendung eines selbsttätig schließenden Zapfventils befüllt werden.

§ 33 Besondere Anforderungen an Abfüllflächen von bestimmten Anlagen zum Verwenden flüssiger wassergefährdender Stoffe

Abfüllflächen als Teile von Anlagen zum Verwenden flüssiger wassergefährdender Stoffe, bei denen auf Grund des Einsatzzweckes davon auszugehen ist, dass sie grundsätzlich nur einmal befüllt oder entleert werden, bedürfen

2.1.4 Kleingebindeläger

Bei Fass- und Gebindelägern, deren größter Behälter einen Rauminhalt von 20 l nicht überschreitet genügt R0, wenn die Stoffe

– im Freien in dauern dicht verschlossenen, gegen Beschädigung geschützten und gegen Witterungseinflüsse beständigen Gefäßen oder Verpackungen oder
– in gschlossenen Räumen gelagert werden

und die Schadensbeseitigung mit einfachen betrieblichen Mitteln möglich und in der Betriebsanweisung dargelegt ist.
Als Befestigung ist eine Fläche F1 erforderlich.

Alternative: Als Befestigung ist eine stoffundurchlässige Fläche erforderlich

2.2.3 Heizölverbraucheranlagen

Beim Befüllen von Heizölverbraucheranlagen werden an die Abfüllplätze keine besonderen Anforderungen gestellt. § 20 bleibt unberührt.

keiner Rückhaltung. Zu den Anlagen im Sinne
von Satz 1 gehören insbesondere Hydraulikanlagen sowie ölgefüllte Transformatoren.

**2.1.5 Besondere Anforderungen an Anlagen
zum Verwenden wassergefährdender Stoffe
bis zur Wassergefährdungsklasse 2 in Was-
serkraftwerken**

Anlage/Anlagenteil	Volumen in m^3	WGK 1	WGK 2
Kaplan-Laufrad	$> 0,1 \leq 10$	F0+R0+I1	F0+R0+I1+I2
Regeleinrichtung, Windkessel, Pumpengruppe zur Druckölerzeugung	$> 0,1 \leq 10$	F1+R0+I1	F0+R1+I1
Ölbehälter	$> 10 \leq 100$	F1+R0+I1	F0+R1+I1
außerhalb Betriebswasser:	$\leq 0,1$	F0+R0+I0	F0+R0+I0
ölgeschmiertes Führungslager und Spurlager, Turbinengetriebe	$0,1 \leq 10$	F1+R0+I1	F1+R1+I1
innerhalb Betriebswasser: ölgeschmiertes Führungslager und Spurlager, Turbinengetriebe	≤ 10	F0+R0+I1	F0+R0+I1+I2
fettgeschmiertes unteres Führungslager	-	F0+R0+I0	F0+R0+I0
Leitschaufellager	$\leq 0,001$	F0+R0+I0	F0+R0+I0
Kühler für Regleröle	$> 0,1 \leq 1$	F0+R0+I0	F0+R0+I0
Steueröle und Lageröle	$> 1 \leq 10$	F1+R0+I1	F1+R1+I1 F0+R3+I0
Hydraulikanlagen in Wehren, Absperrorganen und Schützen: - Druckölerzeugung - Arbeitszylinder (Servomotor) - Rohrleitungen - Druckschläuche	$> 0,1 \leq 10$	F0+R0+I1	F1+R1+I1

Soweit in der Tabelle keine besonderen Anforderungen festgelegt sind, gelten für Anlagen
in oder über Gewässern die Anforderungen
F0+R0+I1+I2. Flexible Rohrleitungen dürfen
nur dann über oberirdischen Gewässern verwendet werden, wenn dies betriebsbedingt erforderlich ist.

Grundsätzlich ist ein Gewässerschutz-Alarmplan mit betriebsinternen Maßnahmen aufzustellen. Der Betreiber hat die sachlichen und
personellen Voraussetzungen zur Vermeidung
von Gewässerschäden bei Störungen zu schaffen. Dazu gehören z.B. je nach Größe der Anlage Ölauffang- und Ölbindemittel sowie Umfüllmöglichkeiten und besonders unterwiesenes Personal mit geeigneter Ausrüstung. Diese
Maßnahmen entfallen, wenn die örtlichen Voraussetzungen die Inanspruchnahme entspre-

chend ausgerüsteter Feuerwehren oder anderer Katastrophendienste gestatten.

Alternative:

Es ist ein Gewässerschutz-Alarmplan mit betriebsinternen Maßnahmen aufzustellen. Der Betreiber hat die sachlichen und personellen Voraussetzungen zur Vermeidung von Gewässerschäden bei Störungen zu schaffen. Dazu gehören z.B. je nach Größe der Anlage Ölauffang- oder Ölbindemittel sowie Umfüllmöglichkeiten und besonders unterwiesenes Personal mit geeigneter Ausrüstung. Diese Maßnahmen entfallen, wenn die örtlichen Voraussetzungen die Inanspruchnahme entsprechend ausgerüsteter Feuerwehren oder anderer Katastrophendienste gestatten.

§ 34 Besondere Anforderungen an Anlagen zum Verwenden wassergefährdender Stoffe im Bereich der Energieversorgung und in Einrichtungen des Wasserbaus

(1) Oberirdische Anlagen zum Verwenden flüssiger wassergefährdender Stoffe der Wassergefährdungsklasse 1 oder Wassergefährdungsklasse 2 als Kühl-, Schmier- oder Isoliermittel oder als Hydraulikflüssigkeit im Bereich der Energieversorgung und in Einrichtungen des Wasserbaus, die über ein Volumen von bis zu 10 Kubikmetern verfügen, bedürfen keiner Rückhaltung, wenn sie die Anforderungen nach den Absätzen 2 und 3 erfüllen.

(2) Anlagen und Anlagenteile einschließlich Rohrleitungen, die betriebs- oder bauartbedingt nicht über eine Rückhalteeinrichtung verfügen können, sind durch selbsttätige Störmeldeeinrichtungen in Verbindung mit einer ständig besetzten Betriebsstelle oder Messwarte oder durch regelmäßige Kontrollgänge zu überwachen. Für sie sind Alarm- und Maßnahmepläne aufzustellen, die wirksame Maßnahmen und Vorkehrungen zur Vermeidung von Gewässerschäden beschreiben und die mit den in die Maßnahmen einbezogenen Stellen abgestimmt sind. Die Alarm- und Maßnahmepläne sind der zuständigen Behörde auf Verlangen vorzulegen.

(3) Werden Kühler mit Direktkontakt zum Wasser eingesetzt, sind sie als Doppelrohrkühler, Zweikreiskühler oder als diesen Kühlern technisch gleichwertige Kühlsysteme auszuführen. Die Kühlsysteme sind mit automatischen Störmeldeeinrichtungen auszurüsten.

§ 35 Besondere Anforderungen an Erdwärmesonden und -kollektoren, Solarkollektoren und Kälteanlagen

(1) Für Erdwärmesonden und -kollektoren, Solarkollektoren und Kälteanlagen, in denen wassergefährdende Stoffe im Bereich der gewerblichen Wirtschaft oder im Bereich öffentlicher Einrichtungen verwendet werden, gelten die Absätze 2 bis 4.

(2) Die Wärmeträgerkreisläufe von Erdwärmesonden und -kollektoren dürfen unterirdisch nur einwandig ausgeführt werden, wenn
1. sie aus einem werkseitig geschweißten Sondenfuß und endlosen Sondenrohren bestehen,
2. sie durch selbsttätige Überwachungs- und Sicherheitseinrichtungen so gesichert sind, dass im Fall einer Leckage des Wärmeträgerkreislaufs die Umwälzpumpe sofort abgeschaltet und ein Alarm ausgelöst wird, und
3. als Wärmeträgermedium nur die folgenden Stoffe oder Gemische verwendet werden:
   a) nicht wassergefährdende Stoffe oder
   b) Gemische der Wassergefährdungsklasse 1, deren Hauptbestandteile Ethylen- oder Propylenglycol sind.
Sind die Anforderungen nach Satz 1 erfüllt, finden § 18 Absatz 1 bis 3 und § 21 Absatz 2 Satz 2 keine Anwendung.

(3) Solarkollektoren und Kälteanlagen im Freien mit flüssigen wassergefährdenden Stoffen bedürfen keiner Rückhaltung, wenn
1. sie durch selbsttätige Überwachungs- und Sicherheitseinrichtungen so gesichert sind, dass im Fall einer Leckage die Umwälzpumpe sofort abgeschaltet und Alarm ausgelöst wird,
2. sie als Wärmeträgermedien nur die folgenden Stoffe oder Gemische verwenden:
   a) nicht wassergefährdende Stoffe oder

b) Gemische der Wassergefährdungsklasse 1, deren Hauptbestandteile Ethylen- oder Propylenglycol sind, und

3. Kühlaggregate auf einer befestigten Fläche aufgestellt sind.

(4) Kälteanlagen mit gasförmigen wassergefährdenden Stoffen der Wassergefährdungsklasse 1 bedürfen keiner Rückhaltung.

§ 36 Besondere Anforderungen an unterirdische Ölkabel- und Massekabelanlagen

Bei unterirdischen Massekabelanlagen sind Einrichtungen zur Rückhaltung von Kabeltränkmasse nicht erforderlich. Bei unterirdischen Ölkabelanlagen sind Einrichtungen zur Rückhaltung von Isolierölen nicht erforderlich, wenn der Betreiber die Anlagen elektrisch und hydraulisch durch selbsttätige Störmeldeeinrichtungen überwacht, Störungen in einer ständig besetzten Betriebsstelle angezeigt werden und die Betriebswerte ständig erfasst und auf die Abweichung von Sollwerten kontrolliert werden.

2.3 Anforderungen an oberirdische Rohrleitungen

Wassergefährungsklasse	Maßnahmen
1	F0+R0+I1
2	F1+R0+I1+I2
3	F1+R1+I1+I2

Bei Rohrleitungen für Jauche, Gülle und Silagesickersäfte genügen die Anforderungen F0+R0+I0.

Alternative:

Wassergefährungsklasse	Maßnahmen
1	R0
2	R1
3	R1

Bei Rohrleitungen für Jauche, Gülle und Silagesickersäfte genügen die Anfoerderungen F0+R0+I0.

Die Anforderungen an oberirdische Rohrleitungen sind auch eingehalten, wenn es sich um Rohrleitungen handelt, deren Aufbau § 12 Abs. 2 S. 2 der Verordnung entspricht oder die

Anforderungen einer höheren Wassergefährdungsklasse eingehalten werden.

§ 37 Besondere Anforderungen an Biogasanlagen mit Gärsubstraten landwirtschaftlicher Herkunft

(1) Abweichend von § 18 Absatz 1 bis 3 ist die Rückhaltung wassergefährdender Stoffe in Biogasanlagen, in denen ausschließlich Gärsubstrate nach § 2 Absatz 8 eingesetzt werden, nach Maßgabe der Absätze 2 bis 5 auszugestalten.

(2) Einwandige Anlagen mit flüssigen allgemein wassergefährdenden Stoffen müssen mit einem Leckageerkennungssystem ausgestattet sein. Anlagen zur Lagerung von festen Gärsubstraten oder festen Gärresten müssen über eine flüssigkeitsundurchlässige Lagerfläche verfügen; sie bedürfen keines Leckageerkennungssystems.

(3) Anlagen, bei denen Leckagen oberhalb der Geländeoberkante auftreten können, sind mit einer Umwallung zu versehen, die das Volumen zurückhalten kann, das bei Betriebsstörungen bis zum Wirksamwerden geeigneter Sicherheitsvorkehrungen freigesetzt werden kann, mindestens aber das Volumen des größten Behälters; dies gilt nicht für die Lageranlagen für feste Gärsubstrate oder feste Gärreste. Einzelne Anlagen nach § 2 Absatz 14 können mit einer gemeinsamen Umwallung ausgerüstet werden.

(4) Unterirdische Behälter, Rohrleitungen sowie Sammeleinrichtungen, in denen regelmäßig wassergefährdende Stoffe angestaut werden, dürfen einwandig ausgeführt werden, wenn sie mit einem Leckageerkennungssystem ausgerüstet sind und den technischen Regeln entsprechen.

(5) Unterirdische Behälter, bei denen der tiefste Punkt der Bodenplattenunterkante unter dem höchsten zu erwartenden Grundwasserstand liegt, sowie unterirdische Behälter in Schutzgebieten sind als doppelwandige Behälter mit Leckanzeigesystem auszuführen.

(6) Erdbecken sind für die Lagerung von Gärresten aus dem Betrieb von Biogasanlagen nicht zulässig.

§ 38 Besondere Anforderungen an oberirdische Anlagen zum Umgang mit gasförmigen wassergefährdenden Stoffen

(1) Oberirdische Anlagen zum Umgang mit gasförmigen wassergefährdenden Stoffen bedürfen keiner Rückhaltung.

(2) Abweichend von Absatz 1 sind auf der Grundlage einer Gefährdungsabschätzung Maßnahmen zur Schadenerkennung, zur Rückhaltung sowie zur ordnungsgemäßen und schadlosen Verwertung oder Beseitigung der Stoffe zu treffen, wenn
1. mit gasförmigen wassergefährdenden Stoffen umgegangen wird, die auf Grund ihrer chemischen oder physikalischen Eigenschaften bei einer Betriebsstörung flüssig austreten können, oder
2. bei Schadenbekämpfungsmaßnahmen Stoffe anfallen können, die mit ausgetretenen wassergefährdenden Stoffen verunreinigt sind.

(3) Für Anlagen mit einer maßgebenden Masse bis zu 1 Tonne gasförmiger wassergefährdender Stoffe sind auch beim Vorliegen der Voraussetzungen nach Absatz 2 keine Rückhaltemaßnahmen erforderlich, wenn die Behälter den gefahrgutrechtlichen Anforderungen genügen und die Schadenbeseitigung mit einfachen betrieblichen Mitteln möglich ist.

§ 13 Anlagen einfacher oder herkömmlicher Art zum Lagern, Abfüllen und Umschlagen für flüssige und gasförmige Stoffe (zu § 19 h Abs. 1 Satz 2 Nr. 1 WHG)

(1) Anlagen zum Lagern, Abfüllen und Umschlagen flüssiger Stoffe sind einfach oder herkömmlich, wenn sie der Gefährdungsstufe A gem. § 6 Abs. 3 entsprechen.

(2) Andere Anlagen zum Lagern flüssiger Stoffe sind einfach oder herkömmlich

1. hinsichtlich ihres technischen Aufbaus, wenn

a) die Lagerbehälter doppelwandig sind und Undichtheiten der Behälterwände durch ein Leckanzeigegerät selbsttätig angezeigt werden oder

b) die Lagerbehälter als oberirdische einwandige Behälter in einem flüssigkeitsdichten Auffangraum stehen und Auffangräume so bemessen sind, dass das dem Rauminhalt des Behälters entsprechende Lagervolumen zurückgehalten werden kann; dient der Auffangraum mehreren oberirdischen Behältern, so ist für seine Bemessung nur der Rauminhalt des größten Behälters maßgebend; dabei müssen aber mindestens 10 Prozent des Gesamtvolumens der Anlage zurückgehalten werden können; kommunizierende Behälter gelten als ein Behälter sowie

2. hinsichtlich ihrer Einzelteile, wenn diese technischen Vorschriften oder Baubestimmungen entsprechen, die für die Beurteilung der Eigenschaft einfach oder herkömmlich eingeführt sind.

(3) Anlagen zum Lagern, Abfüllen und Umschlagen gasförmiger Stoffe sind einfach oder herkömmlich.

Abschnitt 4 Anforderungen an Anlagen in Abhängigkeit von ihren Gefährdungsstufen

§ 39 Gefährdungsstufen von Anlagen

(1) Betreiber haben Anlagen nach Maßgabe der nachstehenden Tabelle einer Gefährdungsstufe zuzuordnen. Bei flüssigen Stoffen ist das für die jeweilige Anlage maßgebende Volumen zugrunde zu legen, bei gasförmigen und festen Stoffen die für die jeweilige Anlage maßgebende Masse.

Volumen in Kubikmetern bzw. Masse in Tonnen	Wassergefährdungsklasse		
	1	2	3
≤ 0,22 oder 0,2	Stufe A	Stufe A	Stufe A
> 0,22 oder 0,2 ≤ 1	Stufe A	Stufe A	Stufe B
> 1 ≤ 10	Stufe A	Stufe B	Stufe C
> 10 ≤ 100	Stufe A	Stufe C	Stufe D
> 100 ≤ 1000	Stufe B	Stufe D	Stufe D
> 1000	Stufe C	Stufe D	Stufe D

§ 6 Gefährdungspotenzial

(1) Die Anforderungen an Anlagen zum Umgang mit wassergefährdenden Stoffen, vor allem zur Anordnung, dem Aufbau, den Schutzvorkehrungen und zur Überwachung, sind nach ihrem Gefährdungspotenzial zu stufen.

Ermittlung der Gefährdungsstufen	Wassergefährdungsklasse		
Volumen in m³ bzw. Masse in t	1	2	3
≤ 0,1	Stufe A	Stufe A	Stufe A
> 0,1 ≤ 1	Stufe A	Stufe A	Stufe B
> 1 ≤ 10	Stufe A	Stufe B	Stufe C
> 10 ≤ 100	Stufe A	Stufe C	Stufe D
> 100 ≤ 1000	Stufe B	Stufe D	Stufe D
> 1000	Stufe C	Stufe D	Stufe D

(2) Soweit in den Absätzen 3 bis 8 nichts anderes geregelt ist,

1. ist das maßgebende Volumen das Nennvolumen der Anlage einschließlich aller Anlagenteile oder nach sicherheitstechnischer Umrüstung das Volumen, das im Betrieb maximal genutzt werden kann und das auf nicht zu entfernende Art auf der Anlage angegeben ist, und

2. ist die maßgebende Masse die Masse wassergefährdender Stoffe, mit der in der Anlage einschließlich aller Anlagenteile umgegangen werden kann.

Betrieblich genutzte Absperreinrichtungen innerhalb einer Anlage bleiben außer Betracht.

(3) Bei Lageranlagen ergibt sich das maßgebende Volumen aus dem betriebstechnisch nutzbaren Rauminhalt aller zur Anlage gehörenden Behälter. Das maßgebende Volumen eines Fass- und Gebindelagers ergibt sich aus der Summe der Rauminhalte aller Behältnisse und Verpackungen, für die die Lageranlage ausgelegt ist.

(4) Bei Abfüllanlagen ist das maßgebende Volumen entweder der Rauminhalt, der sich beim größten Volumenstrom über einen Zeitraum von zehn Minuten ergibt, oder der Rauminhalt, der sich aus dem mittleren Tagesdurchsatz der Anlage ergibt, wobei der größere Wert maßgebend ist.

(5) Bei Anlagen zum Umladen wassergefährdender Stoffe in Behältern oder Verpackungen von einem Transportmittel auf ein anderes, sowie bei Anlagen zum Laden und Löschen von Stückgut oder losen Schüttungen von Schiffen entspricht das maßgebende Volumen oder die maßgebende Masse der größten Umladeeinheit, für die die Anlage ausgelegt ist.

(6) Bei Anlagen zum Herstellen, Behandeln oder Verwenden wassergefährdender Stoffe bestimmt sich das maßgebende Volumen nach dem unter Berücksichtigung der Verfahrenstechnik ermittelten größten Volumen, das bei bestimmungsgemäßem Betrieb in einer Anlage vorhanden ist.

(2) Das Gefährdungspotenzial hängt insbesondere ab vom Volumen der Anlage und der Gefährlichkeit der in der Anlage vorhandenen wassergefährdenden Stoffe, sowie der hydrogeologischen Beschaffenheit und Schutzbedürftigkeit des Aufstellungsortes.

(3) Das Volumen der Anlage und die Gefährlichkeit werden durch die in der folgenden Tabelle dargestellten Gefährdungsstufen berücksichtigt; bei gasförmigen Stoffen ist deren Masse anzusetzen. Für Anlagen mit Stoffen, deren Wassergefährdungsklasse (WGK) nicht sicher bestimmt ist, wird die Gefährdungsstufe nach WGK 3 ermittelt.

(7) Bei Rohrleitungsanlagen ist das maßgebende Volumen entweder der Rauminhalt, der sich beim größten Volumenstrom über einen Zeitraum von zehn Minuten zusätzlich zum Volumen der Rohrleitungsanlage ergibt, oder der Rauminhalt, der sich aus dem mittleren Tagesdurchsatz der Anlage ergibt, wobei der größere Wert maßgebend ist.

(8) Bei Anlagen zum Lagern, Abfüllen oder Umschlagen fester Stoffe, denen flüssige wassergefährdende Stoffe anhaften, ist das Volumen flüssiger wassergefährdender Stoffe maßgeblich, das sich ansammeln kann.

(9) Das maßgebende Volumen einer Biogasanlage ergibt sich aus der Summe der Volumina der in § 2 Absatz 14 genannten Anlagen.

(10) Bei Anlagen, in denen gleichzeitig mit wassergefährdenden Stoffen unterschiedlicher Wassergefährdungsklassen umgegangen wird, sind für die Ermittlung der Gefährdungsstufe die höchsten Wassergefährdungsklasse maßgebend, sofern der Anteil dieser Stoffe mehr als 3 Prozent des Gesamtinhalts der Anlage beträgt. Ist dieser Prozentsatz kleiner, ist die nächstniedrigere Wassergefährdungsklasse maßgebend.

(11) Anlagen zum Umgang mit allgemein wassergefährdenden Stoffen nach § 3 Absatz 2 werden keiner Gefährdungsstufe zugeordnet.

§ 7 weitergehende Anforderungen

Die zuständige Behörde kann an Anlagen nach § 19 g Abs. 1 und 2 WHG Anforderungen stellen, die über die in den allgemein anerkannten Regeln der Technik gemäß § 19 g Abs. 3 WHG, in dieser Verordnung, in einer Bauartzulassung oder in einer die Eignungsfeststellung nach § 19 h Abs. 3 WHG ersetzenden sonstigen Regelung festgelegten Anforderungen hinausgehen, wenn andernfalls auf Grund der besonderen Umstände des Einzelfalles die Voraussetzungen des § 19 g Abs. 1 oder Abs. 2 WHG nicht erfüllt sind.

§ 40 Anzeigepflicht

(1) Wer eine nach § 46 Absatz 2 oder Absatz 3 prüfpflichtige Anlage errichten oder wesentlich ändern will oder an dieser Anlage Maßnahmen ergreifen will, die zu einer Änderung der Gefährdungsstufe nach § 39 Absatz 1 führen, hat dies der zuständigen Behörde mindestens sechs Wochen im Voraus schriftlich anzuzeigen.

(2) Die Anzeige nach Absatz 1 muss Angaben zum Betreiber, zum Standort und zur Abgrenzung der Anlage, zu den wassergefährdenden Stoffen, mit denen in der Anlage umgegangen wird, zu bauaufsichtlichen Verwendbarkeitsnachweisen sowie zu den technischen und organisatorischen Maßnahmen, die für die Sicherheit der Anlage bedeutsam sind, enthalten.

(3) Nicht anzeigepflichtig nach Absatz 1 ist das Errichten von
1. Anlagen zum Lagern, Abfüllen oder Umschlagen wassergefährdender Stoffe, für die eine Eignungsfeststellung nach § 63 Absatz 1 des Wasserhaushaltsgesetzes beantragt wird, und
2. sonstigen Anlagen, die Gegenstand eines Zulassungsverfahrens nach anderen Rechtsvorschriften sind, sofern im Zulassungsverfahren auch die Erfüllung der Anforderungen dieser Verordnung sichergestellt wird.
Nicht anzeigepflichtig sind in den Fällen des Satzes 1 Nummer 2 auch zulassungsbedürftige wesentliche Änderungen der Anlage.

(4) Nach einem Wechsel des Betreibers einer nach § 46 Absatz 2 oder Absatz 3 prüfpflichtigen Anlage hat der neue Betreiber diesen Wechsel der zuständigen Behörde unverzüglich schriftlich anzuzeigen. Satz 1 gilt nicht für Betreiber von Heizölverbraucheranlagen.

§ 41 Ausnahmen vom Erfordernis der Eignungsfeststellung

(1) Die Eignungsfeststellung nach § 63 Absatz 1 des Wasserhaushaltsgesetzes ist über die in § 63 Absatz 2 und 3 des Wasserhaushaltsgesetzes geregelten Fälle hinaus nicht erforderlich für
1. Anlagen zum Lagern, Abfüllen oder Umschlagen gasförmiger wassergefährdender Stoffe sowie Anlagen zum Lagern, Abfüllen oder Umschlagen flüssiger oder fester was-

sergefährdender Stoffe der Gefährdungsstufe A,

2. Anlagen zum Lagern, Abfüllen oder Umschlagen von aufschwimmenden flüssigen Stoffen nach § 3 Absatz 2 Satz 1 Nummer 7,

3. Anlagen zum Lagern, Abfüllen oder Umschlagen von allgemein wassergefährdenden Stoffen, die keiner Prüfpflicht nach § 46 Absatz 2 oder Absatz 3 unterliegen,

4. Heizölverbraucheranlagen und

5. Anlagen mit einem Volumen von bis zu 1 Kubikmeter, die doppelwandig sind oder über ein Rückhaltevolumen verfügen, das das gesamte in der Anlage vorhandene Volumen wassergefährdender Stoffe zurückhalten kann.

(2) Eine Eignungsfeststellung ist für Anlagen der Gefährdungsstufen B und C sowie für nach § 46 Absatz 2 oder Absatz 3 prüfpflichtige Anlagen mit allgemein wassergefährdenden Stoffen nicht erforderlich, wenn

1. für alle Teile einer Anlage einschließlich ihrer technischen Schutzvorkehrungen einer der folgenden Nachweise vorliegt:

    a) ein CE-Kennzeichen, das zulässige Klassen und Leistungsstufen nach § 63 Absatz 3 Satz 1 Nummer 1 des Wasserhaushaltsgesetzes aufweist,

    b) Zulassungen oder Nachweise nach § 63 Absatz 3 Satz 1 Nummer 2 und Satz 2 des Wasserhaushaltsgesetzes oder

    c) bei Behältern und Verpackungen die Zulassungen nach gefahrgutrechtlichen Vorschriften und

2. durch das Gutachten eines Sachverständigen bestätigt wird, dass die Anlage insgesamt die Gewässerschutzanforderungen erfüllt.

Die Anlage darf wie geplant errichtet und betrieben werden, wenn die zuständige Behörde innerhalb einer Frist von sechs Wochen nach Vorlage der in Satz 1 Nummer 1 genannten Nachweise und des Gutachtens nach Satz 1 Nummer 2 weder die Errichtung oder den Betrieb untersagt noch Anforderungen an die Errichtung oder den Betrieb festgesetzt hat. Anforderungen nach anderen Rechtsbereichen bleiben unberührt.

(3) Bei Anlagen der Gefährdungsstufe D kann die zuständige Behörde von einer Eignungsfeststellung absehen, wenn die Anforderungen nach Absatz 2 Satz 1 erfüllt sind.

§ 16 Voraussetzungen für Eignungsfeststellung und Bauartzulassung (zu § 19 h Abs. 1 Satz 1 und 2 WHG)

Eine Eignungsfeststellung oder Bauartzulassung darf nur erteilt werden, wenn mindestens die Grundsatzanforderungen des § 3 erfüllt sind oder eine gleichwertige Sicherheit nachgewiesen wird.

§ 17 Eignungsfeststellung und andere behördliche Entscheidungen

Neben einer Genehmigung oder Erlaubnis nach gewerbe- oder baurechtlichen Vorschriften bedarf es einer Eignungsfeststellung nach § 19 h Abs. 1 Satz 1 WHG nicht. Die Genehmigung oder Erlaubnis darf nur in Einvernehmen mit der für die Eignungsfeststellung zuständigen Behörde erteilt werden.

§ 42 Antragsunterlagen für die Eignungsfeststellung

Dem Antrag auf Erteilung einer Eignungsfeststellung sind die zum Nachweis der Eignung erforderlichen Unterlagen beizufügen. Auf Verlangen der zuständigen Behörde ist dem Antrag ein Gutachten eines Sachverständigen beizufügen. Als Nachweise gelten auch Prüfbescheinigungen und Gutachten von in anderen Mitgliedstaaten der Europäischen Union und anderen Vertragsstaaten des Abkommens über den Europäischen Wirtschaftsraum zugelassenen Prüfstellen oder Sachverständigen, wenn die Anforderungen an die Prüfung der Anlage denen nach dieser Verordnung gleichwertig sind; für die Prüfbescheinigungen und Gutachten gilt § 52 Absatz 2 Satz 2 und 3 entsprechend.

§ 43 Anlagendokumentation

(1) Der Betreiber hat eine Anlagendokumentation zu führen, in der die wesentlichen Informationen über die Anlage enthalten sind. Hierzu zählen insbesondere Angaben zum Aufbau und zur Abgrenzung der Anlage, zu den einge-

§ 23 Überprüfung von Anlagen (zu § 19 i Abs. 2 Satz 3 WHG)

setzten Stoffen, zur Bauart und zu den Werkstoffen der einzelnen Anlagenteile, zu Sicherheitseinrichtungen und Schutzvorkehrungen,
zur Löschwasserrückhaltung und zur Standsicherheit. Die Dokumentation ist bei einem
Wechsel des Betreibers an den neuen Betreiber
zu übergeben.

(2) Ist die Anlage nach § 46 Absatz 2 oder
Absatz 3 prüfpflichtig, hat der Betreiber neben der Dokumentation nach Absatz 1 zusätzlich die Unterlagen bereitzuhalten, die für die
Prüfung der Anlage und für die Durchführung
fachbetriebspflichtiger Tätigkeiten nach § 45
erforderlich sind. Hierzu gehören insbesondere eine Dokumentation der Abgrenzung der
Anlage nach § 14 Absatz 1, eine erteilte Eignungsfeststellung, bauaufsichtliche Verwendbarkeitsnachweise sowie der letzte Prüfbericht
nach § 47 Absatz 3 Satz 1.

(3) Der Betreiber hat die Unterlagen nach Absatz 2 der zuständigen Behörde, Sachverständigen vor Prüfungen und Fachbetrieben nach
§ 62 vor fachbetriebspflichtigen Tätigkeiten jeweils auf Verlangen vorzulegen.

(4) Der Betreiber hat dem Sachverständigen
vor der Prüfung die für die Anlage erteilten behördlichen Bescheide sowie die vom Hersteller
ausgehändigten Bescheinigungen vorzulegen.

(4) Absatz 1 gilt nicht für Anlagen, die zu einem EMAS-Standort im Sinne von § 3 Nummer 12 des Wasserhaushaltsgesetzes gehören,
sofern der Anlagendokumentation vergleichbare Angaben enthalten sind in
1. einer der Registrierung zugrunde gelegten
   Umwelterklärung nach Artikel 2 Nummer
   18 der Verordnung (EG) Nr. 1221/2009
   des Europäischen Parlaments und des Rates
   vom 25. November 2009 über die freiwillige Teilnahme von Organisationen an einem Gemeinschaftssystem für Umweltmanagement und Umweltbetriebsprüfung und
   zur Aufhebung der Verordnung (EG) Nr.
   761/2001, sowie der Beschlüsse der Kommission 2001/681/EG und 2006/193/EG
   (ABl. L 342 vom 22.12.2009, S. 1), die
   durch Verordnung (EU) Nr. 517/2013 des
   Rates vom 13. Mai 2013 (ABl. L 158 vom
   10.6.2013, S. 1) geändert worden ist, die der
   zuständigen Behörde vorliegt und validiert
   worden ist, oder
2. einem Umweltbetriebsprüfungsbericht
   nach Anhang III Buchstabe C der Verordnung (EG) Nr. 1221/2009.

§ 11 Anlagenkataster

(1) Für mehrere Anlagen, die zusammen ein erhebliches Gefährdungspotenzial darstellen, ist auf Anordnung der (nach Landesrecht zuständigen Behörde) ein Anlagenkataster zu erstellen und fortzuschreiben.

(2) Das Anlagenkataster muss mindestens folgende Angaben umfassen:
1. eine Beschreibung der Anlagen, ihrer wesentlichen Merkmale, sowie der wassergefährdenden Stoffe nach Art und Volumen, die bei bestimmungsgemäßem Betrieb in den Anlagen vorhanden sein können,
2. eine Beschreibung der für den Gewässerschutz bedeutsamen Gefahrenquellen und der Vorkehrungen und Maßnahmen zur Vermeidung von Gewässerschäden bei Betriebsstörungen.

§ 44 Betriebsanweisung; Merkblatt

(1) Der Betreiber hat eine Betriebsanweisung vorzuhalten, die einen Überwachungs-, Instandhaltungs- und Notfallplan enthält und Sofortmaßnahmen zur Abwehr nachteiliger Veränderungen der Eigenschaften von Gewässern festlegt. Der Plan ist mit den Stellen abzustimmen, die im Rahmen des Notfallplans und der Sofortmaßnahmen beteiligt sind. Der Betreiber hat die Einhaltung der Betriebsanweisung und deren Aktualisierung sicherzustellen.

(2) Das Betriebspersonal der Anlage ist vor Aufnahme der Tätigkeit und dann regelmäßig in angemessenen Zeitabständen, mindestens jedoch einmal jährlich, zu unterweisen, wie es sich laut Betriebsanweisung zu verhalten hat. Die Durchführung der Unterweisung ist vom Betreiber zu dokumentieren

(3) Die Betriebsanweisung muss dem Betriebspersonal der Anlage jederzeit zugänglich sein.

(4) Die Absätze 1 bis 3 gelten nicht für

1. Anlagen der Gefährdungsstufe A,
2. Eigenverbrauchstankstellen,
3. Heizölverbraucheranlagen,

§ 3 Grundsatzanforderungen

6 Es ist grundsätzlich eine Betriebsanweisung mit Überwachungs-, Instandhaltungs- und Alarmplan aufzustellen und einzuhalten.

Eine Betriebsanweisung ist nicht erforderlich

bei Anlagen der Gefährdungsstufe A

und bei Heizölverbraucheranlagen.

4. Anlagen zum Umgang mit aufschwimmenden flüssigen Stoffen mit einem Volumen bis zu 100 Kubikmetern
5. Anlagen mit festen Gemischen bis zu 1.000 Tonnen.

Stattdessen ist bei Anlagen nach Satz 1 Nummer 3 das Merkblatt zu Betriebs- und Verhaltensvorschriften beim Betrieb von Heizölverbraucheranlagen nach Anlage 3 und bei Anlagen nach Satz 1 Nummer 1, 2, 4 und 5 das Merkblatt zu Betriebs- und Verhaltensvorschriften beim Umgang mit wassergefährdenden Stoffen nach Anlage 4 an gut sichtbarer Stelle in der Nähe der Anlage dauerhaft anzubringen. Auf das Anbringen des Merkblattes nach Anlage 4 kann verzichtet werden, wenn die dort vorgegebenen Informationen auf andere Weise in der Nähe der Anlage gut sichtbar dokumentiert sind. Bei Anlagen zum Verwenden wassergefährdender Stoffe der Gefährdungsstufe A, die im Freien außerhalb von Ortschaften betrieben werden, ist die gut sichtbare Anbringung einer Telefonnummer ausreichend, unter der bei Betriebsstörungen eine Alarmierung erfolgen kann.

Bei Heizölverbraucheranlagen haben die Betreiber die amtlich bekannt gemachten Merkblätter „Betriebs- und Verhaltensvorschriften beim Umgang mit wassergefährdenden Stoffen" an gut sichtbarer Stelle in der Nähe der Anlage dauerhaft anzubringen. Die Betriebsanweisung kann an einem nach der Verordnung (EWG) Nr. 1836/93 registrierten Standort durch Unterlagen ersetzt werden, die bei der Umweltbetriebsprüfung im Rahmen des Öko-Audits erstellt wurden.

§ 45 Fachbetriebspflicht; Ausnahmen

§ 24 Ausnahmen von der Fachbetriebspflicht

(1) Folgende Anlagen einschließlich der zu ihnen gehörenden Anlagenteile dürfen nur von Fachbetrieben nach § 62 errichtet, von innen gereinigt, instand gesetzt und stillgelegt werden:
1. unterirdische Anlagen,
2. oberirdische Anlagen zum Umgang mit flüssigen wassergefährdenden Stoffen der Gefährdungsstufen C und D,
3. oberirdische Anlagen zum Umgang mit flüssigen wassergefährdenden Stoffen der Gefährdungsstufe B innerhalb von Wasserschutzgebieten,
4. Heizölverbraucheranlagen der Gefährdungsstufen B, C und D,
5. Biogasanlagen,
6. Umschlaganlagen des intermodalen Verkehrs sowie
7. Anlagen zum Umgang mit aufschwimmenden flüssigen Stoffen nach § 3 Absatz 2 Satz 1 Nummer 7.

Tätigkeiten, die nicht von Fachbetrieben ausgeführt werden müssen, sind:

1. Alle Tätigkeiten gem. § 19 1 WHG an
   - Anlagen zum Umgang mit festen und gasförmigen wassergefährdenden Stoffen,
   - Anlagen zum Umgang mit Lebensmitteln und Genussmitteln,
   - Anlagen zum Umgang mit wassergefährdenden Flüssigkeiten der Gefährdungsstufen A und B gem. § 6 Abs. 3,
   - Feuerungsanlagen.

(2) Abweichend von Absatz 1 müssen Tätigkeiten an Anlagen oder Anlagenteilen, die keine unmittelbare Bedeutung für die Anlagensicherheit haben, nicht von Fachbetrieben ausgeführt werden.

2. Tätigkeiten an Anlagen oder Anlagenteilen nach § 19 g Abs. 1 und 2 WHG, die keine unmittelbare Bedeutung für die Sicherheit der Anlagen zum Umgang mit wassergefährdenden Stoffen haben. Dazu gehören vor allem folgende Tätigkeiten:

   - Herstellen von baulichen Einrichtungen für den Einbau von Anlagen, Grob- und Vormontagen von Anlagen und Anlagenteilen,
   - Herstellen von Räumen oder Erdwällen für die spätere Verwendung als Auffangraum,
   - Ausheben von Baugruben für alle Anlagen,
   - Aufbringen von Isolierungen, Anstrichen und Beschichtungen, sofern diese nicht Schutzvorkehrungen sind,
   - Einbauen, Aufstellen, Instandhalten und Instandsetzen von Elektroinstallationen einschließlich Mess-, Steuer- und Regelanlagen.

3. Instandsetzen, Instandhalten und Reinigen von Anlagen und Anlagenteilen zum Umgang mit wassergefährdenden Stoffen im Zuge der Herstellungs-, Behandlungs- und Verwendungsverfahren, wenn die Tätigkeiten von eingewiesenem betriebseigenen Personal nach Betriebsvorschriften, die den Anforderungen des Gewässerschutzes genügen, durchgeführt werden.

4. Tätigkeiten, die in einer wasserrechtlichen Bauartzulassung, in einem baurechtlichen Verwendbarkeitsnachweis oder in einer arbeitsschutzrechtlichen Erlaubnis oder in ei-

ner Eignungsfeststellung näher festgelegt
und beschrieben sind.

§ 46 Überwachungs- und Prüfpflichten des Betreibers

§ 23 Überprüfung von Anlagen (zu § 19 i Abs. 2 Satz 3 WHG)

(1) Der Betreiber hat die Dichtheit der Anlage und die Funktionsfähigkeit der Sicherheitseinrichtungen regelmäßig zu kontrollieren. Die zuständige Behörde kann im Einzelfall anordnen, dass der Betreiber einen Überwachungsvertrag mit einem Fachbetrieb nach § 62 abschließt, wenn er selbst nicht die erforderliche Sachkunde besitzt und auch nicht über sachkundiges Personal verfügt.

(2) Betreiber haben Anlagen außerhalb von Schutzgebieten und außerhalb von festgesetzten oder vorläufig gesicherten Überschwemmungsgebieten nach Maßgabe der in Anlage 5 geregelten Prüfzeitpunkte und -intervalle auf ihren ordnungsgemäßen Zustand prüfen zu lassen.

(1) Der Betreiber hat nach Maßgabe des § 19 i Abs. 2 Satz 3 Nr. 1, 2, 3 und 5 WHG durch Sachverständige nach § 22 überprüfen zu lassen

1. unterirdische Anlagen und Anlagenteile für flüssige und gasförmige Stoffe,
2. oberirdische Anlagen für flüssige und gasförmige Stoffe der Gefährdungsstufe C und D nach § 6 Abs. 3, in Schutzgebieten der Stufe B, C und D,
3. Anlagen, für welche Prüfungen in einer Eignungsfeststellung oder Bauartzulassung nach § 19 h WHG oder einer diese ersetzenden Regelung vorgeschrieben sind; sind darin kürzere Prüffristen festgelegt, gelten diese.

(1) Der Betreiber hat darüber hinaus nach Maßgabe des § 19 i Abs. 2 Satz 3 Nr. 1 WHG durch Sachverständige nach § 22 überprüfen zu lassen

1. oberirdische Anlagen für flüssige und gasförmige Stoffe der Gefährdungsstufe B,
2. Anlagen für feste Stoffe der Gefährdungsstufe D, in Schutzgebieten der Gefährdungsstufe C und D.

Die Fristen für die wiederkehrenden Prüfungen beginnen mit dem Abschluss der Prüfung vor Inbetriebnahme.

(3) Betreiber haben Anlagen in Schutzgebieten und in festgesetzten oder vorläufig gesicherten Überschwemmungsgebieten nach Maßgabe der in Anlage 6 geregelten Prüfzeitpunkte und -intervalle auf ihren ordnungsgemäßen Zu-

stand prüfen zu lassen.

(4) Die zuständige Behörde kann unabhängig von den sich nach den Absätzen 2 und 3 ergebenden Prüfzeitpunkten und -intervallen eine einmalige Prüfung oder wiederkehrende Prüfungen anordnen, insbesondere wenn die Besorgnis einer nachteiligen Veränderung von Gewässereigenschaften besteht.

(5) Betreiber haben Anlagen, bei denen nach § 47 Absatz 2 ein erheblicher oder ein gefährlicher Mangel festgestellt worden ist, nach Beseitigung des Mangels nach § 48 Absatz 1 erneut prüfen zu lassen.

(6) Die Prüfung nach Absatz 2 oder Absatz 3 entfällt, wenn die Anlage der Forschung, Entwicklung oder Erprobung neuer Einsatzstoffe, Brennstoffe, Erzeugnisse oder Verfahren dient und nicht länger als ein Jahr betrieben wird.

(2) Die (nach Landesrecht zuständige Behörde) kann wegen der Besorgnis einer Gewässergefährdung (§ 19 i Abs. 2 Satz 3 Nr. 4 WHG) besondere Prüfungen anordnen, kürzere Prüffristen bestimmen oder die Überprüfung für andere als in Abs. 1 genannte Anlagen vorschreiben.

Sie kann im Einzelfall Anlagen nach Abs. 1 von der Prüfpflicht befreien, wenn gewährleistet ist, dass eine von der Anlage ausgehende Gewässergefährdung ebenso rechtzeitig erkannt wird wie bei Bestehen der allgemeinen Prüfpflicht.

(3) Die Überprüfung nach Abs. 1 entfällt bei einer Anlage, soweit sie der Forschung, Entwicklung oder Erprobung neuer Einsatzstoffe, Brennstoffe, Erzeugnisse oder Verfahren im Labor- oder Technikumsmaßstab dient.

Die Überprüfung nach Abs. 1 entfällt auch, soweit die Anlage zu denselben Zeitpunkten oder innerhalb gleicher oder kürzerer Zeiträume nach anderen Rechtsvorschriften zu prüfen ist und dabei die Anforderungen dieser Verordnung und des § 19 g WHG berücksichtigt werden.

Die Überprüfung nach Abs. 1 entfällt auch, wenn eine Anlage im Rahmen der Umweltbetriebsprüfung eines Öko-Audits nach der Verordnung (EWG) Nr. 1836/93 an einem registrierten Standort überprüft wird und dabei

1. die Anlage einer betriebsinternen Überwachung unterzogen wird, die den Vorgaben des § 19 i WHG und der §§ 22 und 23 gleichwertig ist, insbesondere im Hinblick auf Häufigkeit der Überwachung, fachliche Eignung und Zuverlässigkeit der prüfenden Personen, Umfang der Prüfungen, Bewertung der Prüfergebnisse, Mängelbeseitigung und

2. in den im Rahmen des Öko-Audits erarbeiteten Unterlagen dokumentiert wird, dass

die Voraussetzungen nach Nr. 1. eingehalten werden.
In diesem Fall genügt die Vorlage eines Jahresberichtes durch den Betreiber über die durchgeführten Prüfungen und Ergebnisse.

(7) Weiter gehende Regelungen, insbesondere in einer Eignungsfeststellung nach § 63 Absatz 1 des Wasserhaushaltsgesetzes, bleiben unberührt.

§ 47 Prüfung durch Sachverständige

§ 23 Überprüfung von Anlagen (zu § 19 i Abs. 2 Satz 3 WHG)

(1) Prüfungen nach § 46 Absatz 2 bis 5 dürfen nur von Sachverständigen durchgeführt werden.

(2) Der Sachverständige hat die Anlage auf Grund des Ergebnisses der Prüfungen nach § 46 in eine der folgenden Klassen einzustufen:

1. ohne Mangel,
2. mit geringfügigem Mangel,
3. mit erheblichem Mangel oder
4. mit gefährlichem Mangel.

(3) Der Sachverständige hat der zuständigen Behörde über das Ergebnis jeder von ihm durchgeführten Prüfung nach § 46 innerhalb von vier Wochen nach Durchführung der Prüfung einen Prüfbericht vorzulegen. Über einen gefährlichen Mangel hat er die zuständige Behörde unverzüglich zu unterrichten. Der Prüfbericht nach Satz 1 muss Angaben zu Folgendem enthalten:

1. zum Betreiber,
2. zum Standort,
3. zur Anlagenidentifikation,
4. zur Anlagenzuordnung,
5. zu den wassergefährdenden Stoffen, mit denen in der Anlage umgegangen wird,
6. zu behördlichen Zulassungen,
7. zum Sachverständigen und zu der Sachverständigenorganisation, die ihn bestellt hat,
8. zu Art und Umfang der Prüfung,
9. dazu, ob die Prüfung der gesamten Anlage abgeschlossen ist oder welche Anlagenteile noch nicht geprüft wurden,
10. zu Art und Umfang der festgestellten Mängel,
11. zu Datum und Ergebnis der Prüfung,

(4) Der Sachverständige hat über jede durchgeführte Prüfung der (nach Landesrecht zuständigen Behörde) und dem Betreiber unverzüglich einen Prüfbericht vorzulegen. Für die Prüfberichte kann die Verwendung eines amtlichen Musters vorgeschrieben werden.

12. zu erforderlichen Maßnahmen und zu einem Vorschlag für eine angemessene Frist für ihre Umsetzung oder zur Erforderlichkeit der Erarbeitung eines Instandsetzungskonzeptes,

13. zum Datum der nächsten Prüfung und

14. zu einer erfolgreichen Beseitigung festgestellter Mängel bei Nachprüfungen nach § 46 Absatz 5.

Die Angaben nach Satz 3 Nummer 1, 2, 3, 9, 11 und 13 sind auf der ersten Seite des Prüfberichts in optisch deutlich hervorgehobener Form darzustellen.

(4) Stuft der Sachverständige eine Heizölverbraucheranlage nach Abschluss ihrer Prüfung in die Klasse „ohne Mangel" oder „mit geringfügigem Mangel" nach Absatz 2 ein, hat er auf der Anlage an gut sichtbarer Stelle eine Plakette anzubringen, aus der das Datum der Prüfung und das Datum der nächsten Prüfung ersichtlich sind.

(5) Bei der Prüfung einer Heizölverbraucheranlage hat der Sachverständige dem Betreiber das Merkblatt nach Anlage 3 auszuhändigen, sofern an der Anlage ein solches Merkblatt nicht bereits aushängt.

§ 48 Beseitigung von Mängeln

(1) Werden bei Prüfungen nach § 46 durch einen Sachverständigen geringfügige Mängel festgestellt, hat der Betreiber diese Mängel innerhalb von sechs Monaten und, soweit nach § 45 erforderlich durch einen Fachbetrieb nach § 62 zu beseitigen. Erhebliche und gefährliche Mängel sind dagegen unverzüglich zu beseitigen.

(2) Hat der Sachverständige bei seiner Prüfung nach § 46 einen gefährlichen Mangel im Sinne von § 47 Absatz 2 Nummer 4 festgestellt, hat der Betreiber die Anlage unverzüglich außer Betrieb zu nehmen und, soweit dies nach Feststellung des Sachverständigen erforderlich ist, zu entleeren. Die Anlage darf erst wieder in Betrieb genommen werden, wenn der zuständigen Behörde eine Bestätigung des Sachverständigen über die erfolgreiche Beseitigung der festgestellten Mängel vorliegt.

Abschnitt 5 Anforderungen an Anlagen in Schutzgebieten und Überschwemmungsgebieten

§ 49 Anforderungen an Anlagen in Schutzgebieten

§ 10 Anlagen in Schutzgebieten

(1) Im Fassungsbereich und in der engeren Zone von Schutzgebieten dürfen keine Anlagen errichtet und betrieben werden.

(1) Im Fassungsbereich und in der engeren Zone von Schutzgebieten sind Anlagen nach § 19 g Abs. 1 und 2 WHG unzulässig. Die (nach Landesrecht zuständige Behörde) kann für standortgebundene oberirdische Anlagen Ausnahmen zulassen, wenn überwiegende Gründe des Wohls der Allgemeinheit dies erfordern.

(2) In der weiteren Zone von Schutzgebieten dürfen folgende Anlagen nicht errichtet und folgende bestehende Anlagen nicht erweitert werden:

(2) In der weiteren Zone von Schutzgebieten sind

1. Anlagen der Gefährdungsstufe D,

oberirdische Anlagen der Gefährdungsstufe D,

2. Biogasanlagen mit einem maßgebenden Volumen von insgesamt über 3.000 Kubikmetern,

3. unterirdische Anlagen der Gefährdungsstufe C sowie

unterirdische Anlagen der Gefährdungsstufen C und D gemäß § 6 Abs. 3 unzulässig.

4. Anlagen mit Erdwärmesonden.

Anlagen in der weiteren Zone von Schutzgebieten dürfen nicht so geändert werden, dass sie durch diese Änderung zu Anlagen nach Satz 1 werden. Satz 1 Nummer 2 gilt nicht, soweit die Überschreitung des Volumens zur Erfüllung der Anforderungen gemäß § 12 der Düngeverordnung an die Kapazität des Gärrestelagers erforderlich ist oder in den Biogasanlagen ausschließlich mit den tierischen Ausscheidungen aus einer eigenen in der weiteren Schutzzone bestehenden Tierhaltung umgegangen wird.

(3) Unbeschadet des Absatzes 2 dürfen in der weiteren Zone von Schutzgebieten nur Lageranlagen und Anlagen zum Herstellen, Behandeln und Verwenden wassergefährdender Stoffe errichtet und betrieben werden, die

(3) Unbeschadet des Absatzes 2 dürfen in der weiteren Zone von Schutzgebieten nur Anlagen verwendet werden,

1. mit einer Rückhalteeinrichtung ausgerüstet sind, die abweichend von § 18 Absatz

die mit einem Auffangraum ausgerüstet sind, sofern sie nicht

3 das gesamte in der Anlage vorhandene Volumen wassergefährdender Stoffe aufnehmen kann, oder

2. doppelwandig ausgeführt und mit einem Leckanzeigegerät ausgerüstet sind. Abweichend von Satz 1 gelten für die in Abschnitt 3 bestimmten Anlagen nur die dort geregelten Anforderungen; dies gilt nicht für die in §§ 31 und 38 genannten Anlagen sowie die in § 34 genannten Anlagen zum Verwenden wassergefährdender Stoffe im Bereich der Energieversorgung.

doppelwandig ausgeführt und mit einem Leckanzeigegerät ausgerüstet sind. Der Auffangraum muss das maximal in der Anlage vorhandene Volumen wassergefährdender Stoffe aufnehmen können.

(4) Die zuständige Behörde kann eine Befreiung von den Anforderungen nach den Absätzen 1 und 2 erteilen, wenn

1. das Wohl der Allgemeinheit dies erfordert oder das Verbot zu einer unzumutbaren Härte führen würde und
2. der Schutzzweck des Schutzgebietes nicht beeinträchtigt wird.

(5) Die Absätze 2 und 3 gelten nicht, soweit landesrechtliche Verordnungen zur Festsetzung von Schutzgebieten weiter gehende Regelungen treffen.

(4) weitergehende Anforderungen oder Beschränkungen und Ausnahmen durch Anordnungen oder Verordnungen nach § 19 WHG (Landesrecht) bleiben unberührt.

§ 50 Anforderungen an Anlagen in festgesetzten und vorläufig gesicherten Überschwemmungsgebieten

(1) Anlagen dürfen in festgesetzten und vorläufig gesicherten Überschwemmungsgebieten im Sinne des § 76 des Wasserhaushaltsgesetzes oder nach landesrechtlichen Vorschriften nur errichtet und betrieben werden, wenn wassergefährdende Stoffe durch Hochwasser nicht abgeschwemmt oder freigesetzt werden und auch nicht auf eine andere Weise in ein Gewässer oder eine Abwasserbehandlungsanlage gelangen können.

(2) Für Befreiungen von den Anforderungen nach Absatz 1 gilt § 49 Absatz 4 entsprechend.

(3) § 78 des Wasserhaushaltsgesetzes sowie weiter gehende landesrechtliche Vorschriften für Überschwemmungsgebiete bleiben unberührt.

§ 51 Abstand zu Trinkwasserbrunnen, Quellen und oberirdischen Gewässern

Der Abstand von JGS-Anlagen und Biogasanlagen, in denen ausschließlich Gärsubstrate nach § 2 Absatz 8 eingesetzt werden, zu privat oder gewerblich genutzten Quellen oder zu Brunnen, die der Trinkwassergewinnung dienen, hat mindestens 50 Meter, der Abstand zu oberirdischen Gewässern mindestens 20 Meter zu betragen. Dies gilt nicht, wenn der Betreiber nachweist, dass ein entsprechender Schutz der Trinkwassergewinnung oder der Gewässer auf andere Weise gewährleistet ist.

Kapitel 4
Sachverständigenorganisationen und Sachverständige; Güte- und Überwachungsgemeinschaften und Fachprüfer; Fachbetriebe

§ 52 Anerkennung von Sachverständigenorganisationen

(1) Sachverständigenorganisationen bedürfen der Anerkennung durch die zuständige Behörde. Anerkannte Sachverständigenorganisationen sind berechtigt,

1. Sachverständige zu bestellen, die

   a) Anlagenprüfungen nach § 46 Absatz 2 bis 5 und Anlage 7 Nummer 6.4 und 6.7 Satz 3 durchführen und

   b) Gutachten nach § 41 Absatz 2 Satz 1 Nummer 2, auch in Verbindung mit Absatz 3, oder nach § 42 Satz 2 erstellen, sowie

2. Fachbetriebe nach § 62 Absatz 1 zu zertifizieren und zu überwachen, sofern sich die Anerkennung auch darauf erstreckt.

(2) Anerkennungen aus einem anderen Mitgliedstaat der Europäischen Union oder einem anderen Vertragsstaat des Abkommens über den Europäischen Wirtschaftsraum stehen Anerkennungen nach Absatz 1 gleich, wenn sie ihnen gleichwertig sind. Sie sind der zuständigen Behörde vor Aufnahme der Prüf- oder Überwachungstätigkeiten im Original oder in Kopie vorzulegen; eine Beglaubigung der Kopie kann verlangt werden. Die zuständige Behörde kann

§ 22 Sachverständige (zu § 19 i Abs. 2 Satz 3 WHG)

.

(1) Sachverständige im Sinn des § 19 i Abs. 2 Satz 3 WHG sind die von Organisationen für die Prüfung bestellten Personen. Die Organisationen werden von der (der nach Landesrecht zuständigen Behörde) anerkannt. Auf die Anerkennung besteht kein Rechtsanspruch.

(2) Anerkennungen anderer Länder der Bundesrepublik Deutschland gelten auch in (jeweiliges Bundesland).
Entsprechendes gilt auch für gleichwertige Anerkennungen anderer Mitgliedstaaten der Europäischen Gemeinschaft (red. Anmerkung: Ergänzung nach der Notifizierung).

darüber hinaus verlangen, dass gleichwertige Anerkennungen nach Satz 1 in beglaubigter deutscher Übersetzung vorgelegt werden.

(3) Eine Organisation kann als Sachverständigenorganisation anerkannt werden, wenn sie

(3) Organisationen können anerkannt werden, wenn sie

1. eine vertretungsberechtigte natürliche Person benennt und deren Vertretungsbefugnis gegenüber der zuständigen Behörde nachweist,
2. nachweist, dass eine technische Leitung und eine Stellvertretung bestellt wurden, die die für Sachverständige geltenden Anforderungen nach § 53 erfüllen,
3. eine ausreichende Anzahl von Sachverständigen bestellt hat, die die in § 53 genannten Anforderungen erfüllen und an fachliche Weisungen der technischen Leitung gebunden sind,

4. Grundsätze aufgestellt hat, die bei den Anlagenprüfungen zu beachten sind,

2. Grundsätze darlegen, die bei den Prüfungen zu beachten sind,

5. ein betriebliches Qualitätssicherungssystem nachweist,

3. die ordnungsgemäße Durchführung der Prüfungen stichprobenweise kontrollieren,

6. den Nachweis über das Bestehen einer Haftpflichtversicherung für Boden- und Gewässerschäden für die Tätigkeit ihrer Sachverständigen mit einer Deckungssumme von mindestens 2,5 Millionen Euro pro Schadenfall erbringt und

5. den Nachweis über das Bestehen einer Haftpflichtversicherung für die Tätigkeit ihrer Sachverständigen für Gewässerschäden mit einer Deckungssumme von mindestens 5 Millionen DM erbringen und

7. erklärt, dass sie die Länder, in denen die Sachverständigen Prüfungen vornehmen, von jeder Haftung für die Tätigkeit ihrer Sachverständigen freigestellt.

6. erklären, dass sie (die Länder, in denen die Sachverständigen Prüfungen vornehmen) von jeder Haftung für die Tätigkeit ihrer Sachverständigen freistellen.

Das Qualitätssicherungssystem nach Satz 1 Nummer 5 hat sicherzustellen, dass geeignete Organisationsstrukturen vorhanden sind, die ordnungsgemäße Anlagenprüfungen nach § 46 gewährleisten. Es muss insbesondere Vorgaben zu Kontrollen der Prüfberichte und der Prüfmittel, zur Durchführung von Einzelgesprächen mit den Sachverständigen sowie zu Kontrollen der Prüftätigkeit der Sachverständigen an Referenzanlagen enthalten. Soll sich die Anerkennung auch auf die Zertifizierung und Überwachung von Fachbetrieben nach § 62 Absatz 1 erstrecken, gilt für die Sachverständigenorganisation zusätzlich zu den in Satz 1 genannten

Die Voraussetzungen nach den Nrn. 5 und 6 gelten nicht für Organisationen der unmittelbaren Staatsverwaltung.

Voraussetzungen § 57 Absatz 3 Satz 1 Nummer
3 und 4 entsprechend. In diesem Fall hat das
Qualitätssicherungssystem nach Satz 1 Nummer 5 ungeachtet des Satzes 2 auch sicherzustellen, dass geeignete Organisationsstrukturen vorhanden sind, nach denen die Fachprüfer
überwacht werden und die die ordnungsgemäße Überprüfung der Fachbetriebe gewährleisten.

(4) Bei der Prüfung des Antrages auf Anerkennung stehen Nachweise einzelner Voraussetzungen aus einem anderen Mitgliedstaat der
Europäischen Union oder einem anderen Vertragsstaat des Abkommens über den Europäischen Wirtschaftsraum inländischen Nachweisen gleich, wenn aus ihnen hervorgeht, dass die
Organisation die betreffenden Anforderungen
nach Absatz 3 oder die auf Grund ihrer Zielsetzung im Wesentlichen vergleichbaren Anforderungen des Ausstellungsstaats erfüllt. Absatz 2
Satz 2 und 3 gilt entsprechend.

(5) Die Anerkennung kann mit einem Vorbehalt des Widerrufs, einer Befristung, mit Bedingungen, Auflagen und dem Vorbehalt von
Auflagen versehen werden. Die Anerkennung
gilt im gesamten Bundesgebiet.

(6) Über einen Antrag auf Anerkennung ist innerhalb einer Frist von vier Monaten zu entscheiden; § 42 a Absatz 2 Satz 2 bis 4 des Verwaltungsverfahrensgesetzes ist anzuwenden. Das
Anerkennungsverfahren kann über eine einheitliche Stelle abgewickelt werden.

(6) Die Anerkennung kann auf bestimmte Prüf-
bereiche beschränkt und zeitlich befristet werden.

(7) Als Sachverständigenorganisation können
auch Gruppen anerkannt werden, die in selbständigen organisatorischen Einheiten eines Unternehmens zusammengefasst und hinsichtlich
ihrer Prüftätigkeit nicht weisungsgebunden sind.
Absatz 3 bleibt unberührt.

(4) Als Organisationen im Sinn des Abs. 3 können auch Gruppen anerkannt werden, die in
selbständigen organisatorischen Einheiten eines Unternehmens zusammengefasst sind und
hinsichtlich ihrer Prüftätigkeit nicht weisungsgebunden sind.

§ 53 Bestellung von Sachverständigen

§ 22 Sachverständige (zu § 19 i Abs. 2 Satz 3 WHG)

(1) Eine Sachverständigenorganisation darf nur
solche Personen als Sachverständige bestellen,
die

(3) Organisationen können anerkannt werden,
wenn sie

1. für die Tätigkeit als Sachverständige die erforderliche Zuverlässigkeit besitzen,

2. hinsichtlich der Prüftätigkeit unabhängig sind; insbesondere darf kein Zusammenhang zwischen den Aufgaben nach § 52 Absatz 1 Satz 2 Nummer 1 und anderen Leistungen bestehen, die im Zusammenhang mit der Planung oder Herstellung, dem Vertrieb, dem Betrieb oder der Instandhaltung der zu prüfenden Anlagen oder Anlagenteile erbracht werden oder erbracht wurden,

3. körperlich in der Lage sind, die Prüfungen ordnungsgemäß durchzuführen,

4. auf Grund ihrer Fachkunde und ihrer durch praktische Tätigkeit gewonnenen Erfahrungen die Gewähr dafür bieten, dass sie Prüfungen ordnungsgemäß durchführen,

5. über die erforderlichen Kenntnisse der maßgeblichen Vorschriften des Wasser-, Bau-, Betriebssicherheits-, Immissionsschutz- und Abfallrechts und der technischen Regeln verfügen und

6. von keiner anderen im Bundesgebiet tätigen Sachverständigenorganisation bestellt sind.

Die Bestellung kann auf bestimmte Tätigkeitsbereiche beschränkt werden. Die Erfüllung der Anforderungen nach Satz 1 ist von der Sachverständigenorganisation vor der Bestellung in einer Bestellungsakte zu dokumentieren.

(2) Die nach Absatz 1 Satz 1 Nummer 1 erforderliche Zuverlässigkeit ist in der Regel nicht gegeben, wenn der Sachverständige zu einer Freiheitsstrafe, Jugendstrafe oder Geldstrafe rechtskräftig verurteilt worden ist wegen Verletzung von Vorschriften

1. des Strafrechts über gemeingefährliche Delikte, über Delikte gegen die Umwelt oder über Urkundenfälschung,

2. des Natur- und Landschaftsschutz-, Chemikalien-, Gentechnik- oder Strahlen-

1. nachweisen, dass die von ihnen für die Prüfung bestellten Personen

– zuverlässig sind

– hinsichtlich der Prüftätigkeit unabhängig sind, insbesondere kein Zusammenhang zwischen der Prüftätigkeit und anderen Leistungen besteht,

– auf Grund ihrer Ausbildung, ihrer Kenntnisse und ihres durch praktische Tätigkeit gewonnenen Erfahrungen die Gewähr dafür bieten, dass sie die Prüfungen ordnungsgemäß durchführen.

(die folgenden Textpassagen entstammen der 41. BImSchV)

(2) Die erforderliche Zuverlässigkeit ist in der Regel nicht gegeben, wenn eine der in Absatz 1 bezeichneten Personen

1. wegen Verletzung der Vorschriften

a) des Strafrechts über gemeingefährliche Delikte oder Delikte gegen die Umwelt,

b) des Natur- und Landschaftsschutz-, Chemikalien-, Gentechnik- oder Strahlen-

schutzrechts,

3. des Lebensmittel-, Arzneimittel-, Pflanzenschutz- oder Infektionsschutzrechts,

4. des Gewerbe-, Produktsicherheits- oder Arbeitsschutzrechts oder

5. des Betäubungsmittel-, Waffen- oder Sprengstoffrechts.

(3) Die erforderliche Zuverlässigkeit ist außerdem in der Regel nicht gegeben, wenn der Sachverständige innerhalb der letzten fünf Jahre vor der Bestellung mit einer Geldbuße in Höhe von mehr als fünfhundert Euro belegt worden ist wegen Verletzung von Vorschriften

1. *des Immissionsschutz-, Abfall-, Wasser-, Natur- und Landschaftsschutz-, Bodenschutz-, Chemikalien-, Gentechnik- oder Atom- und Strahlenschutzrechts,*

2. *des Lebensmittel-, Arzneimittel-, Pflanzenschutz- oder Infektionsschutzrechts,*

3. *des Gewerbe-, Produktsicherheits- oder Arbeitsschutzrechts oder*

4. *des Betäubungsmittel-, Waffen- oder Sprengstoffrechts.*

Die Zuverlässigkeit ist auch nicht bei Personen gegeben, die die Fähigkeit, öffentliche Ämter zu bekleiden, gemäß § 45 des Strafgesetzbuches nicht mehr besitzen.

(4) Die erforderliche Zuverlässigkeit ist in der Regel auch dann nicht gegeben, wenn der Sachverständige

1. wiederholt oder grob pflichtwidrig gegen in den Absätzen 2 und 3 genannte Vorschriften verstoßen hat,

---

schutzrechts,

c) des Lebensmittel-, Arzneimittel-, Pflanzenschutz- oder Infektionsschutzrechts,

d) des Gewerbe-, Produktionssicherheits- oder Arbeitsschutzrechts oder

e) des Betäubungsmittel-, Waffen- oder Sprengstoffrechts

zu einer Freiheitsstrafe, Jugendstrafe oder Geldstrafe rechtskräftig verurteilt worden ist (vgl. 41. BImSchV, § 6)

oder

2. *wegen Verletzung der Vorschriften*

a) *des Immissionsschutz-, Abfall-, Wasser-, Natur-, und Landschaftsschutz-, Bodenschutz-, Chemikalien-, Gentechnik- oder Atom- und Strahlenschutzrechts,*

b) *des Lebensmittel-, Arzneimittel-, Pflanzenschutz- oder Infektionsschutzrechts,*

c) *des Gewerbe-, Produktionssicherheits- oder Arbeitsschutzrechts oder*

d) *des Betäubungsmittel-, Waffen- oder Sprengstoffrechts*

innerhalb der letzten fünf Jahre vor Antragstellung mit einer Geldbuße in Höhe von mehr als fünfhundert Euro belegt worden ist. (vgl. 41. BImSchV, § 6)

(3) Die erfoderliche Zuverlässigkeit ist in der Regel auch dann nicht gegeben, wenn eine der in Absatz 1 bezeichneten Personen

1. *wiederholt oder grob pflichtwidrig gegen die in Absatz 2 genannten Vorschriften verstoßen hat,*

2. Prüfungsergebnisse vorsätzlich oder grob fahrlässig verändert oder nicht vollständig wiedergegeben hat,

3. wiederholt gegen Anforderungen des technischen Regelwerks verstoßen hat, die für die Richtigkeit der Prüfungsergebnisse relevant sind,

4. vorsätzlich oder grob fahrlässig Pflichten, die sich aus dieser Verordnung ergeben, verletzt hat oder

5. wiederholt Prüfberichte erstellt hat, die erhebliche oder schwerwiegende Mängel aufweisen, oder vorsätzlich oder grob fahrlässig wiederholt Fristen für deren Vorlage versäumt hat.

(5) Die nach Absatz 1 Satz 1 Nummer 4 erforderliche Fachkunde liegt vor,
wenn der Sachverständige ein ingenieur- oder naturwissenschaftliches Studium in einer für die ausgeübte Tätigkeit einschlägigen Fachrichtung erfolgreich abgeschlossen hat oder über eine als gleichwertig anerkannte Berufsausbildung verfügt.

Die Erfahrungen nach Absatz 1 Satz 1 Nummer 4 erfordern eine mindestens fünfjährige berufliche Tätigkeit auf dem Gebiet der Planung, der Errichtung oder des Betriebs sowie der Prüfung von Anlagen zum Umgang mit wassergefährdenden Stoffen.

Die Sachverständigenorganisation hat sich mittels einer theoretischen und praktischen Prüfung vor der Bestellung davon zu überzeugen, dass der zu bestellende Sachverständige den Anforderungen nach Absatz 1 Satz 1 Nummer

---

2. Ermittlungs- oder Prüfungsergebnisse vorsätzlich oder grob fahrlässig verändert oder nicht vollständig wiedergegeben hat,

3. wiederholt gegen Anforderungen des technischen Regelwerks verstoßen hat, die für die Richtigkeit der Ermittlungs- und Prüfergebnisse relevant sind,

4. vorsätzlich oder grob fahrlässig Pflichten, die sich aus dieser Verordnung oder einer bereits erfolgten Bekanntgabe ergeben, verletzt hat oder

5. Dokumentationen und Berichterstattungen zu Ermittlungen oder Prüfungen wiederholt mit erheblichen oder schwerwiegenden Mängeln erstellt hat oder vorsätzlich oder grob fahrlässig wiederholt dazu beigetragen hat, dass Fristen für deren Vorlage versäumt wurden. (vgl. 41. BImSchV, § 6)

(4) Die Sachverständigen müssen folgende Voraussetzungen erfüllen:
- abgeschlossenes ingenieur- oder naturwissenschaftliches Studium einer für die ausgeübte Tätigkeit einschlägigen Fachrichtung an einer Universität, einer Technischen Universität, einer Technischen Hochschule, einer Fachhochschule oder ein als gleichwertig anerkannter Abschluss (Hochschul- oder Fachhochschulabschluss der Ingenieur- oder Naturwissenschaften) und (vgl. Merkblatt LAWA: Grundsätze für die Anerkennung von Sachverständigen-Organisationen nach § 22 Muster-VAwS, Abs. 4.2.4)

- mindestens fünfjährige berufliche Erfahrung auf dem Gebiet der Planung, Errichtung, Betrieb oder Prüfung von Anlagen zum Umgang mit wassergefährdenden Stoffen. (vgl. Merkblatt LAWA: Grundsätze für die Anerkennung von Sachverständigen-Organisationen nach § 22 Muster-VAwS, Abs. 4.2.4)

(5) Die ausreichenden Sach- und Fachkenntnisse sind in einer Bestellungsprüfung nachzuweisen. Die Ausbildung, Prüfung und Bestellung der Sachverständigen richtet sich nach der Prüfungs- und Bestellungsordnung in Anlage

4 genügt. Das Ergebnis dieser Prüfung ist zu dokumentieren.

8. Die Anerkennungsbehörde kann verlangen, dass die Prüfung von einer unabhängigen Stelle durchgeführt und überwacht wird.
Ein Vertreter der Anerkennungsbehörde kann an der Prüfung teilnehmen. Dazu ist die Anerkennungsbehörde rechtzeitig (i.d.R. einen Monat vorher) über die bevorstehende Prüfung zu unterrichten. (vgl. Merkblatt LAWA: Grundsätze für die Anerkennung von Sachverständigen-Organisationen nach § 22 Muster-VAwS, Abs. 4.2.5)

(6) Sollen bei einer Sachverständigenorganisation, die berechtigt ist, Fachbetriebe zu zertifizieren und zu überwachen, Sachverständige eingesetzt werden, die ausschließlich Fachbetriebe zertifizieren und überwachen sollen, darf für diese Sachverständigen von den Anforderungen an die Fachkunde und die Erfahrung nach Absatz 5 nach Zustimmung der zuständigen Behörde abgewichen werden.

(7) Mit der Bestellung ist dem Sachverständigen ein Bestellungsschreiben auszuhändigen.

§ 54 Widerruf und Erlöschen der Anerkennung; Erlöschen der Bestellung von Sachverständigen

(1) Die Anerkennung der Sachverständigenorganisation kann unbeschadet des § 49 Absatz 2 Satz 1 Nummer 2 bis 5 des Verwaltungsverfahrensgesetzes widerrufen werden, wenn die Sachverständigenorganisation
1. eine der Anforderungen nach § 52 Absatz 3 oder Absatz 4 nicht mehr erfüllt,
2. trotz Aufforderung durch die zuständige Behörde die Bestellung eines Sachverständigen, der die Voraussetzungen nach § 53 nicht mehr erfüllt oder wiederholt Anlagenprüfungen nach § 46 fehlerhaft durchgeführt hat, nicht aufhebt,
3. Verpflichtungen nach § 55 Nummer 1 bis 4 oder Nummer 6 bis 9, § 61 Absatz 1 Satz 1 Nummer 1 oder Absatz 4 oder § 62 Absatz 2 nicht oder nicht ordnungsgemäß erfüllt oder
4. trotz Aufforderung durch die zuständige Behörde einem Fachbetrieb, der die Voraussetzungen nach § 62 Absatz 2 nicht mehr erfüllt oder wiederholt fachbetriebspflichtige Arbeiten fehlerhaft durchgeführt hat, nicht die Zertifizierung entzieht.

(2) Mit der Auflösung der Sachverständigenorganisation oder der Entscheidung über die Eröffnung des Insolvenzverfahrens erlischt die Anerkennung. Die zuständige Behörde kann im Fall der Eröffnung des Insolvenzverfahrens auf Antrag die Sachverständigenorganisation für einen befristeten Zeitraum erneut anerkennen.

(3) Die Bestellung eines Sachverständigen erlischt, wenn
1. sie aufgehoben wird,
2. der Sachverständige aus der Sachverständigenorganisation, von der er bestellt wurde, ausscheidet oder
3. die Anerkennung der Sachverständigenorganisation, von der der Sachverständige bestellt wurde, nach Absatz 1 widerrufen wird oder nach Absatz 2 Satz 1 erlischt.

Der Sachverständige hat in den Fällen des Satzes 1 das Bestellungsschreiben nach § 53 Absatz 7 zurückzugeben.

§ 55 Pflichten der Sachverständigenorganisationen

§ 22 Sachverständige (zu § 19 i Abs. 2 Satz 3 WHG)

Die Sachverständigenorganisation ist verpflichtet,
1. die Bestellung eines Sachverständigen aufzuheben, wenn
   a) die Bestellung durch arglistige Täuschung, Drohung oder Bestechung erwirkt worden ist,
   b) der Sachverständige wiederholt Anlagenprüfungen fehlerhaft durchgeführt hat, wiederholt grob fahrlässig oder vorsätzlich gegen Pflichten nach § 56 verstoßen hat oder die in § 53 aufgeführten Anforderungen an Sachverständige nicht mehr erfüllt oder
   c) die zuständige Behörde die Aufhebung der Bestellung anordnet,
2. die Bestellung der Sachverständigen, ihre Tätigkeitsbereiche, die Änderung ihrer Tätigkeitsbereiche sowie das Erlöschen der Bestellung der Sachverständigen der zuständigen Behörde innerhalb von vier Wochen anzuzeigen,
3. die ordnungsgemäße Durchführung der Prüfungen der Sachverständigen stichprobenweise zu kontrollieren,
4. die bei Prüfungen gewonnenen Erkenntnisse zu sammeln und auszuwerten und mindestens viermal im Jahr einen internen Aus-

(3) 4. die bei den Prüfungen gewonnenen Erkenntnisse sammeln, auswerten und die Sachverständigen in einem regelmäßi-

tausch dieser Erkenntnisse, auch zur Weiterbildung der Sachverständigen, durchzuführen,

5. an einem jährlichen Erfahrungsaustausch der technischen Leitungen aller Sachverständigenorganisationen teilzunehmen,

6. jeweils bis zum 31. März eines Jahres für das vergangene Kalenderjahr der zuständigen Behörde zur Erfüllung ihrer aufsichtlichen Aufgaben folgende Angaben zu übermitteln:

a) Änderungen ihrer Organisationsstruktur und ihrer Prüfgrundsätze,

b) eine Übersicht der von jedem Sachverständigen durchgeführten Prüfungen sowie

c) die Erkenntnisse, die bei Prüfungen sowie bei der Feststellung von Abweichungen nach § 68 Absatz 3 gewonnen wurden,

7. der zuständigen Behörde unverzüglich einen Wechsel der vertretungsberechtigten Person mitzuteilen,

8. sicherzustellen, dass die technische Leitung sowie die bestellten Sachverständigen regelmäßig, mindestens alle zwei Jahre, an Fortbildungsveranstaltungen teilnehmen,

9. Betriebs- und Geschäftsgeheimnisse, die ihr im Rahmen ihrer Tätigkeit bekannt werden, nicht unbefugt zu offenbaren oder zu verwerten und

10. der zuständigen Behörde unverzüglich die Auflösung der Sachverständigenorganisation mitzuteilen.

gen Erfahrungsaustausch darüber unterrichten,

§ 56 Pflichten der bestellten Sachverständigen

(1) Jeder Sachverständige ist verpflichtet, ein Prüftagebuch zu führen, aus dem sich mindestens Art, Umfang und Ergebnisse aller durchgeführten Prüfungen ergeben. Das Prüftagebuch hat der Sachverständige der zuständigen Behörde auf Verlangen vorzulegen.

(2) Sachverständige dürfen Betriebs- und Geschäftsgeheimnisse, die ihnen im Rahmen ihrer Tätigkeit bekannt werden, nicht unbefugt offenbaren oder verwerten.

§ 22 Sachverständige (zu § 19 i Abs. 2 Satz 3 WHG)

(5) Die Sachverständigen sind verpflichtet, ein Prüftagebuch zu führen, aus dem sich mindestens Art, Umfang und Zeitaufwand der jeweiligen Prüfung ergeben. Das Prüftagebuch ist der (nach Landesrecht zuständigen Behörde) auf Verlangen vorzulegen.

§ 57 Anerkennung von Güte- und Überwachungsgemeinschaften

(1) Güte- und Überwachungsgemeinschaften bedürfen der Anerkennung durch die zuständige Behörde. Anerkannte Güte- und Überwachungsgemeinschaften sind berechtigt, Fachprüfer zur Zertifizierung und Überwachung von Fachbetrieben nach § 62 Absatz 1 zu bestellen.

(2) Anerkennungen aus einem anderen Mitgliedstaat der Europäischen Union oder einem anderen Vertragsstaat des Abkommens über den Europäischen Wirtschaftsraum stehen Anerkennungen nach Absatz 1 gleich, wenn sie ihnen gleichwertig sind. Sie sind der zuständigen Behörde vor Aufnahme der Tätigkeiten nach Absatz 1 Satz 2 im Original oder in Kopie vorzulegen; eine Beglaubigung der Kopie kann verlangt werden. Die zuständige Behörde kann darüber hinaus verlangen, dass gleichwertige Anerkennungen nach Satz 1 in beglaubigter deutscher Übersetzung vorgelegt werden.

(3) Eine Organisation ist als Güte- und Überwachungsgemeinschaft anzuerkennen, wenn sie
1. eine vertretungsberechtigte natürliche Person benennt und deren Vertretungsbefugnis gegenüber der zuständigen Behörde nachweist,
2. nachweist, dass sie eine technische Leitung und eine Stellvertretung bestellt hat, die die für Fachprüfer geltenden Anforderungen nach § 58 Absatz 1 erfüllen,
3. eine ausreichende Anzahl von Fachprüfern bestellt hat, die die in § 58 Absatz 1 genannten Anforderungen erfüllen und an fachliche Weisungen der technischen Leitung gebunden sind,
4. Grundsätze aufgestellt hat, die bei der Zertifizierung und Überwachung von Fachbetrieben zu beachten sind, und
5. ein betriebliches Qualitätssicherungssystem nachweist.

Das Qualitätssicherungssystem nach Satz 1 Nummer 5 hat sicherzustellen, dass geeignete Organisationsstrukturen vorhanden sind, nach denen die Fachprüfer überwacht werden und die die ordnungsgemäße Überprüfung der Fachbetriebe gewährleisten.

§ 25 Technische Überwachungsorganisationen (zu § 19 1 Abs. 2 Nr. 2 WHG)

Technische Überwachungsorganisationen im Sinn des § 19 1 Abs. 2 Nr. 2 WHG sind die nach § 22 anerkannten Organisationen jeweils für ihren Bereich.

(4) Für Nachweise einzelner Anerkennungsvoraussetzungen aus einem anderen Mitgliedstaat der Europäischen Union oder einem anderen Vertragsstaat des Abkommens über den
Europäischen Wirtschaftsraum gilt § 52 Absatz
4 entsprechend.

(5) Die Anerkennung kann auf bestimmte
Fachgebiete beschränkt werden. Sie kann mit
einem Vorbehalt des Widerrufs, einer Befristung, mit Bedingungen, Auflagen und dem Vorbehalt von Auflagen versehen werden. Die Anerkennung gilt im gesamten Bundesgebiet.

(6) Über einen Antrag auf Anerkennung ist innerhalb einer Frist von vier Monaten zu entscheiden; § 42a Absatz 2 Satz 2 bis 4 des Verwaltungsverfahrensgesetzes ist anzuwenden.
Das Anerkennungsverfahren kann über eine
einheitliche Stelle abgewickelt werden.

§ 58 Bestellung von Fachprüfern

(1) Eine Güte- und Überwachungsgemeinschaft darf für die Zertifizierung und Überwachung von Fachbetrieben nur solche Personen
als Fachprüfer bestellen, die
1. für die Tätigkeit als Fachprüfer die erforderliche Zuverlässigkeit besitzen,
2. hinsichtlich ihrer Tätigkeit unabhängig sind;
   insbesondere darf kein Zusammenhang zwischen der Zertifizierung oder der Überwachung und anderen Leistungen für den Fachbetrieb bestehen,
3. auf Grund ihrer Fachkunde und ihrer durch
   praktische Tätigkeit gewonnenen Erfahrungen in der Lage sind, Fachbetriebe daraufh-
   hin zu überprüfen, ob sie die Anforderungen
   nach § 62 Absatz 2 erfüllen,
4. über die erforderlichen Kenntnisse der maßgeblichen Vorschriften des Wasser-, Bau-,
   Betriebssicherheits-,
   Immissionsschutz- und Abfallrechts und der
   technischen Regeln verfügen und
5. von keiner anderen im Bundesgebiet tätigen
   Güte- und Überwachungsgemeinschaft bestellt sind.
Für die Zuverlässigkeit nach Satz 1 Nummer
1 gilt § 53 Absatz 2 bis 4 entsprechend. Die
nach Satz 1 Nummer 3 erforderliche Fachkunde liegt vor, wenn der zu bestellende Fachprüfer ein ingenieur- oder naturwissenschaftliches
Studium in einer für die ausgeübte Tätigkeit

einschlägigen Fachrichtung erfolgreich abgeschlossen hat oder über eine als gleichwertig anerkannte Berufsausbildung verfügt. Die Erfahrungen nach Satz 1 Nummer 3 erfordern eine mindestens fünfjährige berufliche Tätigkeit auf dem Gebiet der Planung, der Errichtung, der Instandsetzung, des Betriebs oder der Prüfung von Anlagen zum Umgang mit wassergefährdenden Stoffen. Die Güte- und Überwachungsgemeinschaft hat sich mittels einer Prüfung vor der Bestellung davon zu überzeugen, dass der zu bestellende Fachprüfer den Anforderungen nach Satz 1 Nummer 3 genügt. Das Ergebnis dieser Prüfung ist zu dokumentieren. Die Erfüllung der Anforderungen nach Satz 1 ist von der Güte- und Überwachungsgemeinschaft vor der Bestellung in einer Bestellungsakte zu dokumentieren.

(2) Von den Anforderungen an die Fachkunde und die Erfahrung nach Absatz 1 Satz 3 und 4 darf nach Zustimmung der zuständigen Behörde abgewichen werden. Dies gilt nicht für die technische Leitung.

(3) Mit der Bestellung ist dem Fachprüfer ein Bestellungsschreiben auszuhändigen.

(4) Eine Güte- und Überwachungsgemeinschaft kann mit einer anderen Güte- und Überwachungsgemeinschaft oder mit einer Sachverständigenorganisation vereinbaren, dass Personen, die von der anderen Organisation für die Zertifizierung und Überwachung von Fachbetrieben bestellt worden sind, für sie tätig werden, wenn sichergestellt ist, dass diese Personen
1. an die nach § 57 Absatz 3 Satz 1 Nummer 4 bei der Zertifizierung und Überwachung von Fachbetrieben zu beachtenden Grundsätze der Güte- und Überwachungsgemeinschaft, für die sie tätig werden, gebunden sind und
2. dem betrieblichen Qualitätssicherungssystem nach § 57 Absatz 3 Satz 1 Nummer 5 der Güte- und Überwachungsgemeinschaft, für die sie tätig werden, unterworfen sind.

§ 59 Widerruf und Erlöschen der Anerkennung; Erlöschen der Bestellung von Fachprüfern

(1) Die Anerkennung der Güte- und Überwachungsgemeinschaft kann unbeschadet des § 49 Absatz 2 Satz 1 Nummer 2 bis 5 des Verwaltungsverfahrensgesetzes widerrufen werden, wenn die Güte- und Überwachungsgemeinschaft

1. eine der Anforderungen nach § 57 Absatz 3 oder Absatz 4 nicht mehr erfüllt,
2. trotz Aufforderung durch die zuständige Behörde einem Fachbetrieb, der die Voraussetzungen nach § 62 Absatz 2 nicht mehr erfüllt oder wiederholt fachbetriebspflichtige Arbeiten fehlerhaft durchgeführt hat, nicht die Zertifizierung entzieht oder
3. Verpflichtungen nach § 60 Absatz 1 Nummer 1 bis 6 oder Nummer 8, § 61 Absatz 1 Satz 1 Nummer 1 oder Absatz 4 oder § 62 Absatz 2 nicht oder nicht ordnungsgemäß erfüllt.

(2) Mit der Auflösung der Güte- und Überwachungsgemeinschaft oder der Entscheidung über die Eröffnung des Insolvenzverfahrens erlischt die Anerkennung. Die zuständige Behörde kann im Fall der Eröffnung des Insolvenzverfahrens auf Antrag die Güte- und Überwachungsgemeinschaft für einen befristeten Zeitraum erneut anerkennen.

(3) Die Bestellung eines Fachprüfers erlischt, wenn

1. sie aufgehoben wird,
2. der Fachprüfer aus der Güte- und Überwachungsgemeinschaft, von der er bestellt wurde, ausscheidet oder
3. die Anerkennung der Güte- und Überwachungsgemeinschaft, von der der Fachprüfer bestellt wurde, nach Absatz 1 widerrufen wird oder nach Absatz 2 Satz 1 erlischt.

Der Fachprüfer hat in den Fällen des Satzes 1 das Bestellungsschreiben nach § 58 Absatz 3 zurückzugeben.

§ 60 Pflichten von Güte- und Überwachungsgemeinschaften und Fachprüfern

(1) Die Güte- und Überwachungsgemeinschaft ist verpflichtet,

1. die Bestellung eines Fachprüfers aufzuheben, wenn

a) die Bestellung durch arglistige Täuschung, Drohung oder Bestechung erwirkt worden ist,

b) der Fachprüfer wiederholt grob fahrlässig oder vorsätzlich gegen Pflichten nach Absatz 2 verstoßen hat oder die in § 58 Absatz 1 aufgeführten Anforderungen an Fachprüfer nicht mehr erfüllt oder

c) die zuständige Behörde die Aufhebung der Bestellung anordnet,

2. die Bestellung der Fachprüfer, ihre Tätigkeitsbereiche, die Änderung ihrer Tätigkeitsbereiche sowie das Erlöschen der Bestellung der Fachprüfer der zuständigen Behörde innerhalb von vier Wochen anzuzeigen,

3. jeweils bis zum 31. März eines Jahres für das vergangene Kalenderjahr der zuständigen Behörde zur Erfüllung ihrer aufsichtlichen Aufgaben Änderungen der Organisationsstruktur zu übermitteln,

4. der zuständigen Behörde unverzüglich einen Wechsel der vertretungsberechtigten Person mitzuteilen,

5. sicherzustellen, dass die technische Leitung, ihre Stellvertretung und die Fachprüfer regelmäßig, mindestens alle zwei Jahre, an Fortbildungsveranstaltungen teilnehmen,

6. mindestens viermal im Jahr einen internen Austausch der bei den Zertifizierungen und der Überwachung der Fachbetriebe gewonnenen Erkenntnisse durchzuführen, der auch für Schulungen des Personals der Fachbetriebe genutzt wird,

7. an einem jährlichen Erfahrungsaustausch der technischen Leitungen der Güte- und Überwachungsgemeinschaften teilzunehmen,

8. Betriebs- und Geschäftsgeheimnisse, die ihr im Rahmen ihrer Tätigkeit bekannt werden, nicht unbefugt zu offenbaren oder zu verwerten und

9. der zuständigen Behörde unverzüglich die Auflösung der Güte- und Überwachungsgemeinschaft mitzuteilen.

(2) Fachprüfer dürfen Betriebs- und Geschäftsgeheimnisse, die ihnen im Rahmen ihrer Tätigkeit bekannt werden, nicht unbefugt offenbaren oder verwerten.

§ 61 Gemeinsame Pflichten der Sachverständigenorganisationen und der Güte- und Überwachungsgemeinschaften

(1) Sachverständigenorganisationen, die berechtigt sind, Fachbetriebe zu zertifizieren und zu überwachen, sowie Güte- und Überwachungsgemeinschaften sind verpflichtet,

1. die Einhaltung der Anforderungen nach § 62 Absatz 2 sowie das ordnungsgemäße Arbeiten des Fachbetriebes regelmäßig, mindestens alle zwei Jahre, sowie bei gegebenem Anlass zu kontrollieren und Art, Umfang und Ergebnisse sowie Ort und Zeitpunkt der jeweiligen Kontrolle zu dokumentieren,
2. die bei den Kontrollen der Fachbetriebe gewonnenen Erkenntnisse zu sammeln und auszuwerten,
3. der zuständigen Behörde die bei den Kontrollen der Fachbetriebe gewonnenen Erkenntnisse jeweils bis zum 31. März eines Jahres für das vergangene Kalenderjahr zu übermitteln.

Zu den Kontrollen nach Satz 1 Nummer 1 gehören insbesondere Kontrollen der Ergebnisse und der Qualität von praktischen, vom Fachbetrieb ausgeführten Tätigkeiten, Kontrollen der Teilnahme an Schulungen oder Fortbildungsveranstaltungen nach Absatz 2 sowie Kontrollen der Geräte und Ausrüstungsteile nach § 62 Absatz 2 Satz 1 Nummer 1.

(2) Sachverständigenorganisationen und Güte- und Überwachungsgemeinschaften müssen für ihr Tätigkeitsgebiet Schulungen anbieten, mit denen der betrieblich verantwortlichen Person und dem eingesetzten Personal der Fachbetriebe die erforderlichen Kenntnisse, insbesondere auf den in § 62 Absatz 2 Satz 2 genannten Gebieten, vermittelt werden.

(3) Sachverständigenorganisationen und Güte- und Überwachungsgemeinschaften müssen Fachbetriebe, die für Dritte tätig werden, unverzüglich nach der Zertifizierung in geeigneter Weise im Internet bekannt machen; die Angaben sind aktuell zu halten. Bei der Bekanntmachung nach Satz 1 sind die Fachbereiche und Tätigkeiten anzugeben, in denen der Fachbetrieb von der Sachverständigenorganisation oder der

Güte- und Überwachungsgemeinschaft überwacht wird.

(4) Sachverständigenorganisationen und Güte- und Überwachungsgemeinschaften sind verpflichtet, einem Fachbetrieb die Zertifizierung unverzüglich zu entziehen, wenn dieser
1. wiederholt fachbetriebspflichtige Arbeiten fehlerhaft durchgeführt hat,
2. die in § 62 Absatz 2 und § 63 Absatz 1 aufgeführten Anforderungen an Fachbetriebe nicht mehr erfüllt oder
3. die Pflicht nach § 63 Absatz 2 nicht erfüllt.

§ 62 Fachbetriebe; Zertifizierung von Fachbetrieben

(1) Betriebe, die die in § 45 Absatz 1 genannten Tätigkeiten an den dort genannten Anlagen und Anlagenteilen ausführen, bedürfen der Zertifizierung als Fachbetrieb durch eine Sachverständigenorganisation oder eine Güte- und Überwachungsgemeinschaft. Die Zertifizierung kann auf bestimmte Tätigkeiten beschränkt werden. Sie ist auf einen Zeitraum von zwei Jahren zu befristen.

(2) Eine Sachverständigenorganisation oder eine Güte- und Überwachungsgemeinschaft darf einen Betrieb nur als Fachbetrieb zertifizieren, wenn dieser Betrieb
1. über die Geräte und Ausrüstungsteile verfügt, durch die die Erfüllung der Anforderungen nach § 62 Absatz 1 und 2 des Wasserhaushaltsgesetzes und dieser Verordnung gewährleistet wird,
2. eine betrieblich verantwortliche Person bestellt hat mit
   a) erfolgreich abgeschlossener Meisterprüfung in einem einschlägigen Handwerk, mit erfolgreichem Abschluss eines ingenieurwissenschaftlichen Studiums in einer für die ausgeübte Tätigkeit einschlägigen Fachrichtung oder mit einer geeigneten gleichwertigen Ausbildung,
   b) mindestens zweijähriger Praxis in dem Tätigkeitsgebiet des Fachbetriebs und
   c) ausreichenden Kenntnissen in den in Satz 2 genannten Bereichen, die in einer Prüfung nachgewiesen wurden,
3. nur Personal einsetzt, das über die erforderlichen Fähigkeiten für die vorgesehenen Tätigkeiten verfügt, beispielsweise auch an

Schulungen von Herstellern zu einzusetzenden Produkten teilgenommen hat, und

4. Arbeitsbedingungen schafft, die eine ordnungsgemäße Ausführung der Tätigkeiten gewährleisten.

Die Kenntnisse nach Satz 1 Nummer 2 Buchstabe c müssen Folgendes umfassen:

1. Aufbau und Funktionsweise der Anlagen sowie deren Gefährdungspotenzial,
2. Eigenschaften der Stoffe, mit denen in den Anlagen umgegangen wird, insbesondere hinsichtlich ihrer Wassergefährdung,
3. maßgebliche Vorschriften des Wasser-, Bau-, Betriebssicherheits-, Immissionsschutz- und Abfallrechts und
4. Anforderungen an das Verarbeiten von bestimmten Bauprodukten und Anlagenteilen.

(3) Die Sachverständigenorganisation oder die Güte- und Überwachungsgemeinschaft stellt nach abgeschlossener Zertifizierung eine Urkunde über die Zertifizierung aus. Die Urkunde muss folgende Angaben enthalten:

1. Name und Anschrift des Fachbetriebes,
2. Name und Anschrift der Sachverständigenorganisation oder der Güte- und Überwachungsgemeinschaft, die den Betrieb zertifiziert hat,
3. eine Beschreibung des Tätigkeitsbereichs des Fachbetriebs sowie
4. die Geltungsdauer der Zertifizierung.

(4) Als Fachbetrieb gilt auch, wer die Anforderungen nach Absatz 2 erfüllt und berechtigt ist, in einem anderen Mitgliedstaat der Europäischen Union oder in einem anderen Vertragsstaat des Abkommens über den Europäischen Wirtschaftsraum Tätigkeiten durchzuführen, die in der Bundesrepublik Deutschland nach § 45 Fachbetrieben vorbehalten sind, sofern der Betrieb in dem anderen Staat einer gleichwertigen Überwachung unterliegt.

§ 63 Pflichten der Fachbetriebe

(1) Der Fachbetrieb hat sicherzustellen, dass die betrieblich verantwortliche Person mindestens alle zwei Jahre sowie das eingesetzte Personal regelmäßig an Schulungen nach § 61 Absatz 2 oder an anderen gleichwertigen Fortbildungsveranstaltungen teilnimmt.

(2) Fachbetriebe sind verpflichtet, der Sachverständigenorganisation oder der Güte- und Überwachungsgemeinschaft, die sie überwacht, Änderungen ihrer Organisationsstruktur unverzüglich mitzuteilen.

(3) Ein Betrieb, dem die Zertifizierung als Fachbetrieb entzogen wurde, hat die Zertifizierungsurkunde nach § 62 Absatz 3 der Sachverständigenorganisation oder der Güte- und Überwachungsgemeinschaft unverzüglich zurückzugeben; sie darf nicht weiter verwendet werden.

§ 64 Nachweis der Fachbetriebseigenschaft

Fachbetriebe haben die Fachbetriebseigenschaft unaufgefordert gegenüber dem Betreiber einer Anlage nachzuweisen, wenn dieser den Fachbetrieb mit fachbetriebspflichtigen Tätigkeiten beauftragt. Gegenüber der zuständigen Behörde haben sie ihre Fachbetriebseigenschaft auf Verlangen nachzuweisen. Der Nachweis nach den Sätzen 1 und 2 ist geführt, wenn der Fachbetrieb die Zertifizierungsurkunde nach § 62 Absatz 3 oder eine beglaubigte Kopie der Zertifizierungsurkunde vorlegt. Die Sätze 1 und 2 gelten in den Fällen des § 62 Absatz 4 mit der Maßgabe, dass die Berechtigung und die gleichwertige Kontrolle nachzuweisen sind; § 52 Absatz 2 Satz 2 und 3 gilt entsprechend.

(2) Die Fachbetriebseigenschaft ist auch gegenüber dem Betreiber einer Anlage nach § 19 g Abs. 1 und 2 nachzuweisen, wenn dieser den Fachbetrieb mit fachbetriebspflichtigen Tätigkeiten beauftragt. Absatz 1 Satz 2 gilt entsprechend.

Kapitel 5
Ordnungswidrigkeiten, Schlussvorschriften

§ 65 Ordnungswidrigkeiten

§ 26 Nachweis der Fachbetriebseigenschaft (zu § 19 i Abs. 1 und § 19 1 WHG)

(1) Fachbetriebe nach § 19 1 WHG haben auf Verlangen gegenüber der (nach Landesrecht zuständigen Behörde), in deren Bezirk sie tätig werden, die Fachbetriebseigenschaft nach § 19 1 Abs. 2 WHG nachzuweisen. Der Nachweis ist geführt, wenn der Fachbetrieb

1. eine Bestätigung einer baurechtlich anerkannten Überwachungs- oder Gütegemeinschaft vorlegt, wonach er zur Führung von Gütezeichen dieser Gemeinschaft für die Ausübung bestimmter Tätigkeiten berechtigt ist,

   oder

2. eine Bestätigung einer Technischen Überwachungsorganisation über den Abschluss eines Überwachungsvertrags vorlegt.

§ 27 Ordnungswidrigkeiten

Ordnungswidrig im Sinne des § 103 Absatz 1 Satz 1 Nummer 3 Buchstabe a des Wasserhaushaltsgesetzes handelt, wer vorsätzlich oder fahrlässig

1. entgegen § 7 Absatz 2 eine Mitteilung nicht, nicht richtig, nicht vollständig, nicht in der vorgeschriebenen Weise oder nicht rechtzeitig macht,
2. entgegen § 13 Absatz 3 in Verbindung mit Anlage 7 Nummer 2.2 eine Anlage nicht richtig errichtet oder nicht richtig betreibt,

3. entgegen § 13 Absatz 3 in Verbindung mit Anlage 7 Nummer 5.1 Buchstabe a einen Vorgang nicht überwacht oder sich nicht oder nicht rechtzeitig vom ordnungsgemäßen Zustand einer dort genannten Sicherheitseinrichtung überzeugt,

4. entgegen § 13 Absatz 3 in Verbindung mit Anlage 7 Nummer 5.1 Buchstabe b eine Belastungsgrenze einer Anlage oder einer Sicherheitseinrichtung nicht einhält,

5. entgegen § 13 Absatz 3 in Verbindung mit Anlage 7 Nummer 6.1 Satz 1 eine Anzeige nicht, nicht richtig oder nicht rechtzeitig erstattet,

6. entgegen § 13 Absatz 3 in Verbindung mit Anlage 7 Nummer 6.2 Satz 2 oder Nummer 7.3 eine Maßnahme nicht, nicht richtig oder nicht rechtzeitig ergreift,

7. entgegen § 13 Absatz 3 in Verbindung mit Anlage 7 Nummer 6.2 Satz 3 eine Benachrichtigung nicht, nicht richtig oder nicht rechtzeitig vornimmt,

8. entgegen § 13 Absatz 3 in Verbindung mit Anlage 7 Nummer 6.4 eine Anlage nicht oder nicht rechtzeitig prüfen lässt,

9. entgegen § 13 Absatz 3 in Verbindung mit Anlage 7 Nummer 6.5 Satz 1 einen Prüfbericht nicht oder nicht rechtzeitig vorlegt,

Ordnungswidrig nach §... WG handelt, wer vorsätzlich oder fahrlässig

7. *entgegen § 50 Absatz 4, § 60 Absatz 1 Satz 2 oder § 62 Absatz 2 eine dort genannte Anlage errichtet, betreibt, unterhält oder stilllegt,*

12. *entgegen § 63 Absatz 1 Satz 1 eine dort genannte Anlage errichtet oder betreibt, (vgl. WHG in der Fassung von 2009, § 103)*

10. entgegen § 13 Absatz 3 in Verbindung mit Anlage 7 Nummer 6.7 Satz 1 oder Satz 2 einen Mangel nicht, nicht richtig, nicht in der vorgeschriebenen Weise oder nicht rechtzeitig beseitigt,

11. entgegen § 13 Absatz 3 in Verbindung mit Anlage 7 Nummer 6.7 Satz 4 eine Anlage nicht oder nicht rechtzeitig außer Betrieb nimmt oder nicht oder nicht rechtzeitig entleert,

12. entgegen § 13 Absatz 3 in Verbindung mit Anlage 7 Nummer 6.7 Satz 5 eine Anlage wieder in Betrieb nimmt,

13. einer vollziehbaren Anordnung nach § 16 Absatz 1 zuwiderhandelt.

14. entgegen § 17 Absatz 1 eine Anlage nicht richtig errichtet oder nicht richtig betreibt,

15. entgegen § 17 Absatz 4 Satz 1 einen dort genannten Stoff nicht oder nicht rechtzeitig entfernt,

16. entgegen § 17 Absatz 4 Satz 2 eine Anlage nicht oder nicht rechtzeitig sichert,

17. entgegen § 23 Absatz 1 Satz 1 einen Vorgang nicht überwacht oder sich nicht oder nicht rechtzeitig vom ordnungsgemäßen Zustand einer dort genannten Sicherheitseinrichtung überzeugt,

(c) als Betreiber einer Anlage nach § 19 g Abs. 1 oder 2 entgegen § 19 i Abs. 1 mit dem Einbau, der Aufstellung, Instandhaltung, Instandsetzung oder Reinigung der Anlage nicht Fachbetriebe nach § 19 l beauftragt, entgegen § 19 i Abs. 2 Satz 1 die Anlage nicht ständig überwacht, entgegen einer vollziehbaren Anordnung nach § 19 i Abs. 2 Satz 2 einen Überwachungsvertrag nicht abschließt oder entgegen einer vollziehbaren Anordnung nach § 19 i Abs. 3 Satz 2 einen Gewässerschutzbeauftragten nicht bestellt, (vgl. WHG in der Fassung von 2002; § 41, Absatz 1, Nummer 6)

18. entgegen § 23 Absatz 1 Satz 2 eine Belastungsgrenze einer Anlage oder einer Sicherheitseinrichtung nicht einhält,

d) entgegen § 19 k einen Vorgang nicht überwacht, sich vom ordnungsgemäßen Zustand der Sicherheitseinrichtungen nicht überzeugt oder die Belastungsgrenzen der Anlagen und Sicherheitseinrichtungen nicht einhält, (vgl. WHG in der Fassung von 2002; § 41, Ab-

satz 1, Nummer 6)

19. entgegen § 23 Absatz 2 Satz 1 oder Absatz 3 Satz 1 einen Behälter befüllt,

6. entgegen § 20 Abs. 1 Satz 1 Behälter ohne feste Leitungsanschlüsse oder ohne Überfüllsicherung oder entgegen § 20 Abs. 2 ohne selbsttätig schließende Abfüllsicherung befüllt oder befüllen lässt,

20. entgegen § 24 Absatz 1 Satz 2 eine Anlage nicht oder nicht rechtzeitig außer Betrieb nimmt,

21. entgegen § 24 Absatz 2 Satz 1, auch in Verbindung mit Satz 2 oder Satz 3, oder entgegen § 40 Absatz 1 eine Anzeige nicht, nicht richtig, nicht vollständig, nicht in der vorgeschriebenen Weise oder nicht rechtzeitig erstattet,

2. entgegen § 8 Abs. 2 oder 3 das Austreten oder den Verdacht des Austretens wassergefährdender Stoffe nicht unverzüglich anzeigt,

22. entgegen § 44 Absatz 1 Satz 1 eine Betriebsanweisung nicht vorhält,

23. entgegen § 44 Absatz 2 Satz 1 Betriebspersonal nicht oder nicht rechtzeitig unterweist,

24. entgegen § 44 Absatz 4 Satz 2 ein Merkblatt nicht, nicht in der vorgeschriebenen Weise oder nicht für die vorgeschriebene Dauer anbringt,

25. entgegen § 45 Absatz 1 eine Anlage errichtet, reinigt, instand setzt oder stilllegt,

e) entgegen § 19 l Abs. 1 Anlagen nach § 19 g Abs. 1 und 2 einbaut, aufstellt, instand hält, instandsetzt oder reinigt, ohne dass er berechtigt ist, Gütezeichen einer baurechtlich anerkannten Überwachungs- oder Gütegemeinschaft zu führen, oder einen Überwachungsvertrag mit einer Technischen Überwachungsorganisation abgeschlossen hat, (vgl. WHG in der Fassung von 2002; § 41, Absatz 1, Nummer 6)

26. entgegen § 46 Absatz 2, Absatz 3 oder Absatz 5 eine Anlage nicht oder nicht rechtzeitig prüfen lässt,

8. als Betreiber entgegen § 23 Abs. 1 oder 2 Anlagen nicht oder nicht fristgemäß überprüfen lässt.

27. einer vollziehbaren Anordnung nach § 46 Absatz 4 zuwider handelt,

28. entgegen § 47 Absatz 1 eine Prüfung durchführt,

29. entgegen § 47 Absatz 3 Satz 1 einen Prüfbericht nicht oder nicht rechtzeitig vorlegt,

30. entgegen § 48 Absatz 1 Satz 1 oder Satz 2 einen Mangel nicht, nicht richtig, nicht in der vorgeschriebenen Weise oder nicht rechtzeitig beseitigt,

31. entgegen § 48 Absatz 2 Satz 1 eine Anlage nicht oder nicht rechtzeitig außer Betrieb nimmt oder nicht oder nicht rechtzeitig entleert,

32. entgegen § 48 Absatz 2 Satz 2 eine Anlage wieder in Betrieb nimmt,

33. entgegen § 49 Absatz 1, Absatz 2 Satz 1 oder § 50 Absatz 1 eine dort genannte Anlage errichtet, betreibt oder erweitert, oder

34. entgegen § 53 Absatz 1 Satz 1 Nummer 2 eine Person als Sachverständigen bestellt.

7. Prüfungen nach § 23 durchführt, ohne von einer nach § 22 anerkannten Organisation für die Prüfung bestellt zu sein,

1. entgegen § 8 Abs. 1 bei Schadensfällen und Betriebsstörungen eine Anlage nicht unverzüglich außer Betrieb nimmt und entleert,

4. in Schutzgebieten eine Anlage einbaut, aufstellt oder verwendet, die nicht § 10 Abs. 1 bis 3 entspricht,

5. entgegen § 11 Abs. 1 Satz 1 ein Anlagenkataster nicht erstellt oder nicht fortschreibt

§ 66 Bestehende Einstufungen von Stoffen und Gemischen

Stoffe, Stoffgruppen und Gemische, die am 1. August 2017 bereits durch die oder auf Grund der Verwaltungsvorschrift wassergefährdende Stoffe (VwVwS) vom 17. Mai 1999 (BAnz. Nr. 98a S. 3), die durch die Verwaltungsvorschrift vom 27. Juli 2005 (BAnz. Nr. 142a, S. 3) geändert worden ist, eingestuft worden sind, gelten nach Maßgabe dieser Einstufung als eingestuft im Sinne von Kapitel 2; diese Einstufungen werden jeweils vom Umweltbundesamt im Bundesanzeiger veröffentlicht. Das Umweltbundesamt stellt zudem im Internet eine Suchfunktion bereit, mit der die bestehenden Einstufungen wassergefährdender Stoffe,

Stoffgruppen und Gemische nach Satz 1 ermittelt werden können.

§ 67 Änderung der Einstufung wassergefährdender Stoffe

Führt die Änderung der Einstufung eines wassergefährdenden Stoffes zur Erhöhung der Gefährdungsstufe einer Anlage, sind die hieraus folgenden weiter gehenden Anforderungen an die Anlage erst zu erfüllen, wenn die zuständige Behörde dies anordnet. Satz 1 gilt auch für Anlagen, die am 1. August 2017 bereits errichtet sind (bestehende Anlagen).

§ 68 Bestehende wiederkehrend prüfpflichtige Anlagen

(1) Für bestehende Anlagen, die einer wiederkehrenden Prüfpflicht nach § 46 Absatz 2 bis 4 unterliegen, gelten ab dem 1. August 2017:

1. § 23 Absatz 1 und die §§ 24, 40 bis 48 und
2. die übrigen Vorschriften dieser Verordnung, soweit sie Anforderungen beinhalten, die den Anforderungen entsprechen, die nach den jeweiligen landesrechtlichen Vorschriften am 31. Juli 2017 zu beachten waren; Anforderungen in behördlichen Zulassungen gelten als Anforderungen nach landesrechtlichen Vorschriften.

Informationen nach § 43 Absatz 1 Satz 1 und 2, deren Beschaffung nicht oder nur mit unverhältnismäßigem Aufwand möglich ist, müssen in der Anlagendokumentation nicht enthalten sein.

(2) Bei bestehenden Anlagen, die einer wiederkehrenden Prüfpflicht nach § 46 Absatz 2 bis 4 unterliegen, hat der Sachverständige zu prüfen, inwieweit die Anlage die Anforderungen nach Absatz 1 Satz 1 Nummer 2 nicht erfüllt.

(3) Für bestehende Anlagen, die einer wiederkehrenden Prüfpflicht nach § 46 Absatz 2 bis 4 unterliegen, hat der Sachverständige bei der ersten Prüfung nach diesen Vorschriften festzustellen, inwieweit für die Anlage Anforderungen dieser Verordnung bestehen, die über die Anforderungen hinausgehen, die nach den jeweiligen landesrechtlichen Vorschriften am 31. Juli 2017 zu beachten waren, mit Ausnahme

§ 28 Bestehende Anlagen

(1) Für Anlagen, die bei Inkrafttreten dieser Verordnung bereits eingebaut oder aufgestellt waren (bestehende Anlagen), sind die Anforderungen nach § 3 Nr. 6 und § 20 innerhalb von zwei Jahren nach Inkrafttreten dieser Verordnung zu erfüllen, es sei denn, dass diese Anforderungen auch schon nach der bisherigen Rechtslage bestanden.

der in Absatz 1 Satz 1 Nummer 1 genannten Vorschriften. Die Feststellung nach Satz 1 ist der zuständigen Behörde zusammen mit dem Prüfbericht nach § 47 Absatz 3 vorzulegen.

(4) Werden nach Absatz 3 Satz 1 Abweichungen festgestellt, kann die zuständige Behörde technische oder organisatorische Anpassungsmaßnahmen anordnen,
1. mit denen diese Abweichungen behoben werden,
2. die für diese Abweichungen in technischen Regeln für bestehende Anlagen vorgesehen sind, oder
3. mit denen eine Gleichwertigkeit zu den in Absatz 3 Satz 1 bezeichneten Anforderungen erreicht wird.
In den Fällen des Satzes 1 Nummer 2 und 3 sind die Anforderungen des § 62 Absatz 1 des Wasserhaushaltsgesetzes zu beachten.

(5) Auf Grund von nach Absatz 3 Satz 1 festgestellten Abweichungen können die Stilllegung oder die Beseitigung einer Anlage oder Anpassungsmaßnahmen, die einer Neuerrichtung der Anlage gleichkommen oder die den Zweck der Anlage verändern, nicht verlangt werden.

(6) Werden bei einer Prüfung nach § 46 Absatz 2 bis 4 von bestehenden Anlagen erhebliche oder gefährliche Mängel am Behälter oder an der Rückhalteeinrichtung festgestellt, sind bei der Beseitigung dieser Mängel die Anforderungen dieser Verordnung einzuhalten.

(7) Sollen wesentliche bauliche Teile oder wesentliche Sicherheitseinrichtungen einer bestehenden Anlage geändert werden, gelten für diese Teile oder diese Sicherheitseinrichtungen die Anforderungen dieser Verordnung, die über die Anforderungen hinausgehen, die nach den jeweiligen landesrechtlichen Vorschriften am 31. Juli 2017 zu beachten waren, mit Ausnahme der in Absatz 1 Satz 1 Nummer 1 genannten Vorschriften, bereits ab dem Zeitpunkt der Änderung.

(8) Bestehende Anlagen, die im Sinne von § 19 h Absatz 1 Satz 2 Nummer 1 des Wasserhaushaltsgesetzes in der am 28. Februar 2010 geltenden Fassung und nach näherer Maßgabe der am 31. Juli 2017 geltenden landesrechtli-

(3) Anlagen, die nach der (bisherigen Anlagenverordnung) als einfach oder herkömmlich galten, bedürfen auch weiterhin keiner Eignungsfeststellung.

chen Vorschriften einfacher oder herkömmlicher Art sind, bedürfen keiner Eignungsfeststellung nach § 63 Absatz 1 Satz 1 des Wasserhaushaltsgesetzes.

(9) Gleisflächen von bestehenden Umschlaganlagen müssen abweichend von § 28 Absatz 1 Satz 1 und § 29 Absatz 1 Satz 2 nicht flüssigkeitsundurchlässig nachgerüstet werden.

(10) Bestehende Biogasanlagen mit Gärsubstraten ausschließlich landwirtschaftlicher Herkunft sind bis zum 1. August 2022 mit einer Umwallung nach § 37 Absatz 3 zu versehen. Mit Zustimmung der zuständigen Behörde kann darauf verzichtet werden, wenn eine Umwallung insbesondere aus räumlichen Gründen nicht zu verwirklichen ist. Weitere Anpassungsmaßnahmen sind nach Maßgabe von Absatz 4 auf Anordnung der zuständigen Behörde erst nach dem 1. August 2022 zu verwirklichen.

(2) Werden durch diese Verordnung andere als die in Abs. 1 genannten Anforderungen neu begründet oder verschärft, so gelten sie für bestehende Anlagen erst auf Grund einer Anordnung der (nach Landesrecht zuständigen Behörde). Jedoch kann auf Grund dieser Verordnung nicht verlangt werden, dass rechtmäßig bestehende oder begonnene Anlagen stillgelegt oder beseitigt werden.

(5) Wird durch oder auf Grund der Verwaltungsvorschrift nach § 19 g Abs. 5 WHG die Einstufung wassergefährdender Stoffe geändert, so gelten für die Anlagen, die im Zeitpunkt des In-Kraft-Tretens dieser Änderung bereits eingebaut oder aufgestellt waren, die Abs. 1 bis 4 entsprechend. Bei Anlagen zum Umgang mit Stoffen, die in Anhang 2 der „Allgemeine Verwaltungsvorschrift zum Wasserhaushaltsgesetz über die Einstufung wassergefährdender Stoffe in Wassergefährdungsklassen (Verwaltungsvorschrift wassergefährdende Stoffe - VwVwS)" vom 17.5.1999 (Bundesanzeiger Nr. 98 a vom 29.5.1999) mit der Fußnote 14 versehen sind, sind aus Anlass dieser geänderten Einstufung in der Regel keine Anpassungsmaßnahmen erforderlich.

§ 69 Bestehende nicht wiederkehrend prüfpflichtige Anlagen

(1) Für bestehende Anlagen, die keiner wiederkehrenden Prüfpflicht nach § 46 Absatz 2 bis 4 unterliegen, sind die am 31. Juli 2017 geltenden landesrechtlichen Vorschriften weiter anzuwenden, solange und soweit die zuständige Behörde keine Entscheidung nach Satz 2 getroffen hat. Die zuständige Behörde kann für Anlagen im Sinne von Satz 1 festlegen, welche Anforderungen nach dieser Verordnung zu welchem Zeitpunkt erfüllt werden müssen. Unbeschadet der Sätze 1 und 2 gelten § 23 Absatz 1 und die §§ 24, 40 und 43 bis 48 bereits ab dem dem 1. August 2017.

(2) Im Übrigen gilt § 68 Absatz 5, 7 und 8 entsprechend.

§ 70 Prüffristen für bestehende Anlagen

(1) Die Frist für die erste wiederkehrende Prüfung von Anlagen nach Spalte 3 der Anlage 5 oder der Anlage 6 beginnt bei Anlagen, die am 1. August 2017 bereits errichtet sind, mit dem Abschluss der letzten Prüfung nach landesrechtlichen Vorschriften. Als Prüfung im Sinne von Satz 1 gelten auch Tätigkeiten eines Fachbetriebs, die nach Landesrecht die Prüfung ersetzten.

(2) Bestehende Anlagen, die nach Spalte 3 der Anlage 5 oder der Anlage 6 einer wiederkehrenden Prüfung unterliegen, die aber nach den landesrechtlichen Vorschriften vor dem 1. August 2017 nicht wiederkehrend prüfpflichtig waren, sind innerhalb der folgenden Fristen erstmals zu prüfen:

1. Anlagen, die vor dem 1. Januar 1971 in Betrieb genommen wurden, bis zum 1. August 2019,
2. Anlagen, die im Zeitraum vom 1. Januar 1971 bis zum 31. Dezember 1975 in Betrieb genommen wurden, bis zum 1. August 2021,
3. Anlagen, die im Zeitraum vom 1. Januar 1976 bis zum 31. Dezember 1982 in Betrieb genommen wurden, bis zum 1. August 2023,
4. Anlagen, die im Zeitraum vom 1. Januar 1983 bis zum 31. Dezember 1993 in Betrieb genommen wurden, bis zum 1. August 2025,

§ 28 Bestehende Anlagen

(4) Der Betreiber hat bestehende Anlagen, die auf Grund des § 23 erstmalig einer Prüfung bedürfen, spätestens bis zum.......... [2 Jahre nach dem Ende der in § 29 genannten Frist] überprüfen zu lassen. Diese Prüfung gilt als Prüfung vor Inbetriebnahme im Sinn von § 23 Abs. 1 Satz 3. Satz 1 gilt nicht, wenn in einer behördlichen Zulassung eine Ausnahme von der Prüfpflicht erteilt oder eine andere Frist für die erstmalige Prüfung bestimmt wird.

5. Anlagen, die nach dem 31. Dezember 1993
   in Betrieb genommen wurden, bis zum 1.
   August 2027.

§ 71 Einbau von Leichtflüssigkeitsabscheidern

Leichtflüssigkeitsabscheider für Kraftstoffe mit
Zumischung von Ethanol dürfen nur eingebaut
werden, wenn der Nachweis erbracht worden
ist, dass sie gegenüber diesen Kraftstoffen beständig sind und ihre Funktionsfähigkeit nur
unerheblich verringert wird.

§ 72 Übergangsbestimmung für Fachbetriebe, Sachverständigenorganisationen und bestellte Personen

(1) Ein Betrieb, der am 21. April 2017 berechtigt war, Gütezeichen einer baurechtlich anerkannten Überwachungs- oder Gütegemeinschaft zu führen, oder vor dem 22. April 2017
einen Überwachungsvertrag mit einer Technischen Überwachungsorganisation abgeschlossen hatte, gilt bis zum 22. April 2019 als
Fachbetrieb im Sinne von § 62 Absatz 1,
solange die Anforderungen nach § 62 Absatz 2 erfüllt sind und die baurechtlich anerkannte Überwachungs- oder Gütegemeinschaft
oder die Technische Überwachungsorganisation die Einhaltung der Anforderungen überwacht. In den Fällen des § 64 Satz 1 ist der
Nachweis der Fachbetriebseigenschaft geführt,
wenn der Fachbetrieb eine Bestätigung der
Überwachungs- oder Gütegemeinschaft, dass
er zur Führung des Gütezeichens berechtigt
ist, oder eine Bestätigung einer Technischen
Überwachungsorganisation, dass der Fachbetrieb von ihr im Rahmen eines Überwachungsvertrages überwacht wird, vorlegt.

(2) Anerkennungen von Sachverständigenorganisationen nach landesrechtlichen Vorschriften,
die vor dem 1. August 2017 erteilt worden sind,
gelten als Anerkennungen nach § 52 Absatz 1
Satz 1 fort. Soweit § 52 Absatz 3 Anforderungen enthält, die über die Anforderungen der
bisherigen landesrechtlichen Vorschriften hinausgehen, sind diese Anforderungen ab dem
1. Oktober 2017 zu erfüllen. Wurde die Anerkennung nach Satz 1 befristet erteilt und endet

diese Befristung vor dem 1. Februar 2018, so gilt sie bis zum 1. Februar 2018 als Anerkennung im Sinne des § 52 Absatz 1 Satz 1 fort.

(3) Die Anforderungen nach § 53 Absatz 1 Satz 1 Nummer 4 in Verbindung mit Absatz 5 sowie nach § 62 Absatz 2 Satz 1 Nummer 2 Buchstabe a bis c gelten nicht für Personen, die vor dem 1. August 2017 von einer Sachverständigenorganisation oder einem Fachbetrieb bestellt worden sind.

§73 Inkrafttreten; Außerkrafttreten

Die §§ 57 bis 60 treten am Tag nach der Verkündung in Kraft. Im Übrigen tritt diese Verordnung am 1. August 2017 in Kraft. Zu dem in Satz 2 genannten Zeitpunkt tritt die Verordnung über Anlagen zum Umgang mit wassergefährdenden Stoffen vom 31. März 2010 (BGBl. I S. 377) außer Kraft.

Der Bundesrat hat zugestimmt.

Berlin, den 18. April 2017

Die Bundeskanzlerin
Dr. Angela Merkel

Die Bundesministerin
für Umwelt, Naturschutz, Bau und Reaktorsicherheit
Barbara Hendricks

§ 29 Inkrafttreten

(1) Diese Verordnung tritt am.......... in Kraft. Gleichzeitig tritt die (bisherige Anlagenverordnung) außer Kraft.

(2) Abweichend von Abs. 1 Satz 1 bedarf es der Anerkennung nach § 22 erst ab.......... (zwei Jahre nach dem Inkrafttreten gem. Abs. 1 Satz 1); bis zu diesem Zeitpunkt gilt § 11 der (bisherigen Anlagenverordnung).

Anlage 1

(zu § 4 Absatz 1, § 8 Absatz 1 und
§ 10 Absatz 2)

**Einstufung von Stoffen und Gemischen als
nicht wassergefährdend und in Wassergefährdungsklassen (WGK); Bestimmung aufschwimmender flüssiger Stoffe als allgemein
wassergefährdend**

1 Grundsätze   *VwVwS, Anhang 4, 2 Definitionen*

1.1 Die in dieser Anlage verwendeten Fachbegriffe, insbesondere zu toxischen Eigenschaften und zu Auswirkungen von Stoffen und Gemischen auf die Umwelt, werden im Sinne der
Verordnung (EG) Nr. 1272/2008 des Europäischen Parlaments und des Rates vom 16. Dezember 2008 über die Einstufung, Kennzeichnung und Verpackung von Stoffen und Gemischen, zur Änderung und Aufhebung der Richtlinien 67/548/EWG und 1999/45/EG und zur
Änderung der Verordnung (EG) Nr. 1907/2006
(ABl. L 353 vom 31.12.2008, S. 1, L 16 vom
20.1.2011, S. 1), die zuletzt durch die Verordnung (EU) 2015/1221 (ABl. L 197 vom
25.7.2015, S. 10) geändert worden ist, in der
jeweils geltenden Fassung und der Richtlinie
67/548/EWG des Rates vom 27. Juni 1967 zur
Angleichung der Rechts- und Verwaltungsvorschriften für die Einstufung, Verpackung und
Kennzeichnung gefährlicher Stoffe (ABl. 196
vom 16.8.1967, S. 1), die zuletzt durch die
Verordnung (EU) Nr. 944/2013 der Kommission vom 2. Oktober 2013 (ABl. L 261 vom
3.10.2013, S. 5) geändert worden ist, verwendet.

1.2 Krebserzeugende Stoffe sind alle Stoffe,   *Krebserzeugende Stoffe im Sinne dieses An-*
die einzustufen sind   *hangs sind alle Stoffe, die nach der Gefahr-*
                                                 stoffverordnung in R 45 (kann Krebs erzeugen)
   a) nach Anhang VI Tabelle 3.1 der Verord-   *eingestuft sind.*
      nung (EG) Nr. 1272/2008 als karzino-   *(vgl. VwVwS, Anhang 4)*
      gene Stoffe der Kategorie 1A oder Ka-
      tegorie 1B (H350: „Kann Krebs verur-
      sachen"),
   b) nach Anhang VI Tabelle 3.2 der Verord-
      nung (EG) Nr. 1272/2008 als karzino-
      gene Stoffe der Kategorie 1 oder Kate-
      gorie 2 (R45: „Kann Krebs erzeugen")
      oder
   c) nach Anhang I der Verordnung (EG) Nr.
      1272/2008 als karzinogene Stoffe der

Kategorie 1A oder Kategorie 1B (H350: „Kann Krebs verursachen").

Krebserzeugend sind auch die Stoffe, die in einer Bekanntmachung des Bundesministeriums für Arbeit und Soziales nach § 20 Absatz 4 der Gefahrstoffverordnung vom 26. November 2010 (BGBl. I S. 1643, 1644), die zuletzt durch Artikel 2 der Verordnung vom 3. Februar 2015 (BGBl. I S. 49) geändert worden ist, als krebserzeugend bezeichnet werden. Stoffe, die nur auf inhalativem Weg krebserzeugend wirken, gelten bei der Bestimmung der Wassergefährdungsklasse nicht als krebserzeugend.

Krebserzeugend im Sinne dieses Anhangs sind auch die Stoffe, die gemäß § 52 Abs. 3 GefStoffV als krebserzeugend der Kategorie 1 oder 2 nach Anhang I GefStoffV bekanntgemacht werden. Stoffe, die nur auf inhalativem Wege krebserzeugend wirken, sind nicht krebserzeugend im Sinne dieses Anhangs. (vgl. VwVwS, Anhang 4)

1.3 Aufschwimmende flüssige Stoffe sind alle flüssigen Stoffe, die unter Normalbedingungen folgende physikalischen Eigenschaften aufweisen:

   a) eine Dichte von kleiner oder gleich 1.000 kg/m^3,

   b) einen Dampfdruck von kleiner oder gleich 0,3 kPa und

   c) eine Wasserlöslichkeit von kleiner oder gleich 1 g/l.

1.4 Wird nach Artikel 10 Absatz 2 der Verordnung (EG) Nr. 1272/2008 in Verbindung mit Anhang I Teil 4 Abschnitt 4.1.3.5.5.5 der Verordnung (EG) Nr. 1272/2008 für Stoffe wegen ihrer hohen aquatischen Toxizität ein Multiplikationsfaktor (M-Faktor) festgelegt, wird dieser bei der Ermittlung des prozentualen Gehaltes eines Stoffes in Gemischen berücksichtigt.

2 Einstufung von Stoffen und Gemischen als nicht wassergefährdend

2.1 Stoffe

Stoffe sind nicht wassergefährdend, wenn sie alle im Folgenden genannten Anforderungen erfüllen:

a) Die Summe nach Nummer 4.4 ist Null.

b) Ein flüssiger Stoff weist eine Wasserlöslichkeit von kleiner als 10 mg/l auf.

c) Ein fester Stoff weist eine Wasserlöslichkeit von kleiner als 100 mg/l auf.

VwVwS, Anhang 3, 5 Nicht wassergefährdende Stoffe

Stoffe sind abweichend von Nummer 4.2 nicht wassergefährdend nach § 19 g Abs, 5 Satz 2 WHG, wenn folgende Voraussetzungen erfüllt sind:

a) Die Gesamtpunktzahl nach Nummer 4.1 ist 0.

b) Der Stoff weist bei 20 Grad Celsius eine Wasserlöslichkeit von weniger als 100 mg/l

*oder weniger als 10 mg/l bei einem Stoff,
der bei Normalbedingungen flüssig ist, auf.*

d) Es ist keine Prüfung bekannt, nach der die akute Toxizität an einer Fischart (96 h LC_{50}) oder einer Wasserflohart (48 h EC_{50}) oder die Hemmung des Algenwachstums (72 h IC_{50}) unterhalb der Löslichkeitsgrenze liegt. Es müssen valide Prüfungen an zwei der vorgenannten Organismen durchgeführt worden sein.

c) Es ist keine Prüfung bekannt, nach der die akute Toxizität an einer Fischart (96 h LC_{50}) oder einer Wasserflohart (48 h EC_{50}) oder die Hemmung des Algenwachstums (72 h IC_{50}) unterhalb der Löslichkeitsgrenze liegt. Prüfungen an zwei der vorgenannten Organismen sind durchgeführt worden.

e) Ein flüssiger organischer Stoff ist leicht biologisch abbaubar.

*d) Ein bei Normalbedingungen flüssiger organischer Stoff ist biologisch leicht abbaubar.
(vgl. VwVwS, Anhang 3)*

f) Ein fester organischer Stoff ist entweder leicht biologisch abbaubar oder weist kein erhöhtes Bioakkumulationspotenzial auf.

g) Durch leichte biologische oder abiotische Abbaubarkeit entsteht kein wassergefährdender Stoff.

h) Der Stoff ist kein aufschwimmender flüssiger Stoff nach Nummer 1.3.

2.2 Gemische

***VwVwS, 2 Bestimmung und Einstufung der wassergefährdenden Stoffe
2.2 Gemische***

Gemische werden entsprechend ihrer Gefährlichkeit in eine Wassergefährdungsklasse entsprechend Nummer 2.1.2 eingestuft. Die Wassergefährdungsklasse wird
a) nach Anhang 4 Nr. 3 anhand der Komponenten ermittelt, soweit das Gemisch nicht in Anhang 2 eingestuft ist, oder
*b) nach Anhang 4 Nr. 4 durch Prüfung am Gemisch selbstfestgestellt, soweit das Gemisch nicht in Anhang 2 eingestuft ist.
(vgl. VwVwS, 2.2.1)*

Gemische sind nicht wassergefährdend, wenn sie alle im Folgenden genannten Anforderungen erfüllen:

Nicht wassergefährdend sind Gemische, wenn folgende Voraussetzungen erfüllt sind:

a) Der Gehalt an Stoffen der WGK 1 ist geringer als 3 % Massenanteil.

a) Der Gehalt an Komponenten der WGK 1 ist geringer als 3 % Massenanteil.

b) Der Gehalt an Stoffen der WGK 2 ist geringer als 0,2 % Massenanteil.

b) Der Gehalt an Komponenten der WGK 2 und 3 ist geringer als 0,2 % Massenanteil.

c) Der Gehalt an Stoffen der WGK 3 ist geringer als 0,2 % Massenanteil.

d) Der Gehalt an nicht identifizierten Stoffen ist geringer als 0,2 % Massenanteil.

e) Dem Gemisch wurden keine krebserzeugenden Stoffe nach Nummer 1.2 gezielt zugesetzt.

c) Es sind keine Komponenten der WGK 3, krebserzeugende Komponenten oder Komponenten unbekannter Identität zugesetzt.

f) Dem Gemisch wurden keine Stoffe der WGK 3 gezielt zugesetzt.

g) Dem Gemisch wurden keine Stoffe gezielt zugesetzt, deren wassergefährdende Eigenschaften nicht bekannt sind.

h) Dem Gemisch wurden keine Dispergatoren oder Emulgatoren gezielt zugesetzt.

d) Dem Gemisch sind keine Dispergatoren zugesetzt.

i) Das Gemisch schwimmt in oberirdischen Gewässern nicht auf.

Muss bei einem Stoff der WGK 2 oder WGK 3 wegen seiner hohen aquatischen Toxizität ein M-Faktor nach Nummer 1.4 berücksichtigt werden, wird der prozentuale Gehalt dieses Stoffes mit diesem Faktor multipliziert. Das sich daraus ergebende Produkt wird zur Ermittlung des Massenanteils im Sinne von Satz 1 Buchstabe b und c verwendet.

Für die Bestimmung der Wassergefährdungsklasse der Komponenten gilt Nummer 2.1 entsprechend.
(vgl. VwVwS, 2.2.2)

3 Bestimmung aufschwimmender flüssiger Stoffe und Gemische als allgemein wassergefährdend

3.1 Aufschwimmende flüssige Stoffe nach Nummer 1.3 sind allgemein wassergefährdend, wenn sie die Anforderungen nach Nummer 2.1 Buchstaben a bis g erfüllen.

3.2 Die aufschwimmenden flüssigen Stoffe nach Nummer 3.1 werden vom Umweltbundesamt im Bundesanzeiger öffentlich bekannt gegeben. Zudem stellt das Umweltbundesamt im Internet eine Suchfunktion bereit, mit der die nach Satz 1 bekannt gegebenen Stoffe ermittelt werden können.

3.3 Ein aufschwimmendes Gemisch aus aufschwimmenden flüssigen Stoffen nach Nummer 3.1 und nicht wassergefährdenden Stoffen gilt als allgemein wassergefährdend.

4 Einstufung von Stoffen in Wassergefährdungsklassen

4.1 Methodische Vorgaben

Grundlage für die Einstufung sind wissenschaftliche Prüfungen an dem jeweiligen Stoff gemäß den Vorgaben der Verordnung (EG) Nr. 440/2008 der Kommission vom 30. Mai 2008 zur Festlegung von Prüfmethoden gemäß der Verordnung (EG) Nr. 1907/2006 des Europäischen Parlaments und des Rates zur Registrierung, Bewertung, Zulassung und Beschränkung chemischer Stoffe (REACH) (ABl. L 142 vom 31.5.2008, S. 1), die zuletzt durch die Verordnung (EU) Nr. 900/2014 (ABl. L 247 vom 21.8.2014, S. 1) geändert worden ist, in der jeweils geltenden Fassung. Wurden aus diesen wissenschaftlichen Prüfungen für den jeweiligen Stoff

   a) R-Sätze gemäß den Anhängen I und VI der Richtlinie 67/548/EWG oder

   b) Gefahrenhinweise nach den Anhängen I, II und VI der Verordnung (EG) Nr. 1272/2008

in der jeweils geltenden Fassung abgeleitet, werden den R-Sätzen bzw. Gefahrenhinweisen Bewertungspunkte nach Maßgabe von Nummer 4.2 zugeordnet. Wurden wissenschaftliche Prüfungen zur akuten oralen oder dermalen Toxizität oder zu Auswirkungen auf die Umwelt für den jeweiligen Stoff nicht durchgeführt, werden dem Stoff Vorsorgepunkte nach Maßgabe von Nummer 4.3 zugeordnet. Aus der Summe der Bewertungs- und Vorsorgepunkte für den jeweiligen Stoff wird die Wassergefährdungsklasse nach Maßgabe von Nummer 4.4 ermittelt.

VwVwS, Anhang 3, 1 R-Satz-Einstufungen und Bewertungspunkte

Grundlage für die Bestimmung und Einstufung des zu prüfenden Stoffes ist die Einstufung in R-Sätze entsprechend § 4 a Abs. 1 bis 4 der Verordnung zum Schutz vor gefährlichen Stoffen (Gefahrstoffverordnung - GefStoffV) vom 26. Oktober 1993 (BGBI I S.1782, ber. S. 2049) in ihrer jeweils geltenden Fassung. Satz 1 gilt sinngemäß auch für alle sonstigen in eine Wassergefährdungsklasse einzustufenden Stoffe.

(vgl. VwVwS, Anhang 3)

3 Bewertungsgrundlagen

Grundlage für die Bestimmung und Einstufung der wassergefährdenden Stoffe sind wissenschaftliche Prüfungen an dem jeweiligen Stoff in Anlehnung an die Vorgaben des Anhangs V in Verbindung mit den Anhängen VII A bis D und VIII der Richtlinie 67/548/EWG. Dabei kann in Anlehnung an § 20 Abs. 4 ChemG in begründeten Einzelfällen auf eine oder mehrere Prüfungen verzichtet werden.

Stoffe, bei denen der log Octanol/Wasser-Verteilungskoeffizient (log Pow) nicht kleiner als 3,0 ist, gelten als potentiell bioakkumulierbar, sofern der experimentell bestimmte Biokonzentrationsfaktor (BCF) nicht kleiner als 100 ist. Zur Beurteilung des Bioakkumulationsverhaltens kann auch ein berechneter log Pow zugrunde gelegt werden (entsprechend Kapitel 4 der Technical Documents in Support of the Commission Directive 93/67/EWG on Risk Assessment of New Notified Substances and the Commission Regulation, 1488/94 on Risk Assessment of Existing Substances, Ispra 1996)

Für die Feststellung der leichten biologischen Abbaubarkeit gilt ein in der Richtlinie OECD 301 genanntes Verfahren oder ein anderes gleichwertiges und allgemein anerkanntes Verfahren.

Für die Feststellung der inhärenten biologischen Abbaubarkeit gilt die Richtlinie OECD 302, Teil B oder C oder ein anderes gleichwertiges und allgemein anerkanntes Verfahren. (vgl. VwVwS, Anhang 3)

4.2 R-Sätze, Gefahrenhinweise und Bewertungspunkte

VwVwS, Anhang 3, 1 R-Satz-Einstufungen und Bewertungspunkte

Den R-Sätzen oder Gefahrenhinweisen im Sinne von Nummer 4.1 Satz 2 werden folgende Bewertungspunkte zugeordnet:

Den ermittelten R-Sätzen werden folgende Bewertungspunkte zugeordnet:

R-Satz	Bezeichnungen der besonderen Gefahren	Vorrangigkeit anderer R-Sätze	Bewertungspunkte
R21	gesundheitsschädlich bei Berührung mit der Haut	wird nicht zusätzlich zu R25, R23/25, R28 oder R26/28 berücksichtigt	1
R22	gesundheitsschädlich beim Verschlucken	wird nicht zusätzlich zu R24, R23/24, R27 oder R26/27 berücksichtigt	1
R24	giftig bei Berührung mit der Haut	wird nicht zusätzlich zu R28 oder R26/28 berücksichtigt	3
R25	giftig beim Verschlucken	wird nicht zusätzlich zu R27 oder R26/27 berücksichtigt	3
R27	sehr giftig bei Berührung mit der Haut		4
R28	sehr giftig beim Verschlucken		4
R29	entwickelt bei Berührung mit Wasser giftige Gase		2
R33	Gefahr kumulativer Wirkungen		2
R40*	Verdacht auf krebserzeugende Wirkung	wird nicht zusätzlich zu R68 berücksichtigt	2
R45*	kann Krebs erzeugen		9

R-Satz	Punktzahl	Bemerkungen
R21	1	wird nicht additiv zu R22, R20/22, R25, R23/25, R28 oder R26/28 zugeordnet
R22	1	wird nicht additiv zu R24, R23/24, R27, R26/27 zugeordnet
R24	3	wird nicht additiv zu R25, R23/25, R28 oder R26/28 zugeordnet
R25	3	wird nicht additiv zu R27, R26/27 zugeordnet
R27	5	wird nicht additiv zu R28 oder R26/28 zugeordnet
R28	5	
R29	2	
R33	2	
R40	2	wird nicht additiv zu R68 zugeordnet
R45	9	

R46	kann vererbbare Schäden verursachen	wird nicht zusätzlich zu R45 berücksichtigt	9

R46	9	wird nicht additiv zu R45 zugeordnet

R50	sehr giftig für Wasserorganis-men		6

R50	6	

R52	schädlich für Wasserorganis-men		3

R52	3	

R53	kann in Gewässern längerfristig schädliche Wirkungen haben		3

R53	3	

R60	kann die Fortpflanzungs-fähigkeit beeinträchtigen		4

R60	4	

R61	kann das Kind im Mutterleib schädigen	wird nicht zusätzlich zu R60 berücksichtigt	4

R61	4	wird nicht additiv zu R60 zugeordnet

R62	kann möglicherweise die Fortpflan-zungsfähigkeit beeinträchtigen	wird nicht zusätzlich zu R61 berücksichtigt	2

R62	2	wird nicht additiv zu R61 zugeordnet

R63	kann das Kind im Mutterleib möglicherweise schädigen	wird nicht zusätzlich zu R60 und R62 berücksichtigt	2

R63	2	wird nicht additiv zu R60 und R62 zugeordnet

R65	gesundheits-schädlich: kann beim Verschlucken Lungenschäden verursachen	wird nicht zusätzlich zu R21 und R22 berücksichtigt	1

R65	1	wird nicht additiv zu R21 und R22 zugeordnet

R68	irreversibler Schaden möglich	wird nicht zusätzlich zu R40 berücksichtigt	2

R68	2	wird nicht additiv zu R40 zugeordnet

R 15/29	reagiert mit Wasser unter Bildung giftiger und hochent-zündlicher Gase		2

R 15/29	2	

R	Beschreibung	Hinweis	Wert
R 20/21	gesundheitsschädlich beim Einatmen und bei Berührung mit der Haut	wird nicht zusätzlich zu R25 oder R28 berücksichtigt	1
R 20/22	gesundheitsschädlich beim Einatmen und Verschlucken	wird nicht zusätzlich zu R24 oder R27 berücksichtigt	1
R20/21/22	gesundheitsschädlich beim Einatmen, beim Verschlucken und Berührung mit der Haut		1
R 21/22	gesundheitsschädlich bei Berührung mit der Haut und beim Verschlucken		1
R 23/24	giftig beim Einatmen und bei Berührung mit der Haut	wird nicht zusätzlich zu R28 berücksichtigt	3
R 23/25	giftig beim Einatmen und Verschlucken	wird nicht zusätzlich zu R27 berücksichtigt	3
R23/24/25	giftig beim Einatmen, Verschlucken und bei Berührung mit der Haut		3
R 24/25	giftig bei Berührung mit der Haut und beim Verschlucken		3
R 26/27	sehr giftig beim Einatmen und bei Berührung mit der Haut		4
R 26/28	sehr giftig beim Einatmen und Verschlucken		4
R26/27/28	sehr giftig beim Einatmen, Verschlucken und Berührung mit der Haut		4

R	Wert	Hinweis
R 20/21	1	wird nicht additiv zu R22, R25, oder R28 zugeordnet
R 20/22	1	wird nicht additiv zu R24 oder R27 zugeordnet
R 20/21/22	1	
R 21/22	1	
R 23/24	3	wird nicht additiv zu R25 oder R28 zugeordnet
R 23/25	3	wird nicht additiv zu R27 zugeordnet
R 23/24/25	3	
R 24/25	3	
R 26/27	5	wird nicht additiv zu R28 zugeordnet
R 26/28	5	
R 26/27/28	5	

R 27/28	sehr giftig bei Berührung mit der Haut und beim Verschlucken		4		R 27/28	5	
R 39/24	giftig: ernste Gefahr irreversiblen Schadens bei Berührung mit der Haut		4		R 39/24	4	
R 39/25	giftig: ernste Gefahr irreversiblen Schadens durch Verschlucken		4		R 39/25	4	
R39/ 23/24	giftig: ernste Gefahr irreversiblen Schadens durch Einatmen und bei Berührung mit der Haut		4		R 39/ 23/24	4	
R39/ 23/25	giftig: ernste Gefahr irreversiblen Schadens durch Einatmen und durch Verschlucken		4		R 39/ 23/25	4	
R39/ 24/25	giftig: ernste Gefahr irreversiblen Schadens bei Berührung mit der Haut und durch Verschlucken		4		R 39/ 24/25	4	
R39/ 23/24 /25	giftig: ernste Gefahr irreversiblen Schadens durch Einatmen, Berührung mit der Haut und durch Verschlucken		4		R 39/ 23/24 /25	4	
R 39/27	sehr giftig: ernste Gefahr irreversiblen Schadens bei Berührung mit der Haut		4		R 39/27	6	

R 39/28	sehr giftig: ernste Gefahr irreversiblen Schadens durch Verschlucken		4	R 39/28	6
R 39/ 26/27	sehr giftig: ernste Gefahr irreversiblen Schadens durch Einatmen und bei Berührung mit der Haut		4	R 39/ 26/27	6
R 39/ 26/28	sehr giftig: ernste Gefahr irreversiblen Schadens durch Einatmen und durch Verschlucken		4	R 39/ 26/28	6
R 39/ 27/28	sehr giftig: ernste Gefahr irreversiblen Schadens bei Berührung mit der Haut und durch Verschlucken		4	R 39/ 27/28	6
R 39/ 26/27 /28	sehr giftig: ernste Gefahr irreversiblen Schadens durch Einatmen, Berührung mit der Haut und durch Verschlucken		4	R 39/ 26/27 /28	6
				R 40/21	2
				R 40/22	2
				R 40/ 20/21	2
				R 40/ 20/22	2
				R 40/ 21/22	2

				R 40/ 20/21 /22	2	

R 48/21	gesundheits- schädlich: Gefahr ernster Gesundheits- schäden bei längerer Exposition durch Berührung mit der Haut		2	R 48/21	2	
R 48/22	gesundheits- schädlich: Gefahr ernster Gesundheits- schäden bei längerer Exposition durch Verschlucken		2	R 48/22	2	
R 48/ 20/21	gesundheits- schädlich: Gefahr ernster Gesundheits- schäden bei längerer Exposition durch Einatmen und durch Berührung mit der Haut		2	R 48/ 20/21	2	
R 48/ 20/22	gesundheits- schädlich: Gefahr ernster Gesundheits schäden bei längerer Exposition durch Einatmen und durch Verschlucken		2	R 48/ 20/22	2	
R 48/ 21/22	gesundheits- schädlich: Gefahr ernster Gesundheits- schäden bei längerer Exposition durch Berührung mit der Haut und durch Verschlucken		2	R 48/ 21/22	2	

| R 48/ 20/21 /22 | gesundheits-schädlich: Gefahr ernster Gesundheits-schäden bei längerer Exposition durch Einatmen, Berührung mit der Haut und durch Verschlucken | 2 | | R 48/ 20/21 /22 | 2 | |

| R 48/24 | giftig: Gefahr ernster Gesund-heitsschäden bei längerer Exposition durch Berührung mit der Haut | 4 | | R 48/24 | 4 | |

| R 48/25 | giftig: Gefahr ernster Gesund-heitsschäden bei längerer Exposition durch Verschlucken | 4 | | R 48/25 | 4 | |

| R 48/ 23/24 | giftig: Gefahr ernster Gesund-heitsschäden bei längerer Exposition durch Einatmen und durch Berührung mit der Haut | 4 | | R 48/ 23/24 | 4 | |

| R 48/ 23/25 | giftig: Gefahr ernster Gesund-heitsschäden bei längerer Exposition durch Einatmen und durch Verschlucken | 4 | | R 48/ 23/25 | 4 | |

| R 48/ 24/25 | giftig: Gefahr ernster Gesund-heitsschäden bei längerer Exposition durch Berührung mit der Haut und durch Verschlucken | 4 | | R 48/ 24/25 | 4 | |

R 48/ 23/24 /25	giftig: Gefahr ernster Gesundheitsschäden bei längerer Exposition durch Einatmen, Berührung mit der Haut und durch Verschlucken		4

R 48/ 23/24 /25	4	

R 50/53	sehr giftig für Wasserorganismen, kann in Gewässern längerfristig schädliche Wirkungen haben		8

R 50/53	8	

R 51/53	giftig für Wasserorganismen, kann in Gewässern längerfristig schädliche Wirkungen haben		6

R 51/53	6	

R 52/53	schädlich für Wasserorganismen, kann in Gewässern längerfristig schädliche Wirkungen haben		4

R 52/53	4	

R 68/21	gesundheitsschädlich: Möglichkeit irreversiblen Schadens bei Berührung mit der Haut		2

R 68/21	2	

R 68/22	gesundheitsschädlich: Möglichkeit irreversiblen Schadens durch Verschlucken		2

R 68/22	2	

R 68/ 20/21	gesundheitsschädlich: Möglichkeit irreversiblen Schadens durch Einatmen und bei Berührung mit der Haut		2

R 68/ 20/21	2	

R 68/ 20/22	gesundheits- schädlich: Möglichkeit irreversiblen Schadens durch Einatmen und durch Verschlucken		2

R 68/ 20/22	2

R 68/ 21/22	gesundheits- schädlich: Möglichkeit irreversiblen Schadens bei Berührung mit der Haut und durch Verschlucken		2

R 68/ 21/22	2

R68/ 20/21 /22	gesundheits- schädlich: Möglichkeit irreversiblen Schadens durch Einatmen, Berührung mit der Haut und durch Verschlucken		2

R 68/ 20/21 /22	2

(vgl. VwVwS, Anhang 3)

* Stoffen, die nur auf inhalativem Expositionsweg wirken, werden keine Bewertungspunkte
zugeordnet.

Gefah- renhin- weis	Bezeichnungen der Gefahrenhinweise	Vorrangigkeit anderer Gefah- renhinweise	Bewer- tungs- punkte
EUH 029	entwickelt bei Berührung mit Wasser giftige Gase		2
H 300	Lebensgefahr bei Verschlucken		4
H 301	giftig bei Verschlucken	wird nicht zusätzlich zu H310 berücksichtigt	3
H 302	gesundheitsschäd- lich bei Verschlucken	wird nicht zusätzlich zu H311 oder H310 berücksichtigt	1

H 304	kann bei Verschlucken und Eindringen in die Atemwege tödlich sein	wird nicht zusätzlich zu H312 und H302 berücksichtigt	1
H 310	Lebensgefahr bei Hautkontakt	wird nicht zusätzlich zu H300 berücksichtigt	4
H 311	giftig bei Hautkontakt	wird nicht zusätzlich zu H301 oder H300 berücksichtigt	3
H 312	gesundheitsschäd- lich bei Hautkontakt	wird nicht zusätzlich zu H302, H301 oder H300 berücksichtigt	1
H 340*	kann genetische Defekte verursachen (Expositionsweg angeben, sofern schlüssig belegt ist, dass diese Gefahr bei keinem anderen Expositionsweg besteht)	wird nicht zusätzlich zu H350 berücksichtigt	9
H 341*	kann vermutlich genetische Defekte verursachen (Expositionsweg angeben, sofern schlüssig belegt ist, dass diese Gefahr bei keinem anderen Expositionsweg besteht)	wird nicht zusätzlich zu H351 berücksichtigt	2
H 350*	kann Krebs verursachen (Expositionsweg angeben, sofern schlüssig belegt ist, dass diese Gefahr bei keinem anderen Expositionsweg besteht)		9

H 351*	kann vermutlich Krebs verursachen (Expositionsweg angeben, sofern schlüssig belegt ist, dass diese Gefahr bei keinem anderen Expositionsweg besteht)	wird nicht zusätzlich zu H341 berücksichtigt	2
H 360D	kann das Kind im Mutterleib schädigen	wird nicht zusätzlich zu H360F berücksichtigt	4
H 360F	kann die Fruchtbarkeit beeinträchtigen		4
H 361d	kann vermutlichdas Kind im Mutterleib schädigen	wird nicht zusätzlich zu H360F und H361f berücksichtigt	2
H 361f	kann vermutlich die Fruchtbarkeit beeinträchtigen	wird nicht zusätzlich zu H360D berücksichtigt	2
H 370*	schädigt die Organe (oder alle betroffenen Organe nennen, sofern bekannt) (Expositionsweg angeben, sofern schlüssig belegt ist, dass diese Gefahr bei keinem anderen Expositionsweg besteht)		4
H 371*	kann die Organe schädigen (oder alle betroffenen Organe nennen, sofern bekannt) (Expositionsweg angeben, sofern schlüssig belegt ist, dass diese Gefahr bei keinem anderen Expositionsweg besteht)		2

H 372*	schädigt die Organe (alle betroffenen Organe nennen) bei längerer oder wiederholter Exposition (Expositionsweg angeben, wenn schlüssig belegt ist, dass diese Gefahr bei keinem anderen Expositionsweg besteht)		4
H 373*	kann die Organe schädigen (alle betroffenen Organe nennen) bei längerer oder wiederholter Exposition (Expositionsweg angeben, wenn schlüssig belegt ist, dass diese Gefahr bei keinem anderen Expositionsweg besteht)		2
H 400	sehr giftig für Wasserorganismen	wird nicht zusätzlich zu H410	6
H 410	sehr giftig für Wasserorganismen mit langfristiger Wirkung		8
H 411	giftig für Wasserorganismen mit langfristiger Wirkung		6
H 412	schädlich für Wasserorganismen mit langfristiger Wirkung		4
H 413	kann für Wasserorganismen schädlich sein, mit langfristiger Wirkung		3

* Stoffen, die nur auf inhalativem Expositionsweg wirken, werden keine Bewertungspunkte zugeordnet.

4.3 Vorsorgepunkte   **VwVwS, Anhang 3, 2 Vorgabewerte**

4.3.1 Sind zu einem Stoff keine Informationen im Sinne von Nummer 4.1 Satz 1 und 2 zur akuten oralen und dermalen Toxizität vorhanden, werden dem Stoff 4 Vorsorgepunkte zugewiesen.

4.3.2 Sind zu einem Stoff keine Informationen im Sinne von Nummer 4.1 Satz 1 und 2 zu Auswirkungen auf die Umwelt vorhanden, werden dem Stoff 8 Vorsorgepunkte zugewiesen.
Die Anzahl der Vorsorgepunkte wird um 2 vermindert, wenn die leichte biologische Abbaubarkeit nachgewiesen und ein Bioakkumulationspotenzial ausgeschlossen wurde.

Liegen Nachweise der Prüfung auf bestimmte toxische Eigenschaften sowie bestimmte Auswirkungen auf die Umwelt für einen Stoff nicht vor und ist dieser Stoff nicht in Anhang 1 der Richtlinie 67/548/EWG des Rates vom 27. Juni 1967 zur Angleichung der Rechts- und Verwaltungsvorschriften für die Einstufung, Verpackung und Kennzeichnung gefährlicher Stoffe in der jeweils geltenden Fassung in einen der nachfolgend genannten R-Sätze eingestuft, werden dem Stoff folgende Punkte als Vorgabewerte zugeordnet:

a) *Der Vorgabewert beträgt 5 Punkte, wenn ein Stoff in Anhang 1 der Richtlinie 67/548/-EWG nicht in die R-Sätze 21, 22, 24, 25, 27 oder 28 allein oder in Kombination eingestuft ist und Nachweise der Prüfung auf akute Toxizität an einer Nagetierart beim Verschlucken und bei Berührung mit der Haut fehlen.*
b) *Der Vorgabewert beträgt 6 Punkte, wenn ein Stoff in Anhang 1 der Richtlinie 67/548/-EWG nicht in die R-Sätze 50, 50/53, 51/53 oder 52/53 eingestuft ist und Nachweise der Prüfung auf akute Toxizität an einer Fischart, einer Wasserflohart und auf Hemmung des Algenwachstums fehlen. Abweichend von Satz 1 beträgt der Vorgabewert 8 Punkte, wenn darüber hinaus*
   – *die Prüfung der leichten biologischen Abbaubarkeit ergeben hat, dass der Stoff nicht leicht biologisch abbaubar ist oder*
   – *der Stoff potentiell bioakkumulierbar ist oder*
   – *Nachweise der Prüfung auf biologische Abbaubarkeit fehlen oder*
   – *Nachweise der Prüfung auf potentielle Bio akkumulierbarkeit fehlen.*
c) *Der Vorgabewert beträgt 3 Punkte, wenn ein Stoff in Anhang 1 der Richtlinie 67/548/-EWG nicht in die R-Sätze 50/53, 51/53, 52/53 oder 53 eingestuft ist und*

– *Nachweise der Prüfung auf biologische Abbaubarkeit sowie auf potentielle Bioakkumulierbarkeit fehlen oder*
– *Nachweise der Prüfung auf biologische Abbaubarkeit fehlen und der Stoff potentiell bioakkumulierbar ist oder*
– *Nachweise der Prüfung auf potentielle Bioakkumulierbarkeit fehlen und der Stoff nicht leicht oder inhärent abbaubar ist. (vgl. VwVwS, Anhang 3)*

4.3.3 Wurden einem Stoff keine R-Sätze oder Gefahrenhinweise zu Auswirkungen auf die Umwelt im Sinne von Nummer 4.1 Satz 2 zugeordnet und sind Prüfungen im Sinne von Nummer 4.1 Satz 1 zu Auswirkungen auf die Umwelt für den Stoff bekannt, werden die folgenden Vorsorgepunkte zugewiesen:

a) 8 Vorsorgepunkte, wenn eine Prüfung bekannt ist, nach der die akute Toxizität an einer Fischart (96 h LC_{50}) oder einer Wasserflohart (48 h EC_{50}) oder die Hemmung des Algenwachstums (72 h IC_{50}) nicht mehr als 1 mg/l beträgt und
    aa) kein Nachweis der leichten biologischen Abbaubarkeit oder
    bb) kein Nachweis zum Ausschluss eines Bioakkumulationspotenzials vorhanden ist,

b) 6 Vorsorgepunkte, wenn eine Prüfung bekannt ist, nach der die akute Toxizität an einer Fischart (96 h LC_{50}) oder einer Wasserflohart (48 h EC_{50}) oder die Hemmung des Algenwachstums (72 h IC_{50}) mehr als 1 mg/l und nicht mehr als 10 mg/l beträgt und

    aa) kein Nachweis der leichten biologischen Abbaubarkeit oder
    bb) kein Nachweis zum Ausschluss eines Bioakkumulationspotenzials vorhanden ist,

Abweichend von Satz 1 beträgt der Vorgabewert 6 Punkte, wenn Nachweise der Prüfung auf leichte biologische Abbaubarkeit oder auf potentielle Bioakkumulierbarkeit fehlen und eine Prüfung bekannt ist, nach der die akute Toxizität an einer Fischart (96 h LC_{50}) oder einer Wasserflohart (48 h EC_{50}) oder die Hemmung des Algenwachstums (72 h IC_{50}) mehr als 1 mg/l und nicht mehr als 10 mg/l beträgt. (vgl. VwVwS, Anhang 3)

c) 4 Vorsorgepunkte, wenn eine Prüfung bekannt ist, nach der die akute Toxizität an einer Fischart (96 h LC_{50}) oder einer Wasserflohart (48 h EC_{50}) oder die Hemmung des Algenwachstums (72 h IC_{50}) mehr als 10 mg/l und nicht mehr als 100 mg/l beträgt und kein Nachweis der biologischen Abbaubarkeit in Ge-

Abweichend von Satz 1 beträgt der Vorgabewert 4 Punkte, wenn Nachweise der Prüfung auf biologische Abbaubarkeit fehlen und eine Prüfung bekannt ist, nach der die akute Toxizität an einer Fischart (96 h LC_{50}) oder einer Wasserflohart (48 h EC_{50}) oder die Hemmung des Algenwachstums (72 h IC_{50}) mehr als 10 mg/l und nicht mehr als 100 mg/l beträgt. (vgl.

wässern vorhanden ist,

VwVwS, Anhang 3)

d) 2 Vorsorgepunkte, wenn nur Prüfungen bekannt sind, nach denen die akute Toxizität an einer Fischart (96 h LC_{50}) oder einer Wasserflohart (48 h EC_{50}) oder die Hemmung des Algenwachstums (72 h IC_{50}) mehr als 100 mg/l beträgt und

Abweichend von Satz 1 beträgt der Vorgabewert 2 Punkte, wenn der Stoff nach Nummer 1 in R 50 eingestuft ist und Nachweise der Prüfung auf leichte biologische Abbaubarkeit oder auf potentielle Bioakkumulierbarkeit fehlen, (vgl. VwVwS, Anhang 3)

   aa) kein Nachweis der biologischen Abbaubarkeit in Gewässern sowie

   bb) kein Nachweis zum Ausschluss eines Bioakkumulationspotenzials vorhanden ist.

4.4 Ermittlung der Wassergefährdungsklasse

VwVwS, Anhang 3, 4 Einstufung in Wassergefährdungsklassen

Aus den nach Nummer 4.2 und 4.3 ermittelten Bewertungs- und Vorsorgepunkten für den jeweiligen Stoff wird die Summe gebildet. Entsprechend dieser Summe wird eine der folgenden Wassergefährdungsklassen zugeordnet:

Jedem Stoff wird eine Gesamtzahl der Bewertungspunkte zugeordnet, die sich aus der Summe der nach Nummer 1 und 2 ermittelten Punkte ergibt.
Der nach Nummer 4.1 ermittelten Gesamtpunktzahl werden folgende Wassergefährdungsklassen zugeordnet:

Die Summe beträgt 0 bis 4: WGK 1
Die Summe beträgt 5 bis 8: WGK 2
Die Summe beträgt mehr als 8: WGK 3

0 bis 4 Punkte: WGK1,
5 bis 8 Punkte: WGK2,
9 und mehr Punkte: WGK3.
(vgl. VwVwS, Anhang 3)

5 Einstufung von Gemischen in Wassergefährdungsklassen

VwVwS, Anhang 4, 1 Anwendungsbereich

Dieser Anhang bestimmt, wie Gemische in eine der Wassergefährdungsklassen einzustufen sind. (vgl. VwVwS, Anhang 4)

5.1 Grundsätze

VwVwS, Anhang 4, 2 Definitionen

5.1.1 Die Wassergefährdungsklasse von Gemischen wird aus den Wassergefährdungsklassen der enthaltenen Stoffe rechnerisch ermittelt. Dabei werden nicht identifizierte Stoffe und Stoffe gemäß § 3 Absatz 4 Satz 1 wie Stoffe der WGK 3 behandelt.

Komponenten im Sinne dieses Anhangs sind die in einem Gemisch enthaltenen Stoffe. Komponenten deren Identität nicht bekannt ist, sind wie Stoffe der WGK 3 zu behandeln.

5.1.2 Werden feste Gemische bei der Herstellung von flüssigen Gemischen verwendet und wurden diese festen Gemische nicht als nicht wassergefährdend oder in eine Wassergefährdungsklasse eingestuft, werden die festen Gemische bei der Ableitung der Wassergefährdungsklasse des flüssigen Gemisches wie Stoffe der WGK 3 behandelt. Wurden die festen Gemische nach Nummer 5.2 oder Nummer 5.3 in eine Wassergefährdungsklasse eingestuft, werden sie bei der Ableitung der Wassergefährdungsklasse des flüssigen Gemisches wie Stoffe dieser Wassergefährdungsklasse behandelt. Satz 2 gilt entsprechend für eingestufte flüssige Gemische.

5.1.3 Krebserzeugende Stoffe nach Nummer 1.2 sind ab einem Massenanteil von 0,1 %, bezogen auf den Einzelstoff, zu berücksichtigen. Sind für die Einstufung des Gemisches als krebserzeugend (R45 bzw. H350) nach Anhang VI der Verordnung (EG) Nr. 1272/2008 und Anhang II der Richtlinie 1999/45/EG des Europäischen Parlaments und des Rates vom 31. Mai 1999 zur Angleichung der Rechts- und Verwaltungsvorschriften der Mitgliedstaaten für die Einstufung, Verpackung und Kennzeichnung gefährlicher Zubereitungen (ABl. L 200 vom 30.7.1999, S. 1, L 6 vom 10.1.2002, S. 71), die zuletzt durch die Verordnung (EG) Nr. 1272/2008 (ABl. L 353 vom 31.2.2008, S. 1) geändert worden ist, oder nach den Anhängen I und II der Verordnung (EG) Nr. 1272/2008 andere Massenanteile maßgebend, gelten diese. Bei der Ableitung der WGK 1 sind zugesetzte krebserzeugende Stoffe immer zu berücksichtigen.

Für krebserzeugende Stoffe gilt in diesem Anhang entsprechend ein Massenanteil von weniger als 0,1 %, bezogen auf den Einzelstoff. Sind für die Einstufung des Gemisches als krebserzeugend (R 45) nach der Gefahrstoffverordnung andere Massenanteile maßgebend,. gelten diese.
Ausgenommen von dieser Berücksichtigungsgrenze sind zugesetzte krebserzeugende Komponenten bei der Ableitung der WGK1.

5.1.4 Nicht krebserzeugende Stoffe mit einem Massenanteil von weniger als 0,2 %, bezogen auf den Einzelstoff, werden nicht berücksichtigt. Muss bei einem Stoff der WGK 2 oder WGK 3 wegen seiner hohen aquatischen Toxizität ein M-Faktor nach Nummer 1.4 berücksichtigt werden, wird der prozentuale Gehalt dieses Stoffes mit diesem Faktor multipliziert. Das sich daraus ergebende Produkt wird zur Ermittlung des Massenanteils verwendet.

Bei der Ermittlung der WGK von Gemischen in diesem Anhang werden nicht krebserzeugende Stoffanteile mit einem Massenanteil von weniger als 0,2 %, bezogen auf den Einzelstoff, nicht berücksichtigt. (vgl. VwVwS, Anhang 4)

5.1.5 Liegen wissenschaftliche Prüfungen im Sinne von Nummer 4.1 Satz 1 zur akuten oralen oder dermalen Toxizität oder zur aquatischen Toxizität für das Gemisch vor, kann die Wassergefährdungsklasse abweichend von den Nummern 5.1.1, 5.1.2 und 5.1.4 aus diesen

Prüfergebnissen bestimmt werden. Den Prüfergebnissen werden Bewertungspunkte nach Maßgabe von Nummer 5.3 zugeordnet. Wurden bestimmte wissenschaftliche Prüfungen zur akuten oralen oder dermalen Toxizität oder zu Auswirkungen auf die Umwelt für das jeweilige Gemisch nicht durchgeführt, werden dem Gemisch Vorsorgepunkte nach Maßgabe von Nummer 5.3 zugeordnet. Aus der Summe der Bewertungs- und Vorsorgepunkte für das jeweilige Gemisch wird die Wassergefährdungsklasse ermittelt. Führen beide Methoden zu unterschiedlichen Wassergefährdungsklassen, so ist die aus den am Gemisch bestimmten Prüfdaten ermittelte Wassergefährdungsklasse maßgeblich.

5.1.6 Wurde zu einem Gemisch die Wassergefährdungsklasse anhand der Prüfdaten ermittelt, kann auf eine erneute Prüfung des Gemisches verzichtet werden, wenn nur ein Stoff ausgetauscht worden ist und

a) der neue Stoff bereits eingestuft und in die gleiche oder eine niedrigere Wassergefährdungsklasse wie der ausgetauschte Stoff eingestuft ist oder der neue Stoff als nicht wassergefährdend eingestuft ist und

b) keine Eigenschaften des neuen Stoffes bekannt sind, die zu einer Erhöhung des wassergefährdenden Potenzials des Gemisches führen können.

Anhang 4, 4 Bestimmung der Wassergefährdungsklasse aus Prüfdaten am Gemisch
4.1 Anwendungsbereich
Für Gemische, deren Komponenten nicht im einzelnen bekannt sind, für die jedoch die unter Nummer 4.2 und 4.3 genannten Nachweise vorliegen, kann die Wassergefährdungsklasse durch Prüfungen am Gemisch bestimmt werden. Auf eine erneute Prüfung eines Gemisches kann im Einzelfall verzichtet werden, wenn nur eine Komponente ausgetauscht worden ist, die neue Komponente nach Nummer 2.1 dieser Verwaltungsvorschrift der gleichen Wassergefährdungsklasse wie die ausgetauschte zuzuordnen ist und keine Eigenschaften der neuen Komponente bekannt sind, die zu einer Gefährdungserhöhung des Gemisches führen können. Satz 2 gilt sinngemäß auch für nicht wassergefährdende Komponenten nach Nummer 1.2 dieser Verwaltungsvorschrift. Satz 1 gilt auch für Gemische, deren Komponenten bekannt sind, die Prüfungen am Gemisch jedoch zu einer anderen Wassergefährdungsklasse führen als die Ableitung nach Nummer 3. (vgl. VwVwS, Anhang 4)

5.2 Rechnerische Ableitung der Wassergefährdungsklasse aus den Wassergefährdungsklassen der enthaltenen Stoffe

5.2.1 Ableitung der Wassergefährdungsklasse 3

VwVwS, Anhang 4, 3 Ableitung der Wassergefährdungsklasse

VwVwS, Anhang 4, 3.1 Ableitung der Wassergefährdungsklasse 3

Das Gemisch wird in die WGK 3 eingestuft, wenn eine der folgenden Voraussetzungen erfüllt ist:

a) Das Gemisch enthält krebserzeugende Stoffe der WGK 3.

b) Die Summe der Massenanteile aller im Gemisch enthaltenen Stoffe der WGK 3 beträgt 3 % oder mehr.

Muss bei einem Stoff der WGK 3 wegen seiner hohen aquatischen Toxizität ein M-Faktor nach Nummer 1.4 berücksichtigt werden, wird der prozentuale Gehalt dieses Stoffes mit diesem Faktor multipliziert. Das sich daraus ergebende Produkt wird zur Ermittlung des Massenanteils im Sinne von Satz 1 Buchstabe b verwendet.

5.2.2 Ableitung der Wassergefährdungsklasse 2

Trifft keine der unter Nummer 5.2.1 genannten Voraussetzungen zu, wird das Gemisch in die WGK 2 eingestuft, wenn eine der folgenden Voraussetzungen erfüllt ist:

a) Das Gemisch enthält krebserzeugende Stoffe der WGK 2.

b) Die Summe der Massenanteile aller im Gemisch enthaltenen Stoffe der WGK 2 beträgt 5 % oder mehr.

c) Das Gemisch enthält Stoffe der WGK 3, die nicht krebserzeugend sind, mit einem Massenanteil von 0,2 % oder mehr, bezogen auf den Einzelstoff.

d) Die Summe der Massenanteile aller im Gemisch enthaltenen nicht krebserzeugenden Stoffe der WGK 3 beträgt weniger als 3 %.

Muss bei einem Stoff der WGK 2 oder WGK 3 wegen seiner hohen aquatischen Toxizität ein M-Faktor nach Nummer 1.4 berücksichtigt werden, wird der prozentuale Gehalt dieses Stoffes mit diesem Faktor multipliziert. Das sich daraus ergebende Produkt wird zur Er-

Gemische sind in WGK 3 eingestuft, wenn eine der folgenden Voraussetzungen erfüllt ist:

a) Das Gemisch enthält krebserzeugende Komponenten der WGK 3.

b) Das Gemisch enthält Komponenten der WGK 3 mit einem Massenanteil von 3% und mehr, bezogen auf die Summe. (vgl. VwVwS, Anhang 4)

VwVwS, Anhang 4, 3.2 Ableitung der Wassergefährdungsklasse 2

Gemische sind in WGK 2 eingestuft, wenn eine der folgenden Voraussetzungen erfüllt ist:

a) Das Gemisch enthält krebserzeugende Komponenten der WGK 2.

b) Das Gemisch enthält Komponenten der WGK 2 mit einem Massenanteil von 5% und mehr, bezogen auf die Summe.

c) Das Gemisch enthält nicht krebserzeugende Komponenten der WGK 3 mit einem Massenanteil von 0,2% und mehr, bezogen auf den Einzelstoff,
aber weniger als 3%, bezogen auf die Summe. (vgl. VwVwS, Anhang 4)

mittlung des Massenanteils im Sinne von Satz 1 Buchstabe b bis d verwendet.

5.2.3 Ableitung der Wassergefährdungsklasse 1

Trifft keine der unter Nummer 5.2.1 und 5.2.2 genannten Voraussetzungen zu, wird das Gemisch in die WGK 1 eingestuft, wenn eine der folgenden Voraussetzungen erfüllt ist:

a) Das Gemisch enthält zugesetzte krebserzeugende Stoffe unterhalb der in Nummer 5.1.3 genannten Berücksichtigungsgrenze.

b) Das Gemisch enthält nicht-krebserzeugende Stoffe der WGK 2 mit einem Massenanteil von 0,2 % oder mehr, bezogen auf den Einzelstoff.

c) Die Summe der Massenanteile aller im Gemisch enthaltenen nicht-krebserzeugenden Stoffe der WGK 2 beträgt weniger als 5 %.

d) Die Summe der Massenanteile aller im Gemisch enthaltenen Stoffe der WGK 1 beträgt 3 % oder mehr.

e) Das Gemisch erfüllt nicht alle der unter Nummer 2.2 genannten Voraussetzungen für eine Einstufung als nicht wassergefährdend.

Muss bei einem Stoff der WGK 2 wegen seiner hohen aquatischen Toxizität ein M-Faktor nach Nummer 1.4 berücksichtigt werden, wird der prozentuale Gehalt dieses Stoffes mit diesem Faktor multipliziert. Das sich daraus ergebende Produkt wird zur Ermittlung des Massenanteils im Sinne von Satz 1 Buchstabe b und c verwendet.

5.3 Ableitung der Wassergefährdungsklasse aus am Gemisch gewonnenen Prüfergebnissen

5.3.1 Berücksichtigung der am Gemisch bestimmten akuten oralen oder dermalen Toxizität

3.3 Ableitung der Wassergefährdungsklasse 1

Gemische sind in WGK 1 eingestuft, wenn eine der folgenden Voraussetzungen erfüllt ist:

a) *Das Gemisch enthält zugesetzte krebserzeugende Komponenten unterhalb der in Nummer 2 genannten Berücksichtigungsgrenze.*

b) *Das Gemisch enthält nicht krebserzeugende Komponenten der WGK 2 mit einem Massenanteil von 0,2 % und mehr, bezogen auf den Einzelstoff,*
aber weniger als 5 %, bezogen auf die Summe.

c) *Das Gemisch enthält Komponenten der WGK 1 mit einem Massenanteil von 3% und mehr, bezogen auf die Summe.*

d) *Das Gemisch erfüllt nicht alle unter Nummer 2.2.2 dieser Verwaltungsvorschrift für nicht wassergefährdende Gemisch genannten Voraussetzungen.*

(vgl. VwVwS, Anhang 4)

VwVwS, Anhang 4, 4 Bestimmung der Wassergefährdungsklasse aus Prüfdaten am Gemisch

VwVwS, Anhang 4, 4.2 Prüfung der akuten Toxizität beim Säugetier

Sind wissenschaftliche Prüfungen im Sinne von Nummer 4.1 Satz 1 zur akuten oralen oder dermalen Toxizität bekannt, ist festzustellen, ob das Gemisch nach Anhang II der Richtlinie 1999/45/EG oder Anhang I und II der Verordnung (EG) Nr. 1272/2008 einzustufen ist. Satz 1 gilt entsprechend, wenn diese wissenschaftlichen Prüfungen für alle enthaltenen Stoffe, nicht jedoch für das Gemisch bekannt sind. Werden aus den Prüfergebnissen nach Anhang II der Richtlinie 1999/45/EG oder den Anhängen I und II der Verordnung (EG) Nr. 1272/2008 R-Sätze oder Gefahrenhinweise zur akuten oralen oder dermalen Toxizität abgeleitet, werden diesen die in Nummer 4.2 genannten Bewertungspunkte zugeordnet. Sind wissenschaftliche Prüfungen im Sinne von Nummer 4.1 Satz 1 zur akuten oralen oder dermalen Toxizität weder für das Gemisch noch für alle enthaltenen Stoffe bekannt, werden dem Gemisch 4 Vorsorgepunkte zugewiesen.

Sind Nachweise der Prüfung auf akute Toxizität an einer Nagetierart beim Verschlucken oder bei Berührung mit der Haut bekannt, ist festzustellen, ob das Gemisch entsprechend § 4b GefStoffV in R-Sätze einzustufen ist.
Satz 1 gilt entsprechend, wenn diese Nachweise für Komponenten, nicht jedoch für das Gemisch bekannt sind.
Sind Nachweise der Prüfung auf akute Toxizität an einer Nagetierart beim Verschlucken oder bei Berührung mit der Haut weder für das Gemisch noch für die Komponenten bekannt, wird ein Vorgabewert von 5 Punkten zugeordnet.
(vgl. VwVwS, Anhang 4)

5.3.2 Berücksichtigung der am Gemisch gewonnenen Prüfergebnisse zu Auswirkungen auf die Umwelt

VwVwS, Anhang 4, 4.3 Prüfung der Umweltgefährlichkeit

Sind wissenschaftliche Prüfungen im Sinne von Nummer 4.1 Satz 1 zur akuten Toxizität an einer Fischart (96 h LC_{50}) oder einer Wasserflohart (48 h EC_{50}) oder zur Hemmung des Algenwachstums (72 h IC_{50}) für mindestens zwei der vorgenannten Organismen bekannt, werden die folgenden Bewertungspunkte zugeordnet:

Sind Nachweise der Prüfung auf akute Toxizität an einer Fischart (96 h LC_{50}) oder einer Wasserflohart (48 h EC_{50}) oder die Hemmung des Algenwachstums (72 h IC_{50}) für mindestens zwei dieser Organismen bekannt, sind folgende Bewertungspunkte zuzuordnen:

a) 8 Bewertungspunkte, wenn die Toxizität beim empfindlichsten Organismus 1 mg/l oder weniger beträgt,

- *8 Punkte, wenn die Toxizität beim empfindlichsten Organismus 1 mg/l oder weniger beträgt,*

b) 6 Bewertungspunkte, wenn die Toxizität beim empfindlichsten Organismus mehr als 1 und bis zu 10 mg/l beträgt,

- *6 Punkte, wenn die Toxizität beim empfindlichsten Organismus mehr als 1 und bis zu 10 mg/l beträgt,*

c) 4 Bewertungspunkte, wenn die Toxizität beim empfindlichsten Organismus mehr als 10 und bis zu 100 mg/l beträgt,

- *4 Punkte, wenn die Toxizität beim empfindlichsten Organismus mehr als 10 und bis zu 100 mg/l beträgt,*

d) 2 Bewertungspunkte, wenn die Toxizität beim empfindlichsten Organismus mehr als 100 mg/l beträgt oder oberhalb der in Wasser erreichbaren Konzentration liegt.

- *3 Punkte, wenn die Toxizität beim empfindlichsten Organismus mehr als 100 mg/l beträgt oder oberhalb der Löslichkeitsgrenze liegt.*

Sind wissenschaftliche Prüfungen im Sinne von Nummer 4.1 Satz 1 zur akuten Toxizität an einer Fischart, einer Wasserflohart und zur Hemmung des Algenwachstums nicht bekannt oder nur für einen dieser Organismen bestimmt, werden dem Gemisch 8 Vorsorgepunkte zugewiesen.

Sind Nachweise der Prüfung auf akute Toxizität an einer Fischart, einer Daphnienart oder auf Hemmung des Algenwachstums nicht bekannt oder nur für eine dieser Spezies bestimmt, ist ein Vorgabewert von 8 Punkten zuzuordnen.

Ist bekannt, dass einer der vorgenannten Organismen besonders empfindlich auf einen im Gemisch enthaltenen Stoff reagiert, so muss die Prüfung am Gemisch auch mit diesem Organismus durchgeführt worden sein.

Reagiert einer der vorgenannten Organismen besonders empfindlich auf eine im Gemisch enthaltene bekannte Komponente, so ist die Prüfung am Gemisch auch mit diesem Organismus durchzuführen.
(vgl. VwVwS, Anhang 4)

Ist für alle Stoffe eines Gemisches jeweils die leichte biologische Abbaubarkeit nachgewiesen und ein Bioakkumulationspotenzial ausgeschlossen, werden die für die Auswirkungen auf die Umwelt ermittelten Bewertungspunkte oder Vorsorgepunkte um 2 vermindert.

5.3.3 Berücksichtigung anderer am Gemisch gewonnener Prüfergebnisse

VwVwS, Anhang 4, 4.4 Andere Gefährlichkeitsmerkmale

Sind wissenschaftliche Prüfungen im Sinne von Nummer 4.1 Satz 1 bekannt, aus denen für das Gemisch nach den Anhängen II und III der Richtlinie 1999/45/EG oder nach den Anhängen I und II der Verordnung (EG) Nr. 1272/2008 ein in Nummer 4.2 genannter R-Satz oder Gefahrenhinweis abgeleitet wird (ausgenommen R21 bis R28, R50 bis R53 und R65, jeweils einzeln oder in Kombination, oder H300, H301, H302, H304, H310, H311, H312, H400 und H410 bis H413, jeweils einzeln oder in Kombination), werden die dort aufgeführten Bewertungspunkte zugeordnet.

Ist das Gemisch entsprechend § 4b GefStoffV in einen der in Anhang 3 Nr. 1 dieser Verwaltungsvorschrift genannten R-Sätze eingestuft (ausgenommen R21 bis R28, R50 bis R53 und R65, jeweils allein oder in Kombination), sind die in Anhang 3 Nr.1 aufgeführten Punkte zuzuordnen.
(vgl. VwVwS, Anhang 4)

5.3.4 Ermittlung der Wassergefährdungsklasse

VwVwS, Anhang 4, 4.5 Einstufung in eine Wassergefährdungsklasse

Aus den nach den Nummern 5.3.1 bis 5.3.3 ermittelten Bewertungs- und Vorsorgepunkten für das jeweilige Gemisch wird die Summe gebildet. Entsprechend dieser Summe wird dem Ge- misch in entsprechender Anwendung von Nummer 4.4 eine Wassergefährdungsklasse zugeordnet.

Für das Gemisch ist entsprechend den Nummern 4.2 bis 4.4 eine Gesamtpunktzahl festzustellen. Die Einstufung des Gemisches in eine Wassergefährdungsklasse erfolgt nach Maßgabe dieser Gesamtpunktzahl und den Bestimmungen in Anhang 3 Nr. 4.2.
(vgl. VwVwS, Anhang 4)

VwVwS, Anhang 4, 5 Festsetzung der Wassergefährdungsklasse für besondere Gemische

Führt die Vorgehensweise nach Nummer 3 und 4 zu nicht angemessenen Einstufungen von Gemischen, werden diese in Anhang 1 oder 2 näher bestimmt.
(vgl. VwVwS, Anhang 4)

Anlage 2
(zu § 4 Absatz 3, § 8 Absatz 3 und § 10 Absatz 3)

Dokumentation der Selbsteinstufung von Stoffen und Gemischen

1 Dokumentationsformblatt für Stoffe

1.1 Für die Dokumentation der Selbsteinstufung von Stoffen nach § 4 Absatz 3 ist das Dokumentationsformblatt 1 zu verwenden.

1.2. Angaben für die Selbsteinstufung von Stoffen

1.2.1 Für die Selbsteinstufung eines Stoffes müssen folgende Angaben dokumentiert werden:

a) Name und Anschrift des Betreibers, Datum der Erstellung der Dokumentation,
b) chemisch eindeutige Stoffbezeichnung,
c) EG-Nummer sowie - soweit vorhanden - CAS-Nummer und Index-Nummer nach Anhang VI der Verordnung (EG) Nr. 1272/2008,
d) Gefahrenhinweise oder R-Sätze nach Anlage 1 Nummer 4.1 Satz 2,
e) Multiplikationsfaktoren nach Anlage 1 Nummer 1.4,
f) Konzentrationsgrenzwerte nach Anhang VI der Verordnung (EG) Nr. 1272/2008,
g) zugeordnete Bewertungspunkte nach Anlage 1 Nummer 4.2,
h) zugeordnete Vorsorgepunkte nach Anlage 1 Nummer 4.3,
i) Summe nach Anlage 1 Nummer 4.4 und
j) Vorschlag für die Einstufung als nicht wassergefährdend oder in eine Wassergefährdungsklasse.

1.2.2 Zusätzlich zu den unter Nummer 1.2.1 genannten Angaben sollen zu einem Stoff folgende Angaben dokumentiert werden, soweit sie vorhanden und dem Betreiber zugänglich sind:

a) Aggregatzustand, Dampfdruck, relative Dichte,
b) Wasserlöslichkeit, Verteilungsverhalten (log P_{OW} oder BCF),
c) akute orale und dermale Toxizität,
d) Toxizität gegenüber zwei aquatischen Arten aus zwei verschiedenen Ebenen der Nahrungskette und

e) biologische Abbaubarkeit.

Sofern ein Stoff als nicht wassergefährdend eingestuft werden soll, ist der Betreiber verpflichtet, die Angaben nach Satz 1 vollständig zu dokumentieren.

1.2.3 Für die Einstufung von Polymeren müssen darüber hinaus folgende Angaben dokumentiert werden:

a) die mittlere Molmasse und der Molekulargewichtsbereich, für den die Einstufung Gültigkeit haben soll,

b) der Restmonomerengehalt, wenn dieser oberhalb eines Massenanteils von 0,2 Prozent liegt,

c) der Gehalt und die Identität von Additiven und Verunreinigungen, wenn ihr Gehalt oberhalb eines Massenanteils von 0,2 Prozent liegt, und

d) der Gehalt und die Identität von krebserzeugenden Stoffen nach Anlage 1 Nummer 1.2, wenn ihr Gehalt oberhalb eines Massenanteils von 0,1 Prozent liegt.

Abweichend von Nummer 1.2.1 ist eine Dokumentation von Polymeren auch dann vollständig, wenn keine EG-Nummer und keine CAS-Nummer vorliegen.

2 Dokumentationsformblatt für Gemische

Für die Dokumentation der Selbsteinstufung von flüssigen oder gasförmigen Gemischen nach § 8 Absatz 3 und im Fall der Selbsteinstufung von festen Gemischen in Wassergefährdungsklassen nach § 10 Absatz 3 Satz 1 ist das Dokumentationsformblatt 2 zu verwenden.

3 Dokumentationsformblatt für feste Gemische , die als nicht wassergefährdend eingestuft werden

Für die Dokumentation der Selbsteinstufung von festen Gemischen als nicht wassergefährdend nach § 10 Absatz 3 Satz 1 ist das Dokumentationsformblatt 3 zu verwenden.

Dokumentationsformblatt 1
Dokumentation der Selbsteinstufung eines Stoffes

Angaben zum Betreiber der Anlage

Firma	
Abteilung	
Ansprechpartner/-in	
Straße/Postfach	
PLZ Ort	
Staat (bei Sitz des Betreibers außerhalb der Bundesrepublik Deutschland)	

Von der Dokumentationsstelle auszufüllen

Kenn-Nr.:	
Aufnahme am:	
Kürzel:	

Datum	
E-Mail-Adresse	
Telefon/Fax	

Angaben zum Stoff

chemisch eindeutige Stoffbezeichnung[2] ☐ EG-Name ☐ CAS-Name[1]	
synonyme Bezeichnungen (englische Stoffbezeichnung)	

CAS-Nr.	EG-Nr.[2]	Index-Nr.[3]

Wasserlöslichkeit in mg/l bei 20 °C		relative Dichte bei 20 °C	
Aggregatzustand bei 20 °C		Dampfdruck in kPa bei 20 °C	

zusätzliche Angaben bei Polymeren

mittlere Molmasse	
Molekulargewichtsbereich[4]	
Identität und Gehalt von Restmonomeren, Additiven und Verunreinigungen > 0,2 % Massenanteil	
Identität und Gehalt krebserzeugender Stoffe > 0,1 % Massenanteil	
Konzentrationsgrenzwerte nach Anhang VI der Verordnung (EG) Nr. 1272/2008	

Gefahrenhinweise nach Anlage III der Verordnung (EG) Nr. 1272/2008

Gefahrenhinweise Säugetiertoxizität		☐ nicht klassifiziert auf der Basis vorhandener Daten[1] ☐ nicht klassifiziert auf Grund fehlender Daten[1]
Gefahrenhinweise Umweltgefährlichkeit		☐ nicht klassifiziert auf der Basis vorhandener Daten[1] ☐ nicht klassifiziert auf Grund fehlender Daten[1]
Multiplikationsfaktor		(gemäß Artikel 10 der Verordnung (EG) Nr. 1272/2008)

[1] Zutreffendes bitte ankreuzen.
[2] Auch für Stoffe, deren Identitätsmerkmale vertraulich behandelt werden sollen, ist die Angabe der EG-Nummer und des chemisch eindeutigen Namens bzw. des EG-Namens erforderlich.
[3] Index-Nummer nach Anhang VI der Verordnung (EG) Nr. 1272/2008
[4] Bestimmt z. B. mit Ausschlusschromatographie [Size Exclusion Chromatography (SEC) oder Gel Permeations Chromatography (GPC)].

R-Satz-Einstufung nach Anhang III der Richtlinie 67/548/EWG

Gefahrensätze (R-Sätze) Säugetiertoxizität	□ nicht klassifiziert auf der Basis vorhandener Daten[1] □ nicht klassifiziert auf Grund fehlender Daten[1]
Gefahrensätze (R-Sätze) Umweltgefährlichkeit	□ nicht klassifiziert auf der Basis vorhandener Daten[1] □ nicht klassifiziert auf Grund fehlender Daten[1]

Prüfergebnisse[2]

akute orale/dermale Toxizität	Säugetierart	Dauer/LD$_X$/ Applikationsweg	Wert in mg/kg Körpergewicht	Quelle[3] E L S U
				□ □ □ □
aquatische Toxizität	Artname	Dauer/Endpunkt	Wert in mg/l	
Fisch				□ □ □ □
Wasserfloh				□ □ □ □
Alge				□ □ □ □
andere Organismen				□ □ □ □
biologisches Abbauverhalten	Testmethode	Abbaugrad nach 28 Tagen in %	10-Tage-Fenster eingehalten?	
			□ ja[1] □ nein[1]	□ □ □ □
Bioakkumulationspotenzial	log P$_{OW}$		□ gemessen[1] □ berechnet[1]	□ □ □ □
	BCF		□ gemessen[1] □ berechnet[1]	□ □ □ □

Bewertungspunkte

	Säugetiertoxizität	Umweltgefährlichkeit
Bewertungspunkte auf Basis der R-Sätze oder Gefahrenhinweise		
oder Bewertungspunkte auf Basis von Prüfergebnissen		
Vorsorgepunkte		
Summe		

Gesamtbewertung

WGK[4]

Dokumentationsbezogene Bemerkungen des Betreibers (z. B. Erkenntnisse, die eine von Anlage 1 AwSV abweichende Einstufung rechtfertigen)

Erkenntnisse, die zu einer Änderung der WGK führen, hat der Betreiber dem Umweltbundesamt umgehend mitzuteilen.

Unterschrift des Betreibers, ggf. Stempel

[1] Zutreffendes bitte ankreuzen!
[2] Die Angaben sind obligatorisch für nicht wassergefährdende Stoffe (nwg-Stoffe).
[3] Bitte ankreuzen: E = firmeneigene Studie; L = Literaturwert; S = Sekundärliteratur; U = Untersuchungsbericht liegt bei
[4] Bei nicht wassergefährdenden Stoffen bitte „nwg" eintragen!

Dokumentationsformblatt 2
Dokumentation der Selbsteinstufung eines Gemisches

Angaben zum Betreiber der Anlage

Firma	
Abteilung	
Ansprechpartner/-in	
Straße/Postfach	
PLZ Ort	
Staat (bei Sitz des Betreibers außerhalb der Bundesrepublik Deutschland)	

Ggf. Eingangsvermerk der zuständigen Behörde:

Datum	
E-Mail-Adresse	
Telefon/Fax	

Angaben zur Identität des Gemisches

Bezeichnung	
Handelsname	

Ableitung der WGK nach Anlage 1 Nummer 5.2 AwSV

		ja	nein
Massenanteil krebserzeugender Stoffe nach Anlage 1 Nummer 5.1.3 AwSV $\geq 0{,}1$ %[1]	WGK 2		
	WGK 3		
Dem Gemisch wurden krebserzeugende Stoffe nach Anlage 1 Nummer 1.2 AwSV zugesetzt.			
Dem Gemisch wurden Dispergatoren zugesetzt.			

Im Gemisch enthaltene Stoffe	Summe der Massenanteile in %
WGK 3	
WGK 3 mit M-Faktor[2]	
WGK 2	
WGK 2 mit M-Faktor[2]	
WGK 1	
aufschwimmende flüssige Stoffe nach Anlage 1 Nummer 3.1 AwSV	
nicht wassergefährdende Stoffe (nwg-Stoffe)	
nicht identifizierte Stoffe und Stoffe nach § 3 Absatz 4 Satz 1 (gemäß Anlage 1 Nummer 5.1.1 Satz 2 AwSV) AwSV	
resultierende WGK[3]	

[1] Andere Massenanteile nach Anlage 1 Nummer 5.1.3 Satz 2 AwSV können maßgebend sein.
[2] Multiplikationsfaktor (M-Faktor) nach Anlage 1 Nummer 1.4 AwSV
  Bitte die Massenanteile mit den jeweiligen M-Faktoren multiplizieren!
[3] Bei nicht wassergefährdenden Gemischen bitte „nwg" eintragen!

Ableitung der WGK aus Prüfergebnissen nach Anlage 1 Nummer 5.3 AwSV

akute orale/dermale Toxizität	Säugetierart	Dauer/LD$_X$/ Applikationsweg	Wert in mg/kg Körpergewicht	Quelle[1] E L S U
				☐ ☐ ☐ ☐
aquatische Toxizität (an mindestens zwei aquatischen Arten aus zwei verschiedenen Ebenen der Nahrungskette)	Artname	Dauer/Endpunkt	Wert in mg/l	
Fisch		(96h) LC$_{50}$		☐ ☐ ☐ ☐
Wasserfloh		(48h) EC$_{50}$		☐ ☐ ☐ ☐
Alge		(72h) IC$_{50}$		☐ ☐ ☐ ☐
andere Organismen				☐ ☐ ☐ ☐
biologisches Abbauverhalten	Alle Stoffe dieses Gemisches sind leicht biologisch abbaubar gemäß OECD 301.			☐ ja ☐ nein
Bioakkumulationspotenzial	Für alle Stoffe dieses Gemisches wird ein Bioakkumulationspotenzial ausgeschlossen.			☐ ja ☐ nein
andere Gefährlichkeitsmerkmale (nach Anlage 1 Nummer 5.3.3 AwSV)				☐ ☐ ☐ ☐

Bewertungspunkte

	Säugetiertoxizität	Umweltgefährlichkeit
Bewertungspunkte auf Basis von Prüfergebnissen		
Vorsorgepunkte		
Bewertungspunkte entsprechend Anlage 1 Nummer 5.3.3 AwSV		
Summe		

Gesamtbewertung

WGK[2]

Dokumentationsbezogene Bemerkungen des Betreibers (z. B. Erkenntnisse, die eine von Anlage 1 AwSV abweichende Einstufung rechtfertigen)

Erkenntnisse, die zu einer Änderung der WGK führen, hat der Betreiber der zuständigen Behörde umgehend mitzuteilen.

Unterschrift des Betreibers, ggf. Stempel

[1] Bitte ankreuzen: E = firmeneigene Studie; L = Literaturwert; S = Sekundärliteratur; U = Untersuchungsbericht liegt bei
[2] Bei nicht wassergefährdenden Gemischen bitte „nwg" eintragen!

Dokumentationsformblatt 3
Dokumentation der Selbsteinstufung eines festen nicht wassergefährdenden Gemisches

Angaben zum Betreiber der Anlage

Firma	
Abteilung	
Ansprechpartner/-in	
Straße/Postfach	
PLZ Ort	
Staat (bei Sitz des Betreibers außerhalb der Bundesrepublik Deutschland)	

Ggf. Eingangsvermerk der zuständigen Behörde:

Datum

E-Mail-Adresse

Telefon/Fax

Angaben zum Gemisch

Beschreibung	

Einstufung durch den Betreiber

Das Gemisch wird als **nicht wassergefährdend eingestuft**, da

☐ das Gemisch oder die darin enthaltenen Stoffe als nicht wassergefährdend im Bundesanzeiger veröffentlicht wurden (§ 3 Absatz 2 Satz 2 AwSV).

☐ das Gemisch nach Anlage 1 Nummer 2.2 AwSV als nicht wassergefährdend eingestuft werden kann (§ 10 Absatz 1 Nummer 1 AwSV).

☐ das Gemisch nach anderen Rechtsvorschriften selbst an hydrogeologisch ungünstigen Standorten und ohne technische Sicherungsmaßnahmen offen eingebaut werden darf (§ 10 Absatz 1 Nummer 2 AwSV).

☐ das Gemisch den Einbauklassen Z 0 oder Z 1.1 der „Anforderungen an die stoffliche Verwertung von Abfällen – Technische Regeln" entspricht (§ 10 Absatz 1 Nummer 3 AwSV).

Dokumentationsbezogene Bemerkungen des Betreibers (z. B. Erkenntnisse, die eine von Anlage 1 AwSV abweichende Einstufung rechtfertigen)

Erkenntnisse, nach denen das feste Gemisch nicht mehr als nicht wassergefährdend einzustufen ist, hat der Betreiber der zuständigen Behörde umgehend mitzuteilen.

Unterschrift des Betreibers, ggf. Stempel

Anlage 3
(zu § 44 Absatz 4 Satz 2)

Merkblatt zu Betriebs- und Verhaltensvorschriften beim Betrieb von Heizölverbraucheranlagen

Bitte gut sichtbar in der Nähe der Anlage aushängen!

Wer eine Heizölverbraucheranlage betreibt, ist für ihren ordnungsgemäßen Betrieb verantwortlich. Der Betreiber hat sich nach § 46 Absatz 1 AwSV regelmäßig insbesondere davon zu überzeugen, dass die Anlage keine Mängel aufweist, die dazu führen können, dass Heizöl freigesetzt wird.

Besondere örtliche Lage:	O Wasserschutzgebiet, Schutzzone: ....
	O Heilquellenschutzgebiet ....
	O Überschwemmungsgebiet ....

Sachverständigen-Prüfpflicht:	O bei Inbetriebnahme
(§ 46 Absatz 2 und 3 AwSV)	Datum der Inbetriebnahmeprüfung: ....
	O regelmäßig wiederkehrend alle 2,5 / 5 Jahre
	nächste Prüfung: ....
	nächste Prüfung: ....
	nächste Prüfung: ....

Fachbetriebspflicht:	O die Anlage ist nicht fachbetriebspflichtig
(§ 45 AwSV)	O die Anlage ist fachbetriebspflichtig

Besteht die Gefahr, dass Heizöl austreten kann, oder ist dieses bereits geschehen, sind unverzüglich Maßnahmen zur Schadenbegrenzung zu ergreifen (§ 24 Absatz 1 AwSV).

Das Austreten einer nicht nur unerheblichen Menge Heizöl ist unverzüglich einer der folgenden Behörden zu melden, wenn die Stoffe in den Untergrund, in die Kanalisation oder in ein oberirdisches Gewässer gelangt sind oder gelangen können (§ 24 Absatz 2 AwSV):

Feuerwehr	Tel.: 112
Polizeidienststelle	Tel.: 110
örtlich zuständige Behörde:	Tel.: ....
	Adresse: ....

Anlage 4
(zu § 44 Absatz 4 Satz 2 und 3)

Merkblatt zu Betriebs- und Verhaltensvorschriften beim Umgang mit wassergefährdenden Stoffen

Bitte gut sichtbar in der Nähe der Anlage aushängen!

Wer eine Anlage betreibt, ist für ihren ordnungsgemäßen Betrieb verantwortlich. Der Betreiber hat sich nach § 46 Absatz 1 AwSV regelmäßig insbesondere davon zu überzeugen, dass die Anlage keine Mängel aufweist, die dazu führen können, dass wassergefährdende Stoffe freigesetzt werden.

Anlagenbezeichnung:
....

Füllgut (wassergefährdender Stoff):   ....WGK...............

Besondere örtliche Lage: O Wasserschutzgebiet, Schutzzone:
....

                                          O Heilquellenschutzgebiet, Schutzzo-
ne:..............
                                          O Überschwemmungsgebiet ....

Fachbetriebspflicht: O die Anlage ist nicht fachbetriebspflichtig
(§ 45 AwSV)   O die Anlage ist fachbetriebspflichtig

Besteht die Gefahr, dass wassergefährdende Stoffe austreten können, oder ist dieses bereits geschehen, sind unverzüglich Maßnahmen zur Schadenbegrenzung zu ergreifen (§ 24 Absatz 1 AwSV).

Das Austreten einer nicht nur unerheblichen Menge eines wassergefährdenden Stoffes ist unverzüglich einer der folgenden Behörden zu melden, wenn die Stoffe in den Untergrund, in die Kanalisation oder in ein oberirdisches Gewässer gelangt sind oder gelangen können (§ 24 Absatz 2 AwSV):

Feuerwehr   Tel.: 112

Polizeidienststelle   Tel.: 110

örtlich zuständige Behörde: Tel.: ....
                                          Adresse: ....

Betriebliche/-r Ansprechpartner/-in: Tel.: ....
                                          Herr/Frau:.....................................

Anlage 5
(zu § 46 Absatz 2)

Prüfzeitpunkte und -intervalle für Anlagen außerhalb von Schutzgebieten und festgesetzten oder vorläufig gesicherten Überschwemmungsgebieten

	Anlagen [1], [2]	Prüfzeitpunkte und -intervalle		
	Spalte 1	Spalte 2	Spalte 3	Spalte 4
Zeile 1		vor Inbetriebnahme [3] oder nach einer wesentlichen Änderung	wiederkehrende Prüfung [4], [5]	bei Stilllegung einer Anlage
Zeile 2	unterirdische Anlagen mit flüssigen oder gasförmigen wassergefährdenden Stoffen	A, B, C und D	A, B, C und D alle 5 Jahre	A, B, C und D
Zeile 3	oberirdische Anlagen mit flüssigen oder gasförmigen wassergefährdenden Stoffen, einschließlich Heizölverbraucheranlagen	B, C und D	C und D alle 5 Jahre	C und D
Zeile 4	Anlagen mit festen wassergefährdenden Stoffen	über 1.000 t	unterirdische Anlagen und Anlagen im Freien über 1.000 t alle 5 Jahre	unterirdische Anlagen und Anlagen im Freien über 1.000 t
Zeile 5	Anlagen zum Umschlagen wassergefährdender Stoffe im intermodalen Verkehr	über 100 t umgeschlagener Stoffe pro Arbeitstag	Anlagen über 100 t umgeschlagener Stoffe pro Arbeitstag alle 5 Jahre	Anlagen über 100 t umgeschlagener Stoffe pro Arbeitstag
Zeile 6	Anlagen mit aufschwimmenden flüssigen Stoffen	über 100 m^3	über 1.000 m^3 alle 5 Jahre	über 1.000 m^3
Zeile 7	Biogasanlagen, in denen ausschließlich Gärsubstrate nach § 2 Absatz 8 eingesetzt werden [6]	über 100 m^3	über 1.000 m^3 alle 5 Jahre	über 1.000 m^3
Zeile 8	Abfüll- und Umschlaganlagen sowie Anlagen zum Laden und Löschen von Schiffen	B, C und D	B alle 10 Jahre; C und D alle 5 Jahre	B, C und D

[1] Die in der Tabelle verwendeten Buchstaben A, B, C und D beziehen sich auf die Gefährdungsstufen nach § 39 Absatz 1 der zu prüfenden Anlagen.

[2] Die in der Tabelle enthaltenen Angaben zum Volumen und zur Masse beziehen sich auf das maßgebende Volumen oder die maßgebende Masse wassergefährdender Stoffe (§ 39), mit denen in der Anlage umgegangen wird.

[3] Zur Inbetriebnahmeprüfung sowie zur Prüfung nach einer wesentlichen Änderung von Abfüll- oder Umschlaganlagen gehört eine Nachprüfung der Abfüll- oder Umschlagflächen nach einjähriger Betriebszeit. Die Nachprüfung verschiebt das Abschlussdatum der Prüfung vor Inbetriebnahme nicht.

[4] Die Fristen für die wiederkehrenden Prüfungen beginnen mit dem Abschluss der Prüfung vor Inbetrieb- nahme oder nach einer wesentlichen Änderung nach Spalte 2.

[5] Zur Wahrung der Fristen der wiederkehrenden Prüfungen ist es ausreichend, die Prüfungen bis zum Ende des Fälligkeitsmonats durchzuführen.

[6] Maßgebendes Volumen einer Biogasanlage im Sinne von § 39 Absatz 9.

Anlage 6
(zu § 46 Absatz 3)

Prüfzeitpunkte und -intervalle für Anlagen in Schutzgebieten und festgesetzten oder vorläufig gesicherten Überschwemmungsgebieten

Anlagen [1], [2]		Prüfzeitpunkte und -intervalle		
	Spalte 1	Spalte 2	Spalte 3	Spalte 4
Zeile 1		vor Inbetriebnahme [3] oder nach einer wesentlichen Änderung	wiederkehrende Prüfung [4], [5]	bei Stilllegung einer Anlage
Zeile 2	unterirdische Anlagen mit flüssigen oder gasförmigen wassergefährdenden Stoffen	A, B, C und D [3]	A, B, C und D alle 30 Monate [4]	A, B, C und D
Zeile 3	oberirdische Anlagen mit flüssigen oder gasförmigen wassergefährdenden Stoffen einschließlich oberirdischer Heizölverbraucheranlagen	B, C und D	B, C und D alle 5 Jahre	B, C und D
Zeile 4	Anlagen mit festen wassergefährdenden Stoffen	über 1.000 t	unterirdische Anlagen und Anlagen im Freien über 1.000 t alle 5 Jahre	unterirdische Anlagen und Anlagen im Freien über 1.000 t
Zeile 5	Anlagen zum Umschlagen wassergefährdender Stoffe im intermodalen Verkehr	über 100 t umgeschlagener Stoffe pro Arbeitstag	über 100 t umgeschlagener Stoffe pro Arbeitstag alle 5 Jahre	über 100 t umgeschlagener Stoffe pro Arbeitstag
Zeile 6	Anlagen mit aufschwimmenden flüssigen Stoffen	über 100 m^3	über 1.000 m^3 alle 5 Jahre	über 1.000 m^3
Zeile 7	Biogasanlagen, in denen ausschließlich Gärsubstrate nach § 2 Absatz 8 eingesetzt werden [6]	über 100 m^3	über 1.000 m^3 alle 5 Jahre	über 1.000 m^3
Zeile 8	Abfüll- und Umschlaganlagen sowie Anlagen zum Laden und Löschen von Schiffen	B, C und D	B, C und D alle 5 Jahre	B, C und D

[1] Die in der Tabelle verwendeten Buchstaben A, B, C und D beziehen sich auf die Gefährdungsstufen
nach § 39 Absatz 1 der zu prüfenden Anlagen.

[2] Die in der Tabelle enthaltenen Angaben zum Volumen und zur Masse beziehen sich auf das maßgebende
Volumen oder die maßgebende Masse wassergefährdender Stoffe (§ 39), mit denen in der Anlage umgegangen wird.

[3] Zur Inbetriebnahmeprüfung sowie zur Prüfung nach einer wesentlichen Änderung von Abfüll- oder
Umschlaganlagen gehört eine Nachprüfung der Abfüll- oder Umschlagflächen nach einjähriger Betriebszeit. Die
Nachprüfung verschiebt das Abschlussdatum der Prüfung vor Inbetriebnahme nicht.

[4] Die Fristen für die wiederkehrenden Prüfungen beginnen mit dem Abschluss der Prüfung vor Inbetriebnahme oder nach einer wesentlichen Änderung nach Spalte 2.

[5] Zur Wahrung der Fristen der wiederkehrenden Prüfungen ist es ausreichend, die Prüfungen bis zum
Ende des Fälligkeitsmonats durchzuführen.

[6] Maßgebendes Volumen einer Biogasanlage im Sinne von § 39 Absatz 9.

Anlage 7

(zu § 13 Absatz 3, § 52 Absatz 1 Satz 2 Nummer 1
Buchstabe a)

**Anforderungen an Jauche-, Gülle- und Sila-
gesickersaftanlagen (JGS-Anlagen)**

1 Begriffsbestimmungen

1.1 Zu JGS-Anlagen zählen insbesondere Behälter, Sammelgruben, Erdbecken, Silos, Fahrsilos, Güllekeller und -kanäle, Festmistplatten,
Abfüllflächen mit den zugehörigen Rohrleitungen, Sicherheitseinrichtungen, Fugenabdichtungen, Beschichtungen und Auskleidungen.

1.2 Sammeleinrichtungen sind alle baulich-
technischen Einrichtungen zum Sammeln und
Fördern von Jauche, Gülle und Silagesickersäften. Zu ihnen gehören auch die Entmistungskanäle und -leitungen, Vorgruben, Pumpstationen sowie die Zuleitung zur Vorgrube, sofern
sie nicht regelmäßig eingestaut sind.

2 Allgemeine Anforderungen

2.1 Es dürfen für die Anlagen nur Bauprodukte, Bauarten oder Bausätze verwendet werden, für die die bauaufsichtlichen Verwendbarkeitsnachweise unter Berücksichtigung wasserrechtlicher Anforderungen vorliegen.

2.2 Anlagen müssen so geplant und errichtet
werden, beschaffen sein und betrieben werden,
dass
  a) allgemein wassergefährdende Stoffe
     nach § 3 Absatz 2 Satz 1 Nummer 1
     bis 5 nicht austreten können,
  b) Undichtheiten aller Anlagenteile, die
     mit Stoffen nach Buchstabe a in Be-
     rührung stehen, schnell und zuverlässig
     erkennbar sind,
  c) austretende allgemein wassergefährden-
     de Stoffe nach § 3 Absatz 2 Satz 1 Num-
     mer 1 bis 5 schnell und zuverlässig er-
     kannt werden und
  d) bei einer Betriebsstörung anfallende
     Gemische, die ausgetretene wasserge-
     fährdende Stoffe enthalten können, ord-
     nungsgemäß und schadlos verwertet
     oder beseitigt werden.

2.3 JGS-Anlagen müssen flüssigkeitsundurchlässig, standsicher und gegen die zu erwartenden mechanischen, thermischen und chemischen Einflüsse widerstandsfähig sein.

2.4 Der Betreiber hat mit dem Errichten und
dem Instandsetzen einer JGS-Anlage einen
Fachbetrieb nach § 62 zu beauftragen, sofern er
nicht selbst die Anforderungen an einen Fachbetrieb erfüllt. Dies gilt nicht für Anlagen zum
Lagern von Silagesickersaft mit einem Volumen von bis zu 25 Kubikmetern, sonstige JGS-
Anlagen mit einem Gesamtvolumen von bis zu
500 Kubikmetern oder für Anlagen zum Lagern von Festmist oder Siliergut mit einem Volumen von bis zu 1.000 Kubikmetern.

2.5 Unzulässig ist das Errichten von Behältern
aus Holz.

3 Anlagen zum Lagern von flüssigen allge-mein wassergefährdenden Stoffen

3.1 Einwandige JGS-Lageranlagen für flüssige
allgemein wassergefährdende Stoffe mit einem
Gesamtvolumen von mehr als 25 Kubikmetern
müssen mit einem Leckageerkennungssystem
ausgerüstet sein. Einwandige Rohrleitungen
sind zulässig, wenn sie den technischen Regeln entsprechen.

3.2 Sammel- und Lagereinrichtungen sind in
das Leckageerkennungssystem nach Nummer
3.1 mit einzubeziehen. Bei Sammel- und Lagereinrichtungen unter Ställen kann auf ein
Leckageerkennungssystem verzichtet werden,
wenn die Aufstauhöhe auf das zur Entmistung
notwendige Maß begrenzt wird und insbesondere Fugen und Dichtungen vor Inbetriebnahme auf ihren ordnungsgemäßen Zustand geprüft werden.

4 Anlagen zum Lagern von Festmist und Si-liergut

4.1 Die Lagerflächen von Anlagen zur Lagerung von Festmist und Siliergut sind seitlich einzufassen und gegen das Eindringen von
oberflächig abfließendem Niederschlagswasser
aus dem umgebenden Gelände zu schützen. An
Flächen von Foliensilos für Rund- und Quaderballen werden keine Anforderungen gestellt,

wenn auf ihnen keine Entnahme von Silage erfolgt.

4.2 Es ist sicherzustellen, dass Jauche, Silagesickersaft und das mit Festmist oder Siliergut verunreinigte Niederschlagswasser vollständig aufgefangen und ordnungsgemäß als Abwasser beseitigt oder als Abfall verwertet wird, soweit keine Verwendung entsprechend der guten fachlichen Praxis der Düngung möglich ist.

5 Abfülleinrichtungen

5.1 Wer eine JGS-Anlage befüllt oder entleert, hat
  a) diesen Vorgang zu überwachen und sich vor Beginn der Arbeiten von dem ordnungsgemäßen Zustand der dafür erforderlichen Sicherheitseinrichtungen zu überzeugen und
  b) die zulässigen Belastungsgrenzen der Anlage und der Sicherheitseinrichtungen beim Befüllen und beim Entleeren einzuhalten.

5.2 Es ist sicherzustellen, dass das beim Abfüllen durch allgemein wassergefährdende Stoffe verunreinigte Niederschlagswasser vollständig aufgefangen und ordnungsgemäß als Abwasser beseitigt oder als Abfall verwertet wird, soweit keine Verwendung entsprechend der guten fachlichen Praxis der Düngung möglich ist.

6 Pflichten des Betreibers zur Anzeige und zur Überwachung

6.1 Soll eine Anlage zum Lagern von Silagesickersaft mit einem Volumen von mehr als 25 Kubikmetern, eine sonstige JGS-Anlage mit einem Gesamtvolumen von mehr als 500 Kubikmetern oder eine Anlage zum Lagern von Festmist oder Silage mit einem Volumen von mehr als 1.000 Kubikmetern errichtet, stillgelegt oder wesentlich geändert werden, hat der Betreiber dies der zuständigen Behörde mindestens sechs Wochen im Voraus schriftlich anzuzeigen. Satz 1 gilt nicht für das Errichten von Anlagen, die einer Zulassung im Einzelfall nach anderen Rechtsvorschriften bedürfen oder diese erlangt haben, sofern durch die Zulassung auch die Erfüllung der Anforderungen dieser Verordnung sichergestellt wird.

6.2 Der Betreiber hat den ordnungsgemäßen Betrieb und die Dichtheit der Anlagen sowie die Funktionsfähigkeit der Sicherheitseinrichtungen regelmäßig zu überwachen. Ergibt die Überwachung nach Satz 1 einen Verdacht auf Undichtheit, hat er unverzüglich die erforderlichen Maßnahmen zu ergreifen, um ein Austreten der Stoffe zu verhindern. Besteht der Verdacht, dass wassergefährdende Stoffe in einer nicht nur unerheblichen Menge bereits ausgetreten sind und eine Gefährdung eines Gewässers nicht auszuschließen ist, hat er unverzüglich die zuständige Behörde zu benachrichtigen.

6.3 Bestätigt sich der Verdacht auf Undichtheit oder treten wassergefährdende Stoffe aus, hat der Betreiber unverzüglich Maßnahmen zur Schadensbegrenzung zu ergreifen und eine Instandsetzung durch einen Fachbetrieb zu veranlassen, sofern er nicht selbst Fachbetrieb ist.

6.4 Betreiber haben nach Nummer 6.1 anzeigepflichtige Anlagen einschließlich der Rohrleitungen vor Inbetriebnahme und auf Anordnung der zuständigen Behörde durch einen Sachverständigen auf ihre Dichtheit und Funktionsfähigkeit prüfen zu lassen. Betreiber haben Erdbecken alle fünf Jahre, in Wasserschutzgebieten alle 30 Monate, durch einen Sachverständigen prüfen zu lassen.

6.5 Der Sachverständige hat der zuständigen Behörde über das Ergebnis jeder von ihm durchgeführten Prüfung nach Nummer 6.4 innerhalb von vier Wochen nach Durchführung der Prüfung einen Prüfbericht vorzulegen. Er hat die Anlage auf Grund des Ergebnisses der Prüfungen in eine der folgenden Klassen einzustufen:
   a) ohne Mangel,
   b) mit geringfügigem Mangel,
   c) mit erheblichem Mangel oder
   d) mit gefährlichem Mangel.
Über gefährliche Mängel hat der Sachverständige die zuständige Behörde unverzüglich zu unterrichten.

6.6 Der Prüfbericht nach Nummer 6.5 muss Angaben zu Folgendem enthalten:
   a) zum Betreiber,
   b) zum Standort,
   c) zur Anlagenidentifikation,

d) zur Anlagenzuordnung,
e) zu behördlichen Zulassungen,
f) zum Sachverständigen und zu der Sachverständigenorganisation, die ihn bestellt hat,
g) zu Art und Umfang der Prüfung,
h) dazu, ob die Prüfung der gesamten Anlage abgeschlossen ist oder welche Anlagenteile noch nicht geprüft wurden,
i) zu Art und Umfang der festgestellten Mängel,
j) zu Datum und Ergebnis der Prüfung und
k) zu erforderlichen Maßnahmen und zu einem Vorschlag für eine angemessene Frist für ihre Umsetzung.

6.7 Der Betreiber hat die bei Prüfungen nach Nummer 6.4 festgestellten geringfügigen Mängel innerhalb von sechs Monaten nach Feststellung und, soweit nach Nummer 2.4 erforderlich, durch einen Fachbetrieb nach § 62 zu beseitigen. Erhebliche und gefährliche Mängel hat der Betreiber unverzüglich zu beseitigen. Die Beseitigung erheblicher Mängel bedarf der Nachprüfung durch einen Sachverständigen. Stellt der Sachverständige einen gefährlichen Mangel fest, hat der Betreiber die Anlage unverzüglich außer Betrieb zu nehmen und, soweit dies nach Feststellung des Sachverständigen erforderlich ist, zu entleeren. Die Anlage darf erst wieder in Betrieb genommen werden, wenn der zuständigen Behörde eine Bestätigung des Sachverständigen über die erfolgreiche Beseitigung der festgestellten Mängel vorliegt.

7 Bestehende Anlagen

7.1 Für JGS-Anlagen, die am ...[einsetzen: Datum des Tages des Inkrafttretens dieser Verordnung nach §73 Satz 2] bereits errichtet sind (bestehende Anlagen), gelten ab diesem Datum
a) § 24 Absatz 1 und 2 sowie die Nummern 5.1 und 6.1 bis 6.3,
b) die Nummern 6.4 bis 6.7 mit der Maßgabe, dass die zuständige Behörde die Prüfung der dort genannten Anlagen und Erdbecken durch einen Sachverständigen nur dann anordnen kann, wenn der Verdacht erheblicher oder gefährlicher Mängel vorliegt und

c) die Nummern 1 bis 4 und 5.2, soweit sie Anforderungen beinhalten, die den Anforderungen entsprechen, die nach den jeweiligen landesrechtlichen Vorschriften am ...[einsetzen: Datum des Tages vor dem Inkrafttreten dieser Verordnung nach § 73 Satz 2] zu beachten waren.

Im Übrigen gelten für bestehende Anlagen, die vor dem ... [einsetzen: Datum des Tages des Inkrafttretens dieser Verordnung nach § 73 Satz 2] bereits nach den jeweils geltenden landesrechtlichen Vorschriften prüfpflichtig waren, diese Prüfpflichten auch weiterhin.

7.2 Bei bestehenden Anlagen mit einem Volumen von mehr als 1.500 Kubikmetern, die den Anforderungen nach den Nummern 2 bis 4 und 5.2 nicht entsprechen, kann die zuständige Behörde technische oder organisatorische Anpassungsmaßnahmen anordnen,

a) mit denen diese Abweichungen behoben werden,

b) die für diese Abweichungen in technischen Regeln für bestehende Anlagen vorgesehen sind oder

c) mit denen eine Gleichwertigkeit zu den in den Nummern 2 bis 4 und 5.2 bezeichneten Anforderungen erreicht wird.

In den Fällen des Satzes 1 Nummer 2 und 3 sind die Anforderungen des § 62 Absatz 1 des Wasserhaushaltsgesetzes zu beachten. Davon unberührt bleibt für alle bestehenden Anlagen die Anordnungsbefugnis nach § 100 Absatz 1 Satz 2 des Wasserhaushaltsgesetzes.

7.3 Bei bestehenden Anlagen mit einem Volumen von mehr als 1.500 Kubikmetern, bei denen eine Nachrüstung mit einem Leckageerkennungssystem aus technischen Gründen nicht möglich oder nur mit unverhältnismäßigem Aufwand zu erreichen ist, ist die Dichtheit der Anlage durch geeignete technische und organisatorische Maßnahmen nachzuweisen.

7.4 In den Anordnungen nach Nummer 7.2 kann die Behörde nicht verlangen, dass die Anlage stillgelegt oder beseitigt wird oder Anpassungsmaßnahmen fordern, die einer Neuerrichtung gleichkommen oder die den Zweck der Anlage verändern. Bei der Beseitigung von erheblichen oder gefährlichen Mängeln eines JGS-Behälters sind die Anforderungen dieser

Verordnung zu beachten. Im Übrigen gilt für bestehende Anlagen § 68 Absatz 7 entsprechend.

7.5 Bei bestehenden Anlagen mit einem Volumen von mehr als 1.500 Kubikmetern hat der Betreiber die Einhaltung der Anforderungen nach den Nummern 6.2 und 6.3, insbesondere Art, Umfang, Ergebnis, Ort und Zeitpunkt der jeweiligen Überwachung sowie die ergriffenen Maßnahmen zu dokumentieren und die Dokumentation der zuständigen Behörde auf Verlangen vorzulegen.

8 Anforderungen in besonderen Gebieten

8.1 Im Fassungsbereich und in der engeren Zone von Schutzgebieten dürfen keine JGS-Anlagen errichtet und betrieben werden. In der weiteren Zone von Schutzgebieten dürfen einwandige JGS-Lageranlagen für flüssige allgemein wassergefährdende Stoffe nur mit einem Leckageerkennungssystem errichtet und betrieben werden.

8.2 In festgesetzten und vorläufig gesicherten Überschwemmungsgebieten dürfen JGS-Anlagen nur errichtet und betrieben werden, wenn
    a) sie nicht aufschwimmen oder anderweitig durch Hochwasser beschädigt werden können und
    b) wassergefährdende Stoffe durch Hochwasser nicht abgeschwemmt werden, nicht freigesetzt werden und nicht auf eine andere Weise in ein Gewässer gelangen können.

8.3 Die zuständige Behörde kann eine Befreiung von den Anforderungen nach den Nummern 8.1 und 8.2 erteilen, wenn
    a) das Wohl der Allgemeinheit dies erfordert oder das Verbot zu einer unzumutbaren Härte führen würde und
    b) wenn der Schutzzweck des Schutzgebietes nicht beeinträchtigt wird.

8.4 Weiter gehende Vorschriften in landesrechtlichen Verordnungen zur Festsetzung von Schutzgebieten bleiben unberührt.

Literaturverzeichnis

[1] BMU, editor. <u>Verordnung über Anlagen zum Umgang mit wassergefährdenden Stoffen</u> (**AwSV**). Bundesministerium für Umwelt, Naturschutz, Bau und Reaktorsicherheit, Berlin, 18.04.2017.

[2] LAWA, editor. <u>Muster-Verordnung über Anlagen zum Umgang mit wassergefährdenden Stoffen und über Fachbetriebe</u> (**Muster-VAwS**). Länderarbeitsgemeinschaft Wasser, Saarbrücken, 11.03.2001.

[3] BMU, editor. <u>Gesetz zur Ordnung des Wasserhaushalts (Wasserhaushaltsgesetz - **WHG**).</u> Bundesministerium für Umwelt Naturschutz und Reaktorsicherheit, Berlin, 31.07.2009.

[4] BMU, editor. <u>Allgemeine Verwaltungsvorschrift zur Änderung der Verwaltungsvorschrift wassergefährdende Stoffe</u> (**VwVwS**). Bundesministerium für Umwelt Naturschutz und Reaktorsicherheit, Berlin, 27.07.2005.

[5] BMU, editor. <u>Einundvierzigste Verordnung zur Durchführung des Bundes-Immissionsschutzgesetzes (Bekanntgabeverordnung - **41. BImSchV**)</u>. Bundesministerium für Umwelt Naturschutz und Reaktorsicherheit, Berlin, 02.05.2013.

[6] LAWA, editor. <u>Grundsätze für die Anerkennung von Sachverständigen-Organisationen nach § 22 der Verordnung über Anlagen zum Umgang mit wassergefährdenden Stoffen und über Fachbetriebe</u> (**M-VAwS**). Länderarbeitsgemeinschaft Wasser, 15.03.2005.

Printed in the United States
By Bookmasters